巨人的
方法

[美] 蒂姆·费里斯 (TIM FERRISS) ————— 著

王晋 ————— 译

TRIBE OF
MENTORS

Short Life Advice
from the Best in the World

中信出版集团 | 北京

图书在版编目（CIP）数据

巨人的方法 /（美）蒂姆·费里斯著；王晋译 . --
北京：中信出版社，2021.11（2024.11 重印）
　书名原文：Tribe of Mentors：Short Life Advice
from the Best in the World
　ISBN 978-7-5217-3477-5

　Ⅰ. ①巨… Ⅱ. ①蒂… ②王… Ⅲ. ①人生哲学－通
俗读物 Ⅳ. ① B821-49

中国版本图书馆 CIP 数据核字 (2021) 第 184005 号

巨人的方法

著者：　　[美] 蒂姆·费里斯
译者：　　王晋
出版发行：中信出版集团股份有限公司
　　　　　（北京市朝阳区东三环北路 27 号嘉铭中心　邮编　100020）
承印者：　北京盛通印刷股份有限公司

开本：787mm×1092mm　1/16　　印张：38.5　　　字数：498 千字
版次：2021 年 11 月第 1 版　　印次：2024 年 11 月第 6 次印刷
京权图字：01-2020-4109　　　　书号：ISBN 978-7-5217-3477-5
　　　　　　　　　　　　　定价：128.00 元

目 录

前　言

真正的航行并不是用同一双眼睛遍览一百块不一样的土地，而是让一百双不一样的眼睛欣赏同一块土地。

——马塞尔·普鲁斯特

阿尔波特咕哝道："你知道那些提太多问题的小伙子会遇上什么事吗？"

小亡想了一会儿。

"不知道。"他最后回答道，"什么事？"

片刻的寂静。

然后，阿尔波特直了直身子："我怎么会知道，多半会听到答案，那也是活该他们倒霉，要我说。"

——特里·普拉切特，《死神学徒》

如果要解释我为什么写这本书，那就得从我什么时候想写这本书说起。

2017年对我来说是不平凡的一年。头6个月过得非常缓慢，随后的几周，我过了40岁生日，我的第一本书《每周工作4小时》迎来了出版十周年纪念日，朋友中有几个人去世了，我登台讲述了我在大学时差点儿自杀的经历。[1]

说实话，我从未想过自己能活到40岁。我的第一本书被出版商拒绝了27次。今天发生的事情本不该发生，所以，生日那天我意识到：40岁以后该做什么，我没有任何计划。

每次遇到人生的岔路口，比如大学毕业、青年危机、中年危机、孩子离家、退休，各种问题就会浮出水面。

这些目标是我内心想要的，还是我觉得自己应该做？

我因计划不足或计划过多而错过了多少人生？

我如何才能对自己好一点儿？

我如何才能更好地拒绝那些干扰我的事情，更好地展开自己渴望的冒险？

我怎样才能更好地重新评估自己的人生和位置，重估重要之事、世界观，以及人生轨迹？

这么多问题！所有的事情都浮现在眼前！

一天早上，我把想到的问题一一写下来，希望能理出一丝头绪。然而，我感到自己被焦虑裹挟着。这张列满问题的单子压得我喘不过气来。我发现自己屏住了呼吸。于是，我停下来，把目光从纸上移开。然后，我做了一件我经常做的事情。无论是思考经营决策、人际关系，还是其他问题，我都会问自己一个问题，这个问题有助于回答许多其他问题……

这件事如果原本就很简单，那么会是什么样呢？

"这件事"可以指代任何事情，而那天早上，它指的就是回答那

---

1. tim.blog/ted

一大堆问题。

"这件事如果原本就很简单，那么会是什么样呢？"这是一个很好的、看似很有效率的问题。我们很容易让自己相信，事情必须是艰难的，如果没有成功，那就说明你不够努力。因此，我们往往会去寻找阻力最大的路径，并在此过程中制造不必要的困难。

但是，我们如果从简洁而非压力的角度去思考，那么会怎么样呢？有时，我们卸下压力，轻松面对，会得到令人难以置信的结果。有时，我们可以通过彻底重新定义来解决问题。

那天早上，我手写记下这个问题："这件事如果原本就很简单，那么会是什么样呢？"有个想法出现在我的脑海中。虽然这张纸的 99% 都是空白，但是一颗希望的种子已被种下……

我如果拥有一个导师天团来帮助我，那么会怎么样？

确切地说，我可以邀请 100 多位杰出人士回答这些我想问自己的问题，或者请他们引导我朝着正确的方向前进。

这样做可行吗？我不知道，但我心里清楚，这种简单的方法如果失败了，持续无效的投入就会永远存在。如果你选择下苦功，这种方法就永远不会过时。

既然如此，为什么不花一个星期的时间来测试阻力最小的路径呢？

于是，我就这样开始了。我列出理想中的受访者，先是一页，很快变成了 10 页。这必须是一份没有限制的名单：没有太大牌、太遥不可及或太难找的人。我能联系到坦普尔·葛兰汀、尼尔·盖曼和阿亚安·希尔西·阿里吗？我写下一份最雄心勃勃、最不拘一格、最不同寻常的清单。接下来，我需要找到一种激励方式去鼓励对方做出回应，因此我准备起草一份出书协议。"把他们的回答编写成一本书"，这种方式可能行得通。一开始，我就告诉出版商这种方式可能会失败，如果行不通，我会退还预付金。

于是，我开始全力以赴干这件事。

我向世界上一些最成功的人士发了邮件，问了他们 11 个相同的问题。他们所在的领域颇为宽泛。我在邮件中写道："请回答您最喜欢的 3 到 5 个问题……如果有什么打动了您，请多回答一些问题。"

发送了很多封邮件后，我紧握双手，放在胸前。我心情激动，屏息以待，但我得到的回应就是"一片寂静"。

12 个小时过去了，24 个小时过去了，我没有收到任何回复。没有一点儿响动，甚至可以说是毫无波澜。随后，我迎来一股涓涓细流，有人表达了好奇，还有人明确了一下问题。接下来是一些礼貌的拒绝，然后是洪流奔涌般的拒绝。

我发送邮件的人几乎都是大忙人，我以为我最多能从几个人那里得到简短而匆忙的答复。没想到，我竟然收到许多经过深思熟虑的回答，有的是书面的，有的是当面的，还有的是其他方式。最终，有 100 多人回复了我。

只是，这条捷径由数千封往返邮件、推特上的消息，以及数百个电话铺设而成。此外，还有我在跑步机、办公桌上投入的很多时间，深夜写作时喝掉的几瓶葡萄酒。但是，这种方法奏效了。是一直都很有效吗？不是。名单上至少有一半的人没有回复我，或是拒绝了我的邀请。但是，回复我的人已经足够多了，这才是最重要的。

而那些人之所以回复我，是因为我问的问题起了作用。

其中 8 个问题来自我的播客节目《蒂姆·费里斯秀》，这是第一个访问量超过 2 亿次的商务访谈播客节目。这些问题都是快问快答型的，经过了一定的微调。在对演员兼音乐家杰米·福克斯、斯坦利·麦克里斯特尔将军、作家玛利亚·波波娃等导师进行的 300 多次采访中，这些问题不断得到完善。我知道它们是行之有效的，也知道受访者一般都很喜欢这些问题，而它们对我的生活也有所助益。

剩下的 3 个问题是新加进去的，我希望它们能够解决我长期以来思考的问题。在把这些问题发出去之前，我先在朋友中进行了测试、检查和打磨，他们在各自领域本身就有着世界一流的成就。

年纪越大，我在设计更好的问题上花的时间越多——每天都会花一定的时间。根据我的经验，在很多领域，回报如果从 1 倍增至 10 倍，从 10 倍增至 100 倍，甚至蒙幸运女神的垂青从 100 倍增至 1 000 倍，那通常就是因为提出了更好的问题。"问题问得好，事情就解决了一半"，约翰·杜威的这句格言说得没错！

生活会惩罚模糊的愿望，奖励清晰的请求。毕竟，有意识的思考就是在自己心里提出问题并做出回答。你如果想要的是困惑和心痛，就问一些模糊的问题吧。你如果想要的是清晰透明和实实在在的结果，就要问异常清晰的问题。

幸运的是，这是一种你可以培养的技能。没有哪本书可以给出所有的答案，但本书可以帮助你问出更好的问题。《生命中不能承受之轻》的作者米兰·昆德拉曾说："人的愚蠢在于对每件事都要一个答案，而小说的智慧在于对每件事都有一个问题。"我们如果把其中的"小说"换成"学习导师"，这句话就变成了我的人生哲学。通常来说，你和你想要的东西之间存在的就是一系列更好的问题。

下面我列出了为本书所选的 11 个问题。你一定要把完整的问题和解释读一遍，因为在正文中我会将其简化。在此，特别感谢布赖恩·科佩尔曼、阿梅莉亚·布恩、蔡斯·贾维斯、纳瓦尔·拉威康特等人的宝贵反馈。

我们先快速看一下这 11 个问题，有些问题乍一看似乎有些陈腐或无用……但是，事物不一定是表面看上去的那样。

1. 你最常当作礼物送给他人的 3 本书是什么？
2. 最近有哪个 100 美元以内的产品带给你惊喜感吗？

3. 有没有某次你发自内心喜欢甚至感恩的"失败"？

4. 你长久以来坚持的人生准则是什么？

5. 你做过的最有价值的投资是什么？

6. 你有没有什么离经叛道的习惯？

7. 有没有某个信念、行为或习惯真正改善了你的生活？

8. 你会给刚刚毕业的大学生什么建议？你希望他们忽略什么建议？

9. 在你的专业领域里，你都听过哪些糟糕的建议？

10. 你如何拒绝不想浪费精力和时间的人和事？

11. 你用什么方法重拾专注力？

现在，让我们逐一看一下这些问题，我将解释它们为何会起作用。你可能会问："我为什么要在意这些呢？我又不是采访人。"对此，我的回答很简单：如果想建立世界一流的人际网络，你就需要通过互动赢得人脉。所以，这些对你会有帮助的。

例如，我花了数周时间测试如何安排问题的顺序，以获得最佳答案。对我来说，正确排序可以说是一个秘诀，不管你是想在 8 到 12 周内学会一种新语言[1]，克服一直以来对游泳的恐惧[2]，还是在喝咖啡时向潜在导师请教。如果问题很好，但顺序不对，你就会得到糟糕的回复。相反，如果仔细考虑一下顺序，你就会得到惊喜，但大多数人不会这样考虑。

举个例子，"人生准则"问题是我的播客听众和导师最喜欢的一个问题，但这个问题很大，会吓着很多人。我可不想把我要采访的大忙人吓跑。他们可能会很快拒绝："抱歉，蒂姆，我现在没有时间哪。"那么，该怎么办呢？很简单，先用一些小问题让他们热热身，比如，经常送别人什么书、买过什么 100 美元以下的东西。这些问题没那么抽象，更具体一些。

---

1. see *The 4-Hour Chef*
2. tim.blog/swimming

我的解释越到后面越简短，因为很多要点都适用于所有问题。

1. 你最常当作礼物送给他人的 3 本书是什么？

"你最喜欢哪本书？"这看似是一个好问题，没有恶意，又很简单。但在现实生活中，它却是个很可怕的问题。我所采访的人都读了上百本甚至上千本书，因此，要想找出最喜欢的那一本，需要费一番功夫。这个问题会让他们发愁，他们如果给出答案，这个答案随后就会被引用，被收录到文章或维基百科中。"经常送别人什么书"这个问题难度较低，更容易让人回忆起来，并且暗示他人有所获益，而"最喜欢的书"没有这些优势。

有的读者可能很好奇，或是迫不及待地想知道答案。文中提到了很多书，在这里先透露几本：

维克多·弗兰克尔的《活出生命的意义》。
马特·里德利的《理性乐观派》。
斯蒂芬·平克的《人性中的善良天使》。
尤瓦尔·赫拉利的《人类简史》。
查理·芒格的《穷查理宝典》。

如果你想查看所有的推荐图书，包括本书和《巨人的工具》强烈推荐的 20 本书，那么你可以在 tim.blog/booklist 上找到答案。

2. 最近有哪个 100 美元以内的产品带给你惊喜感吗？

这看似是一个随口提出的问题，但事实并非如此。它为忙碌的受访者提供了一个轻松的切入点，同时也为读者提供了可以立即行动的建议。

更深层的问题会引出更深层的答案。但是，深刻是知识的基础，它需要深入的消化吸收。为了保持前行，人们（包括我在内）需要短期的回报。为了实现这一点，我在书中问了一些问题，这些问题提供了切实、简单、通常很有趣的答案，它们可以慰藉一下你的辛劳。为了吸引受访者回答那些较大的问题，这些较为放松的小问题十分重要。

3. 有没有某次你发自内心喜欢甚至感恩的"失败"？

这个问题对我来说尤为重要。正如我在《巨人的工具》中所写：

> 你心目中的超级英雄（偶像、巨人、亿万富翁等）几乎都是凡夫俗子，只不过他们把自己的优势放大了一两倍。人是不完美的动物。一些人之所以成功并不是因为他们没有缺点，而是因为他们发现了自己独特的优势，并围绕这些优势集中培养了各种好习惯……每个人都在进行着你不了解的斗争，本书中的主人公们也不例外。每个人都在奋斗。

4. 你长久以来坚持的人生准则是什么？

这个问题不言自明，所以我就不多做解释了。不过，对潜在受访者来说，括号里的内容往往对他们给出好的答案至关重要。

5. 你做过的最有价值的投资是什么？

这个问题同样不言而喻……至少看上去是这样的。就这个或下一个类似的问题而言，我发现这可以让受访者给出一个真实的答案，这一招很管用。在现场采访中，这样做会给他们留下思考的时间，而且给了他们一个模板。例如，就这个问题而言，我每次都举下面这个例子：

　　来自阿梅莉亚·布恩的回答（阿梅莉亚是世界顶级耐力运动员，得到各大品牌的赞助，四次获得世界障碍赛冠军）：

　　2011年，我花了450美元报名参加首届最强泥人国际障碍赛，这是一场全新的24小时障碍赛。当时，我还背负着法学院的贷款，所以这对我来说是一笔不小的支出。而且，我不知道自己能否完成比赛，更不用说与人竞争了。然而，那场比赛共有1 000名参赛者，只有11名选手完成了比赛，而我就是其中之一。那场比赛改变了我的人生轨迹，将我领进了障碍赛的大门，并让我取得了多个世界冠军。如果我不支付那笔报名费，这一切都不会发生。

6. 你有没有什么离经叛道的习惯？

　　我第一次碰到这个问题，是在接受朋友克里斯·杨的采访时。克里斯是科学家、《现代主义烹调》的合著者、ChefSteps公司的首席执行官（你可以搜索一下"Joule sous vide"炊具）。当时，我们正坐在西雅图市政厅的舞台上。在回答这个问题之前，我说："哦，这是个好问题，我要窃为己有。"我确实这么做了。这个问题的含义可能比你想的更深刻。答案证明了很多有用的信息：（1）每个人都很疯狂，所以你并不孤单；（2）如果你想听到更多像强迫症那样的行为，我的受访者很乐意提供帮助；（3）再回到第一条，"正常人"就是你还不够了解的疯狂之人。如果你觉得自己非常神经质，那么我不想告诉你这句实话，不过，每个人在生活中都会有伍迪·艾伦的影子。下面是我为这个问题提供的示例答案，这个回答来自一段实时访谈，本书在收录时做了编辑：

　　来自谢丽尔·斯特雷德的回答。谢丽尔是畅销书《走出荒野》

的作者，这本书已被拍成电影，由瑞茜·威瑟斯彭担纲主演。"我是这样吃三明治的……每咬一口都要尽可能和上一口一样大小。你明白吗？如果里面有西红柿，还有鹰嘴豆泥，所有配料都必须尽可能保证每口都一样。因此，我拿到三明治以后，会先打开它，重新摆放里面的各种配料。"

7. 有没有某个信念、行为或习惯真正改善了你的生活？

这个问题既简短又有效，并且没有什么特别的细微差别。它在我中年时期重新评估人生时特别有用。我很奇怪，我怎么没有经常听到这样的问题。

8. 你会给刚刚毕业的大学生什么建议？你希望他们忽略什么建议？

后半部分有关"忽略什么建议"的问题至关重要。我们倾向于问"我该怎么办"，但不大会问"我不应该做什么"。因为我们不会做的事情决定了我们可以做的事情，所以我喜欢问大家不要做的事情。

9. 在你的专业领域里，你都听过哪些糟糕的建议？

这个问题和前一个问题很像。明确需要忽略什么，可能是解决许多关注力问题的最佳方法。

10. 你如何拒绝不想浪费精力和时间的人和事？

答应别人很容易，但拒绝别人就很难了。我希望在说"不"上得到帮助，就像书中的许多人一样。有些人的答案确实很有帮助。

巨人的方法

11. 你用什么方法重拾专注力？

"无限旋转沙滩球"是计算机死机的书呆子式用语。如果你的大脑处于这种状态，重中之重的事情就是把这个问题解决掉，别无其他。同样，括号中的内容往往很关键。

即使这本书有任何出色之处，那也是其他人的功劳，因此我可以放心地说，不管你处于人生的哪个阶段，本书都会有你喜欢的内容。同样，无论我是不是大哭大闹，你都会觉得某些内容很无聊，很没用，或者看上去很愚蠢。本书收录了大约 130 个人的回复，我希望你能喜欢其中的 70 个，迷上 35 个，并且因为其中的 17 个改变自己的生活。有趣的是，你不喜欢的那 70 个人，可能正是其他人需要的。

如果我们都遵循完全相同的规则，生活就会变得很无聊，所以你希望自己做出选择。

更令人惊讶的是……这本书会和你一起发生改变。随着时间的流逝和生活的前进，最初你认为干扰你而你努力想摆脱的东西会呈现出一种深度，并且会变得异常重要。

那些像被随手扔掉的中国幸运饼那样被你忽略的东西，那些你认为满是陈词滥调的东西，突然变得很有道理，并创造了奇迹。相反，你最初觉得很有启发性的东西可能会顺其自然地发展下去，就像优秀的高中老师需要把你交给大学老师，从而让你达到更高的水平一样。

书中的建议多种多样，所以不存在有效期。在接下来的部分，你会发现有的建议来自 30 多岁的奇才，有的来自六七十岁经验丰富的退伍军人。我希望在每次拿起这本书时，你都能像拿起《易经》或《道德经》，我希望书中总有新东西能吸引你，能撼动你对现实的认识，能证明你的愚蠢，能确认你的直觉，或是能修正你的道路——即使只是微调一下方向，也至关重要。

本书涵盖了各种各样的情感和经验，有欢闹也有痛苦，有失败也有成功，有生也有死。希望你会接受所有这些内容。

我家的咖啡桌上有一块浮木，它的唯一用途就是它上面写着阿娜伊斯·宁的名言，我每天都会看到它：

人生的充实和贫乏与勇气的大小成正比。

这句话很短，它提醒我们成功通常可以用两个数字来衡量，一个是我们愿意进行的不愉快交谈的次数，另一个是我们愿意采取的不愉快行动的次数。

我所认识的最充实、最有效率的人，包括举世闻名的创意人士、亿万富翁、思想领袖等，都这样看待自己的人生历程：25% 的时间用来发现自己，75% 的时间用来创造自己。

这本书不是要促发被动的体验，而是旨在呼吁大家采取行动。

你是你人生的书写者，所以你随时都可以改变你要讲给自己以及整个世界的故事。你随时都可以开启新的篇章，创造令人惊讶的人生转折，或者完全改变自己的生活方式，这些事情什么时候做都不会太迟。

这件事如果原本就很简单，那么会是什么样呢？

让我们微笑着拿起笔，重要的内容即将呈现……
愿你们都能活得通透。

蒂姆·费里斯

美国得克萨斯州奥斯汀

2017 年 8 月

巨人的方法

阅读指南

◎ "发人深思的箴言"这一部分贯穿全书。这些名言在过去两年多的时间里改变了我的想法和行为。自出版《巨人的工具》以来，我经历了人生中最高产的一年，而我选择的图书发挥了重要作用。这些名言通常选自这些书，我每周都会在我的博客 5-Bullet Friday（tim.blog/friday）上与订阅者分享。5-Bullet Friday 是一个免费博客，我会在上面分享我一周发现的最酷或最有用的东西，包括书籍、文章、小玩意、食物、营养品、应用、名言等。我希望你会像我一样觉得它们发人深省。

◎ 还记得我因为写作本书而收到的那些拒绝邮件吗？有些委婉的拒绝说得太好了，因此我也收录在本书中。"如何拒绝"这一章节收录了 3 位导师拒绝我的具体电子邮件的内容。

◎ 我缩短了每位导师的个人简介，并主观选择了"最佳"答案。我所说的"最佳"有时意味着删除重复内容，有时专注于足够详细的回复，它们既可行又不那么明显。

◎ 在介绍每位导师时，我都列出了他们的社交媒体账号，你可以与他们互动，包括推特、脸书、照片墙、领英、色拉布和 YouTube 视频上的账号。

◎ 在联系导师的时候，我都以相同的顺序提出相同的问题，但是在本书的章节中，我会经常对答案进行重新排序，以提高内容的流畅性、可读性和影响力。

◎ 我列出一些没有收到答案的问题（例如"我真的不会拒绝别人！"），这样你如果遇到同样的挑战就不会感觉那么糟糕了。没有人是完美的，我们都在进步中。

结束不等于失败

萨明·诺斯拉特（Samin Nosrat）

照片墙：@ciaosamin

脸书：/ samin.nosrat

　　　　saltfatacidheat.com

萨明·诺斯拉特　作家、教师、厨师。《纽约时报》称其为"搭配正确烹饪方法与最佳食材的首选来源"，美国国家公共广播电台节目《新闻纵横》将其誉为"下一个朱莉娅·查尔德"。自 2000 年无意中进入潘尼斯之家餐厅的厨房，萨明一直致力于烹饪事业。身为《纽约时报》五位饮食专栏作家之一，萨明定居在加利福尼亚州的伯克利。她喜欢烹饪、冲浪和园艺。此外，她著有《纽约时报》畅销书《盐、脂肪、酸与热量：掌握烹饪的要素》。

最近有哪个 100 美元以内的产品带给你惊喜感吗？

　　保罗·史塔曼兹的赫迪芬生牌蘑菇膳食营养补充剂是我服用过的最不可思议的免疫力提高补充剂。我服用了很多这个牌子的补充剂！无论我多么频繁地旅游，不管我见了多少人，不管我有多么筋疲力尽，只要坚持服用这种补充剂，我就不会生病。

有没有某次你发自内心喜欢甚至感恩的"失败"？

我经历了很多令人印象深刻的失败，但回首过去，我可以看到每次失败都引导我向我真正想做的事情迈进了一步。在我准备自己写书的前几年，我有两次机会可以与人合作撰写有关烹饪的书，但我都搞砸了。当时所犯的那些错误一直困扰着我，我觉得自己永远都不会再写书了。但是，我一直等待着，坚持着，17年后，我完成了自己梦寐以求的书。

2002年，我入围富布赖特奖学金的最后一轮评审，但最终没有得到这笔奖学金。我觉得自己永远不会去意大利学习传统的烹饪方法了。但是，我还是设法去了意大利，在那里当了一年半的厨师。现在，15年过去了，我正在制作一部纪录片，为此将去意大利学习传统的烹饪方法！

我先是在一家餐厅工作，后来开始经营这家餐厅。有整整5年的时间，它一直不赚钱。整个过程真是让人筋疲力尽，特别是我很在意它，将它视为自己的餐厅来经营。在3年多时，我知道我们的成功概率很小，所以准备离开，但是餐厅的老板，也是我的导师，还不想放弃。于是，我们又拖了两年，这真的颇具挑战性。有时，我甚至觉得自己承受不住了。餐厅关闭的时候，我筋疲力尽，沮丧万分，真的很难过。我们所有人都是如此。不过，我们其实大可不必如此。

这段经历教会我要在自己的职业生涯中保持主动性。结束一件事情不一定意味着失败，尤其是当你选择结束一个项目或者关闭一家公司时。餐馆关门后不久，我在业余时间开了一个规模不大的食品市场，最终获得了巨大的成功。要采访我的媒体很多，顾客也很多，这让我有些应接不暇。此外，还有很多投资者要求加入。但是，我想做的事情是写作。我不想再经营食品市场了。因为这个市场已经和我的名字联系在一起，所以我不想将其转给任何人。于是，我根据自己的意愿关闭了这个市场，并确保所有人都知道这件事。这段经历与关闭餐厅那段艰难的经历形成鲜明对比。我现在已经学会在开始一个项目之前，先构想一下它的理想结局——即使最好的工作也不会永远持续下去，而且也不应该如此。

从更小的层面说，比如做菜，我已经记不清自己做砸多少道菜了。但是，做菜的妙处在于过程非常快，真的，而且它不会给你太多时间总想着结果。无论是一道菜做砸了，还是做得很好，第二天你都要从头开始做。你没有机会在那里自怨自艾，或是自吹自擂。重要的是，我们要从每次的失败中吸取经验，尽量避免重复失败。

你做过的最有价值的投资是什么？

10 年前，我在经营一家餐厅的时候，抽时间在加州大学伯克利分校新闻学研究生院旁听了一门课程，老师是迈克尔·波伦。当时，我每周要离开餐厅 3 个小时去教室旁听。每天在外面忙 15 小时，回家后还要阅读课程提纲列的书和文章，这似乎很疯狂。但是，内心有个微弱的声音告诉我，我必须想办法把课听完，我很高兴自己做到了。那门课改变了我的生活，它将我带入一个很棒的圈子，有作家、记者和纪录片制作人。他们总是激励我，并支持我在这条疯狂的道路上前行。我认识了迈克尔，他鼓励我写作，还雇我教他做菜。在上课的过程中，他鼓励我总结出自己独特的烹饪哲学，设计合适的课程，在现实世界中进行教学实践，然后将其变成一本书。这就是《盐、脂肪、酸与热量：掌握烹饪的要素》的来历。现在，它已成为《纽约时报》畅销书，并且正被拍成纪录片。这一切都让人难以置信。

你有没有什么离经叛道的习惯？

美式芝士。我不经常吃美式芝士，但是我发现，把融化的芝士抹在汉堡上，那真是让人无法抗拒的美味。

有没有某个信念、行为或习惯真正改善了你的生活?

大部分时间,我整个人都在运转当中,要么需要清晰地思考和写作,要么外出教学和讲授烹饪。这两部分工作都需要大量的精力。

在过去 5 年中,我开始逐渐适应各种照顾自己的方式。其中,最重要的就是睡眠。我需要 8 到 9 个小时的睡眠才能正常工作,而且我会不惜一切代价保证自己的睡眠时间。我会花更多时间安静地待在家里。如果出去吃晚饭,我会坚持提前预订或提早结束。有时候客人还在聚会,我却已经上床睡觉了,这样的事已经不是什么新闻了。这样一来,他们高兴,我也高兴,对大家都好。我对睡眠的沉迷极大地改善了我的生活。

你会给刚刚毕业的大学生什么建议? 你希望他们忽略什么建议?

当心存疑虑时,跟着善念和同理心走。另外,不要害怕失败。

你如何拒绝不想浪费精力和时间的人和事?

说实话,在如何拒绝别人这件事上,我还在努力。但是,我要说的是:我越清楚自己的目标是什么,拒绝就变得越容易。我有一个笔记本,里面记录了我过去 10 年的各种目标,有大目标,也有小目标。因为我花时间厘清了自己的目标,所以在碰到某个机会时,我只需要看看这份清单,衡量一下接受会让我更接近目标,还是更远离目标即可。只有当我对前进的方向感到困惑时,我才会毫无章法地接受一切。而且,因为害怕错过或是以自我为中心,我已经被骗了很多次了,所以我知道,我会因错误地做某件事而后悔。

你用什么方法重拾专注力?

我会放空大脑,活动一下身体。如果是在写东西的时候,我会起身去奥克兰市中心散散步。有时候,我会放下手中的笔,去游个泳。

有时候，我会去农贸市场看一看，摸一摸，闻一闻，品尝一下农产品，让感官引导我做出晚餐吃什么的决定。

如果是在做菜或是做其他体力劳动的时候我觉得超负荷了，那通常就是我没有照顾好自己，所以我会休息一下。我会做点儿小吃或是喝杯茶，抑或喝一杯水，在室外坐几分钟。一般来说，这足以让我恢复冷静和清晰的头脑了。

但是，有一种方法不管什么时候都能让我放松下来，那就是拥抱大海。从小时候到现在，一直如此。我很喜欢大海，现在只要有时间就会去海滩，要么游泳，要么冲浪，要么漂浮。没有什么能像大海那样让我恢复如初了。

浮于表面是我们这个时代的弊病

史蒂文·普莱斯菲尔德（Steven Pressfield）

推特：@spressfield

　　stevenpressfield.com

史蒂文·普莱斯菲尔德　职业作家，其作品涵盖 5 个领域，包括广告、剧本、小说、纪实文学和自助类书籍。他著有畅销书《重返荣耀》《火之门》《阿富汗战役》《狮子门》，在创造力领域著有风靡一时的经典之作《艺术之战》《打造专业》《完成工作》。他在个人网站 stevenpressfield.com 上开设了星期三专栏，刊登他有关网络写作的最受欢迎的系列文章。

你有没有什么离经叛道的习惯？

　　说起来你肯定会觉得荒唐，有些去处会让我唤起昔日的时光，我会前往那里，并且一般都是只身前往。时间是个奇怪的东西。有时候，事情发生的时候你感受不到它的妙处，事后却能有更深的体会。我所去的地方随着时间的流逝也会发生变化，它们都很普通，可以说再平常不过了，一个加油站，或是街上的一条长凳。有时，我会乘坐飞机，飞到离家很远的地方，只是为了在那些地方待上一会儿。有时，是在和家人度假或是和别人一同出差的时候，我会路过那些地方。我可能永远不会告诉他们这个秘密，抑或有一天我会的。有时，我会带上某个人，但这样做往往会失灵。（带上别人怎么行呢？）

你会给刚刚毕业的大学生什么建议？你希望他们忽略什么建议？

我可能已经彻底跟不上时代了，但我的建议是亲身体验这个世界：当一回西部牛仔，开开卡车，加入海军陆战队，不要绞尽脑汁思考如何学会那些生活技能。我 74 岁了，相信我，你现在有大把时间，前面有无数的人生经历在等着你。不要担心被朋友打败了或超越了。走进这个污浊的大千世界，迎接失败的到来吧。我为什么这么说呢？因为我们的目的是要与自我联结，与自己的灵魂联结。每个人的一生都在努力避免厄运，我也不例外。但是，我碰到的最好的事情却发生在困境之中，发生在没有任何东西或任何人可以帮助我的时候。你到底是谁？你真正想要的是什么？欢迎来到现实的世界，你需要一边经历失败一边寻找答案。

你最常当作礼物送给他人的 3 本书是什么？

有一本书对我影响最大，但它可能是很多人最不想读的一本书。我说的这本书就是修昔底德的《伯罗奔尼撒战争史》。这本书又厚又长，晦涩难懂，充满了血腥暴力。正如修昔底德开篇所说，这本书不是为了好读或好玩而写的。书中涵盖了赤裸裸的永恒真理，它讲述的故事，任何一个民主国家的公民都应该拜读。

修昔底德是雅典的一位将军。在那场持续了 27 年的伯罗奔尼撒战争前期，他曾在一次战斗中遭到殴打和侮辱。于是，他决定放弃军旅生涯，用全部精力来详细记录这场战争。在他心里，他认为这场冲突必将成为有史以来规模最大、最重要的一场战争。他说到做到。

你听说过古希腊政治家伯里克利在阵亡将士葬礼上的演讲吗？修

昔底德曾当面聆听，并将其记录下来。

他是著名的"米洛斯对话"的亲历者，在雅典公民大会上倾听了这场决定米洛斯岛命运的辩论。即使没有亲眼看见雅典舰队在锡拉库萨的战败以及亚西比德的背叛，他也认识在场的人，他曾想尽一切办法记下他们所说的话。修昔底德和他那个时代的所有希腊人一样，不受任何宣扬人性本善或臻于完善的学说的束缚，不管是基督教神学、马克思主义，还是弗洛伊德心理学。在我看来，他看到的是事物的本来模样。这种看法虽然悲观，但因为真实，所以极具力量，令人兴奋。当时，科西拉拥有强大的海军力量。在这座岛上，有一个支派的人将他们的邻居和同胞关在神庙中，当着他们的面把他们的孩子都杀了。这些被俘之人是因为抓他们的人在神前立誓会对他们宽容以待才举手投降的，最后却遭到了屠杀。这不是一场国与国之间的战争，而是在地球上这个最文明的城市里上演的一场手足相残的大戏。读修昔底德的这本书，我们可以看到这个世界的缩影。它研究了民主社会如何通过分裂走向灭亡，这些分裂而成的派系相互交战，多数人（希腊语 Hoi polloi）与少数人（希腊语 Oligoi）交锋。

如果你想读一本有意思的书，我并不推荐《伯罗奔尼撒战争史》。但是，你如果想看一位伟大的智者如何解读一个最深刻的问题，那么不妨一试。

最近有哪个 100 美元以内的产品带给你惊喜感吗？

我想说的这个东西可不止 100 美元，我买了一辆电动汽车，确切地说，是一辆起亚秀尔，它的车顶安装了太阳能电池板。用太阳能驱动汽车真的很有趣，相信我，没错的。

有没有某次你发自内心喜欢甚至感恩的"失败"？

我刚写了一本叫"知识"的书，写的是我很喜欢的一次失败经历。

你猜结果怎么样？这本书也失败了。实际上，当我的第三部小说（正如从未发表的前两部小说一样）惨遭拒绝时，我正在纽约开出租车。那时，我想要出书已经想了 15 年。我决定放弃尝试，转战好莱坞，看看能不能找个写剧本的活儿。请不要问我写了哪些电影剧本，我是不会说的。即使通过其他方式了解到了，你也一定要小心，千万别看。不过，正是那段经历让我成长为一名专业人士，为我后来的所有成功铺平了道路。

你长久以来坚持的人生准则是什么？

我没有什么特别坚持的人生准则。

你做过的最有价值的投资是什么？

我从未做过股票投资，也从不会为身外之物冒险。很久以前，我就决定将一切赌注都放在自己身上。我会壮着胆子，用两年时间写一本可能遭拒的书，但我不在乎，我尝试过了，只是没有成功。我所信奉的，是投资自己的内心。我就是这样做的，真的，我是缪斯女神的臣仆，我把一切都押在她身上了。

有没有某个信念、行为或习惯真正改善了你的生活？

我一直坚持健身，也是个习惯早起的人。不过，几年前，我曾受邀去"专业训练营"接受 T. R. 古德曼的培训。当然，训练营有自己的一套体系，但基本上就是努力健身（而且一定要分组完成，三四个人一起训练）。虽然我不喜欢这种方式，但效果很不错。当我们锻炼完准备离开时，古德曼说："今后你们面对的所有事情都不会比你们刚刚完成的任务难。"

你如何拒绝不想浪费精力和时间的人和事？

几年前，我有机会去参观一家安保公司，这种公司的业务就是保护名人及其隐私。换句话说，它们的主要工作是拒绝。陪我参观公司的那个人告诉我，公司会筛选所有的来信、邀请和电子邮件，判断哪些可以通过，并送到客户手里。"有多少通过的呢？"我问。"几乎没有。"我的朋友说。我决定像这家公司那样处理我收到的邮件。如果我是一名安保人员，责任就是保护自己远离虚假、反社会和无知的要求，那么我会把哪些邮件扔进垃圾箱。这种方法对我很有帮助。

你用什么方法重拾专注力？

我有一位健身的朋友，他认识健身之父杰克·拉兰内（如果你没听过这个名字，可以在谷歌上搜索一下）。杰克说过，可以休息一天不锻炼，但是那天就不要吃饭。这其实就是说不可以松懈。我们可以去度个假，让自己打起精神，但是要知道，我们之所以来到这个世界，唯一的原因就是要跟随属于自己的那颗星。我要按照缪斯女神的指示做。好好健身一天，会帮你找回自己的状态，效果真的很神奇。

在你的专业领域里，你都听过哪些糟糕的建议？

这是一个很好的问题。在写作行业，人人都希望马上出名，而不用努力或是经历痛苦。这真的可行吗？还有的人喜欢写如何写作的书，而不是写一本真正有内容的书。糟糕的建议无处不在。找一批追随者，搭建一个平台，学习如何骗过现行的体制。换句话说，这些建议就是让人们做表面功夫，而不是脚踏实地地写出一些有价值的作品。我们这个时代的弊病就在于，我们总是浮于表面，就像那一英里¹宽、一英寸²深的普拉特河一样。我总说："你如果想成为亿万富翁，就发明一些能让人们放纵的东西。"有人确实发明了这种东西，那就是互联网、

---

1. 1 英里 ≈ 1.61 千米。——编者注
2. 1 英寸 =2.54 厘米。——编者注

社交媒体。在这个梦幻的世界里，我们像蜻蜓点水一样从一个肤浅愚蠢的事物跳到另外一个让我们分心的事物上。我们一直都停留于表面，从未有过一点点深入。真正的作品和满足感绝对不是来自网络，而是来自专研，比如正在写的书，正在录的专辑，正在拍摄的电影，并且要在其中沉浸很长时间。

当面对压力时你会完成最好的创意工作

苏珊·凯恩（Susan Cain）

推特: @susancain
脸书: / authorsusancain
　　　quietrev.com

苏珊·凯恩　"安静革命"的创始人之一，著有畅销书《内向性格的竞争力》（青少版）和《内向性格的竞争力：发挥你的本来优势》。后一本书已被翻译成 40 种语言，雄踞《纽约时报》畅销书榜 4 年多。它获得《快公司》杂志评选的"年度最佳图书"，同时，苏珊本人被评为"商界最具创造力 100 人"。此外，苏珊还是"安静校园网络"和"安静领导力学院"的创始人之一，她的作品发表于《纽约时报》《大西洋月刊》《华尔街日报》等媒体。她的 TED 演讲的观看次数超过 1 700 万，比尔·盖茨称这是他最喜欢的演讲之一。

有没有某次你发自内心喜欢甚至感恩的"失败"？

　　很多很多个月之前，我曾是一名公司律师。我对律师这个职业的看法喜忧参半，任何人可能都会说我入错了行，但我还在坚持。我为

巨人的方法

这份工作投入了很多时间（3 年的法学院，一年的联邦法官文书工作，确切地说，还在华尔街一家公司工作了 6 年半），并且与其他律师建立了深厚而宝贵的关系。但是，那一天还是到来了。当时，我正在向合伙人一步步迈进。公司的高级合伙人到我的办公室告诉我，我无法如期成为合伙人。直到今天，我都不知道他的意思是我永远不会成为合伙人，还是只是会被拖延很长时期。我只记得，我尴尬地在他面前流下了眼泪，然后请了假。那天下午，我提早离开公司，骑自行车在纽约的中央公园绕了一圈又一圈，不知道下一步该怎么做。我想我应该去旅行，或是安静地待一会儿。

然而，突然发生了一件事，就像电影里演的一样，让人无法相信——我想起来自己实际上一直想成为一名作家。于是，那天晚上我便开始动笔写作。第二天，我报名参加了纽约大学的创意非虚构写作课程。第二周，我去听了第一节课，发现自己终于找到了归宿。我从未想过以写作谋生，但我很清楚，从那时起，写作将是我的中心，我会做一名自由职业者，以便有很多空闲时间从事写作。

我如果如期成为合伙人，就可能现在还要每天工作 16 小时，忙于交易谈判，过着苦不堪言的生活。这并不是说我从未想过除了律师我还想从事什么职业，但直到我跳出法律圈的封闭文化，直到我有时间和空间去思考生活时，我才弄清楚自己真正想要做什么。

你做过的最有价值的投资是什么？

花 7 年的时间写《内向性格的竞争力》。我不在乎这本书花了我多长时间，但我希望它能获得成功。无论结果如何，我都很高兴自己投入了这些时间，因为我确信，写作尤其是写那本书是一件正确的事。

头两年，我完成了初稿，我的编辑表示这本书写得很糟糕，只不过她说话的方式比较委婉。她是对的，她说："投入你所需的所有时间，从头开始，直到把它写好。"在离开编辑办公室时，我很高兴，因为我同意她的说法。我知道我需要花几年的时间才能做到（毕竟，在《内向性格的竞争力》之前，我从未发表过任何作品，因此我正在学习如何从零开始写书）。我很高兴她能给我时间。大多数出版社都在书稿尚未完善之前就急着出版。我的编辑如果也这样做，那就不会有"安静革命"了。

你有没有什么离经叛道的习惯？

我喜欢听悲伤小调。我觉得这种音乐发人深省，超凡脱俗，真的一点儿都不悲伤。我觉得，那是因为这类音乐关乎生命和爱情的脆弱，其实也就是生命和爱情的珍贵。

莱昂纳德·科恩是我的守护神。你可以听一听《与我共舞至爱的尽头》或《著名的蓝雨衣》，或是他写过的几乎任何作品，当然包括《哈利路亚》，这是他最著名的一首歌，但实际上它只是冰山一角！另外，还有伊丹·瑞伽的《你真美丽》。这是一首极好听的歌曲，表达了对至爱之人的思念。不过，它实际上关乎的是普遍意义上的思念。

在所有语言中，我最喜欢的一个词就是"saudade"，这是一个葡萄牙词语，它在巴西和葡萄牙文化和音乐中处于核心地位。它的大概意思是对心爱之人或物的甜蜜渴望，此人或此物可能永远不会再回来了。试着听听圣母合唱团或切萨里亚·埃沃拉的歌。我的下一本书就和这个主题有关！

你会给刚刚毕业的大学生什么建议？你希望他们忽略什么建议？

你会听到很多故事，讲到某个人为了实现某个目标，尤其是和创造性有关的目标，而不惜一切代价。但是，我不认为，你只有在压力很大或者正处于破产或其他个人灾难的边缘时，才能完成最好的创意工作。事实正好相反，你应该安排好自己的生活，使自己尽可能舒适和快乐，这样你才能更好地从事创造性工作。

我经常问自己，在华尔街从事法务工作那些年是不是一种浪费，因为我一直以来真正想做的是探索人的心理，以写作的方式说出活着的真实感觉。答案是否定的，那些年并没有被白白浪费，原因有很多。首先，我对"现实世界"加深了了解，如果没有那些年的经历，现实世界对我来说将永远是个谜。其次，我亲自参与了华尔街的谈判，那里可谓研究人类偶尔表现出的可笑之处的最佳地点。最后一个原因，在我准备好开始创作时，它为我提供了经济上的缓冲。这一缓冲的作用并不是很大，因为我没有存下特别多的钱。不过，它还是起到了重要作用。在开始写作生涯之后，我花了大量时间打造一份适度的自由职业——教授谈判技巧，我可以用这份职业维持自己的生活，多久都没有关系。我告诉自己，我的写作目标是在 75 岁之前出版一本书。我希望写作一直是我的快乐之源，永远不要与财务压力或实现目标混在一起。

当然，我并不是说你所说的头脑聪明、发愤图强的大学生应该花 10 年的时间赚钱，然后开辟创造性的工作！但是，他们应该计划好如何实现收支平衡。这样，他们在做创意项目时，不管是一天花 30 分钟，还是 10 个小时，他们都可以完全集中在注意力、流畅性和偶尔的愉悦感上。

你用什么方法重拾专注力？

我喜欢喝浓咖啡，如果能整天都喝，那就是一件乐事。但是，我每天只允许自己喝一杯拿铁，而且留在做创造性工作时喝。其中一个原因是，它会像施魔法般启动我的大脑。另一个原因是，就像巴甫洛夫条件反射一样，我已经习惯了将写作与喝咖啡的乐趣联系在一起。

没死，就不能放弃

凯尔·梅纳德（Kyle Maynard）

照片墙：@kylemaynard

脸书：/ kylemaynard.fanpage

　　　kyle-maynard.com

凯尔·梅纳德　畅销书作家、企业家，曾作为综合格斗选手荣获"年度卓越体育表现奖"（ESPY）。他是第一位没有借助假肢而登顶乞力马扎罗山和阿空加瓜山的四肢瘫痪者，也因此得名。奥普拉·温弗瑞称他为"你所听说的最鼓舞人心的年轻人"，阿诺德·施瓦辛格称赞他是"人类的冠军"，甚至韦恩·格雷茨基也谈论过凯尔的"伟大之处"。凯尔出生时患有一种罕见的疾病，这种疾病导致他没有前臂和小腿。尽管如此，在家人的支持下，凯尔小时候就学会不用假肢独立生活。他现在是摔跤冠军（入选美国国家摔跤名人堂）、CrossFit（一个起源与美国的健身训练体系）认证教练、"没有借口"健身房的老板、创造世界纪录的举重运动员，以及技术熟练的登山者。

你最常当作礼物送给他人的 3 本书是什么？

　　弗兰克·赫伯特的《沙丘》。

阿尔贝·加缪的《局外人》。

约瑟夫·坎贝尔的《千面英雄》。

有没有某次你发自内心喜欢甚至感恩的"失败"？

很难想到哪次失败没有为后来的成功奠定基础。失败与我取得的任何重大成功都密不可分。

我很喜欢的失败经历发生在我小时候。我的奶奶贝蒂原来有一个深绿色的罐子，里面装着白糖，奶奶过去常常叫我从里面舀糖出来。但问题是，作为一个没有四肢的人，我必须用两只大臂夹住东西，而罐子只能放进去一只手臂。我会在罐子旁边坐几个小时，想办法把勺子放在我的一只胳膊上，但总是掌握不好平衡，勺子反复掉下来。有时，我都已经靠近罐子边缘了，结果勺子还是掉了下来。我会再试 50 次，结果还是快到顶部又失败了。最后，我总会成功，有时这也挺让我惊讶的。这件事不仅有助于提高我的敏捷度和专注力，而且有助于提高我的意志力。芬兰语有一个词最能形容我的这种感觉，那就是"sisu"。它指一种精神力量，即使你感觉已经达到了自己能力的极限，也要继续尝试。我认为失败是过程的一部分，不是有时如此，而是始终如此。当你觉得无法继续时，你要记住你才刚刚开始。

你长久以来坚持的人生准则是什么？

我的人生准则来自我的朋友理查德·麦克豪兹，他曾是美国海军海豹突击队队员。他说："只要没死，就不能放弃。"我在 35 场比赛中失利后，父母让我继续摔跤，当时有些人说这是虐待儿童。不到 10 年，同样是这些人，他们又说我拥有不公平的优势。曾有评论说，只需 20 秒，我就会成为电视播报的第一个在综合格斗比赛中死亡的选手。我的姐妹读到这些评论时大哭不已。剧透一下，我并没有死。有人说我的团队会因为我死在乞力马扎罗山和阿空加瓜山上。我敢打赌，这些评论人士大多没有像我和我的朋友那样站在高山之巅。正是这个原因，我很喜欢理查德的那句话。在最艰难的时刻，这句话就是我的口头禅。虽然理查德今年未能战胜癌症，但是他这一辈子的经历比大多数人十辈子经历的都要多。直到咽下最后一口气，他都在践行这句话。

你有没有什么离经叛道的习惯？

我觉得苦难可能是我最喜欢的奇怪之事了。苦难是我最伟大的老师。我出生时没有前臂和小腿，这让我感觉自己与其他小孩不同；在橄榄球比赛中被大孩子压在下面；在州级摔跤比赛和全国摔跤比赛中鼻梁骨折；在山坡上倍感寒冷、体力不支；精神紧张，为健身房能否发出工资而担忧——这些时刻在当时未必有趣，但后来它们都成为我最喜欢的时刻。此外，我也喜欢那些喜欢苦难的人。我最好的朋友杰夫·吉姆三次才通过海豹突击队的基础水下爆破训练，带着病毒性胃肠炎和横纹肌溶解度过了"地狱周"。在他结束 10 年海豹突击队服役的那天，我问他最美好的时光是什么，他说就是那段怎么做都不对，看着教练竭尽全力让他放弃的时光。

你会给刚刚毕业的大学生什么建议？你希望他们忽略什么建议？

自从我读了约瑟夫·坎贝尔的那句话"追随自己内心的极乐"，它就成为我前进的方向。我洗澡时，有时会发呆几个小时，就像被人催眠了一样。像这种时刻，这句话会对我帮助很大。思考什么事情会让我感到幸福，并不能像思考什么事情会让我感到极乐那样清晰。对我来说，极乐就是我在山顶上感受到的那种自由，或是我躺在双体船的网上横跨半个地球时感受到的微风。极乐是快乐的最高点。如果说幸福刚好超越了现状，那么极乐就是你感到最具活力的状态。要追随自己内心的极乐，就需要勇气，有时你可能会觉得很糟糕。你可能要为此冒险，别人也不一定能理解你。此外，今天带给你极乐的东西明天

巨人的方法

可能就不再有这样的效果了。你要做的就是从头来一遍。

在你的专业领域里，你都听过哪些糟糕的建议？

我听过的最糟糕的建议就是不要提高主题演讲的邀请费。有人告诉我，我会因要价过高而无人问津，会因近期媒体曝光度不足而无法与知名演讲者竞争，等等。但是，我还是决定提高价格——先是逐渐提高，然后翻了一番。现在，我的邀约量是以前的两倍，邀请方甚至很少与我商议价钱。我真希望自己早点儿这样做，它给了我更多自由。在回答这些问题时，我正在克罗地亚的游艇上。我会在游艇上待一周，这个夏天剩下的时间都会在欧洲旅行。时间是我们唯一无法拿回来的东西。当你读这本书时，我可能准备把邀请费再增加一倍。

你如何拒绝不想浪费精力和时间的人和事？

我曾听一位成功的首席执行官分享他聘用员工的理念，我最大的转变就源于此。随着公司不断发展壮大，他没有时间亲自面试员工，于是让手下给应聘者打分，1 到 10 分不等。唯一的规定是不能选择 7 分的人。我立刻意识到我收到了多少我会给 7 分的邀请，包括演讲、婚礼、咖啡厅见面，甚至约会。我如果给某件事打 7 分，就很有可能觉得这件事我有义务去做。但是，我如果必须对 6 分或 8 分的事做出抉择，快速确定该不该考虑这件事就容易多了。

凯尔·梅纳德

发人深思的箴言

蒂姆·费里斯

（2015 年 9 月 18 日—10 月 2 日）

人们认为专注意味着对你需要专注的事情说"是"，但这根本不是专注的含义。专注意味着对其他上百个好主意说"不"。你必须谨慎选择。相比已经完成的工作，我对那些没有完成的工作一样感到自豪。创新就是对 1 000 件事情说"不"。

——史蒂夫·乔布斯
苹果公司创始人、前首席执行官

你正在寻找的东西也在寻找你。

——鲁米
13 世纪波斯诗人、苏菲派大师

任何对生活过于精打细算的人必定缺乏想象力。

——奥斯卡·王尔德
爱尔兰诗人、著有《道林·格雷的画像》

竞争是创造力的对立面

泰瑞·克鲁斯（Terry Crews）

推特/照片墙：@terrycrews

脸书：/ realterrycrews

terrycrews.com

泰瑞·克鲁斯 演员，曾是美国职业橄榄球大联盟的运动员，效力于洛杉矶公羊队、圣迭戈闪电队、华盛顿红人队和费城老鹰队。他在诸多领域都有出色的表现，包括风靡全球的"欧仕派"原创广告，电视剧《新闻编辑室》《发展受阻》《人人都恨克里斯》，电影《小姐好白》《敢死队》系列、《伴娘》、《最长的一码》。泰瑞现在参演了福克斯的情景喜剧《神烦警探》，该片夺得金球奖。2014年，泰瑞出版了自传《男子气概》。

你最常当作礼物送给他人的 3 本书是什么？

查尔斯·哈奈尔的《世界上最神奇的 24 堂课》。关于个人发展的书，我读了几百本，唯独这本书清楚地告诉我如何设想、思考并关注我真正想要做的事。通过这本书，我知道了我们只会得到我们最渴望的东西，我们要让自己像激光一样专注于一个目标、任务或项目。我明白了要想"拥有"，必须"力行"，要想"力行"，必须"活着"，这是一个紧密相连的过程。尽管这些愿望需要一定时间才能在物质世界中显现出来，但是我们必须现在就将自己渴望的事视为完成的、真实的。你在这一点上做得越好，成就的事情越多。我买了好几本《世界上最神奇的24堂课》送给家人和朋友。我大概每个月会重读一次，以保持清晰的目标。

还有两本书，分别是维克多·弗兰克尔的《活出生命的意义》和大卫·麦克雷尼的《聪明人的心理学》。为了在不断变化的世界中保持正确的视角，这两本书对我来说都是必不可少的。

有没有某次你发自内心喜欢甚至感恩的"失败"？

1986年，那是我在密歇根州弗林特市弗林特学院读中学的最后一年。我是我们班篮球C队的首发中锋。那一年，我们的球队特别棒，大家认为我们会一路过关斩将，可能会打到密歇根州的季后赛。我们在区决赛中的对手是伯顿市的阿瑟顿中学，我们希望可以击败他们，但他们的打法我们从未见过。他们根本不是在打球，只是把球带到后场，然后在球场的上方传来传去。因为没有投球时限，所以他们可以一直那么做。我们唯一的投球得分都是我们设法抢到了球。但是出于某种原因，我们的教练决定放任对方那么做。我记得当时我站在球场上，举起双手准备做区域防守，我看到的却是对方一直持球，根本没有投篮的意思。我非常沮丧，我每次试图离开防守区域，都被教练严厉叫住。这种打法对他们很有效，因为比赛时间仅剩5秒的时候，比分是47∶45，对方超出我们两分。

这时，他们的一名球员犯了错，来了一个长传，球被我截住。我拼命运球，跑了个全场。5——4——3——2——1……这是我们获胜的唯一机会了。但是，我没有投中，对方球迷顿时狂叫起来。那是我那一年最难过的事，我瘫坐在一旁，觉得自己的人生结束了。随后，教练对所有队员说，我没有必要投那个球，我应该把球传给我们的明星球员。不过，真正要命的是第二天的报纸，我受到学生和老师的嘲笑。我彻底崩溃了。我内心一直想着这次失败，不管走到哪里都被乌云笼罩着。

几天后，失败的迷雾逐渐消散。我记得我独自在房间里，这很难得，因为我和我的兄弟一个房间。当时我坐在房中，周围一片寂静，有另外一个想法驱散了我的悲伤。"我投了球。"真是鼓舞人心，甚至令人兴奋，"嘿，在关键时刻，你并没有把自己的未来留给别人去决定，而是自己把握住了机会。"突然，我觉得自己自由了，觉得一切都掌控在自己的手中。我知道，从那以后我会勇敢地接受自己的失败。从那一刻起，我决定，不管是成功还是失败，我都自己说了算。这件事永远改变了我。

你长久以来坚持的人生准则是什么？

> 上帝是不愿意让懦夫来阐明他的功业的。——拉尔夫·沃尔多·爱默生

我喜欢这句话，因为它讲的是战胜恐惧。世界上每一项伟大的成就都是通过勇气来完成的。说真的，你的母亲如果没有勇气生下你，你就不会活在这世上。当我为某事感到焦虑或紧张时，我就会重复这句话。我会问自己"最差的结果是什么？"一般来说，答案都是"你可能会死"。然后，我会回答："我宁愿死，也要去做一件我觉得很伟大很了不起的事，而不是安全舒适地过自己讨厌的生活。"我经常自言自语，而这句话能帮我想明白并战胜恐惧。你越逃避恐惧，恐惧越强大，但你越是直面恐惧，恐惧越会像幻象那样消失不见。

你会给刚刚毕业的大学生什么建议？你希望他们忽略什么建议？

聪明和智慧之间有很大的区别。许多人都误以为它们是一样的，但事实并非如此。我见过聪明的连环杀手，但我从未见过睿智的连环杀手。聪明人在社会上被赋予这个莫须有的头衔，仅仅因为他们聪明，他们的话就会被倾听，我发现这非常危险。我曾与几个非常聪明的人一起加入一个基督教团体，但回想起来，我如果听从智慧的引导，就会发现我们走错了路。聪明就像你按照GPS（全球定位系统）给出的路线，把车开到大海里，直到淹死为止。智慧是着眼于这条路线，但是当它转向大海时，你会做出决定，不再沿着指定路线走，而是找到一条新的、更好的路。智慧才是至高无上的。

如果有人告诉你，你会错失某些东西，那么你要统统忽略这些建议。我在生意、婚姻和个人行为上犯过的每个错误，都是因为我觉得如果现在不做或得不到，这件事就永远不会发生。就像洛杉矶的大多数俱乐部一样，它们的伎俩是让门外排起长长的队伍，而里面却没有什么人。"排他性氛围"实际上就是"糟糕氛围"的代名词。做你想做的事，你便拥有了一切你所需要的。

在你的专业领域里，你都听过哪些糟糕的建议？

"努力打败竞争对手。"实际上，竞争处于创造力的对立面。我如果正在努力打败竞争对手，实际上我就会无法进行创造性的思考。创造力会淘汰所有的竞争观念。我当橄榄球运动员的时候，有人告诉我要努力打败另一支球队，对抗未来可预见的威胁（新球员、自己的年龄或伤病），甚至包括当前的队友。作为演员，有人会说你应该为了"竞争"而打扮成什么样子，或是做你不认同的事。这种竞争心态会毁掉人类。这种思维方式相当于焦土策略，其结果就是所有人都被烧死。

事实上，只有同一领域的所有人都获得成功，你才能取得自己的成功。创造力与竞争截然不同。你之所以努力，是因为你受到了启发，而不是因为你必须这样做。这样，工作会变得有趣，你每天也会精力充沛，因为这种生活不是"年轻人的游戏"，而是"受启发之人的游戏"。成功的钥匙属于任何受到启发的人，不受年龄、性别或文化背景的限制。当你发挥创造力时，你会让竞争显得老旧过时，因为世界上没有第二个你，没有人的行事方式能和你完全一样。不用担心竞争，实际上，你如果富有创造力，就会完全理解，他人的成功无疑也是你的成功，这样你会为别人的成功欢欣鼓舞。

你如何拒绝不想浪费精力和时间的人和事？

我曾意识到必须让某个人离开我的生活，再也不要回来。我生活中的人际关系，从亲朋好友到生意伙伴，都必须是自愿的。我的妻子可以随时离开我，家人可以给我打电话，也可以不打，生意伙伴可以决定撤出，这都没有问题。不过，我对他们来说也应该如此。如果我准备离开，但有人不接受，我们就遇到问题了。我记得曾经尝试离开一个非常亲密的朋友，因为他的一些行为让我感到很不舒服。不久之后，我收到一封挂号信，这位朋友因为"友谊"的终结向我索取 100 万美元，威胁说我如果不给就起诉我。这太荒谬了，我至今仍这样觉得，所以我把这封信裱了起来，提醒自己放手并继续前进的必要性。我会用这样一种方法，就是想一想我未来的曾孙，我会和他们聊天，问他们有关决策和关系的问题，以及是否应该继续下去。他们往往会大声而清晰地回答我："曾祖父，您不应该这样做。您不要管这些人，否则我们将受到负面影响，更糟糕的是，我们可能会不复存在。"这些想象告诉我，这件事影响的不仅仅是我。我意识到，世上存在着"享乐意志""权力意志"，用维克多·弗兰克尔的话说，还存在着"活出生命意义的意志"。你不会为了享乐或权力而挨枪子儿，但会为了活出生命的意义而挨枪子儿。因此，有时你必须远离某些人。你的圈子中如果有一个错误的人，他就可能破坏你的整个未来，这一点十分重要。

不要用"忙"做借口

黛比·米尔曼（**Debbie Millman**）

推特/照片墙：@debbiemillman

debbiemillman.com

黛比·米尔曼 被美国《平面艺术设计杂志》誉为"当今最具影响力的设计师之一"。她是《设计的重要性》的创始人和主播。《设计的重要性》是全球第一个也是存续时间最长的设计类播客节目，她采访了近300位设计大师和文化评论家，包括马西莫·维涅利和米尔顿·格拉泽。黛比的艺术作品在世界各地被展出过。她设计的产品种类繁多，有包装纸、沙滩浴巾、贺卡、扑克牌、笔记本、T恤、《星球大战》的周边产品、汉堡王的全球品牌重塑。黛比是美国平面设计协会（AIGA）的名誉主席（她是该组织在100年的历史中担任过此职务的5位女性中的一位）。此外，她还是《印刷》杂志的编辑和创意总监，并出版了6本书。2009年，黛比与史蒂文·海勒在纽约视觉艺术学院共同创立了全球第一个品牌艺术硕士学位课程，赢得了国际社会的一致好评。

你最常当作礼物送给他人的3本书是什么？

《内心深处的伟大声音：美国20世纪诗歌选集》对我的生活产生了很

大的影响，我百看不厌。这本诗集由海登·卡鲁思精心编辑。20 世纪 80 年代初，我参加了一个大学暑期课程。当时，这本诗集是必读的一本书。这本书看起来很有趣，让我遇见了我最珍爱、感受最深的一首诗——查尔斯·奥尔森的《马克西姆斯之书》。从那以后，这首诗就成了我的人生蓝图。此外，我还读到了丹妮斯·莱维托芙、阿德里安娜·里奇、埃兹拉·庞德、华莱士·史蒂文斯等人的诗。现在，我还留着当时的那本诗集。虽然封面已经脱落，书脊有很多裂开的地方，但我会永远保留它。

最近有哪个 100 美元以内的产品带给你惊喜感吗？

在我过去 6 个月所买的东西中，对我影响很大的当属"苹果铅笔"。我用纸笔画了很多艺术作品，现在我有了这种智能触控电容笔，它用起来和真的铅笔没什么两样。它改变了我的工作方式。

有没有某次你发自内心喜欢甚至感恩的"失败"？

2003 年初，一位好友给我发了一封电子邮件，主题是"点开这封邮件前，先多喝点儿酒"。邮件是一个名为"Speak up"的博客链接，这是世界上第一个有关平面设计和品牌的在线论坛。突然，我发现眼前是一篇贬低我整个职业生涯的文章。这一事件，再加上人生中的几次被拒绝和挫折经历，我深深地陷入沮丧，我开始认真考虑要不要彻底退出设计行业。但是，这件事已经过去 14 年了。那篇抹杀我一切成就的文章，以及文章中提及的我很长一段时间内都将之视为彻底失败的经历，却成为我未来所做一切的基础。我现在所做的一切都是那时播下的种子。事实证明，我在这个行业最糟糕的经历其实是决定我人生的最重要的经历。

你长久以来坚持的人生准则是什么？

我喜欢的一句话是："忙是一种抉择。"原因是，在人们用来解释为什么自己不能做某事的诸多借口中，"我太忙了"这个借口不仅是最假的，也是最懒的。我不相信哪个人"太忙了"。就像我说的，忙是一种抉择。我们会做我们想做的事情。我们如果说自己太忙了，就说明这件事"不够重要"。这意味着你宁愿去做其他你认为更重要的事情。"这些事情"可能是睡觉、做爱，或者看《权力的游戏》。如果我们以忙碌为借口而不做某事，那实际上就是说这件事不是最重要的事。

简言之，我们不是要找时间做某事，而是要腾出时间做某事。

我们现在生活在一个标榜忙碌的社会。以"我太忙了"为借口去回避自己不愿意做的事情，已经成为一种文化。可问题是，你如果找理由不做某件事，就永远都不会去做这件事了。你要是真想做某件事，即使很忙，也不会让忙碌成为障碍。为自己想做的事腾出时间，然后放手去做吧。

你做过的最有价值的投资是什么？

我做过的最好的投资是心理治疗。我开始做心理治疗的时候才 30 多岁，费用几乎超出了我的承受能力。但是，我知道我需要深刻了解自己当时所做的所有具有破坏性的事，这样才能过上一种不平凡的生活，而这是我最想要的。多年来，有时我还是会心疼每月在这方面的花销，但我从未怀疑这笔投资的价值，因为它塑造了现在的我。尽管我觉得自己的心理问题还很严重，但是心理治疗已经以各种可能的方式改变了我，进而挽救了我的生命。

我接受的是精神分析心理治疗，换句话说，就是强调"自我心理学"的精神分析。对我来说，谈话疗法是唯一真正吸引我的方法，而眼动脱敏与再加工疗法、行为矫正疗法等在我看来有点儿像巫术。

我认为，在做心理治疗时需要考虑以下几个重要因素，当然这只是从我个人的角度来说。

一周一次的效果不佳。一周两次或多次会形成连续性，让治愈的可能有机会生根发芽，这是一周一次的频率达不到的效果。另外，每周一次总有一种"追赶进度"的感觉。

治疗是需要时间的。它需要集中精力、耐力、韧性、毅力和勇气。它不是一个快速解决问题的方案，却挽救了我的生命。

对治疗师不要有任何隐瞒。如果你刻意隐藏自己，假装自己是另外一个人，或者表现出自己想要成为的模样，治疗就会花费更长的时间。你是什么样子，就是什么样子。如果你担心治疗师会评判你，告诉他们你的顾虑。所有这些都是很重要的话题。

觉得羞愧并不可耻。几乎每个人都会有羞愧感，心理治疗能够帮助你了解这一点。没有什么比了解你的动机和不安全感更能帮助你以最健康、最真实的方式将这些感觉融入你自己的内心了。

我不建议你去找你朋友的治疗师。现在，大多数优秀的治疗师都遵守这一规则。因为，这样会让事情缺乏界限感，边界也会变得十分怪异。

没错，心理治疗的费用很高。但是，你难道不想更好地了解自己，打破内在的不良习惯，摆脱大部分讨厌的事（或者至少先了解自己为什么会这么做），让自己过上更幸福、更满足、更平和的生活吗？有什么比这些更有价值呢？

如果你正在找治疗师，我的建议是确保对方受过专业训练（博士或医学博士学位，最好加上博士后头衔）。

你有没有什么离经叛道的习惯？

有人告诉我，我喜欢编一些傻傻的歌曲，还在各种荒唐的场合把它们唱出来，所以我正试图把自己的生活变成好莱坞音乐剧。这一点我倒是认同。

黛比·米尔曼

有没有某个信念、行为或习惯真正改善了你的生活？

我在《设计的重要性》节目中采访了著名作家丹妮·夏彼洛。采访过后，我们开始谈论信心对成功的作用。她说，她觉得信心的作用被高估了。她的话立刻吸引了我。她解释说，她觉得大多数极度自信的人都很烦人，最自信的人往往很自大。她觉得，过分自信就表明此人正在补偿某种内在的心理缺陷。

与此相反，丹妮认为，勇气比信心更重要。当你勇敢地采取行动时，你仿佛在说，无论你如何看待自己、机遇或结果，你都会冒险一试，朝着自己梦想的方向迈出一步。你不会等待信心神秘地到来。我现在相信，信心是通过努力不断取得成功而建立起来的。某件事，你练习得越多，做得越好，并且你的信心也会随之增长。

你会给刚刚毕业的大学生什么建议？你希望他们忽略什么建议？

自从教书以来，我有很多可以给大学生的建议。我认为其中最重要的就是求职。就像生活中所有其他有意义的事情一样，求职也需要训练才能变得擅长。你不仅能找到一份好工作，而且能打败极具竞争优势的候选人从而赢得一份好工作，这些候选人可能和你一样想要这份工作，甚至比你更想要。找到并赢得一份好工作相当于一项竞技运动，它需要的能力和毅力与参加奥运会一样多。只有处于最佳的职业状态，你才能赢得好工作。

想要赢得一份好工作，运气的成分少之又少，更多是努力、耐力、毅力、独创性和时机。在你看来是幸运所致的事情，其实是努力的回报。当我的学生准备踏入现实世界时，我会让他们问自己几个问题：

我是否在寻找和赢取好工作上花了足够的时间？

我是否在不断完善和提高自己的技能？我将如何继续提高某方面的能力，并在这方面更具竞争力？

我是不是比其他任何人都更努力？如果不是，我还能做些什么？

　　我的竞争对手在做哪些我没有做的事？

　　我是不是每一天都竭尽所能地保持着"职业状态"？如果不是，我还应该做些什么？

　　我认为他们应该忽略这样一条建议，那就是做一个"有人缘的人"。没有人关心你是不是有人缘。有自己的观点，并有意义地、深思熟虑地、坚定地分享它。

在你的专业领域里，你都听过哪些糟糕的建议？

　　我不相信工作与生活之间的平衡。我认为，如果你将工作视为一种感召，那么它将是你心甘情愿做的事，而不是费心费力去做的事。如果你的工作是一项使命，你在付出时就不会带有恐惧感，也不会时刻盯着时钟盼望周末的到来。你的使命会让你拥有积极向上的工作态度和敬业度，它自己会达成平衡，并为你提供精神营养。具有讽刺意味的是，要实现这一目标需要辛苦的付出。

　　在二三十岁的时候，你如果想拥有一份出色而充实的职业，就必须努力工作。你如果不比其他人更努力，就无法走在前头。此外，如果你在二三十岁的时候就寻求工作与生活的平衡，那么你可能选错了职业。你如果正在做自己喜欢的事情，就一定不会追求工作和生活之间的平衡。

你用什么方法重拾专注力？

　　作为一个土生土长、嗓门很大的纽约人，我经常后悔自己在生气或沮丧时的种种冲动。现在，如果感受到那种熟悉的冲动，准备做出防御性的回击，抑或说出那些并非真心的气话，或是通过邮件或短信回应所受的伤害，我就会选择等一等。我强迫自己深呼气，退后一步，等一等再做出回应。即使只等一两个小时或是过一晚上，也会有很大的改观。如果所有方法都失败了，我就会遵循我在一个中国幸运饼上看到的话，我把它贴到了我的笔记本电脑上："不要不加控制地雪上加霜。"

巨人的方法

大脑像身体一样有韧性

纳瓦尔·拉威康特（Naval Ravikant）

推特：@naval

　　startupboy.com

纳瓦尔·拉威康特　美国股权众筹平台 AngelList 的联合创始人兼首席执行官。此前，他曾与人共同创立了搜索引擎 Vast.com 和消费评价分享网站 Epinions.com，后者作为 Shopping.com 的子公司成功上市。纳瓦尔是一位活跃的天使投资人，目前已经投资了 100 多家公司，其中包括许多取得巨大成功的独角兽企业，例如推特、优步、企业社会化网络 Yammer、快递公司 Postmates、移动电商平台 Wish、共享服务平台 Thumbtack 和提供网络安全服务的 OpenDNS 公司。近年来，我在寻求创业建议时，最经常联系的就是他。

你最常当作礼物送给他人的 3 本书是什么？

　　吉杜·克里希那穆提的《全然的自由》。这是一个理性主义者所写的人心危险指南，是我重复阅读的精神之书。

　　尤瓦尔·赫拉利的《人类简史》。这本书讲述了人类的历史，包括观察、框架和心理模型，它将会改变你看待历史和人类的方式。

马特·里德利所有的书。马特是一位科学家、乐观主义者和前瞻性思想家。《基因组》《红王后》《美德的起源》《理性乐观派》，这些书都很棒。

有没有某次你发自内心喜欢甚至感恩的"失败"？

痛苦能令人清醒，痛苦的时候你无法再否认当下的真相，你将被迫做出令你不适的改变。我很幸运，我在生活中没有得到自己想要的一切，否则我会很满意自己的第一份好工作、大学恋人和大学城。少时贫穷长大才能赚钱。正因为对老板和长辈失去信心，我才成了一个独立的成年人。也是因为步入错误的婚姻，我有所觉察，最终才能找到合适的伴侣。生病让我关注健康。这样的例子有很多。内心的痛苦是变化的种子。

你长久以来坚持的人生准则是什么？

> 愿望是你与自己订立的契约，只有得偿所愿，你才会感到高兴。

愿望是动力，是激励因素。实际上，凌驾于一切之上的绝不妥协的真诚愿望几乎总是可以实现的。但是，每一次判断、每一种喜好、每一次挫折都会产生不同的愿望，而我们很快就会深陷其中。每个愿望都是一个需要解决的问题，直到问题解决，我们的痛苦才会停止。

幸福抑或安宁是一种感觉，在这一刻我们什么都不缺，没有各式各样的愿望。我们是可以有愿望的，但要选择一个宏大的愿望，并且要仔细选择，放下那些渺小的愿望。

你做过的最有价值的投资是什么？

我读过的每一本书都不是别人让我读的，或者也可以这么说，我读书没有什么目的性。

我只是单纯喜欢读书，这种习惯一旦养成，就会发挥极大的作用。我们生活的年代好似亚历山大时期，每一本书、每一条知识都触手可及。学习的方式也多种多样，而稀缺的是学习的欲望。读你想读的内容，而非"应该读"的内容，以此来培养这种欲望。

有没有某个信念、行为或习惯真正改善了你的生活？

幸福是一种选择，也是一种技能。

我们的大脑像身体一样有韧性。我们会花很多时间和精力去改变外部世界，改变其他人，改变我们自己的身体，同时却始终认同自己在青年时代塑造的自己。我们始终认同自己心中的声音，并把它当作一切真理的源头。但是，所有这些都是可塑的。每一天都是崭新的一天。记忆和身份都是来自过去的负担，会阻碍我们当下的自由生活。

你会给刚刚毕业的大学生什么建议？你希望他们忽略什么建议？

把你的求知欲聚焦在当前的"热门"事物上。如果你的求知欲把你带到社会最终想要到达的地方，你将获得丰厚的报酬。

做任何你想做的事，但不要那么焦虑、痛苦、情绪化。所有事情都是需要时间的。

忽略新闻报道、爱抱怨的人、爱生气的人、喜欢和别人发生冲突的人，以及任何因为不明确或不存在的危险而试图吓唬你的人。

不要做那些你知道有违道德的事情，这并不是因为有人在看，而是因为你自己知道。自尊只是你自己能看到的声誉，你一直都知道这一点。

忽略不公平，世上没有公平可言。尽你所能发挥自己的才能。人都是高度一致的，你最终会得到自己应得的，别人也一样。最后，每个人都会接受相同的审判——死亡。

在你的专业领域里，你都听过哪些糟糕的建议？

"你太年轻了。"大部分历史都是年轻人创造的，他们只是在年纪更长的时候才得到应得的荣誉。如果你真正想学习什么东西，唯一的方法就是练习。没错，要听指导，但不要坐而论道，光说不练。

你如何拒绝不想浪费精力和时间的人和事？

几乎所有的事情我都会拒绝，我很少会做短期的妥协。我只希望与能够永远和我合作的人一起工作，我只希望把时间花在令人高兴的活动上，我只专注于长期发展。

因此，我没有时间做那些短期的事情，比如，与以后再也不会见面的人共进晚餐，为了取悦乏味的人而参加乏味的仪式，或是去我本来不会去的地方度假。

你用什么方法重拾专注力？

记住，你终有一死。一切都将化为乌有。还记得你出生之前吗？就像那样。

大神只是掌握了适合自己的技能和习惯的人

马特·里德利（Matt Ridley）

推特：@mattwridley
　　mattridley.co.uk

马特·里德利　杰出的作家，他的书销量超过 100 万，被翻译成 31 种语言，集各种大奖于一身。其代表作包括《红王后》《美德的起源》《基因组》《先天后天》《弗朗西斯·克里克》《理性乐观派》《自下而上》。《理性乐观派》是本书各位导师最为推荐的一本书。马特的 TED 演讲《当思想有了性》点击量超过 200 万。他为伦敦《泰晤士报》的每周专栏供稿，并定期为《华尔街日报》撰写文章。作为里德利子爵，他于 2013 年 2 月当选英格兰上议院议员。

你最常当作礼物送给他人的 3 本书是什么？
　　有两本书对我的生活影响巨大，它们是詹姆斯·沃森的《双螺旋》和里查德·道金斯的《自私的基因》。这两本书之所以令我着迷，是因为它们不仅彻底改变了科学故事的讲述方式，而且在阐明生命的奥秘方面取得了新的科学突破。这两本书巧妙地回答了数百年来一直困扰人类的一个问题：什么是生命？沃森的"非虚构小说"作为文学领域一项惊人的成就，讲述了 20 世纪最伟大的科学发现。道金斯这本比小说还离奇的作品颠覆了进化生物学，就像一本伟大的侦探小说。

最近有哪个 100 美元以内的产品带给你惊喜感吗？

SleepPhones（睡眠耳机）。这款睡眠耳机像头巾一样，可以遮盖住眼睛和耳朵，内置两个超薄耳机，这样你可以在入睡时听书。

有没有某个信念、行为或习惯真正改善了你的生活？

在入睡时听书的习惯。这一习惯治愈了我有时很严重的失眠症，让我摆脱了用于改变情绪的药物或徒劳而昂贵的心理治疗，同时让我有机会"读了"更多的书。用心设好计时器，每次醒来后往回倒一点儿，我几乎不会错过任何一本书。

你会给刚刚毕业的大学生什么建议？你希望他们忽略什么建议？

不要被任何东西吓倒。就绝大多数职业而言，成功的人并不比你聪明。成年人的世界并非到处都是大神级的人物，大家只是掌握了适合自己的技能和习惯。术业有专攻，人类的伟大成就是成为专门的商品或服务生产者，因此才会有各种各样的消费者。自给自足是贫穷的代名词。

不要浪费时间抱怨现状，你有能力改变一切

波泽玛·圣约翰（Bozoma Saint John）

推特 / 照片墙：@badassboz

波泽玛·圣约翰 优步的首席品牌官。她曾是音乐流媒体推荐平台 Beats Music 的全球营销负责人，Beats Music 被苹果音乐收购后，波泽玛被任命为苹果音乐的营销主管。2017 年 6 月，波泽玛离开苹果音乐，加盟优步。2016 年，她荣获《公告牌》"年度高管"称号，并入选《财富》全球 40 位 40 岁以下商界精英排行榜。此外，她还入选《快公司》商界最具创造力 100 人榜单。波泽玛出生于加纳，14 岁时与家人一起移民美国科罗拉多州斯普林斯。

你最常当作礼物送给他人的 3 本书是什么？

我很喜欢托妮·莫里森的《所罗门之歌》。她的写作风格极富诗意，又很复杂。她不会"允许"任何读者在读这本书时表现出懒惰。因此，除了引人入胜的故事情节，我还会花时间去理解其中的角色，并重新阅读那些需要特殊理解的段落。我丈夫生前第一次和我搭讪想更好地了解我时，我让他好好读一读这本书。我们的第一次约会就是交流读

后感，很明显，他完成得很出色。两个月后，他送给我一份生日礼物。那是一幅画，描绘了他对这本书的理解。那时我就知道我想嫁给他。任何愿意根据我的推荐而花时间阅读、体会和诠释托尼·莫里森这本书的人，我都愿意与之共度时光。这段经历告诉我，有人如果在意你，就会不遗余力地去了解你。所以托尼·莫里森帮我树立了一个很高的标准。

你有没有什么离经叛道的习惯？

我很喜欢观察人。我可以一整天什么都不做，只观察来往的行人，观察路过的人们真的很有意思。你可以通过观察来来往往的人来了解当地文化。有很多观察人的好地方，比如美国购物中心的美食广场、巴黎街角的咖啡馆、加纳首都阿克拉的市场……时尚、礼仪、公开表达爱意的方式，所有这些都是可以学习的，它们也能使观察者在那种文化中成为更受尊敬的参与者。

你用什么方法重拾专注力？

我会去睡觉，或者打个盹儿。毫无疑问，小睡20分钟无法帮我卸下重担。不过，它仿佛是我大脑的刷新按钮。因为睡着的时候我不再思考，所以醒来后我的头脑会更清晰，更能根据直觉做出决定。每次醒来时的感觉都会给我指引。

你长久以来坚持的人生准则是什么？

这个问题很容易回答，"欲变世界，先变其身"。我们花了太多时间抱怨现状，却忘记了我们有能力改变一切。还有一句迈克尔·杰克逊的名言："我要从镜中之人开始做起。"这两句话表达不同，但意思相同。

发人深思的箴言

蒂姆·费里斯

（2015 年 10 月 9 日—10 月 30 日）

专家就是这样一个人，他在一个非常狭窄的领域内，犯过所有可能犯的错误。

——尼尔斯·玻尔

丹麦物理学家、诺贝尔物理学奖获得者

我们通常认为不可能的都只是些工程问题……物理定律从来都不是阻碍。

——加来道雄

物理学家、弦理论先驱

有些人拥有财富，就像我们说我们"发烧了"一样，而实际上是"发烧"找上了我们。

——塞涅卡

古罗马斯多葛派哲学家、著名剧作家

但我心目中还有一种人，这种人看来阔绰，实际上却是所有阶层中贫困得最可怕的，他们固然已积蓄了一些闲钱，却不懂得如何利用它，也不懂得如何摆脱它，因此他们给自己铸造了一副金银的镣铐。

——亨利·戴维·梭罗

美国作家、哲学家，著有《瓦尔登湖》

作家应专注于自己的内心，不要总思考读者想读什么

蒂姆·厄本（Tim Urban）

推特 / 脸书：@waitbutwhy

waitbutwhy.com

蒂姆·厄本　博客 Wait But Why 的博主，也是最受欢迎的网络作家。《快公司》曾这样评价蒂姆，"他的读者的参与度，就算是新媒体巨头，也会十分羡慕"。目前，Wait But Why 每月有 150 多万独立访客，并拥有超过 55 万电子邮件订阅者。蒂姆还吸引了很多知名粉丝，比如作家山姆·哈里斯和苏珊·凯恩、推特联合创始人埃文·威廉姆斯、TED 策划人克里斯·安德森、非商业性独立书评网站 Brain Pickings 的玛利亚·波波娃。蒂姆在采访埃隆·马斯克之后发表的一系列博文被唱片公司 Vox 的戴维·罗伯茨称为"我多少年来读过的最丰富、最引人入胜、最令人满意的帖子"。你可以从第一篇"马斯克：世界上最酷的人"读起。蒂姆的 TED 演讲《走进拖延症的心理世界》的观看次数已经超过 2 100 万。

你最常当作礼物送给他人的 3 本书是什么？

　　安·兰德的《源泉》，原因在于书中的两位主人公霍华德·洛克

和彼得·吉丁。这两位主人公都不像现实生活中的人，他们过于单向，也过于极端。但是，在我看来，如果把他们合二为一，得到的就是我们每个人。洛克是一个完全独立的理性之人。他总是从基本原理出发进行思考，这些基本事实是生命的核心，就像物理学的局限性和他自己的生物学局限性一样。他以这些信息作为思考的基础，以此构建他的结论、决定和人生之路。吉丁正好相反，他是一个依赖性特别强的人。他关注的是外界而非内心。他将当代价值观、社会认可和传统智慧视为核心事实，然后在这些规则之内尽其所能赢得游戏。他的价值观就是社会的价值观，这种价值观决定了他的目标。有时候我们很像洛克，有时候又很像吉丁。我认为，人生的关键在于弄清楚何时可以像吉丁那样节省脑力（我在着装方面比较随大流，因为这对我来说并不重要），何时应该像洛克那样独立思考（选择职业道路、人生伴侣、决定如何养育孩子等等。）

我在撰写有关埃隆·马斯克为什么如此成功的长文时，《源泉》对我的影响很大。在我看来，马斯克就像洛克，他极为擅长根据第一性原理进行思考。在那篇博文中，我称他为"大厨"（尝试各种配料并设计出新食谱的人）。马斯克绝对是大厨型的人，而我们大多数人在一生的大部分时间里都像吉丁，我称这种人为"厨子"（按照别人设计好的食谱做菜的人）。如果我们经常思考如何成为大厨，我们会更快乐，更成功。这只需要我们有一些自我意识，在我们当"厨子"的时候认识到这一点。此外，我们还需要一种顿悟，意识到独立思考并采取行动并不像看上去那样可怕。

来自本书作者蒂姆·费里斯的话：我请蒂姆·厄本分享一下相关的有趣背景，如下。

2015 年初，马斯克和我通了一次电话。他说他读了 Wait But Why 上面的一些博文，问我是否愿意写写他所在的行业。我飞到加利福尼亚与他见了一面，参观了特斯拉和太空探索技术公司（SpaceX）的工厂，还与两家公司的高管聊了聊，希望全面了解他们在做什么以及为什么要这么做。在接下来的 6 个月里，我写了 4 篇关于特斯拉、SpaceX 以及行业历史的博文，它们的篇幅都很长。在此期间，我定期与马斯克通话，以便真正解决我的疑问。在前三篇博文中，我试图回答"马斯克为什么从事他现在所做的事"。在第四篇也是最后一篇博文中，我聚焦于马斯克本人，并试图回答"为什么他能够做当前这些事"。正是这段经历促使我探索上文所说的问题：围绕第一性原理思考（成为设计出食谱的"大厨"），以及根据类推思考（遵循别人食谱的"厨子"）。

最近有哪个 100 美元以内的产品带给你惊喜感吗？

《纽约时报》填字游戏应用程序。我一直很喜欢填字游戏，但我开始玩得不太好。自从有了这个应用程序，我填得越来越好了。一开始，我会从周一做到周三，现在每天都做。填字让我度过一天中非常愉快的时光。我喜欢在早上醒来后填字，有时在床上填字，有时边吃早餐边填字，有时在地铁上填字，有时在咖啡店排队时填字。但是，我必须小心，每周越往后，填字花的时间越长，而我常常没那么自律，必须完成很难的填字，才会开始干别的，这会严重影响我的工作计划，这让我很讨厌自己。有时，我在工作间歇的 5 分钟里打开应用程序，结果 5 分钟变成了82 分钟，这害得我又恨起自己来。所以，我现在尽量晚上玩填字游戏。

有没有某次你发自内心喜欢甚至感恩的"失败"？

在大四的时候，我决定申请为一年一度的学生音乐剧《泥泞的道路》作曲。我去参加了作曲申请者的介绍会，会议由节目负责人和一名为节目工作并协助负责人面试的同学主持。负责人向我们介绍了申请程序，那位学生助理在钢琴上演奏了几首曲子，举例说明他们想要的音乐类型。我离开时异常兴奋——我想在大学毕业后以作曲为生，所以十分渴望申请成功。

当天晚些时候，他们通过电子邮件将日程表发给了所有申请人，其中注明了每个人的试镜时间，届时我们要给节目负责人演奏我们的曲子。我在日程表上看到两个名字，一个是前一年入选的作曲人（我知道往往是同一位作曲人连续多年为这个节目创作音乐），还有一个是那位学生助理，就是那个做示范给我们看的人！我彻底泄气了，决定放弃申请。显然，最终入选的要么是那位已经和节目负责人建立关系的作曲人，要么是那位学生助理。

几个月后，我看到节目开始在校园里做广告，但作曲人并不是我想的那两个人，而是另有其人。我为放弃申请后悔不已，我真的很恨自己。但是，我也因此得到一个教训：不要因为畏缩而放弃争取自己想要的东西的机会，尤其不要做毫无根据的假设。

你长久以来坚持的人生准则是什么？

我希望竖立一块神奇的广告牌，会为每个人显示独特的内容。这块广告牌能够读心，知道观看者心中会把哪个群体妖魔化，对哪个群体有片面的看法，不把他们当人看。一个人看到的可能是特朗普的支持者，而另一个人看到的可能是穆斯林，还有人看到的可能是黑人、富裕的白人或性犯罪者。不管是哪个群体，观看者都会在这块广告牌上看到这个群体的某个人正在做某事，从而消除偏见，全面了解这类人。也许那个人正坐在临终父母的床榻旁，正在辅导孩子做作业，或者拥有观看者碰巧也喜欢的愚蠢爱好。

在我看来，人们只会仇视自己心中觉得没有人性的人。人们一旦看到现实，并想起他们讨厌的人的人性光辉，仇恨通常就会消失，取而代之的将是同理心。

你做过的最有价值的投资是什么？

大学毕业的第一年，我创办了一家小型考试培训机构，为大学入学考试提供培训。在接下来的 9 年里，我把大部分时间都花在发展公司业务上。一开始，我和另一位创始人认识到，身为 20 多岁的单身小伙子，我们没有什么财务负担，这是我们的优势，所以，虽然公司业务不断扩大，但是我们仍决定保持当前的生活水平。有一年，我们的收入很不错。但我们没有给自己加薪 2.5 万美元，而是保持薪水不变，花 5 万美元雇了一名员工。又过了生意红火的一年，我们还是没有给自己加薪，而是雇了三四名新员工。

这一切基本上可以归功于另一位创始人，因为他是我们两个中纪律更严明的那个。事实证明，这是一个不错的策略。到我 30 岁时，公司已经有 20 名员工了，收入相当可观。如果我们每年都给自己涨工资，公司的收入可能会缩水为现在的 1/10。我们 20 多岁时没有选择奢华的生活，30 岁时换来了更加自由的人生。正是这种自由让我得以撰写 Wait But Why，从而成为一名全职作家。

你有没有什么离经叛道的习惯？

我家有一个玩具箱，说实话，我有很多玩具。但是，我的未婚妻受不了家里到处都是玩具，于是拿回来一个盒子，坚持让我把所有玩具都装在这个盒子里。这些玩具是机械的，手感很好，不是那种普普通通做摆设用的。我 5 岁时就喜欢这些玩具。我有一大堆各种各样的磁铁、黏胶玩具、指尖陀螺、减压魔方、弹力球等。这不仅仅因为我还像个孩子，而且它们有助于我集中注意力。我在想问题时很爱动，我是那种在打电话时会不停走动的人。我在工作时，不管是集思广益、做研究，还是列提纲、写作，我都会在手里拿着玩具，这样我会做得更好。如果手里没有玩具，我就会不停地咬指甲，直到咬出血。这是个毛病。

有没有某个信念、行为或习惯真正改善了你的生活？

一个根据自己的时间安排进行创作的作家，很容易陷入这样一个不切实际的观念，那就是可以不遵守社会规则。比如，可以穿着内衣在家工作，凌晨 3 点最具创作灵感，永远不设闹铃。我一直以这种非常规的工作方式为荣，而且我非常懒惰，因此我绝对是那种不合常规的工作安排/环境的忠实信徒。

唯一的问题是，这种方式实际上对我来说一点儿都不适用。如果有截止日期，我就会在那之前完成工作，但如果没有，我的效率就会非常低。我还发现，自己会一直处于工作状态。我很少能长时间全神贯注地工作，也很少能无忧无虑地休息。

我最近意识到，"朝九晚五在办公室工作"是有道理的。于是，我不再待在家里写作，而是穿戴整齐，去咖啡店写作。我开始像正常人那样上床睡觉并设好闹铃。我尽量把时间切分开来，在傍晚之前认认真真工作，之后完全放下工作，直到第二天的到来。我甚至尝试周末休息，或者至少周末有一天不工作。我还不能完全遵守这个时间表，有时会故态复萌。但是，当我能够做到时，我的获益颇多。原因如下：

> 大多数人早上工作效果最佳，我也不例外。
>
> 晚上工作会扼杀社交生活，因为大多数社交生活都发生在周末以及工作日的晚上 7 点至 11 点之间。如果在这段时间工作，你就会突然成为那个别人永远都约不到的朋友，这种做法是极其短视的，也是不明智的。
>
> 正如我在 TED 演讲中详述的，我认为我们所有人的大脑都存在两个角色：一个是理性的决策者（大脑中的成年人），一个是即时满足的猴子（大脑中的孩子，不关心后果如何，只希望当下可以最大限度地松弛快乐）。对我来说，这两个角色一直在互相争斗，而猴子往往会赢。但是，我发现，如果我根据阴阳哲学来划分生活，比如"今天工作到下午 6 点，明天继续工作"，那么在工作期间我会更容易控制猴子。知道后面会有有趣的事情上演，这种期待会让

蒂姆·厄本

猴子更有可能选择合作。在我原来的生活方式中，猴子一直处于反叛状态，因为我从未真正给它任何专属时间。

你会给刚刚毕业的大学生什么建议？你希望他们忽略什么建议？

你大概可以将所有职业归为两类：自己当老板，为别人工作。

自己当老板的情况包括尝试建立自己的公司，在艺术界崭露头角并赢得粉丝，从事自由职业。在这一职业发展路径上，你是自己职业的掌舵人，重大决策由你做出。

你如果是在为别人工作，就相当于现在有一条现成的船，由别人掌舵，你在这条船上工作。最典型的例子就是你是某个公司的员工。此外，还包括那些本身确定性就很强的职业，比如医生或律师。

社会喜欢颂扬"自己当老板"这条路，这会让那些不想自己当老板的人因为自己的职业选择而感到低人一等。但是，这两条路从本质上说没有好坏之分，它取决于你的性格、目标和你想要的生活方式。有一些超级聪明、才华横溢的人，只有当老板，他们的天赋才能更好地得以彰显。而有些人需要由别人想着点亮前方的灯，自己只想低头专注地工作，只有这样，他们的能力才能得到发挥。同样，有些人只有成为老板，才会觉得充实。但自己当老板，一切都得以工作为先，这对某些人而言是一种痛苦。

有些人只有一个志向，比如有人必须成为创作型歌手才能感到幸福。但是，我们大多数人大学毕业后都不是很清楚自己最想做什么工作。对这些人而言，我建议他们认真考虑一下自己当老板还是为别人工作的问题。在二十几岁时做些尝试，看看这两条路分别是什么感觉。

在你的专业领域里，你都听过哪些糟糕的建议？

我是一名作家，我发现很多给年轻作家的建议都是在说要赢得读者的支持，尤其是那些想要成名的网络作家。我们如果把潜在的读者比作"钉子"，此类建议就是要把自己塑造成与钉子匹配的"孔"。这个孔适合很多读者，能够迅速吸引一群读者。或者，你也可以通过其他方式让自己的写作生涯顺利启航。

我认为相反的建议其实更好。全心全意地思考如何将自己塑造成最有趣、最令人激动、最自然的作家，然后行动起来。网上有很多人，他们只要轻轻点一下手机，就可以看到你的作品。因此，即使1 000个人里只有一个读者（0.1%）喜欢你的作品，也会有超过100万人绝对喜欢你的作品。

我开始写作的时候，会设想自己正在为一整个体育场的人写东西，体育场里坐着的都是我的知心读者。这会让写作变得很容易，因为我已经确切地知道他们喜欢哪些主题，喜欢什么写作风格，他们的幽默感如何，等等。传统观点认为，网络文章应该简短，并且要持续频繁地发布，但我并不认同，因为我知道，那个体育场里的蒂姆们不在乎这些事，他们只关注一类话题。这种方法奏效了。4年后，许多碰巧喜欢我这种写作方式的人找到了我。

作家应该专注于自己的内心，而不要总是思考读者想读什么，这样你最终才能创造出最好的原创作品，而恰好喜欢这些作品的那千分之一的人最终也会找到你。

你如何拒绝不想浪费精力和时间的人和事？

我学会了在思考该拒绝哪些事之前，先列出自己可以接受的事。这份接受清单应该围绕重要的事展开。但是，如何定义诸如"重要"之类的模糊概念呢？我会用几个立见分晓的简单测试加以判断。

当我设计工作上的接受清单时，我会使用一种方法，我称其为"墓志铭测试"。如果碰到什么机会，我会问自己，如果我的墓志铭写上相关内容，我是否会感到高兴。答案如果明显是否定的，就意味着这个机会对我而言并非十分重要。仔细想一想你的墓志铭，这是消除所有庞杂之物并强迫自己从超大广角看待工作的好方法。你可以从中看到对你来说真正重要的东西。因此，我在列接受清单的时候，会想一想墓志铭测试，而超出这个范围的事情便落入我的拒绝清单。对我来说，墓志铭测试通常是在提醒我，我应该将时间和精力放在我能做的质量最高、最具原创性的工作上。

在社交生活中，我会尝试一种类似的测试，可以称其为"病榻测试"。我们应该都听说过这样的研究，人们临终时反思自己一生最后悔的事，没有人说后悔在办公室花了那么多时间，这可谓老生常谈了。原因是在生命的尽头，人们总可以清晰地回顾过往，而这种清晰度在日常生活中是很难有的。在日常的匆忙生活中，这种清晰度会被迷雾包围，而这时我们会认为忽略那些重要的个人关系并没有什么。病榻测试会促使我问自己两个问题：

"当我临终时，我可能会想这个人吗？"通过这个问题，我可以确保把时间花在合适的人身上。

"如果我今天就要死了，我会因为曾与此人共度的时光感到高兴吗？"这个问题也可以换一下视角："如果某人今天就要逝去了，我会如何评价我和他共度的美好时光？"通过这个问题，我可以确保自己与最关心的人一起度过足够多的高质量时间。

最重要的人总会与你的工作和其他人争夺你的时间，而病榻测试可以很好地提醒你，要想给予重要的人足够多的时间，唯一的方法就是对其他很多人和事说"不"。

墓志铭测试和病榻测试想要说明的是，当你即将离开尘世，当你的墓志铭开始被撰写之时，你想要改变任何东西都为时已晚。因此，我们应该想尽一切办法，在生命真正走向尽头之前，获得那种通常只有在病榻之上才有的神奇的清晰度。

当然，对拒绝清单上的事情说"不"本身就是一种挣扎，我自己仍在努力之中。但是，一个用来定义何为"重要"的良好机制很有帮助。

　　　　　　　　　　　　　　　　　　　　巨人的方法

失败的作用被严重低估了

珍娜·莱文（Janna Levin）

推特 / 照片墙：@jannalevin

jannalevin.com

珍娜·莱文 哥伦比亚大学巴纳德学院物理学和天文学教授，她为我们理解黑洞、宇宙的其他维度以及时空引力波做出了贡献。她还是布鲁克林艺术与科学中心先锋工厂（Pioneer Works）的科学总监。该中心致力于跨学科实验、教育和生产。她著有《宇宙溯源》以及小说《图灵机狂人梦》。这本小说荣获美国笔会 / 罗伯特·W. 宾厄姆奖。珍娜最近获得古根海姆奖学金，古根海姆奖学金主要授予那些"表现出卓越学术能力的人"。她的新书《黑洞蓝调》讲述了 21 世纪一个重大发现的另类故事：10 亿多年前两个黑洞碰撞发出的声音。

有没有某次你发自内心喜欢甚至感恩的"失败"？

失败被严重低估了。有一则爱因斯坦的故事，我最近才读到。1915 年，爱因斯坦认为引力波，也就是"时空的涟漪"是广义相对论最重要的结论。几年后，他推翻了自己的理论，声称引力波并不存在。

他这样来来回回好几次。又过了几年，他提交了一篇新论文，断言引力波并不存在。就在文章已被接受、准备发表之时，他又悄悄提交了一篇全新的论文，说引力波存在。一位朋友警告他说："爱因斯坦，你得谨慎一些，你的大名将会出现在这些论文上。"爱因斯坦笑了笑，说："我的名字出现在很多结论错误的论文上。" 20 世纪 30 年代，爱因斯坦宣称，他不知道引力波是否存在，但这是一个十分重要的问题。2015 年，在爱因斯坦首次提出引力波存在 100 年后，一项耗资数十亿美元的大规模实验记录了 10 亿年前两个黑洞碰撞产生的引力波，在这些引力波发出之时，人类还远未出现在地球上。我们不鼓励失败，但这样做相当于阻止了成功。

我很喜欢的一次个人失败是在我学习第一个宇宙学理论的时候。当我得知地球是圆的时，我认为我们都生活在地球内部。当我看到另一种可能性，当我知道我们生活地球表面时，我既震惊，又很兴奋。这太令人难以置信了。科学并不是要先于别人得出正确的结论或答案，而是在人的内在动机的驱动下努力去发现未知。

你做过的最有价值的投资是什么？

最近，我重新装修了先锋工厂，它占地约 3 000 平方英尺 [1]，是一个壮观的文化中心，集艺术、音乐、电影和科学于一体，坐落于布鲁克林雷德胡克，之前是一家水上钢铁工厂。我们没有负责装修的建筑师，没有规划，没有图纸，也没有量过尺寸。我和创始人达斯廷·耶林以及加布里埃尔·弗洛伦兹总监站在里面，一会儿大声地争论，一会儿大笑起来。我们有人会说，我要在那里设置一个房间，我要玻璃的，我不要玻璃的，我要建一堵墙，我不要墙，这里要开一扇门。我们每个人偶尔也会让步，但才华横溢的建筑师威利·万塔普尔倾听了

---

1. 1 英尺 =0.304 8 米。——编者注

我们的想法，整合后的设计与我们的想法惊人地一致。作为一个理论物理学家，这是我参与的最具体的创新项目，也是我考虑过的风险最大的投资之一。我在回答这些问题时就坐在新的科学工作室里，我惊叹于这次装修的效果。现在，我们的文化中心可以说十分漂亮，令人陶醉，并能启发灵感。我们正在构建我们想要的工作空间，同时我们打破了传统，为科学创造了一个非同寻常的绝妙空间。科学属于更大的世界，正如我的口头禅所说，科学是文化的一部分。

有没有某个信念、行为或习惯真正改善了你的生活？

我曾经十分讨厌人生道路上的各种障碍，心想"要是没有障碍，生活将是多么美好"。后来我突然意识到，生活之路充满障碍，没有什么平坦之路可走。我们存在的意义就是更好地克服这些障碍。我努力寻求冷静审慎的应对措施，并将障碍视为解决问题的机会。我经常会陷入以往的那种挫败感。但是，我如果提醒自己，这是一个提升自我的机会，我就可以重新审视这些冲突，将其视为尝试解决问题的契机。

你如何拒绝不想浪费精力和时间的人和事？

我真的不会拒绝别人，我在这方面做得特别差。我会读一读本书其他人的回复，从中寻求建议。

我们需要观点和世界观的多元化

阿亚安·希尔西·阿里（Ayaan Hirsi Ali）

推特：@Ayaan

theahafoundation.org

阿亚安·希尔西·阿里 女权活动家，言论自由的拥护者，畅销书作家。小时候生活在索马里，她被迫接受了割礼。当父亲强迫她与远房表亲结婚时，她逃到荷兰寻求政治庇护。她从看门人做起，扶摇直上，当选为荷兰议会议员。身为议员，阿亚安发起了各种运动，让人们意识到女性遭受的暴力，其中包括荣誉谋杀和女性割礼，这些做法都是和她一样移民荷兰的女性同胞曾经面临的。阿亚安曾主演短片《屈服》，该片由荷兰导演提奥·凡·高执导，讲述了宗教对女性的压迫。2004 年，提奥·凡·高因这部电影被谋杀，凶手在他胸前写下了暗杀阿亚安的威胁，阿亚安也因此受到国际社会的关注。阿亚安在其畅销书《不信者》中记录了这一悲剧事件。此外，她还著有《牢笼中的处女》《流浪者》。

你最常当作礼物送给他人的 3 本书是什么？

卡尔·波普尔的《开放社会及其敌人》，这本书首次发表于 1945

年。我从政的时候，经常把这本书赠予我的政客朋友们，现在我常常把它送给我的学生。我从这本书中学到的最重要的一点是，导致独裁的许多糟糕想法都始于良好的意图，自古以来都是如此。

当我在荷兰参政时，我身边的政界人士都有着很好的意图。他们希望通过扩建项目为民谋利，并使政府参与到与民生相关的各个方面中去。但是，这些良好的意图往往会导致人们的生活越来越多地受到控制。以儿童托管为例，我们辩论了政府是否应提供免费的儿童托管服务。这听起来是个好主意，出于支持父母继续工作的良好意愿。但实际上，这也意味着政府将取代父母的位置。父母需要向政府透露个人信息，而且政府将决定人们的花钱方式以及抚养孩子的方式。把父母的权力交给政府，这个代价太高了。这只是一个小小的例子，但它说明政府十分喜欢控制权。波普尔是不会赞同这个想法的。

你长久以来坚持的人生准则是什么？

我们需要一种新的多元化，这种多元化不是基于生物学特征和政治认同，而是基于观点和世界观的多元化。

你会给刚刚毕业的大学生什么建议？你希望他们忽略什么建议？

学生上大学时应该保持开放的心态。我建议他们在看待别人及其想法上不要理会身边的专制主义。如果有人告诉他们某些人或想法是错误的、可恨的，或令人反感的，那就应该是一个顿悟时刻。在那一刻，他们的好奇心应该被激起，应该亲自查明所说之人或事究竟是好是坏。不管学习什么东西，我们都应该有批判思维，这一点至关重要。

很多来找我的学生都有各种美好的意图，他们希望改变这个世界。他们打算花时间帮助穷人和弱势群体。我告诉他们要先顺利毕业，赚很多钱，然后才能想出最好的方法来帮助有需要的人。学生往往无法有效地帮助弱势群体，即使他们在尝试帮助别人时感觉很好。我见过很多学生 40 多岁的时候还入不敷出，他们在上大学时总在做好事，而不是建立事业，为未来打好基础。我提醒今天的学生，要仔细思考如何利用自己宝贵的时间，以及何时才是帮助别人的合适时机。这已经是陈词滥调了，但在帮助他人之前，你必须先帮助自己。理想主义的学生往往会在这方面迷失自我。

经常有人问我，应该在私企还是公共部门工作，我总是建议选择私企。我多么希望自己在踏入政界和公共部门之前先在私企磨炼。私企会教给我们很多重要的技能，比如企业家精神，之后我们可以把这些技能应用到任何领域。

比起数据，我更相信投资经理的性格和能力

格雷厄姆·邓肯（Graham Duncan）

eastrockcap.com

格雷厄姆·邓肯　东岩资本的联合创始人，这家投资公司为某些家族及其慈善基金会管理着 20 亿美元的资产。格雷厄姆 12 年前创立了东岩资本。在此之前，他曾在两家投资公司工作。最初，格雷厄姆与人共同创立了独立的华尔街研究公司迈德利环球顾问公司，从此开启了自己的职业生涯。格雷厄姆毕业于耶鲁大学，获得了伦理学、政治学和经济学学士学位。他是美国外交关系协会会员，还是资助儿童癌症研究的 Sohn 会议基金会的联合主席。乔希·维茨金称格雷厄姆是"高风险智力领域人才跟踪和潜力判断的顶尖人物"。

你有没有什么离经叛道的习惯？

我坐地铁上班的路上会戴着 SubPac M2 可穿戴音响系统，有时在办公桌旁工作也会戴着。这个音响系统可以让我的全身感受到音乐的振动。它的主要用户是音乐制作人、游戏玩家和聋哑人。我发现用这个音响系统听音乐或播客更像沉浸式的全身体验，而不仅仅是一场听觉盛宴。

你长久以来坚持的人生准则是什么？

我喜欢两句名言。第一句是夸梅·阿皮亚的名言："关键不在于你游戏玩得多好，而在于你想玩什么游戏。"这句名言区分了努力和策略，提醒我从宏观角度看待我所做的事情。比如，在视频游戏中，你可以缩小视图，突然发现自己一直在迷宫的一个角落兜兜转转。此外，它还对玩家与游戏的关系进行了松绑，有助于区分拥有雄心与践行雄心、赚快钱与赚不义之财的区别。

作家乔治·桑德斯是一名佛教徒，在一次采访中他说，他心中有一幅画面，人们的"花蜜装在腐烂的容器里"。这个场景始终萦绕在我的脑际。有一天早晨当我想到它时，我仿佛看到佛性在我们每天遇到的所有可爱、有缺陷、活着同时慢慢走向死亡的生物的身上流淌。我3岁女儿度过的3年光阴是如此短暂。在佛教徒的眼中，我们每个人都处于火中，有时候睁开双眼，看到摇曳的火光，真是太美了。

你最常当作礼物送给他人的 3 本书是什么？

塞缪尔·巴伦德斯的《人格解码》对我的思想产生了很大影响。有时在准备聘用某人，甚至还在思考是否聘用他时，我就会送一本给对方。作为投资人，我每年会面试四五百人，然后决定是否雇用他们，或是投资他们的创业公司或投资基金。我发现一种心理模型，非常利于理解人们做事的动因。这个模型就是巴伦德斯在他的书中所描述的"大五"人格模型，即开放性、责任心、外向性、宜人性、神经质。开发该模型的学者将可以用来形容人的每个英语形容词进行分类，并尽可能将其减少为几类。"大五"人格模型在有关人格的学术文献中占有相当重要的地位，相当于物理学中的重力。成千上万的研究都用过这一模型。与迈尔斯–布里格斯个性类型测量表等模型相比，它在统计上更为准确。"大五"人格模型中的最佳组合是高开放性、高责任心和低神经质。

还有另外两种心理模型极大地影响了我对人和团队的思考。首先是哈佛大学罗伯特·凯根教授的成人发展模型。凯根认为，成年人在发展以及理解现实上会经过五个不同的阶段，他在1994年出版的《超我所能》中阐述了这一理论。这本书指出，绝大多数美国成年人处于"社会化"的发展阶段。他们很难采纳他人的观点，往往遵循社会既定的假设（与之相对的，是自己选择的假设）。如果有人想进一步了解这个模型，我推荐凯根的学生珍妮弗·加维·贝格的新作《领导者的意识进化》，这本书的学术性没有那么强。

我最近还经常推荐一种心理模型，但它并非源自图书，而是来自一个不太有名的网站 workwithsource.com。这篇文章讲述了一位欧洲管理顾问所做的研究。他研究了数百家初创企业，意识到虽然一家初创企业可能有多位联合创始人，但"源泉"只有一个——就是那个在新项目中第一个承担风险的人，也可以说是原始创始人。这位创始人与最初的创意有一种独特的关系，他的直觉能引导他下一步该怎么做，而后来加入的创始人在执行过程中往往缺乏与原创思想的直觉联系。这一原创思想源自那位原始创始人。很多公司之所以出现关系紧张和权力斗争，往往是因为没有明确这个项目的"源泉"是谁。一位著名的天使投资人最近对我说，在新公司成立初期，公司未来十分模糊的时候，许多创始人似乎都会聘请朋友作为联合创始人。这样做与其说是要履行特定的职责，不如说是为了平息自己的焦虑。只要每个人都清楚"源泉"是谁，这样做就没有什么问题。能否充分拥有这一角色的责任，很大程度上取决于"源泉"本身。

将项目的"源泉"这一角色移交给别人是可能的，但极其困难，而且往往会处理不当。成功过渡的关键之一是：原始创始人离开，给新的领导者腾出空间。有一位投资经理告诉我，他研究了创始人兼首席执行官离开公司后公司的股价表现。任何积极的表现都与一点有关，即原始创始人彻底离开董事会，而不是继续指导下一任首席执行官。

在史蒂夫·鲍尔默任职微软首席执行官期间，比尔·盖茨留任董事会可能是随后公司股价表现低迷的原因。后来鲍尔默离开董事会，新任首席执行官萨提亚·纳德拉得以坚持自己的创意。我在管理《福布斯》财富榜 500 家族的家族财富时也碰到过这种情况，家族的第二代和第三代有时觉得很难理解家族元老，也就是他们的财富"源泉"。通常来说，为实现真正过渡而腾出空间的责任掌握在"源泉"手中。在音乐剧《汉密尔顿》中，乔治·华盛顿的唱词也说明了这一点。汉密尔顿请华盛顿继续竞选，实现三连任，但华盛顿拒绝了。华盛顿唱道："我们将教会他们如何说再见。"

最近有哪个 100 美元以内的产品带给你惊喜感吗？

我最近买了斐尼斯牌的划水掌，还不到 20 美元（感谢本·格林菲尔德的博客）。在我自由泳时，它们神奇地延伸了我的臂长。再加上 29 美元的科越思牌脚蹼，我就可以在水中畅游了。

有没有某次你发自内心喜欢甚至感恩的"失败"？

在投资过程中，包括为投资公司提供种子资金，我经常要对相关人员进行背景调查，希望可以尽快建立信任。2008 年初，我正准备投资一家公司。在最后的背景调查中，我给公司投资经理的前老板打了电话。这位老板对他之前的手下评价十分消极，颇为怀疑他的能力。这足以使我暂停投资，但随着金融危机的爆发，这笔投资进展得很顺利，我很后悔当时没有追加投资。后来，我发现那个证明人可能是在有意破坏前手下的新公司。

5 年后，我正在评估另外一位将要合作的投资经理，在尽职调查接近尾声的时候，我拿到的资料参差不齐。到那时，我已经能够更好地站在不同的角度看待问题，而不会被认知差影响，这和济慈认为对作家很有用的"消极能力说"异曲同工。这一次，面对好坏参半的数据，我选择的是做更多的调查。最后，我更加相信投资经理的人品和能力。这项投资是我们目前盈利最大的投资之一。如果没有先前那次失败，我猜我可能没有能力看清现实。如今，不管我和谁谈论什么事，我都不会全然相信其观点。他们和我所掌握的知识并不能完整地反映现实。

在你的专业领域里，你都听过哪些糟糕的建议？

我觉得"对冲基金"一词现在有些使用过度了。我认为我们应该抛弃这个术语，也许可以开始使用"H 结构"一词表达激励薪酬。我觉得看"基金"或"产品"没什么用。它们只是有缺点的聪明人临时搭配出来的东西，这些人不管在哪一年都会做出沿用上一年方案的决定。唯一的产品是投资组合经理做出的一系列未来决策。如果他们离了婚或是心情沮丧，如果他们的副手离开了，"产品"就会完全变样。称其为"产品"忽略了以下事实：稳定的唯一来源是团队领导者的心态是否具有弹性，甚至是反脆弱的。正如纳西姆·塔勒布所说，经历更多的波动，实际上会变得更强大。

你做过的最有价值的投资是什么？

我把收入的很大一部分拿来支付不断增加的培训师和教练费用。在过去的 5 年中，有两位教练对我产生了巨大影响，他们是领导力培训机构 Cultivating Leadership 的卡罗琳·库格林和领导力公司 Conscious Leadership 的吉姆·德思默。卡罗琳是我见过的最有天赋的倾听者。她会指出我的隐藏假设，那些牵制我而不是我控制的假设。她还教会我如何提出更好的问题。吉姆·德思默可能是为数不多的一位活佛。他帮我提高了沟通技巧，还帮我与同事及家人建立了更自觉的关系。我觉得吉姆和卡罗琳这样的导师和《指环王》里的巫师有着相同的作用。他们不断释放支持和爱的能量，从而为全新的生活创造条件，这种生活就像在安全基地冒险，有无穷无尽的可能性。

你如何拒绝不想浪费精力和时间的人和事？

我会让助理在谷歌搜索一下两周内我会会见或打电话的人的照片，然后放在协作服务软件 Trello 卡片中。我认为，结识新人会打开新世界的大门，这可能会以某种方式改变我或对方的生活。通过看他们的照片，我可以设想他们的意图，并就我们可以讨论的内容以及如何为他们提供帮助提出更多的创造性想法。此外，这种方法还可以让我判断自己是不是想和他们见面，然后打开那扇新的大门。如果不是，我就会将手从门把手上拿开。

你用什么方法重拾专注力？

我会问自己，如果事情不如我所愿，"最糟糕的结果会是什么"？我已经开始在我的孩子身上用这句话了。最近，我 8 岁的女儿把这个问题抛回给我。我总是很守时，有一天，我们上学要迟到了，我很不耐烦，于是女儿问我："爸爸，如果迟到了，最糟糕的结果会是什么？"这句话即刻改变了我的心态。我喜欢这个问题，因为它常常会让我的某些预设露出真容。

有没有某个信念、行为或习惯真正改善了你的生活？

大多数早上，我都会去游泳，我发现游泳通常会改变我一天的心态。游泳的人会谈论"水感"，水感是指游泳时的控制感，身体可以顺势被带到前方。没有水感的人会不停地拨水，这样也会前进，但效率要低得多，而且动作也不够优雅。正如大卫·福斯特·华莱士在他的演讲《这就是水》中讲过的故事那样，生活对我们来说就像水。我们游在其中，却看不到它的存在，因为我们要么很匆忙，要么没有在意周围的环境。当我停下来用心感受水时，我不再用力击水游到游泳池的另一边，而是毫不费力地到达终点，在这个过程中，我时刻知道自己的位置。

你会给刚刚毕业的大学生什么建议？你希望他们忽略什么建议？

我喜欢用丹·西格尔的大脑模型来思考职业问题。这个模型里有一条河，岸的一边是"混乱"，另一边是"僵化"。西格尔指出，所有的精神疾病不是在岸的一边，就是在另一边。精神分裂症出现在"混乱"的一边，强迫症出现在"僵化"的一边，而健康位于河中间。刚开始，大学生的生活大多接近"僵化"的一边。随着职业的发展，他们会尝试游向河中间。我认为，人在二十几岁时，靠近"僵化"一边的泳道比较合适，也比较常见。这时，他们需要"提炼现实"的技巧。在这个泳道，他们可以学习行业术语，跟随某人当学徒，提高判断力，发现自己的天赋。

我认为，在河中间那个泳道游泳通常发生在三四十岁，这时你开始发明自己的语言，成为越来越强大的"诗人"。你的工作是为自己而做，你将生活视为一种自我表达，而不仅仅是扮演他人世界里的角色。有一小部分人会游到离"混乱"更近的泳道，比如作家罗伯特·波西格和大卫·福斯特·华莱士，投资人迈克尔·伯里和埃迪·兰姆珀特，还有企业家史蒂夫·乔布斯和埃隆·马斯克等人。我的经验是，他们总是通过强大的故事叙述来"断言现实"，同时始终承担着风险，这种风险来自自我价值感的不断提高，以及创造性自恋的过度防御。他们可能会失去现实反馈这一环，游到"混乱"的岸上。

从这个角度看，波西格在生命尽头与理智的搏斗，乔布斯对自己身患疾病的神奇想法，埃迪·兰姆珀特在投资美国百货公司西尔斯时所表现出的利己主义，这些例子都说明，强大的诗人失去了感知，他们可以神化到扭曲我们的共同现实，然后突然看起来很疯狂。我认为，马斯克会把对冲基金经理逼疯，一半的基金经理会做空他的股票，因为马斯克表现出太多的短视行为，而另一半会做多，因为马斯克实际上是在考虑百年的发展，这令人非常困惑。

回首过去，我会告诉21岁时的我，在靠近"僵化"一边的泳道游泳时，要多一点儿耐心，不要总想着创业，总想游到"混乱"的一边。曾经有一个可怕的时刻，我在老板解雇我的前一分钟成功辞职。老板之所以想解雇我，是因为我按照自己的日程做事，而不是按照他的日程。但是，你也不要始终受困于"僵化"，因为你可能会一直过着别人而非自己的生活。不管在哪个泳道，你都要记住你永远可以修改路线，选择游向僵化抑或混乱，学徒抑或自由，这取决于你当时的需求，你想从事的职业的节奏和阶段，你来自哪个河岸，又想游至何方。对于像我这样的父母，我强烈推荐他们读一读约翰·莫里斯的诗歌《献给深水中的茱莉娅》，这首诗能够帮助他们解答何时以及是否应该放手让孩子游走。

自我关注的是谁做得对，真理关注的是做对了什么

小迈克·梅普尔斯（**Mike Maples Jr.**）

推特：@m2jrfloodgate.com

小迈克·梅普尔斯　风投公司 Floodgate 的合伙人，这家公司致力于初创企业的微型投资。自 2000 年起，梅普尔斯稳居《福布斯》全球最佳创投人榜单。他还被《财富》誉为"八大明日之星"。在成为全职投资人之前，梅普尔斯曾作为创始人和运营官参与了初创企业的上市，比如被 IBM（国际商业机器公司）收购的 Tivoli 系统，还有被阿尔卡特朗讯收购的 Motive。梅普尔斯的投资项目包括推特、实时流媒体视频平台 Twitch.tv、视频游戏发行商 Ngmoco、自助建站服务商 Weebly、学习平台 Chegg、用户点评及社交商务平台 Bazaarvoice、信息技术公司 Spiceworks、身份识别与访问管理解决方案提供商 Okta、营销软件公司 Demandforce。

你最常当作礼物送给他人的 3 本书是什么？

　　邦妮·韦尔的《临终前最后悔的五件事》。

　　理查德·巴赫的《海鸥乔纳森》。

翠娜·鲍路斯的《花盼》。

迈克尔·海厄特和丹尼尔·哈卡维的《生命向前》。

克莱顿·克里斯坦森的《你要如何衡量你的人生》。

有没有某次你发自内心喜欢甚至感恩的"失败"？

在上大学时，我被想加入的兄弟会拒绝了，于是我和别人成立了一个兄弟会。那些拒绝我的兄弟会现在已经不存在了，而事实证明我协助建立的那个兄弟会绝对是最好的。

回到硅谷时，我最关心的几家风投公司没有接受我为普通合伙人，因此我创立了 Floodgate 公司。这家公司蒸蒸日上，我每天都很感恩之前没有得到自己"想要"的东西。

比尔·坎贝尔，人称"教练"，是很多科技巨头的导师，包括史蒂夫·乔布斯、杰夫·贝索斯和拉里·佩奇。比尔·坎贝尔最喜欢的歌曲是滚石乐队的《你不可能总是得到你想要的》。我也很喜欢这首歌。这首歌充满了智慧。有时候，没有得到你想要的东西会为你打开一扇大门，让你得到你需要的东西。

你长久以来坚持的人生准则是什么？

正直是你永远不会迷失的唯一道路。

你做过的最有价值的投资是什么？

相信我的孩子。

搬到加利福尼亚，成为风险投资人——当时所有人都说这是个愚蠢的想法。

一只叫"斯特拉"的狗——你可能不会相信。

学习如何放慢脚步，如何使用手动对焦拍照。

一些成功的创业投资。

有没有某个信念、行为或习惯真正改善了你的生活？

我知道了一点：伟大的科学家即使从不相信自己可以说"这就是真理"，也比任何人都更热衷于寻求真理。

你会给刚刚毕业的大学生什么建议？你希望他们忽略什么建议？

生活的节奏比你想的要快。我们都想过上别人艳羡的生活，但这条路是错误的。正确的道路是明白人生短暂，将每一天视为上天赐予的礼物，而且知道你拥有某种天赋。

幸福就是知道每天应该为世界做出贡献，以此尊重生命的馈赠。

不要让自己用别人的思想定义重要的事。更重要的是，不要让自我怀疑和喋喋不休的自我批评拖慢你的脚步。你很可能会成为自己最糟糕的批评者。打心眼儿里对自己好一点儿，让这种好与你希望给予他人的良善一样。

在你的专业领域里，你都听过哪些糟糕的建议？

"这种方法在我的职业生涯中很管用，所以照我的方式做就行。"

我听过的最好的建议来自那些没有试图告诉我答案的人。相反，他们给了我一种思考问题的新方法，以便我可以更好地自行解决问题。大多数"糟糕"的建议都可以简化为，"我成功了，所以你可以按照我的方式做"。最好的建议大概是这样的："我无法回答你的问题，但这也许是一种好方法，你可以思考一下。"

每个人都有自己的旅程。那些给予最佳建议的人都知道，他们的目的是在某人独特的旅程中提供帮助，而那些给予糟糕建议的人正试图重现他们昔日的辉煌。

你如何拒绝不想浪费精力和时间的人和事？

有影响力但不诚实或不友善的人。我意识到，招待这样的人是浪费时间。人的时间是有限的，所以最好把它花在那些能让你觉得充分利用了时间的人的身上。

你用什么方法重拾专注力？

我会退后一步……放慢脚步……并问 5 个以"为什么"开头的问题。做完这些以后，我还会问自己是否害怕什么但又不敢承认。

我们很容易被简单草率的结论吸引。从某种程度上说，我们一直都很无知。因此，我开始意识到，我们需要的是对抗无知的方法。

那 5 个以"为什么"开头的问题是一个好方法，有助于你放慢脚步，提高决策质量。最重要的是，它们会让我思考我"哪里做对了或者做错了"，而不是"谁对谁错"。

让我们举个例子。假设我们有 1/4 的销售目标没有达成，我们很容易找出这是谁的过错。是不是销售执行力不行？是不是营销出了问题？是不是产品差异化程度不够？你如果不能做到极为谨慎，就可能导致大家相互指责，就可能让大家丧失从问题中学习的能力。

因此，我发现放慢脚步很有帮助。如果我是一个人，我会把这 5 个问题写在纸上。如果我是和团队在一起，我会写在白板上，一次写一个问题。

> 问：为什么本季度我们未能达到 100 万美元的销售目标？
>
> 答：我们打的销售电话比计划少。
>
> 问：为什么我们打的销售电话比计划少？
>
> 答：因为这个月的销售线索比较少。
>
> 问：为什么这个月的销售线索比较少？
>
> 答：因为我们发的推广邮件低于计划。
>
> 问：为什么我们发的推广邮件低于计划？
>
> 答：因为我们人手不够。

问：为什么我们人手不够？

答：有两位同事休假，我们没有做好相关计划。

在这个例子中，我们很容易停留在问题表面，试图找出是不是"销售"、"营销"或"产品"出了问题。但是，我发现在此之前最好集中精力发现事实，而不是确定问题应该归咎于谁。

在此过程中，把脚步放得很慢是有帮助的，它有助于关闭人们的"蜥蜴脑"和"战或逃"的本能，让人们将思维转向理性脑和解决问题的能力。

通常来说，每当我感觉事情进展太快时，我发现正确的本能几乎总是会让我放慢脚步，让我的思维回到正轨。结果，工作的速度反而变快，因为我们做出了更好的决策，而且团队中的每个人都更加团结了。如果团队中的某个人因为能力问题需要被换掉，那么我们应该面对这个问题，但这必须发生在我们尽最大努力找出事实之后。

自我关注的是谁做得对，真理关注的是做对了什么。

发人深思的箴言

蒂姆·费里斯

（2015 年 10 月 6 日—12 月 4 日）

意见要多元，指挥要统一。

——居鲁士大帝

波斯帝国阿契美尼德王朝的创立者

我无法给你一个获得成功的万能方法，但我可以指明一个遭受失败的方法：一直尝试取悦所有人。

——赫伯特·贝亚德·斯沃普

美国编辑、记者，首位普利策新闻奖获得者

人应该用普通的字词说出非凡的思想。

——亚瑟·叔本华

19 世纪德国著名哲学家

如果你因外在事物而苦恼，那么痛楚不是来自事物本身，而是来自你对它的评估，因此你在任何一刻都有翻转它的力量。

——马可·奥勒留

古罗马皇帝、斯多葛派哲学家、《沉思录》作者

　　　　　　　　　　　　　　　　　　　　　　　巨人的方法

相信自己的作品

苏曼 · 查纳尼（**Soman Chainani**）

推特：@SomanChainani

照片墙：@somanc

somanchainani.net

苏曼 · 查纳尼　策划人、电影制作人，也是《纽约时报》畅销书作家。他的处女作《善恶魔法学院》的全球销量已经超过 100 万册，被翻译成 20 多种语言，环球影业很快会将其搬上银幕。苏曼毕业于哈佛大学，取得了哥伦比亚大学电影系艺术硕士学位。他从编剧和导演做起，参与制作的电影在全球 150 多个电影节上被放映。他最近入围了 Out100 榜单，并从莎莎奖励计划和太阳谷作家协会获得 10 万美元的奖金，这两个奖项都是针对新人而设的。

你最常当作礼物送给他人的 3 本书是什么？

　　史蒂文 · 普莱斯菲尔德的《艺术之战》。在进行任何新的创意项目之前，我都会读一读这本薄薄的小书，它会点燃我内心的火把。所有创造性工作的危机都在于，它要求我们相信内心的创作声音，同时消除负面的声音。我们很容易把两者混为一谈，最终只能悄悄地放弃我们的雄心壮志。（这就是我 21 岁做了一名医药顾问，工作是卖伟哥而不是写作的原因。）普莱斯菲尔德既是一名教官，又是一位禅宗大师，他帮我从迷茫中解脱出来，并教会了我创造性学科的含义。

柳原汉雅的《渺小一生》。这是我读过的最伟大的一部小说，它的主题非常简单：所有人都有信仰、伤口和痛苦。是的，所有人。认识到人与人之间这种共同的联系能够帮助我们克服痛苦。

詹姆斯·马修·巴里的《彼得·潘》。我认为，一个人为某事犯愁的时候，最有用的方法就是想一想自己最喜欢的儿童书，也就是那本你读了一遍又一遍的书。在这本书里，你不仅可以找到让你犯愁的原因，还可以找到生活的目标。对我而言，这本书就是《彼得·潘》。彼得·潘既是一个迷人的角色，也是一个自恋的恶魔。这善与恶之间的朦胧地带，正是我小时候所着迷的……现在，作为一个成年人，它也是我写作的主题。

有没有某次你发自内心喜欢甚至感恩的"失败"？

我最大的一次失败是我在哥伦比亚大学电影系做研究生毕业设计的时候。当时，我要拍一部电影。我将全部积蓄都投了进去（近 2.5 万美元），总共拍摄了 8 个月。在我最后向全系老师展示之前，我先给一位教授看了看。他建议我把电影拆解，重新剪辑。我当时十分惊慌失措，便听从了他的建议。第二天，我把修改过的版本展示给大家，结果他们都觉得很差劲。我过去 3 年在老师们那里赢得的所有赞誉都烟消云散了。几个星期后，我碰到一位当时对我很失望的老师，在此之前，他一直十分支持我的作品，现在他几乎都不正眼看我。我给他讲了重新剪辑的事情，他说想看看最初的版本。我给他播放之后，他眼睛一亮："啊，这才是真正的你。"

这是我自出生以来学到的最宝贵的一课。在到达目的地之前，切勿因为他人而偏离了轨道。相信你的作品，始终要做到这一点。

有没有某个信念、行为或习惯真正改善了你的生活？

特德·姜写过一篇优秀的短篇小说，叫"赏心悦目"，它对我产生了很大的影响。这篇小说指出，"美"已经成为现代社会的超级毒品。我们的社会充斥着带有滤镜和美颜功能的社交媒体、广告里修过图的模特，还有泛滥的色情内容，我们的感官已经超负荷了，因此，我们的自然本能已经无法识别真正的美，无法对真正的美做出反应。这使得我们在评判自己以及他人时感到困惑和痛苦。美正在毁掉我们的生活，这一警告如此清晰，仅仅意识到这一点（并忽略照片墙上 90% 的内容），就能让我的生活质量提高 10 倍。

你长久以来坚持的人生准则是什么？

"如果你能想到这一点，那么它很可能是错的。"通过冥想，我知道我脑海中的大多数想法、见解、规则和固定模式都不是真正的真理。它们是我尚未放手的过往经历的残骸。我明白了，我的灵魂根本不会通过思想说话，而是通过感觉、图像和线索说话。

最近有哪个 100 美元以内的产品带给你惊喜感吗？

Mother Dirt 牌喷雾，它永久性地解决了我的痤疮和皮肤问题。这瓶喷雾售价 49 美元，含有氧化细菌，可代替肥皂使用。它可以使皮肤恢复自然平衡。如果我能为美国每个青少年买一瓶，我一定会的。

你有没有什么离经叛道的习惯？

上床睡觉之前，我会看《阿奇漫画》的老版本，我从未告诉任何人这件事。这不是新养成的习惯，我小时候睡觉前就会读《阿奇漫画》。漫画中的河谷镇似乎总是那么清新，那么明亮，那么热情，这与我对当时所在学校的感觉恰恰相反。在我入睡之前，这套漫画总能给我一种温暖舒适的感觉。更重要的是，每天通过阅读同样的东西结束一天的生活，就像小时候一样，这让我的生活看上去井然有序，感觉上奇妙无穷。

你做过的最有价值的投资是什么？

空中飞人课程，它就像对灵魂所做的电击疗法。一旦你到了50英尺的高空，在空中翱翔，你就能感受到，陪伴你的只有你自己、你的恐惧和你的直觉。这是我与自己之间最亲密的体验。只上了一节课，我就意识到，虽然我内心在犯嘀咕，但是只要我愿意冒险一试，我的身体就可以控制一切。

你会给刚刚毕业的大学生什么建议？你希望他们忽略什么建议？

我的建议是：确保每天都有一定的期待，也许是你的工作，也许是下班后的篮球比赛、声乐课或写作小组，也许是一次约会。每天都要有一些让你高兴的事，它会让你的灵魂渴望创造出更多这样的美好时刻。

应该忽略的建议：每当有人告诉我，他们把现在的工作当作"垫脚石"，并没有为这份工作投入精力时，我的兴致就会减弱。人只有一辈子，时间十分宝贵。如果你把什么东西当成垫脚石，那么你很可能也会依赖他人的成功路径或定义。自己的路要自己决定。

在你的专业领域里，你都听过哪些糟糕的建议？

有抱负的艺术家常常将创作当作唯一的收入来源，这样会给自己很大的压力。根据我的经验，这是一条痛苦之路。艺术作品如果是你唯一的收入来源，持续不断的压力就会向这件艺术品袭来，收入压力是住在你心里的创意精灵的敌人。如果另有收入来源，你就可以减轻创意引擎的压力。即使艺术作品的收入落空，你也可以维持自己的生计。这样一来，你的创作灵魂会更加轻松自在，从而创造出最佳作品。

我就是这样做的。虽然出版了 3 本书，而且达成了一份巨额电影协议，但我还在辅导学生，帮助他们申请大学。我的朋友很不理解这件事，但我知道这是唯一的方法，它可以让我把写作当成生死攸关的事。

你如何拒绝不想浪费精力和时间的人和事？

我认为大多数好莱坞电影之所以如此糟糕，是因为每个人都在同时做 1 000 个项目。没有人把所有精力集中在某个项目上。在创作《善恶魔法学院》的过程中，我学会了耐心。在写这本书时，我心无旁骛，拒绝了其他工作，不管它们有多么赚钱。我会错过机会吗？当然会。但这也意味着，当这本书上市时，我知道我已经尽了最大努力，这是我能写出的最好的书，因此，它有最大的可能经得起时间的考验。此外，因为对高质量的追求，毫无疑问我会碰到更好的机会，这将弥补我错过的那些机会。

你用什么方法重拾专注力？

如果我觉得超负荷，通常意味着两件事：要么我的大脑不转了，我需要锻炼；要么我投入了过多的精力，我的大脑知道我无法完成设定的所有事情。而后者的可能性更大。通常来说，我会这样解决：深呼吸，看看日历，删除一些事项或修改截止日期，直到大脑麻木的感觉消失。

如果我觉得无法集中精力，那就意味着我还没有全身心沉浸在自己当前的工作中——我内心深处仍然觉得自己还可以逃跑。这种情况通常会发生在撰写新书的头三个月。如果发生在最后阶段，无法集中精力通常只是因为恐惧，我害怕我所做的事将付之东流或遭遇惨败。早些时候，我常常屈服于这种恐惧。写了 4 本书之后，我知道它只是个鬼魂，我可以把它甩在后方，不再回头。

拥有强烈愿望但缺乏天赋的人，会以迂回的方式实现梦想

蒂塔·万提斯（Dita Von Teese）

推特 / 照片墙 / 脸书：@DitaVonTeese

dita.net

蒂塔·万提斯　继吉普赛·罗斯·李（生于 1911 年）之后全球最著名的脱衣舞明星。大家一致认同，是蒂塔将这种艺术形式重新带到聚光灯下。她以标志性的香槟浴、闪耀奢华的脱衣舞服装而闻名，其衣服上装饰有成千上万颗施华洛世奇水晶。这位脱衣舞超级明星是很多设计师品牌盛会的特邀表演大师，包括马克·雅可布、克里斯提·鲁布托、路易威登、萧邦、卡地亚。她著有《纽约时报》畅销书《你无与伦比的美丽》，以其名字命名的品牌内衣全球著名零售商均有销售。

你长久以来坚持的人生准则是什么？

　　"你可以成为成熟多汁的桃子，但仍然会有不喜欢桃子的人。"这是我一位朋友的曾祖母对她说的话，她又转述给了我。我一直很喜欢

这句话。身为脱衣舞明星，公众对我的评价可谓好坏参半。有的人说我聪明，有的人说我愚蠢，有的人说我很丑，有的人说我很美。我一直努力让侮辱像水从天鹅背上滑落那样从我的身上坠落。我个人认为，大多数被普遍接受的事物都是平庸且无聊的。

你最常当作礼物送给他人的 3 本书是什么？

梅·韦斯特的《关于性、健康和超感觉》，这本书很不容易找到。不过，每次我碰巧找到，都会买下来送人。梅·韦斯特是一个非常机智的女人。她在电影中说过的每一句台词都是她自己写的，她留下了无数令人难忘的妙语。她 40 岁时拍了第一部电影，成为当时最性感的演员。我住在巴黎时，会和朋友围坐在一起喝香槟，大声朗读这本有趣的书。

如果我的朋友正处于艰难的分手期，我往往会送她一本格雷格·贝伦特和阿米拉·萝特拉·贝伦特写的《因为裂痕，所以分手》。这本书诙谐幽默，构思精巧，为如何在分手时保持尊严提供了很好的建议。

当然，我还把《你无与伦比的美丽》送给了很多人。没错，这是我自己的书，我之所以喜欢把它当作礼物送人，其中一个原因是书中描写的具有"古怪魅力"的朋友。他们极具洞察力，与美的主流标准背道而驰。他们分享了鼓舞人心的故事，讲述了自己如何在世界上留下了自己的美丽印记。

有没有某次你发自内心喜欢甚至感恩的"失败"？

在我的记忆里，我一直想当芭蕾舞演员。当我还是一个小女孩的时候，我有一张 20 世纪 50 年代的黑胶唱片，封面上是一张芭蕾舞女演员的照片。她眼线精致，眼角上挑，烈焰红唇，穿着淡蓝色的芭蕾舞短裙、肉色的渔网袜和蓝色缎面尖头鞋。我长大了就要成为她！我开始上芭蕾舞课，一直没有停过，甚至还打扫工作室的浴室以换取课时。到我十几岁的时候，我意识到，无论多么期望实现自己的梦想，无论做多少练习，我都无法成为一名优秀的舞蹈演员，也无法成为职业芭蕾舞演员。我的芭蕾舞老师认为我气场强大，举止优雅，舞步优美，脚尖的力量也很强，但我就是记不住编好的动作，无法在特定的方向上跳跃或旋转。

19 岁时，我开始像当年黑胶唱片上的那个女郎一样画着上挑的眼线和红色的嘴唇，并开始穿复古风格的服装。不久，我开始了复古脱衣舞表演。几年前，有人问我有没有永远无法实现的梦想，我提到儿时想当芭蕾舞演员的梦想。我突然意识到，从某种程度上说，我得到了自己想要的一切……我想要的就是成为专辑封面上的那位女郎。

说实话，我从未真正喜欢过跳舞，我喜欢的是芭蕾舞所代表的东西。我喜欢它所体现的魅力、女人味、优雅、戏剧性，更不用说那闪耀的服装和粉红色的聚光灯了。演艺圈就是我的目标。如果我不是一个糟糕的芭蕾舞演员，我很怀疑自己会不会去追求成为一名具有 20 世纪 40 年代风格的脱衣舞者这一模糊的想法。

我相信，我们的缺点有时会带领我们走向伟大，因为我们当中那些拥有强烈意愿但缺乏天赋的人会以迂回的方式实现梦想。我从未想过我会因羽毛扇舞和香槟浴而闻名。但是，我强烈地感觉到，凭借正直以及对演艺圈和脱衣舞表演的热爱，我已经取得了成功，而且比我当一名优秀的芭蕾舞演员更成功。

最近有哪个 100 美元以内的产品带给你惊喜感吗？

女性生殖保健网站 Mylola.com 改变了我的生活……你可以根据自己的需要在这个网站挑选 100% 有机棉的女性产品，每个月产品都会以精美的包装送货上门。该网站还向美国各地低收入和无家可归的妇女和女孩捐赠产品。我的女性朋友中有的人也开始使用这些产品了，这家公司及其运营方式改变了我和她们的生活。

你做过的最有价值的投资是什么？

收藏古董是一项不错的投资。我最初从 20 世纪 90 年代开始穿复古服装，因为当时我雇不起设计师。现在，复古风格的服装风靡一时，我的收藏也变得价值连城。我喜欢把钱花在能带给我快乐同时很容易转手的东西上，比如艺术品、复古服装、古董家具。我有时卖掉手中的古董，再买入更好的，有时不赔不赚，有时能从藏品中获利。我的古董车升值了很多倍，尽管我确实需要每天开现代车，但我会控制买车的欲望，只有在真正需要时才买现代车，我一般 10 到 15 年会换一辆。

不久前，我还买了几幅 20 世纪 40 年代和 50 年代风靡一时的原始美女海报，现在它们都升值了。此外，我还买了复古好莱坞海报，电影、脱衣舞表演和偶像海报。我喜欢做这些文物的看守人，而且我知道，随着时间的流逝，它们的神秘色彩和价值将永恒不变。

有一次，我和理查德·布兰森同乘一班飞机。他有一个磨损得很厉害的路易威登旅行袋，他说他已经使用了 30 多年。我经常旅行，多年来一直买便宜的行李箱，后来我攒钱买了路易威登的手提包，用了 17 年还很结实。一般来说，我不会买彰显身份地位的包，但如果能弄到一个，花笔钱也是值得的。

你有没有什么离经叛道的习惯？

我天生是金发，但 20 多年来我一直把它染成黑色，而且一直画着标志性的红唇和猫眼眼线。每个万圣节，我都会回归"本色"，化淡妆，戴着浅色假发，穿一身牛仔装。结果，大家都认不出我来了，所有认识我的人都感到我很滑稽，这是一次真正的心理实验！我开始注意到我是如何被忽视的，我是如何感到脆弱的，以及我是如何被那些从来不敢接近我的男子搭讪的。这是我最喜欢的万圣节服装，但是大家却认为我是那个不愿意为万圣节派对打扮的讨厌女孩。

有没有某个信念、行为或习惯真正改善了你的生活？

我越来越专注于自己的事业，开始自己打理财务。我记得 20 世纪 50 年代的性感尤物玛米·范多伦告诉我："我知道打理财务没什么意思，但是你必须自己全权负责，因为别人会试图欺诈你。"我很乐意只负责工作中的艺术表演部分。范多伦说得没错，看财务数据一点儿意思都没有。但是，现在我已经知晓有关巡回演出和各种交易的财务情况，我可以更专业地进行商务交流。

蒂塔·万提斯

心理治疗提升了我看待事物及行事的诚实度

杰西·威廉姆斯（Jesse Williams）

推特 / 照片墙：@iJesseWilliams

jessehimself.tumblr.com

杰西·威廉姆斯　活动家、演员、企业家，做过中学老师。他在美国广播公司（ABC）的热门电视剧《实习医生格蕾》中饰演杰克逊·艾弗里医生，并参演了电影《白宫管家》《林中小屋》《创可贴》。他是 Ebroji 公司和 Ebroji 手机应用程序的联合创始人，该程序主打流行的文化语言和动图键盘。他还是移动应用程序 Scholly 的合伙人和董事会成员，该程序在学生与 7 000 多万美元无人申请的奖学金之间搭建了一座桥梁。他是纪录片《保持清醒："黑人的命也是命"运动》的执行制片人。杰西还是体育与文化播客节目《开跑》（*Open Run*）的一名主持人，该节目在莱夫龙·詹姆斯和马弗里克·卡特创立的不间断数字媒体网络上播出。此外，他还是制片公司 farWord Inc. 的创始人、跨媒体艺术装置作品《问题之桥：黑人男性》的执行制片人。2016 年，杰西荣获黑人娱乐电视大奖之人道主义奖，并发表获奖感言，获得国际关注。

你最常当作礼物送给他人的 3 本书是什么？

贾雷德·戴蒙德的《枪炮、病菌与钢铁》。在理解古代和现代文明的成败上，这本书弥补了我一直以来的不足，给了我一幅全景图。权力离不开工具和环境，这两者都不需要努力去争取。

约翰·肯尼迪·图尔的《笨蛋联盟》。在我打开这本书的那一刻，我敢说，它给我的生活带来了极大的快乐！这本书真是太有趣了，描写生动，充满了各种冒险经历。有时候，这正是我们所需要的。

托妮·莫里森的《所罗门之歌》。主人公的困境对高中时的我产生了极大的震撼。为了"以防万一"，我买了两本。读这本层次分明的书，我仿佛踏上了充满诗意的旅行，我很感恩当时我们在课堂上做了讨论。

W. E. B. 杜波依斯的《黑人的灵魂》。这本书是美国文学和非洲裔美国文学领域的一部开创性作品。杜波依斯是一位杰出的作家、社会学家，他在这本书中介绍了"双重意识"和"种族面纱"等概念，揭示了人们如果在一生中都通过他人的眼睛、权力和文化看待自己，将意味着什么。

安·兰德的《源泉》。主人公大胆自信，拒绝在自己的艺术创作（其实就是他自己）上做出让步，这个吸引人的故事值得我们一读。

有没有某个信念、行为或习惯真正改善了你的生活？

我很早就听说过超觉冥想，但直到今年才开始练习。它提升了我集中注意力并在短时间内恢复精力的能力。我认为，很多人开始冥想练习时，都会觉得它有些严格，或者说起来容易做起来难，因此会望而却步。不过，通过大卫·林奇基金会的努力，超觉冥想现在变得很容易理解了。

心理治疗为我打开了一扇门，帮助我了解自己的思考、行为方式及其原因。我看待事物以及行事的诚实度上升到一个新台阶，而且开辟了一条新路径，这使得我与自己和他人的沟通更加清晰。对我而言，这是实现人身自由的重要方法。

我的治疗师主要以心理动力学 / 精神分析学为主。他在临床概念化中采用了一种精神分析方法，他觉得自己的方法有些古怪。他不会布置很多"家庭作业"，而是主要挖掘问题的根源，慢慢地让我找到更真实的自我，让我重新找到一种生活方式。

你用什么方法重拾专注力？

我无法集中精力一般有两个原因：一是太累了，二是有让人分心的事，抑或二者兼而有之。有时我会让自己凉快一下，比如散步呼吸一下新鲜空气，喝些冷饮，或者洗个澡。当然，不必是冷水澡，洗澡就是一个仪式，一个重置按钮。如果累了，我一般会小憩一下，最近我开始冥想。如果不是太累，我就会拿起正在读的小说，继续读下去。阅读创造性的作品会激发我的创造性思维。读小说的时候，我会萌生好的创意，想起自己要做的事情，比如没有完成的任务或故事构思。

我的朋友阿德佩罗经常会问我："你如果不害怕，会做什么？"这是一个很好的问题。

坏事无法避免，但我们能控制如何反应

达斯汀·莫斯科维茨（Dustin Moskovitz）

推特：@moskov
asana.com

达斯汀·莫斯科维茨　办公软件公司 Asana 的联合创始人，该公司致力于帮助客户跟踪团队工作并管理项目。在创办 Asana 之前，达斯汀曾是脸书的联合创始人，负责公司的技术板块。达斯汀最初担任脸书首席技术官，后为工程副总裁。此外，他还是 Good Ventures 慈善基金会的联合创始人，该基金会的使命是促进人类的蓬勃发展。

你最常当作礼物送给他人的 3 本书是什么？

　　吉姆·德思默和黛安娜·查普曼的《意识领袖的 15 项承诺》。虽然大多数人会将生活中不开心的事归咎于他人或客观环境，但是佛教徒认为，我们自己才是痛苦的根源。我们无法控制坏事的发生，但我们如何反应才是最重要的，而且我们可以学习如何控制自己的反应。即使你不认同这样做适用于所有情况，在不开心或焦虑时考虑一下通常也会给你一个新的视角，让你不再那么纠结于眼前的坏事。这本书是一本实用的战术指导手册，它改变了我在遇到困难时的问题处理方式，从而或大或小地减轻了我所遭受的痛苦。尽管这本书为领导者而写，但我把它推荐给所有人。Asana 公司的每位新员工人手一本。

最近有哪个 100 美元以内的产品带给你惊喜感吗？

在过去 5 年中，我买过的最喜欢的东西要属 Back Buddy 按摩器了，别无其他。基本上，有了这个按摩器，你完全可以用两只手对背部进行按摩。不过，这些年来我也慢慢弄懂了按摩器上的所有小旋钮和其他功能。我甚至学会了如何按摩不同的骨骼结构（即自我脊椎按摩疗法），并将其融入我的瑜伽练习。这个按摩器售价仅为 30 美元，所以我买了好几个，一个放在客厅，一个放在办公室的办公桌上，还有一个可折叠的旅行版。不过，如果旅行时带滚轮箱，我还是会随身携带正常的按摩器。该产品在亚马逊上有 4 500 条评论，评价 4.5 颗星，所以，喜欢这个产品的不止我一个人。

你如何拒绝不想浪费精力和时间的人和事？

一口回绝最简单，最干净利落。拒绝别人的请求比较尴尬，因此我们很容易含糊其词，说自己会在决定之前先听听某人的意见，或者只同意部分请求，即使当时我们已经确信自己宁愿完全不参与。不过，一旦打开这扇门，几乎可以肯定的是，你就会再一次碰到不得不接受或难以拒绝的请求，因此你还是要面对这种尴尬的情况。更糟糕的是，这样做会让你的心理界限变模糊，在请求者的眼中，你已经成为对这类问题感兴趣的人。研究表明，即使只是出于礼貌做了某事，我们也会尽力保持一致的外部形象。请求者会借着这个机会向你施压，或者将来向你提出类似的请求。与第一次就一口回绝相比，这时你再拒绝会显得更尴尬。此外，请求者甚至可能会把你的联系方式透露给其圈子里的其他人，这会让问题变得更严重。

要优秀到不能被别人忽视

瑞恰·查达（Richa Chadha）

推特：@RichaChadha
照片墙：@therichachadha

瑞恰·查达 印度电影界一位备受称赞的女演员。她在喜剧《幸运古惑贼》中首次亮相，在《瓦塞浦黑帮》中扮演配角时，取得了重大突破。瑞恰在这部黑帮传奇电影中扮演黑帮老大的妻子，不仅喜欢与人吵架，还极为粗俗。因为在电影中的出色表现，她获得了印度电影观众奖，这个奖项相当于"印度的奥斯卡奖"。2015 年，瑞恰首次担任主角，出演了《火葬场》，该片在戛纳电影节上映时好评如潮。

你最常当作礼物送给他人的 3 本书是什么？

我送人最多的书是尤迦南达的《一个瑜伽行者的自传》。这本书提醒我，人类是唯一一种习惯于对生存怀有疑问的物种。植物在生长过程中，相信大自然会为其提供营养。野生动物虽然面临危险的环境，但仍不断繁衍。在我的人生处于低谷时，这本书提醒我要有信心，因此我尽可能把这本书分享给他人，以帮助他们摆脱痛苦。

在成长过程中，我深受《爱丽丝漫游奇境》的影响。我现在仍会像孩子一样睁大好奇的双眼。萨尔曼·鲁西迪的《羞耻》对 15 岁时的我来说有些沉重，但这本书还是对我产生了很大的影响。它让我变得更加友善。娜奥米·克莱恩的《颠覆品牌全球统治》让我重新审视消费主义与物欲。

最近有哪个 100 美元以内的产品带给你惊喜感吗？

对我来说，就是购买互联网电影资料库 IMDb 的专业版会员，这样一来，世界各地的人都可以轻松地找到我。

有没有某次你发自内心喜欢甚至感恩的"失败"？

我被骗去拍了一部电影，后来我的镜头大多被剪掉，只剩下一个演讲的场景。虽然这部电影的票房遭遇了滑铁卢，但对我来说并没有任何好处。我的同事认为，我因为绝望而开始选择无关紧要的小角色，但这与事实相去甚远。这件事耽误了我好几年。尽管这种明目张胆的腐败在印度电影界并不新鲜，但我还是觉得很震惊，很沮丧。

影评出来之后，我的表演备受称赞，我觉得这是因祸得福。如果一个场景就能产生这种影响，那么一整部电影会如何呢？一年后，我好运连连。我主演了印度首部原创电视剧《边线之内》，排位在其他明星之前。随着这部剧在国内外的发行，我在印度以及世界各地重新获得了声誉。

我想我需要那次经历。盲目相信我所从事的工作绝对不是一个好主意。大多数人都会受自身利益或好处的驱使，我们不能因此去评判他们。我们能做的就是做出反击，这样别人就会知道，如果有人惹了我们，我们不会坐以待毙。

你长久以来坚持的人生准则是什么？

我的座右铭是："优秀到不能被别人忽视。"我把每个项目都当成一次新的开始。我会忘记我是谁，忘记过去的荣誉。它让我保持平衡的心态，让我更加努力。

我所在的行业存在很多裙带关系。如果你在谷歌上搜索谁是顶级明星，那么毫无疑问，大多数明星，特别是男演员，从出生起就一直在电影圈里。这是需要时间的。但是，如果你一直做得很好，至少你可以说你凭借自己的努力获得了成功。

你做过的最有价值的投资是什么？

父亲鼓励我参加一门名为"金钱与你"的课程，该课程是围绕巴克敏斯特·富勒的思想设计的。我在吉隆坡参加了为期4天的课程。前两天围绕"金钱"展开，后两天围绕"你"展开。课程设计得很均衡，它教会了我以不同角度看待金钱，使我在年轻时就充满了进取心。这门课花了我500美元。

你有没有什么离经叛道的习惯？

每部电影我都会用不同的香水。我认为在五种感官中，唯一可以巧妙利用的就是嗅觉。我会根据电影里营造的世界和环境以及角色的属性来选择香水。

我在《瓦塞浦黑帮》中扮演一个村妇。为此，我用的是伊丽莎白雅顿的绿茶清莲香水。我在电影《弗克利》中饰演黑帮老大，用的是伊丽莎白雅顿的挑逗女士香水。在拍摄电视剧《边线之内》时，我扮演的是电影明星，所以用了香奈儿5号香水。

我很享受这种怪癖，因为我喜欢让自己闻起来香香的。我不是方法型演员，但这种方法可以让我轻松地融入角色。当我下车朝拍摄场地走去时，助手们都知道是我。

我猜，那是因为我身上那廉价而清爽的香水味。

有没有某个信念、行为或习惯真正改善了你的生活？

我发现我更关注全局。

在印度，电影作为一种商业模式饱受困扰：电影很多，但没有足够的屏幕播放；娱乐产业的税收高达51%，正在削弱行业的活力；盗版所赚的钱是正版电影的3倍。

如今，数字化的普及率正以前所未有的速度在增长。当我选择拍摄网络剧时，许多人都认为这是一种降级。他们错了。

全局观会让你拥有宏大的视角，就像飞机起飞时一样，你会意识到自己是多么渺小。

你会给刚刚毕业的大学生什么建议？你希望他们忽略什么建议？

总体而言，教育体系的目的是让每个人适应既定的行业标准。这是一个万无一失的方法，可以帮助人们找到工作，过上正常的生活。很少有人能摆脱这种世世代代的平凡，很少有人能成为有创造力、大胆无私的人。普通工作带来的安全感太过舒适了。

我的家庭属于印度的中产阶级，父母都从事教育工作。我拿到新闻学学位后告诉他们，我不打算进入这行，而是要去孟买当演员。当时，他们很担心，但还是表示支持我。

母亲对我说："向前迈步时必须抬起后脚，否则将无法前进。"

在你的专业领域里，你都听过哪些糟糕的建议？

在我的职业生涯中，我很幸运，身边一直有"祝福我的人"和"给我提建议的人"。他们教给我不要做什么。别人给你提建议的时候，一般都基于他们认为什么对你是最安全的，或是基于他们对你以及你应该成为什么样的人的理解。他们为你能取得的成就设定了无形的限制，并无意间将这些限制加在你的身上。

有人曾告诉我不要参演独立电影（但我的事业要归功于此），要模仿别人的穿着（使我成为一个在时尚领域没有个性、随大流的人），要和富人约会或嫁给富人（还是出于安全考虑），不要对政治问题发表意见（无论身在何处，你都会为说出问题所在而付出代价，但这种代价是我愿意付出的）。

这很简单，但并不总是那么容易实现。

你如何拒绝不想浪费精力和时间的人和事？

我现在更擅长拒绝那些消耗我精力的人和事，包括朋友和家人在内。这并非易事，如果你是讨好型人格，尤为如此。

如果我坦率而真诚地说出自己的理由，我发现没有人会因为我的拒绝而觉得受到了冒犯。那些觉得受到冒犯的人也许并不重视我的需求。

你用什么方法重拾专注力？

我有好几种方法。比如，我会写日记，这能帮我整理思绪。我10岁左右就开始写日记了。如今，当我回看高中时自己乱涂乱画的日记时，我看到自己在学识和事业上有了很大进步，我会异常高兴。我正在实现自己的梦想。学生时代，我就经常写日记，日记一直伴随着我成长。我的日记就像剪贴簿一样，有插图，还有对我有启发的名言警句。我现在每周至少写3次日记，写日记所花的时间与我的心态成正比。如果我在想事情或者觉得很困惑，那么我会写很长时间。一本日记，囊括万千，里面有我的工作安排（分为个人和工作两部分），有我的思考过程，还有我对某件事的想法，而这件事正好是促发我写日记的缘由。有时，我只是写下一些感谢的话。我总是买好看的日记本和彩色的笔。现在，我正在用的是画着神奇女侠的日记本和霓虹笔。有人可能会认为这很幼稚，但是不同的颜色有助于我写下更多的内容，让我乐此不疲。

我会打坐冥想。如果我的大脑一片混乱，打坐冥想对我来说是一项挑战。一开始我通常先注意呼吸。呼气的时候我会从10数到1，然后慢慢进入冥想的状态。大约要花 20 分钟，我才能放空大脑。有时，我觉得自己仿佛睡着了，但我意识到这种感觉就是冥想。这种方法总是很管用。我一生中从未有过一次通过冥想思考某件事却没有起作用的时候。如果我处在紧张的拍摄中，我会在早上刚起床或午后进行冥想。

我还会和父亲谈心。他不仅是我的良师益友，还是我的生活教练、行为心理学家。他会帮我保持平衡的心态，让我不要偏离正轨。

此外，有时我会选择休息一下。我会给猫除虱子、洗个舒服的热水澡、徒步行走、亲近大自然、读书、品尝美食，还会给生活和工作"排毒"。这些休息时间通常会让我有所顿悟，并且总是很有效果。给生活"排毒"是指我把事情交给助手或经纪人，找好帮手后，我会关掉手机去散步、思考和放松。给工作"排毒"是指关掉手机，不去关心电影 / 表演 / 戏剧，就做一个普通人。

还有一种方法，就是不停地问自己"那又怎样"？先说出自己介意的事，然后问自己"那又怎样"？例如：

> 某人很粗鲁。
>
> 那又怎样？
>
> 我觉得自己没有得到尊重。
>
> 那又怎样？
>
> 我不喜欢这种不被尊重的感觉。
>
> 那又怎样？
>
> 如果大家都不再尊重我，怎么办？
>
> 那又怎样？
>
> 我会很孤独，变得令人讨厌。
>
> 那又怎样？
>
> 我不想孤身一人。
>
> 那又怎样？

我特别害怕孤独。

那又怎样?

这样很不理性。

那又怎样?

也没什么,没关系。

那又怎样?

啥事都没有。

发人深思的箴言

蒂姆·费里斯
（2015 年 12 月 11 日—2016 年 1 月 1 日）

怨恨属于那些坚持认为别人亏欠了自己的人，而宽恕属于那些能够看清现实、继续前行的人。

——克里斯·杰米
美国诗人、著有《莎乐美：一尺一寸》（Salomé: In Every Inch in Every
Mile**）**

人的一生，不是积累的过程，而是消亡的过程；不是每天增加，而是每天减少。修行的最高境界，往往朴素而简单。

——李小龙
武术家、演员，著有《截拳道之道》

少即能成，多增无益。

——奥卡姆
英国哲学家、奥卡姆剃刀定律的提出者

学会忽略是通向内心平静的康庄大道。

——罗伯特·索耶
科幻作家、雨果奖和星云奖得主

专注于自己的长处

马克斯·列夫琴（**Max Levchin**）

推特：@mlevchin

affirm.com

马克斯·列夫琴　消费金融公司 Affirm 的联合创始人兼首席执行官，该公司致力于使用现代技术重新构想并重建金融基础设施的核心组成部分。在此之前，马克斯是贝宝被亿贝以 15 亿美元的价格收购的联合创始人和首席技术官。后来，马克斯作为第一位投资人帮助创建了美国最大的点评网站 Yelp，并担任公司董事会主席 11 年。此外，马克斯还成立了 Slide 公司，并担任首席执行官，该公司后被谷歌以 1.82 亿美元收购。马克斯被《麻省理工科技评论》评为 2002年"年度创新人物"，当时他年仅 26 岁。

你最常当作礼物送给他人的 3 本书是什么？

　　《大师与玛格丽特》，作者为苏联作家米哈伊尔·布尔加科夫，由佩维尔等人翻译成英文。我认为这是 20 世纪最好的一本小说。这本小说篇幅较短，但极为深刻，探讨了很多内容，包括基督教哲学的根基、

20世纪苏联的腐朽，集虚构、滑稽、讽刺于一身。我通常一次会买5到10本《大师与玛格丽特》，当作礼物送给新朋友。我的办公桌上总是摆着几本，以防有人来借。

还有一部电影对我影响很大，是黑泽明的经典影片《七武士》，我看了100多遍——真的，没有骗你。我过去常常把重新录制的DVD送给我指导的年轻首席执行官。我很喜欢这部电影（我比较喜欢日本的东西），我之所以向新任经理和首席执行官推荐这部电影，主要是因为它与领导力有关。几位勇敢的领导者冒着一切风险组成了一个鱼龙混杂的团队，为生存而战。听起来是不是有些耳熟？对我而言，这个永恒的故事对初创企业来说是一个近乎完美的隐喻。三船敏郎（剧中饰演菊千代）会怎么做呢？

你长久以来坚持的人生准则是什么？

这个问题，我有几个备选答案。

"心存疑虑之时，便是下定决心之时。"这句台词来自电影《浪人》，这是我一直以来都很喜欢的一部电影。电影剧本由著名剧作家大卫·马麦特执笔。这句话十分简洁，提醒我们在战场和商场上要永远保持果断，从最基本的层面说，就是我们要相信自己的直觉。干我这一行，如果心存疑虑，我就足以做出"早点儿解雇"的决定了。你如果对某位重要员工或联合创始人心存疑虑，你未来改变想法的概率就会非常低。

"决定赢与输的关键往往在于你有没有放弃。"谈到企业家精神，华特·迪士尼这句关于意志力的名言再准确不过了。初创企业唯一可预见的就是它们的不可预测性。创业就像坐过山车，要想走出低谷，最需要的就是勇气——你的勇气以及你团队的勇气。

还有就是："如果我的腿受伤了，我会说'消停点儿，腿！我让你做什么，你就做什么'！"这句话出自传奇自行车手延斯·福格特，无论疲劳还是受伤，他都愿意为自己的团队加倍努力。

成立初创企业相当于一项耐力运动，骑行领域总能找到一件鼓舞人心的逸事、名言或隐喻。福格特还喜欢说这样一句话："如果它伤害了我，别人受的伤害就是我的两倍。"

"找一个合作伙伴，你每天都想打动他，他也每天都想打动你。"在过去的一二十年中，我注意到，在工作和生活中，最好、最持久的伙伴关系建立在共同成长的两个人之间。如果你选择依靠的人不断努力学习提高自己，那么你也会将自己推向新的高度，取得更多的成就。另外，你们两人都不会觉得勉强接受了一个自己早晚会超越的人。

你有没有什么离经叛道的习惯？

基因算法烹饪。我痴迷于某些食物的制作方法，并且会重新创作和加工，直到它们完全适合我的口味。在烹饪方面，我一点儿创造力都没有，但我可以很精确地遵循一份条理清晰的食谱。稍稍改进食谱使其更适合我的个人口味，这个过程很有趣，并且满足了我天生对这件事的痴迷。我会把食谱当成一个基因组，每份食材、每个步骤都相当于一个基因。我会根据之前的尝试结果或者随机修改基因。我会品尝自己做出的菜肴，并把最美味的结果进行"基因杂交"。我已经整合了一些"代码"来跟踪我做出的修改，因此这（或多或少）是一个非常精确的过程。

虽然这会让我放松心情，但偶尔我也需要在一周内品尝大量略有差别的泡菜、康普茶或开菲尔酒。发酵食品（尤其是英文单词中以"k"开头的食品）通常是我的最爱，它们也非常适合此类实验。

有没有某个信念、行为或习惯真正改善了你的生活？

专注于我的长处。在离开贝宝之后，我最重要的"职业"目标就是实现多元化，做一些与我原来从事的金融技术、付款、反欺诈无关的事情，去做我在第一次成功创业过程中真正喜欢做的事。我真的很想让自己拥有多元化的技能和经验。

尽管接下来的几次创业经历都很有趣，有些还很成功，但我从未有过像建立贝宝时那样的兴奋之情。多年来，我一直将原因归为这些公司在市值或吸引力上都没有超过贝宝，但我知道其实有更深层的原因。

在我准备再次创办公司时，我的妻子（每天都能打动我！）对我说，我最快乐的时光是在创建贝宝的过程中，而不是在公司上市或被收购时。她建议我考虑一下是不是回到我的创业起点，即金融服务行业。这时我已经离开金融服务业十多年了。最后我与他人共同创立了 Affirm 公司，虽然它与贝宝截然不同，但二者有许多交叉的概念和挑战。

Affirm 公司的日常工作可能与我当初在贝宝时一样具有挑战性，一样艰难。但是，我又回到了自己的"甜蜜区"，我喜欢在这里工作的每一分钟。

你会给刚刚毕业的大学生什么建议？你希望他们忽略什么建议？

我的建议是，现在要勇于冒险。大学生和应届毕业生的优势是年轻，有干劲儿，没有什么负担。更重要的是，他们还没有过上衣食无忧的生活——物质享受是慢慢获得的。他们一无所有，所以无所畏惧。你如果不习惯在职业生涯早期冒险，舒适生活的桎梏就会拖慢你的脚步。

我 20 岁出头便创立了很多家公司，但它们都失败了。尽管如此，我从未犹豫过要不要创办下一家公司。从第一家公司开始，我就知道我很喜欢这种启动项目的感觉，而且当时我几乎没有其他负担。最终，其中一家公司取得了成功，但其实我早已做好不停尝试直至成功的准备。

如果你的负担就是你一个人，那么现在是时候走出舒适区、开启或加入一项有风险但激动人心的项目了。如果有机会加入这样的项目，

巨人的方法

你就要放下一切，义无反顾。如果失败了怎么办？你总可以回到学校，然后在投资银行或咨询公司找份工作，住进舒适的公寓。

在某些情况下，我不建议大学生力求变得"全面"，比如，在职业生涯初期一两年换一份工作，希望积累各种经验。从理论上讲，这样做是有用的，但是一旦发现了自己的长处（作为团队成员或主管），对所在公司的使命充满热情，你就要冒险一试，全身心投入，加倍努力，不断攀升。也许很快你就能掌管整个公司了！

越深入学习，越会发现自己无知

尼尔·斯特劳斯（Neil Strauss）

推特：@neilstrauss
照片墙：@neil_strauss
　　neilstrauss.com

尼尔·斯特劳斯　曾 8 次入选《纽约时报》畅销书作家。他因为《把妹达人》和《把妹达人圣经》而享誉全球，成为全世界男人心目中的英雄。斯特劳斯接下来写了《真相：相爱没有那么容易》。在这本书中，他深入研究了性成瘾、一夫一妻制、不忠行为和亲密接触，探索了促使人们相爱、结合、分手的潜在力量。最近，他与凯文·哈特共同撰写了《无法弥补的人生教训》，此书一出，立刻登顶《纽约时报》畅销书榜单。

你最常当作礼物送给他人的 3 本书是什么？

　　对我影响最大的一本书是詹姆斯·乔伊斯的《尤利西斯》。我在高中最后一年读的这本书，它使我意识到语言的力量和可能性。它是超文本出现之前的超文本。我每 3 年重读一次，每次都觉得读的是一本不同的书。

我最经常送人的书是詹姆斯·霍利斯的《在土星的阴影下》。霍利斯是研究荣格学说的心理分析师。我在每页的重点信息下面都画了线。用他的话说，这本书的主旨是："男人的生活和女人的生活一样，大多由角色期待控制。结果是，这些角色并不支持、确认男人的精神需求，也不会与之形成共鸣。"

我送人最多的有声读物是马歇尔·卢森堡的《非暴力沟通》。这本书的名字虽然起得并不恰当（相当于把"拥抱"说成"非谋杀性接触"），但其中心思想是，我们不知道自己与他人（以及我们自己）在沟通时存在很多暴力。这种暴力包括指责、评判、批评、侮辱、命令、比较、贴标签、断定和惩罚。

因此，当我们以某种方式说话时，对方不仅听不进去我们的话，而且最终我们会疏远他人和我们。《非暴力沟通》可以立即神奇般消除我们与任何人的潜在冲突，包括与合作伙伴、服务人员、朋友和同事的冲突。这本书提出很多重要的前提，其中之一就是没有两个人的需求会发生冲突，起冲突的只是满足需求的策略。

要注意，我所说的版本是一个 5 小时 9 分钟的讲座。你可以通过封面加以识别，封面上是一只手的特写，两根手指竖起，表示和平。开始的时候，演讲者讲得很慢，但随后会发生巨变。不要购买同名纸质图书。

最近有哪个 100 美元以内的产品带给你惊喜感吗？

Tile Mate 追踪器。之前，我总在家里到处找钥匙。有了这个追踪器，我节省了很多时间。另外，给宠物身上佩戴一个也不错。

有没有某次你发自内心喜欢甚至感恩的"失败"？

发生在我身上的最好的事情就是，我没有被新闻学院录取。因此，我最后成了《纽约时报》的记者兼专栏作家。因为没被录取，所以我选择了另外一条路，通过实践而非课堂来学习，遵循自己的热情而非"约定俗成的方法"。

也正是因为这样，我意识到结果并非结局。换句话说，我们以为的终点实际上只是岔路口，人生的道路上遍布这样的岔路口。纵观人的一生，我们真的不知道某次成功或失败究竟是福是祸。因此，我现在这样来判断自己的努力和目标：鉴于当时自己的身份和知识，我是否尽了最大努力？我可以从结果中学到什么以便下次做得更好？

要知道，批评不等于失败。如果你没有受到批评，那可能就是你没有做出非凡的事情。

你长久以来坚持的人生准则是什么？

"越深入学习，越会发现自己无知。"

你做过的最有价值的投资是什么？

最好的投资是我在纽约《村声》杂志当无薪实习生。有一年的时间，我的工作就是收发邮件，帮别人报销票据。但是，能在那里工作，我真的很兴奋。我大约在那里实习了好几年，一直赖着不走。我喜欢写作，刚开始我并不擅长写作。不过，我经常与自己佩服的作家和编辑在一起，只要有空闲时间，就在资料室看过往期刊，这些让我学会了如何成为作家、评论家和记者。

在关于失败的问题中，我提到最喜欢的一次失败是没有被新闻学院录取，而《村声》就是我的新闻学院。

有没有某个信念、行为或习惯真正改善了你的生活？

毫无疑问，是在加州马里布找到了一个一起锻炼的健康小组。以前，我会去健身房健身，让体重或肌肉达到某个目标，但我从未坚持下来。现在，我会和小组的朋友们见面。我们总是在户外运动，有时在海滩上，有时在游泳池里，有时在草坪上。最后我们几乎总是以桑拿或冰疗结束，这是一天中最精彩的时刻。我没有想要从中获得什么，我这辈子都没有这么健康过。它使我意识到，改变和成长的秘诀不是意志力，而是积极的互助小组。

你如何拒绝不想浪费精力和时间的人和事？

我们正在和分心的事物做斗争。各种设备和技术已经对我们了如指掌，以至我们现在需要其他设备和技术来保护我们自己，特别是我们的时间。我是这样拒绝打扰的：我在计算机上安装了应用程序 Freedom，设置每天断网 22 小时。我还买了 Kitchen Safe 防沉迷时间锁（现在叫"kSafe"），它是一个定时保险柜，我可以把手机放在里面。

在思考是否要拒绝其他人或事时，我会先问问自己是不是出于愧疚或恐惧而答应别人。如果是这样，那就礼貌地拒绝。

你用什么方法重拾专注力？

超负荷和无法集中精力似乎是两个不同的问题。我觉得超负荷关乎管理外在事物所需的脑力，而无法集中精力是管理内在事物所需的脑力。

总的来说，遇到这两种情况，我会把大脑想象成一台内存已满的计算机，所以最好将其关闭一小会儿。对我来说，关闭就是暂停手中的工作，去冲浪、冥想、洗冷水澡、到户外呼吸一下新鲜空气，或者与我非常喜欢的人聊会儿天。

任何能够使你放空大脑、关注身体的健康方式最终都对大脑有益。

你有没有什么离经叛道的习惯？

我喜欢嘉娜宝玫瑰香体糖、卡乐比蜂蜜黄油薯片、动画片《瑞克和莫蒂》、在地板上支一块木板戴着 HTC VIVE 虚拟现实设备打《里奇的木板体验》游戏、从 healthybutter.org 网站购买的 Crack 黄油、密室逃脱、用 Tim Tam 巧克力饼干当吸管、泡菜香鸡尾酒、扑克牌游戏 skittykitts、说与年龄不符的词、假装知道别人在说什么实际上一无所知、以介词作为句子的结尾、玩我和妻子自编的游戏。我们的游戏是这样的，随机播放音乐，我们根据背景音乐轮流设想电影场景。这个游戏不那么容易解释，你最好和我们一起玩一下。

我们要知道自己的价值

韦罗妮卡·贝尔蒙特（**Veronica Belmont**）

推特/照片墙/脸书：**@veronica**

veronicabelmont.com

韦罗妮卡·贝尔蒙特 旧金山一位十分喜爱机器人程序的产品经理。她在 Growbot 公司工作，职责是确保员工获得应有的团队认可。她还帮助管理 Botwiki.org 和 Botmakers.org。Botmakers.org 是一个由机器人程序创建者和爱好者组成的庞大社区。身为作家、制片人和演说家，韦罗妮卡的主要目的是让人们知道技术如何改善了他们的生活。多年来，她一直热衷于创新，因此成为许多创业公司的产品、沟通和营销顾问，包括读书类社区网站 Goodreads（被亚马逊收购）、个人网站服务平台 about.me（被美国在线收购）、学习网站 DailyDrip、音乐平台 SoundTracking（被 Rhapsody 软件公司收购）、移动程序开发商 Milk（被谷歌收购）、游戏平台 WeGame（被社交网站 Tagged 收购）、游戏分享平台 Forge、女性创业者平台等等。此外，她还是一位播客主持人，主持 Mozilla 基金会的播客节目《真实人生》和《剑与激光》。

你最常当作礼物送给他人的 3 本书是什么？

丹·哈里斯的《一个冥想者的觉知书》。这本书让我对正念和冥想有了全新的思考。我一直认为，这种事只有"别人会做"，但是丹·哈里斯饱受焦虑和恐慌的困扰（尤其在镜头前，我以前的工作就是如此），在很大程度上他说到了我的心坎儿上。另外，他从怀疑论者的角度出发，所以我并不担心自己会以某种方式被说服！这是一个衡量思想和心情的好方法。

最近有哪个 100 美元以内的产品带给你惊喜感吗？

我改用药店的洗发水和护发素。我发现 4 美元一瓶的潘婷比 25 美元一瓶的丝芙兰还要好。贵的东西不一定更好！

你有没有什么离经叛道的习惯？

我喜欢给狗拍照片，然后发布到"Dogspotting"脸书小组。小组成员必须遵循一些详细的规则：必须是以前没见过的狗，一定要把人从照片中剪除，不要唾手可得的照片（在很容易看到狗的地方拍摄照片，比如遛狗公园）。我觉得这是一种宣泄情感的奇怪方式，所以我在 Anchor.fm 上开了一个微播客，名为"我今天看见的狗狗"。我想我找到了让自己快乐的事。

你如何拒绝不想浪费精力和时间的人和事？

我终于明白了休息时间和工作时间一样宝贵，因此我必须做好相应的时间安排。以前，我如果在日历上看到一大段空闲时间，就会很难拒绝项目、演讲或者别人喝咖啡的邀请。现在，我一看到自己有空闲时间就会想："抱歉了，这是我的追剧时间。"

有没有某次你发自内心喜欢甚至感恩的"失败"？

我很喜欢的一次失败是为 HBO 电视网主持《权力的游戏》第 6 季

首映礼。从表面上看，首映礼很成功，但我犯了一个错误，那就是上网看评论。这真的是一个很糟糕的想法。本来是一个神奇的夜晚，结果变成我坐在宾馆的房间里打电话向丈夫哭诉。

但是，正是这种感觉让我下定了决心。在过去半年多的时间里，我偶尔会考虑换个行业，但我害怕进入以前从未作为专业人士涉猎的行业。坐在宾馆的房间里，我思忖着："为什么我要花时间做一些总让我痛苦不已的事情呢？为什么不冒险试一试别的工作呢？"

于是，我做出改变。我不再接受任何临时的工作，结束了我的视频合同，把所有时间都用来学习产品管理，并寻找最适合自己的工作。那是一个可怕的夜晚，但也是一种动力，它促使我追求全新奇妙的职业生涯。

你长久以来坚持的人生准则是什么？

我目前只有一句座右铭："你赶紧付钱给我！"做了近 10 年的自由职业者，我看遍了各种各样不想付钱给我的伎俩。提高曝光率、吸引新观众，或是享受一次很棒的体验，这些都很好，但不能用来付房租，也换不来桌上的食物。我们要知道自己的价值。

在你的专业领域里，你都听过哪些糟糕的建议？

我觉得，人们普遍认为必须同等看待对产品的所有反馈意见，不管是播客节目，还是应用程序。不过，并非所有反馈都是平等的，也并非所有来自用户的想法都是好的！太过注意反馈会改变你对自己产品的愿景，突然，你会觉得这不再是你的产品。

你会给刚刚毕业的大学生什么建议？你希望他们忽略什么建议？

不要等已经找到工作再去做自己想做的事。对大多数职业者来说，加入与未来工作相关的项目，以此表现出自己的主动性，这是一个入门的好方法。你如果想成为作家或记者，就可以开个博客并定期更新

韦罗妮卡·贝尔蒙特

内容！你如果想成为程序员，就可以在代码托管服务平台 GitHub 上创建一个项目并定期维护它。不管做什么事情，你只要可以在领英上指着这一条说"我对此充满热情"，就是可行的。

你用什么方法重拾专注力？

每次列好清单，我都会感觉好一些。将要做的事情写在纸上，做完一项就划掉一项，这会让我很有满足感。这样做可以使我更好地专注于短期内可以完成的工作，而且我可以真实感受到它是一项我已经完成的任务。

如果我觉得超负荷了，没有什么比带着狗去公园更好的办法了。散步、呼吸新鲜空气、看着快乐的狗狗，这些都会让我恢复精力。另外，无论你承受了多大的压力，你的狗都会永远爱你，知道这一点真的太令人高兴了！

我可以继续经历失败，然后变得更好

帕顿·奥斯瓦尔特（Patton Oswalt）

推特 / 脸书：@pattonoswalt

pattonoswalt.com

帕顿·奥斯瓦尔特　脱口秀明星、演员、配音艺术家、作家。在过去至少两年的时间里，我在车上反复听了他的第三部脱口秀特别节目《我的弱点很强大》，我强烈建议你听第八段"老鼠"和第九段"狂欢"。他曾在著名影视剧中扮演重要角色，比如情景喜剧《后中之王》中的斯彭斯·奥尔钦、电影《美食总动员》中的瑞米（配音）、《神盾局特工》中的凯尼格兄弟。帕顿凭借网飞的脱口秀特别节目《帕顿·奥斯瓦尔特：为掌声而说话》获得黄金时段艾美奖最佳综艺节目编剧奖和格莱美最佳喜剧专辑奖。此外，帕顿还著有《纽约时报》畅销书《银幕恶魔：从对电影的痴迷中学习人生》和《僵尸、太空飞船、荒原：帕顿·奥斯瓦尔特的书》。

你最常当作礼物送给他人的 3 本书是什么？

　　我想我送人最多的书要属加列特·基泽尔的《愤怒之谜》了。读这本书，仿佛进行了一场令人惊叹的冥想之旅。不过，加列特的所有书都是如此。《愤怒之谜》讲述了愤怒的危害和好处。这本书帮我度过了一些我本来很容易发怒的片刻。我想，这本书对我那些更容易激动的朋友来说是个安全保障。

最近有哪个 100 美元以内的产品带给你惊喜感吗？

ChicoBag 环保购物袋。你可以在车的后备厢里放上几个这种可重复使用的购物袋。它们超级结实，价格便宜。如果你在里面装满辣椒罐头，它就会变成一个中世纪风格的漂亮狼牙棒。

有没有某次你发自内心喜欢甚至感恩的"失败"？

作为喜剧演员，每次在台上演砸了，都是我很喜欢的失败，因为第二天醒来，地球仍在运转。我可以继续经历失败，然后变得更好。我希望每个追求艺术的人都至少遭受一次灾难性的失败，你会从中获得超能力。

你长久以来坚持的人生准则是什么？

"没有所谓的'他们'。"

你做过的最有价值的投资是什么？

从 1992 年夏天到 1993 年夏天，我在芝加哥度过了贫穷的一年，花光了 3 年为数不多的积蓄。我至少每天晚上登台一次，这一年仿佛其他喜剧演员的 10 年。我破釜沉舟，技术越来越娴熟。你如果能够做到——我知道很多人不能，你如果在一无所有的时候还照样能够生存下去，这种经历就会给你回报。

你有没有什么离经叛道的习惯？

边往洗碗机里装餐具边冥想。当我思考一个问题时，我喜欢往洗碗机里装餐具。这就像玩俄罗斯方块，只不过摆放的是餐具和银器。

有没有某个信念、行为或习惯真正改善了你的生活？

每天两次冥想，这样做只是为了给我混沌的大脑充充电，重启一下。这种方法很管用。

你会给刚刚毕业的大学生什么建议？你希望他们忽略什么建议？

暂时接受自己糟糕的处境。你很可能特别不喜欢自己的第一份工作，你的生活状况可能也不怎么好。珍惜这几年乱糟糟的生活吧，因为它会让你更快地实现自给自足。如果有人告诉你稳定比经验更重要，那么你要忽略他的建议。

在你的专业领域里，你都听过哪些糟糕的建议？

在喜剧行业，我见过很多人告诉喜剧演员要拥有"社交罗盘"，而非"道德或创造性罗盘"。如果总想着大众会接受或拒绝什么，你的结果就会是停滞不前。

你如何拒绝不想浪费精力和时间的人和事？

我拒绝的都是可以当机立断的事情，而不是需要深思熟虑的事情，在这方面我确实有了很大长进。如果一件事对我没有吸引力，那么它很可能不值得追求。我年轻的时候肯定做不到，但随着年龄的增长，我知道什么是适合我的，也知道什么是我不能为之付出的。这并不是说我拒绝的东西一定不值得追求，只是说它不值得我去追求，两者是有区别的。

你用什么方法重拾专注力？

我会冥想。打坐冥想 20 分钟，这是我学过的最好的方法。

糖是有毒的

刘易斯·坎特利（Lewis Cantley）

cantleylab.weill.cornell.edu

刘易斯·坎特利　发现了磷酸肌醇 3- 激酶（PI3K）的信号通路，在癌症研究领域取得了重大进展。他的开创性研究彻底改变了癌症、糖尿病和自身免疫性疾病的治疗方法。坎特利著有 400 多篇原创论文，参与撰写了 50 多本书和评论文章。他是哈佛大学的博士后，并成为哈佛大学生物化学和分子生物学助理教授。后来，他去塔夫茨大学做了生理学教授，但又回到哈佛医学院担任细胞生物学教授。2002 年，坎特利成为哈佛大学新成立的信号传导部门的负责人，并参与创建了系统生物学系。

你最常当作礼物送给他人的 3 本书是什么？

　　我的阅读兴趣十分广泛，但有 3 位当代作家我特别喜欢，也经常把他们的书推荐给朋友和家人，他们是理查德·罗兹、尼尔·斯蒂芬森和菲利普·克尔。

　　理查德·罗兹的《原子弹秘史》是一部杰作，在历史背景下解释了原子弹的发明以及相关的重大发现。我在康奈尔大学读研究生的时候，辅修了理论物理学，听了汉斯·贝特和其他著名物理学家的课，所以也见到了这本书中谈到的几位物理学家。不过，我从这本书中学到的物理知识比课堂上学到的更多。

尼尔·斯蒂芬森是一位不可思议的作家，他创造的虚构人物揭示了现实中科学家和数学家在发挥创造力的过程中的怪异和荒诞。如果我来教科学史这门课，我会让学生必读《巴洛克记》。这本书夸大地刻画了牛顿及其同时代的人物，书中的科学有时变得很神奇（作者有意为之），同时交织着性与暴力。这本书太有意思了，让人爱不释手。

另外，菲利普·克尔所有关于伯尼·古特尔的书我都读了。伯尼·古特尔是他笔下的一个虚构人物。身为德国警察，他在纳粹接管德国时为生存而挣扎。这些书提醒我们，要注意美国的未来。

有没有某次你发自内心喜欢甚至感恩的"失败"？

对我来说，一次重要的失败是 1985 年未能在哈佛大学获得终身教职。作为生物化学和分子生物学系的助理教授和副教授，我研究了构成细胞内外屏障的蛋白质和脂质，以及它们在细胞调节中的作用。这个方向并不时髦，很多人都转向了遗传学和分子生物学。后来，我去了塔夫茨大学医学院，之后又回到哈佛医学院。我与这些机构的科学家展开了合作，特别是汤姆·罗伯茨和布赖恩·沙夫豪森，他们都知道了解癌症的生物化学途径很重要。正是因为在这些机构完成研究工作，我才发现了 PI3K。PI3K 是细胞生长的主要介质，与糖尿病和癌症有关。

你做过的最有价值的投资是什么？

我最好的投资是花 8 年时间拿到了化学和生物化学的本科和研究生学位。虽然我目前的研究方向是癌症的治疗方法，但我对癌症的发展以及如何开发癌症治疗药物的见解都来自我的化学和生物化学知识。这种见解不仅让我的实验室研究取得突破，而且帮助我创立了 Agios 公司和 Petra 公司。这两家公司正在研发针对癌症治疗的新靶向药物。

你有没有什么离经叛道的习惯？

想要放松的时候我会在 iPad（苹果平板电脑）上玩单人纸牌游戏。想办法获胜会让我集中精力，摒除其他杂念。

在工作中，我会做更古怪的事。我会尝试通过线性的氨基酸序列读取蛋白质的功能。一个蛋白质分子就是一串氨基酸，其信息量相当于 500 个字母，差不多就是书中的一段话。所以，我们没有理由说不能像读英语、法语或汉语那样"读取"蛋白质的信息。问题在于建立规则。我的实验室致力于将蛋白质分解为由 5 个或 10 个氨基酸组成的"基序"。这些基序通过进化得以保存，往往会存在于多种蛋白质中。一般来说，这些基序是蛋白质之间的沟通渠道。因此，我们一旦知道了基序的功能，就可以预测相关蛋白质与人体中其他蛋白质的沟通方式。如果有人告诉我，他们觉得某种蛋白质可能与某种疾病有关，我就会立即查看蛋白质序列，寻找可能有助于解释这种蛋白质与相关疾病如何联系的基序。我在实验室的很多发现都源于这种方法。

有没有某个信念、行为或习惯真正改善了你的生活？

从剑桥搬到纽约后，我的生活摆脱了对汽车的依赖。不管天气和交通状况如何，我都会步行上班，只需要 10 分钟。我不用铲雪，不用刮车窗上的冰，也不用寻找停车位。这真是太好了。这可能让我每天至少节省一个小时，而且步行有益于健康。

你会给刚刚毕业的大学生什么建议？你希望他们忽略什么建议？

我的建议是，选择一个你真正觉得容易而且能够发挥创造力的职业。如果你觉得这份工作很容易，但你的同行觉得很难，你不用特别努力就能获得成功，并且你会有足够的业余时间来享受生活。而且，如果有需要，你还可以时不时地投入额外时间打败竞争对手。与此相反，如果你为了提高自己的竞争力，必须一直长时间工作，你就会筋疲力尽，也无法享受生活。

我们不应该仅仅把刚上大学时认为工作岗位最多或最赚钱的职业当作追求目标。世界各地的技术和基础设施正在以前所未有的速度发展。没有人能预测 4 年后最好的职业是什么。如果你不确定自己的天赋是什么，你可以广泛接受教育，不要缩小自己的选择范围。最佳技能是能够有效地进行书面和口头交流。对我的职业而言，最重要的两门大学课程也许是文学写作课和逻辑课（高数课）。这些课程教会了我如何从一系列事实中得出正确的结论，以及如何将这些结论传达给不同的受众。

你长久以来坚持的人生准则是什么？

我认为是"糖是有毒的"。在我们所处的环境中，糖和其他天然或人工甜味剂是最容易让人上瘾的物质。如果糖的摄入量超过肌肉或大脑新陈代谢的速度，糖就会转化为脂肪，导致胰岛素抵抗和肥胖症，还会增加罹患其他疾病的风险，包括癌症。摄入脂肪和蛋白质会让人产生饱腹感，摄入糖一个小时左右，人们会想吃更多的糖。我们之所以进化出这种嗜好，是因为过去在果实成熟的生长季节结束前，人们会增加脂肪，这对他们能否存活至下一个生长季节至关重要。但如今，我们随时随地都能吃到糖，而且它是最便宜的食品之一，因此我们的脂肪会不断增加。在我们即将进入的时代，与吸烟相比，糖可能会让更多美国人早逝。过去 10 年，我们越来越清楚糖之所以有害的生化原理，尤其是它与癌症的关系，我针对这个话题写了很多文章，也做了广泛的演讲。

在你的专业领域里，你都听过哪些糟糕的建议？

最糟糕的建议是，在论文被期刊录用之前，你不要把自己的想法和数据告诉别人。每次有了疯狂的想法或是发现意外的结果，我都会与同事讨论一下，看看他们是否有类似的经历，以及他们是否觉得我的想法很疯狂，这就是科学的乐趣。拥有不同经验和专业知识的科学家可以相互协作，这样会比单个科学家更快地找到正确答案。

你用什么方法重拾专注力？

我会玩单人纸牌游戏，这会清除我大脑里的杂念，让自己睡着。6个小时后，我会自然醒来，这时一切似乎都是简单可行的。

发人深思的箴言

蒂姆·费里斯
（2016年1月8日—1月29日）

有人说，我们所有人都在寻找生命的意义。我觉得我们真正追求的并不在此。我认为人类真正追求的是一种存在的体验。

——约瑟夫·坎贝尔

美国神话家、作家，因《千面英雄》而闻名于世

如果你一定要赌，一开始就要决定三件事：游戏规则、赌注和退出时间。

——佚名

忙碌的人最忙的事莫过于生活，没有什么比生活更难学习的了。

——塞涅卡

古罗马斯多葛派哲学家、著名剧作家

创造是一种更好的自我表达和占有的手段。生命是通过创造而不是占有来彰显的。

——维达·达顿·斯卡德

美国教育家、作家、社会福利活动家

对内心的宿命论说不

杰克西·格雷戈雷克（Jerzy Gregorek）

脸书：tim.blog/happybody

thehappybody.com

杰克西·格雷戈雷克 1986年和妻子阿妮埃拉通过政治避难从波兰移民美国。随后，他4次获得奥运会举重项目冠军，并创造了一项世界纪录。2000年，杰克西和阿妮埃拉在加州大学洛杉矶分校创立了举重队。作为"快乐健身"计划的联合创建者，杰克西在过去30多年里一直为人们提供健康指导。1998年，杰克西获得佛蒙特美术学院写作方向的艺术硕士学位。他的诗歌和翻译作品广泛发表于各个期刊，包括《美国诗歌评论》。他的诗歌《家谱》1998年荣获《阿梅莉亚》杂志查尔斯·威廉·杜克长诗奖。

你最常当作礼物送给他人的3本书是什么？

读完这个问题，我抬起头，环顾书房里的数百本书，然后走到客厅看到更多的书，之后我又去了卧室、厨房、健身房，还有我的冥想室，那里还有成堆的书。我有一种强烈的感觉，所有这些书几乎都在帮助我成为现在的我。

在我的人生中，有一本书我会反复读，那就是维克多·弗兰克尔的《医生与灵魂》。现在，这本书里已经画满了线，记满了笔记。弗兰克尔是一名精神病学家，在纳粹集中营生活了6年，最终得以幸存。他的这本书讲述了我们对生命意义的追寻，这是一项个人任务。这本书帮助我接受艰难的选择，并不断想象美好的未来。

《道德经》让我看到了知足、健康和财富之间的关系。在它的指导下，30年来我一直在寻找"够用"的食物、运动和休息，学习如何在"太多"与"太少"之间达到平衡，从而创造一种年轻快乐的生活。

通过塞涅卡的《一位斯多葛主义者的来信》，我学会了自控，学会了不断提升自己，以便为任何可能发生的灾难做好准备。我还明白了一个道理，当灾难发生时，有人会需要我。我需要提升自己。随着年龄的增长，这样的场景会越发清晰。35岁之后，无论我们怎么做，身体都会走下坡路。在衰老的过程中，退化是自然而然发生的，我们会因此感到沮丧。但是，我们如果能像斯多葛主义者那样坚忍克己，衰老就不会对我们产生负面影响。斯多葛主义者时刻准备好面对任何灾难，并将其转化为机遇。我的妻子过去常常问我："你为什么碰到不好的事还高兴？"我不是高兴，只是没有不高兴。我关注的是解决问题。有一天，我有个朋友做了一件不道德的事，于是我和他断交了。阿妮埃拉很好奇我为什么没有那么沮丧。我回答说我很高兴，因为我不必再与他交往了。如果我是在5年后和他的关系更进一步时才发生这种事的，你能想象那会是什么样吗？

最近有哪个100美元以内的产品带给你惊喜感吗？

我19岁那年，刚刚成为一名消防员。因为公寓着火，我们奔赴现场，这是我第一次参与救火。当消防车在城市的街道上疾驰时，灯光闪烁，警笛鸣响，我的心特别激动。这是我第一次感受到有人需要我，我真的很喜欢这种感觉。从那时起，我一直培养自己成为一个更好的人，这样我就可以帮助有需要的人，心中再现那种美好的感觉。

5年前，我下定决心碰到恼人的事不再做出过激的反应，但一开始所有的方法都不管用。我在苹果手机的壁纸上设置了有哲理的、鼓舞人心的名言，在日记中也写下这样的名言，但随着时间的流逝，这些话语总会失去效力。后来有一天，我碰到一位客户，她总是把一切问题都归咎于自己的丈夫。我告诉她在生活中自己要承担100%的责任。我说："这样一来，你就不会再试图掌控他，你会在夫妻关系中找到建设性的解决方案。"她离开以后，我意识到这条建议也可以帮助我自己。自己承担100%的责任有助于我停止责备或抱怨，从而体验心理学上所说的"心流"状态。这种方法还有助于我在任何对话中都保持清醒，找到正确的话语去帮助他人接受艰难的选择。

2017年3月8日，我花19.95美元在亚马逊上买了一个手环，上面刻着"IARFCDP"这几个字母，只有我知道这些字母的含义。现在，让我来揭晓答案，这些字母是一句话的首字母。这句话是我个人的座右铭，能够提高我的意识，帮助我了解自己的情感风暴。这句话是：我有责任让人们保持冷静。（I Am Responsible For Calming Down People.）有时候，它有助于我教别人怎么做，而教的内容也正是我需要学习的。

我从未摘掉这个手环。它每天都会多次提醒我上面的字母代表什么，并让我感受到它的优点。有时候碰到恼人的事，我动了怒，我会注意到手环并立刻停下来，不让自己做后悔的事。随后，我会感受到"心流"。

有没有某次你发自内心喜欢甚至感恩的"失败"？

我15岁开始酗酒，而且真的很严重。我天天和朋友一起喝酒，持续了6个月，结果被学校开除了。在接下来的3年中，我有几次喝得烂醉如泥，都记不清前两天发生的事了。有一天，我的朋友米列克说，他父亲把他所有的举重器械都扔了出去。"你可以把东西放在我这里。"我随口说，我没想到他会按我说的做。第二天，他带着器械来到我住的地方，并说服我和他一起锻炼，然后出去喝啤酒。他心善又执着，我发现他身上有一种令我羡慕的满足感。6个月后，我大部分时间都和米列克以及他的举重器械在一起，很少去找我以前那些爱喝酒的朋友了。一年后，我不再酗酒，感觉获得了新生。

早年那段戏剧性的失败经历对我有几点帮助。它告诉我，一个人在不懈的努力下可以在一年内彻底改变自己的人生。我亲身体验到"指导"在这一深刻变革过程中的重要性。这也是"指导"在我们今天的工作中如此重要的原因。此外，这段经历也让我看清了酗酒者或任何瘾君子的思想。如今，我可以喝一点儿酒，但不会不顾后果，不会陷入酗酒的宿命。但是，如果没有经历过酗酒，对那些需要我理解的酗酒者而言，我可能无法在合适的时间找到合适的话语对他们说。

你长久以来坚持的人生准则是什么？

"艰难选择，简单生活。简单选择，艰难生活。"

真正有意义或持久的东西都不是在短期内创造出来的。你如果了解任何巨大成功背后的故事，就会意识到它是由多少年以及多少艰难的选择换来的。想要有更多的收获，不只是要有雄心壮志，还要有激情和热爱。简单的选择换不来巨大的成功。我相信，人们只要做的是明智的、有建设性的事情，就可以忍受任何困难。艰难的选择意味着永不停歇，因为大脑不仅要记住过去的办法，还要在当下寻找新的解决方案。艰难的选择会让我们更明智、更聪明、更强大、更富有，而简单的选择会阻拦我们前进的步伐，让我们把精力放在舒适或娱乐上。每次遇到困难时，我们都要扪心自问："什么是艰难的选择，什么是简单的选择？"你会立即知道哪个选择是对的。

你做过的最有价值的投资是什么？

戒除酒瘾之后，我意识到自己荒废了学业，因此下定决心把逝去的时间补回来。我开始每天学习 16 个小时，一周 7 天不休息，希望自己将来能够进入医学领域。但是，大学的学费超出我们家的预算，最终我进入消防工程学院。在此之前，我一直在学习英语。尽管当时英语在波兰并不流行，但我还是决心学会用英语流利地表达。我当时并不知道，几年后为了保住性命我将被迫逃离波兰，最终去美国政治避难。

青少年时代，我就发现了学习的力量，决定终身学习。从那时起，学习更多的知识便成为我提升个人能力和幸福的道路。我和阿妮埃拉在欧洲避难时，书就像我们的衣服，我们时刻离不开它们。我们从不后悔自己在教育上的投入。当我们受聘撰写《快乐健身》但对初稿并不满意时，我们决定攻读创意写作的硕士学位，以便我们可以把我们的故事和想法更好地讲给别人听。我们的作品是多年来阅读数千本书的果实，我们永远不会停止学习。对我们来说，书是我们之所以为人的重要因素。

你有没有什么离经叛道的习惯？

我和阿妮埃拉结婚 38 年了，但我们还有很多话对彼此说。我们之间还有一个小仪式：中午我们会停止手中的工作出去约会。我们洗完澡，穿上自己喜欢的衣服，然后前往我们最喜欢的餐厅。一走进餐厅，那里的员工就会面带微笑欢迎我们，侍者会把我们带去我们最喜欢的那张桌子。他会拿来菜单和一瓶苏打水。阿妮埃拉会看看菜单，她每次都会选择不同的午餐，但我总是选择相同的开胃菜（炸薯条）和双份伏特加配我的主菜，外加一盘蔬菜。我很喜欢我们的约会。相处 42 年后，我们仍然很享受这一时刻，没有什么比和妻子约会更好的事情了。

有没有某个信念、行为或习惯真正改善了你的生活？

我 55 岁那年回了一趟波兰，得知母亲的 5 位兄弟都死于前列腺癌，而且都是在快到 55 岁时去世的。当我站在一位舅舅的坟前时，我意识到自己已经 55 岁了。回到美国后，我立即去看医生，检查结果是前列腺肿大，而且有结节。我做了前列腺特异性抗原（PSA）检查，结果是 9.5，就被转到泌尿科医生那里。他很快给出建议，而且非常坚决，先做活检，有可能需要切除。"等等，让我想想。"我说。医生敦促我快点儿做出决定，但我想先研究一下。接下来的整整一周，我研究了相关文献，决定在采取医疗措施之前先改变饮食，摄入更多的蔬菜。结果如何呢？6 个月后，我的 PSA 降到了 5，又过了 6 个月，数值降到了 1。半年后，降到了 0.1，之后每年都保持着这个数值。

很多人都不爱吃蔬菜，吃蔬菜的益处都是老生常谈。但是，在过去的 5 年中，我开创了很多方法，可以做出可口的蔬菜。现在，我可以吃很多蔬菜，眉头都不皱一下。我每天都会喝一碗蔬菜汤，喝一杯蔬菜汁。我还把榨汁后的蔬菜与大蒜、柠檬汁、羽衣甘蓝、菠菜和牛油果混合在一起做成菜泥，把它们放在香蕉和其他水果上，看起来就像寿司。不过，我最喜欢的菜品还是 3 年前自创的，它由卷心菜、洋葱、牛油果和梨搭配而成，非常美味健康，而且很快就能做好。这道菜也让我对饮食有了深刻的了解：没有比这更好的食物了。我意识到自己吃的是世界上最好的食物，因此十分自豪，并且活力四射。没有人会比我吃得更好，别人顶多和我吃得一样好。有一天，我和一位朋友坐在一起讨论长寿和健康的问题。我内心深处对死亡的恐惧第一次消失殆尽，那种恐惧已离我而去。我对朋友说："我觉得我会很长寿。"接着我给他讲了我害怕死亡的故事。他笑着说："我希望你的精神可以感染他人。"

你会给刚刚毕业的大学生什么建议？你希望他们忽略什么建议？

我在进入消防工程学院学习时，有位教授发表了欢迎辞。他对我们说了一番话，大意是：在此之前，你们一直努力学习，重复世界教给你们的内容。未来 4 年，我们的目标是教会你们如何独立思考。如果我们成功了，你们将创造出这个世界从未见过的东西，但如果我们失败了，你们将陷入模仿他人的重复过程。别不拿我说的话当回事，你们要努力学习，发挥你们的想象力。有一天，你们将设计出一个崭新的世界，我希望它会好过我们所处的世界。

在你的专业领域里，你都听过哪些糟糕的建议？

"你必须做有氧耐力运动。" 20 世纪 90 年代，我在威尼斯黄金健身房给一支奥运举重队当教练。当时，有一位助理教练想要加入团队。当我问他为什么要接受如此大的挑战时，他说他很欣赏我们的能力以及团队成员的精湛技巧。他想学习我们的技术，以便日后当教练时可以使用。我同意了，于是他加入了团队。他遵循我们的计划，并参加了所有的训练。有一天，他走上前来对我说："我了解你的方法，我认为它很有价值。但是，我给马拉松运动员和铁人三项运动员当教练，我认为有氧运动很重要。我还在纽约给消防员当过教练，有时他们得跑上 40 层楼，所以做有氧训练很有必要。" 我告诉他，我会问他一个问题，如果问完之后他仍然认为有氧运动很重要，那么我会将其纳入训练。但是，如果他改变主意了，我们就不再讨论这个问题。他同意了。于是，我问他："如果我把消防装备放在马拉松获胜者和奥林匹克短跑获胜者身上，然后让他们跑到 40 楼，谁会更快呢？" 他盯着我看了一分多钟，什么也没说。我接着说："现在，你知道了，你在纽约训练消防员时，锻炼的是他们的耐力而非力量，这其实减慢了他们的速度。" 他笑了，我们又回到训练中。

你如何拒绝不想浪费精力和时间的人和事？

我终于学会了对内心的宿命论者说不。宿命论者如果赢了，我

巨人的方法

们就会变得更糟，生活质量也会下降。我是因为客户才意识到，我们所有人心中都存在两个对立的我，一个是宿命论者，另一个是"主人"，他们之间会进行对话。之前，无论我说什么或是做什么去激发客户跳出受困的局面，他们都会失败。他们不断看到自己去做那些他们明知道不对的事情，但是他们没有能力叫停。经过多番思索，我意识到，我的内心也住着一位宿命论者，宿命论者和主人之间的对话是自发的，并且不断地出现在我的脑海中。唯一的区别是，我内心的宿命论者不够强大，其获胜的优势很小——可能是宿命论者占49%，主人占51%。我花了一年多写了3本书，记录了主人和宿命论者之间的对话。我发现，决定胜败的那1%往往来自主人的一些诡计。通过不断探索，我现在已经能够赋予主人更多的能力，而且可以采用新的方法围困宿命论者，从而提高主人获胜的优势——5%甚至10%。这意味着主人每周大约失败一次，而不是一天失败很多次。

你用什么方法重拾专注力？

在我的后半生，我读了数百本诗集。每当我读到一首我喜欢或是深有感触的诗的时候，我都会将它加到一个名为"200首抗抑郁诗"的集子中。现在，每当我感到超负荷或是做错了什么事的时候，我都会去冥想室，随手打开那本集子，然后大声朗读一首诗。通常来说，两首诗就足以让我感觉好一些，并恢复心中的爱。下面是我感到沮丧时喜欢读的11首诗（11是一个卓越的能量数）：

1. 伊丽莎白·毕肖普的《鱼》
2. 拉尔夫·安吉尔的《留下一个》
3. 维斯瓦娃·希姆博尔斯卡的《空房间里的猫》
4. 德博拉·迪格斯的《苹果》
5. 杰克·吉尔伯特的《野上美智子（1946—1982）》

杰克西·格雷戈雷克

6. 李力扬的《独自进餐》

7. 彼得·莱维特的《陶工》

8. 斯蒂芬·多宾斯的《黑狗，红狗》

9. 马克·考克斯的《圣言》

10. 毛雷齐·希梅尔的《死亡》

11. 切斯瓦夫·米沃什的《这》

巨人的方法

拒绝责备，拒绝抱怨，拒绝八卦

阿妮埃拉·格雷戈雷克（Aniela Gregorek）

脸书：tim.blog/happybody

thehappybody.com

阿妮埃拉·格雷戈雷克　1986 年与丈夫杰克西·格雷戈雷克因为波兰的团结工会运动以政治避难的方式移民美国。作为职业运动员，阿妮埃拉获得了 5 次世界冠军，并创造了 6 项世界纪录。2000 年，她和杰克西在加州大学洛杉矶分校创立了举重队，并担任主教练。阿妮埃拉在诺威治大学取得了创意写作硕士学位。她不仅写诗，还从事波兰语与英语诗歌的互译工作。她的诗和翻译作品发表在各大诗歌杂志上。作为"快乐健身"计划的联合创建者，阿妮埃拉在过去 30 多年里一直为人们提供健康指导。她还和杰克西共同撰写了《快乐健身：营养、锻炼和放松的简单科学》。

你最常当作礼物送给他人的 3 本书是什么？

　　维克多·弗兰克尔的《活出生命的意义》是我反复阅读的一本书。里面记满了我的想法、感受和评论。这本书我当作礼物送给了许多人，因为它改变了我对人生苦难和恩惠的看法。

我们大多数人都想知道并尝试去理解活着以及拥有人生体验这一奇迹。我们努力在短暂的一生中寻找意义和标杆。维克多·弗兰克尔找到了答案。我一直惊叹于他有关人们在困境中做出反应或采取行动的描述——有的人在苦难中选择良善和恩惠，有的人则相反，选择自私和以自我为中心。读完这本书，我对二战期间人们在纳粹集中营的挣扎和苦难深有感触。一名幸存者说："我们当中最好的人未能回来。"阅读《活出生命的意义》给了我很大启发，我在佛蒙特学院的一次演讲中分享了一战和二战期间波兰著名犹太诗人的作品。他们是迷惘一代的诗人，我想以此纪念他们的人生和作品。后来，我参与翻译并出版了这些诗人的两本书。

我还很喜欢奥利弗·萨克斯的《脑袋里装了2 000出歌剧的人》。这本书让我想起了音乐与治愈的关系，以及音乐对记忆的重要性。我对音乐如何影响我们的情绪和大脑有了更深入的了解。母亲去世后，我亲身体验了音乐和记忆的力量。在一节创意写作课上，我听到了《第五号巴赫风格的巴西组曲》，便开始啜泣，停都停不下来。歌手温柔的哼唱声把我带回两三岁的时候，那时妈妈在做饭或洗衣服时也会这样唱歌。

有没有某次你发自内心喜欢甚至感恩的"失败"？

当我离开我们的第一栋房子时，我觉得自己很失败。几年来，我们每天在健身房工作10到12个小时，用攒下来的钱买了一栋需要修缮的房子。

我们每个月用于食物和其他必需品的预算只有67美元，但我们觉得我们实现了美国梦。从地板到屋顶，我们自己把房子修理好。我们的头发中残留着油漆味，指甲上也有油漆的痕迹，客户都知道我们一直在修房子。

8年后，因为北岭地震，我们的房子还有街上的许多其他房屋都毁于一旦。随着人们不断搬走，街区环境越来越糟，房价也急剧下降。大约在同一时间，我的母亲意外去世。这使我重新考虑生活中什么才是最重要的——我不再想为"物质"而工作。我想起小时候一直想成为作家，想住在水边。我和丈夫决定放弃一切，离开我们梦想的房子，从头开始。我们搬到码头附近，开始追求更具创造力的标杆人生。多年后，我明白了拥有一栋实实在在的房子并不能满足我。我真正想要的是一处精神家园，一个我随时可以感到满足的内心所在。

你长久以来坚持的人生准则是什么？

我有几句经常想起的名言：

> 笑口常开，赢得智者的尊重和孩子的喜爱……留给世界一些美好……知道至少一人因你的存在而过得更加快乐自在，这就是成功。——拉尔夫·沃尔多·爱默生
>
> 有些人只能看到已有的事物，然后问："为什么会这样？"我梦想那些从来没有的事物，然后问："为什么不那样？"——罗伯特·肯尼迪
>
> 友谊始于这样一个时刻，一个人对另外一个人说："什么？你也这样？我还以为只有我是这样呢。"——C.S. 刘易斯
>
> 生活不可能没有一点失败，除非你生活得万般小心，不过那样你可能也不是在真正生活了。无论怎样，有些失败还是注定要发生的。——J.K. 罗琳

你做过的最有价值的投资是什么？

> "如果我接受你本来的样子，我会让你变得更糟。但是，如果我把你看成你有能力成为的样子，那么我是帮了你。"——约翰·沃尔夫冈·冯·歌德

在工作中，我第一次见到客户时，会把他们看成最终的样子，也就是他们将来的样子。他们都很漂亮。要想从现在的样子变成他们想成为的样子，关键在于他们是否愿意改变顽固的习惯和信仰，是否乐于接受一种新的生活方式。在此过程中，我会帮助他们改变，让他们摆脱不良习惯。

我最好的投资是在导师和个人教育上。我花了很多时间和精力去学习如何有效地帮助每一个来找我的人。

最近有哪个 100 美元以内的产品带给你惊喜感吗？

一只黄绿色长尾小鹦鹉。它很可爱，充满了好奇心，女儿给它起名叫"玛加丽塔"。在养了 12 年的"房屋的灵魂"（我都这么称呼我们家养的鸟）死去后，我们迎来了这位新成员。

你如何拒绝不想浪费精力和时间的人和事？

我在拒绝负面情绪上有了进步。对我而言，负面情绪的第一个迹象就是发怒。当我意识到这一点时，我会立刻独处，以免自己和所爱的人遭受情感上的痛苦。深呼吸很管用。在两次呼吸之间，我有时间放慢脚步，看到思绪在我的脑海中流动，看到对方站在我面前。

此外，我拒绝责备，拒绝抱怨，拒绝八卦。我还把这 3 个原则教给我的女儿。我如果没有什么正能量要传达，就会闭口不言。这样做我的生活会更加轻松快乐。一旦开始责备、抱怨或八卦，我就会出现负面情绪。这说明我在逃避自己的责任，也就是自己的人生。负面情绪就像污染物，它会污染人心和情谊。它是被动的。批评如果有建设性作用，是想帮助某人变得更好或做得更好，这种行为就是主动的。传达信息的方式非常重要，因为我的初衷不是要冒犯或伤害他人。如果我发现对方（可能是我的客户或朋友）有负面情绪流露出来，那么我会引导她寻求积极的解决办法。

你有没有什么离经叛道的习惯？

起初，我以为自己没有什么不同寻常的习惯。于是，我问了问女儿纳塔莉，因为孩子总会知道父母的怪癖。她说："妈妈，你是我认识的最正常的人了。不过，你会做一些奇怪的事，比如你做的这些罐子。"

她说的是我们家的"就餐罐""快乐罐"等。我们一家三口拥有不同的偏好，而且都很固执，就餐罐就是我们争执的产物。以前，每次谈论出去吃什么，我们都会争论不休，最终选好的时候我们会精疲力竭或是灰心丧气。这样一点儿意思都没有。在讨论周末干什么时也会如此。

我让大家坐在桌旁，给他们纸笔写下各自的想法。了解家人的想法很有趣。我的丈夫和女儿发现，他们俩喜欢相同的餐厅和活动。一般来说，新想法总是我想出来的，但会遇到阻力。所以，这是我的机会，我可以介绍自己想尝试和体验的事物和活动给他们。

有了这些罐子，我们不再需要逼迫、操纵或说服。现在，我们不再浪费时间来做这些简单的决定，我们只需要把罐子拿出来，随机抽一个即可。我们都喜欢或接受这个选择。

快乐罐是我们一家人在觉得无事可做的时候设立的。我们写出大家都喜欢的想法，就是一些简单的事情，比如，给我们的狗贝拉洗澡或做土豆西葫芦煎饼。

你用什么方法重拾专注力？

当我无法集中精力时，最有用的方法就是到大自然中散步。临水而居对我的神经系统有很好的镇定作用，涨潮退潮的声音使我平静，在森林里散步也有类似的效果。日本有一个词叫"森林浴"，你可以在林中散步，接受凉爽、清新的空气和寂静的洗礼。散步后，我会感到轻松，得到了净化，而且头脑清晰。

在大自然中，我的体验与静坐冥想完全不同。我练习超觉冥想已经很多年了。不过，有时候我试图驯服自己的思想，专注于超觉冥想，反而会放大内心的所思所想。我会觉得很累，压力很大。这时我会转向大自然，我会感到大自然给予了我宁静的沉思。

有没有某个信念、行为或习惯真正改善了你的生活？

　　最近，我改变了自己对衰老和养育子女的看法。25 岁那年，我就觉得自己老了，开始走下坡路了。但是，后来我的生活发生了一些意外的转折。我移民美国，学习了新的语言，参加了奥运会举重比赛，获得了创意写作的硕士学位，还成了作家和翻译家。我与丈夫共同创建了"快乐健身"计划，它成了我的人生目标和工作。45 岁的时候，我很幸运怀孕生女。当时没有家人在身旁帮忙照顾小孩，我的睡眠严重不足，感觉自己突然老了很多。但是，随着女儿的成长，我找到了平衡，并学会如何照顾好她，同时也照顾好我自己。现在我 58 岁了，女儿 13 岁，我对未来充满活力和热情。我正处于人生天平的两端：一方面，我看着女儿慢慢长大；另一方面，我正以年轻的生活方式慢慢变老。现在，我知道育儿也是一种保持青春的方式。

没人欠你任何东西

阿梅莉亚·布恩（Amelia Boone）

推特：@ameliaboone
照片墙 @arboone11
ameliabooneracing.com

阿梅莉亚·布恩 曾 4 次获得世界障碍赛冠军，是公认的世界上获得荣誉最多的障碍赛选手。她被誉为"障碍赛领域的迈克尔·乔丹"和"痛苦女王"。阿梅莉亚的主要战绩包括获得 2013 年斯巴达赛世界杯冠军，而且是唯一一个 3 次在最强泥人国际障碍挑战赛中获得冠军的选手。在持续 24 小时的 2012 年最强泥人国际障碍挑战赛中，阿梅莉亚跑了 90 英里，通过了 300 多个障碍。她是 1 000 多名选手中第二个完成比赛的，这场比赛 80% 的选手为男性，击败她的那位选手只领先她 8 分钟。此外，阿梅莉亚还 3 次在死亡赛终结者中获得冠军。她是一位极具竞争力的超级马拉松选手，在公司担任全职律师的同时，还登上了运动领域的最高峰。她被美国《体育画报》评为"最健康的 50 位女性"。

最近有哪个 100 美元以内的产品带给你惊喜感吗？

在我人生的艰难时期，我在电商平台 Etsy 上买了一条手工制作的手环，上面刻着尼尔·唐纳德·沃尔什的名言："开始感恩的时候，困难就结束了。"我每天都把它戴在手腕上，提醒自己要心存感恩。

你长久以来坚持的人生准则是什么？

"没人欠你任何东西。"

我们所在的世界充斥着各种权利，很多人都认为他们应该被给予更多的权利。从小到大，我的父母都告诉我要自给自足，他们让我牢记我真正可以依靠的人只有自己。你如果想要什么东西，就要为之努力。不要期望别人会给你。如果有人帮助你摆脱了困难，那很好，但这不是给予。我认为，实现自给自足的关键在于摆脱一种心态，不要以为有人欠你什么或者有人会来帮你。

你做过的最有价值的投资是什么？

2011 年，我花 450 美元报名参加了首届最强泥人国际障碍挑战赛，这是一场全新的 24 小时障碍赛。当时，我还背负着法学院的贷款，所以这对我来说是一笔不小的支出。而且，我不知道自己能否完成比赛，更不用说与人竞争了。这场比赛共有 1 000 名参赛者，只有 11 名选手完成了比赛，而我就是其中之一。这场比赛改变了我的人生轨迹，将我领进了障碍赛的大门，之后，我取得了多个世界冠军。如果我不支付那笔报名费，这一切就不会发生。

你有没有什么离经叛道的习惯？

对于人生中的每一个重大事件，包括比赛、工作变动、分手，我都会给它们配一首歌。其中大多数歌曲都是随机分配的，比如，我当时正在听的歌，当时突然浮现在脑海中的歌词，或者在比赛中重复唱

巨人的方法

的歌（这是我的一个习惯）。我把这些歌曲按时间顺序放在播放列表中。我可以回放这个播放列表，重温一生中的重要经历，包括高潮和低谷。这种方法对我产生了深远影响，提高了我回忆并重温过去以及人生重大里程碑的能力。比如：

> 2012年最强泥人国际障碍挑战赛：马克莫的《旧货店》（我不停地对自己说唱，以确保午夜时保持清醒）。
>
> 备战律师资格考试：奥古斯塔纳的《盛装打扮》。

哦，还有，在每场比赛前，我都会吃一块上面有果酱或果馅儿的小圆饼，大多数人都觉得这很奇怪。

你最常当作礼物送给他人的3本书是什么？

安·兰德的《阿特拉斯耸耸肩》。抛开对客观主义的信念和感受不谈，我十几岁读这本书的时候，女主人公达格尼·塔格特仿佛在与我对话，这种体验是我读其他任何小说都不曾有过的。在我青少年性格形成的时期，我想知道自己是谁、自己想要什么（当然，我现在仍在思考这个问题），这本书改变了我的人生。

查尔斯·狄更斯的《双城记》。这本书对我的影响不在于书本身（尽管它一直是我很喜欢的一本书），而在于我读它的时间和地点。5年级时，老师发现课堂上的阅读对我来说太简单了，所以给了我一本《双城记》作为课外作业。当时我只有10岁，我费了很大劲儿才把这本书读完。但是，我永远不会忘记翻过最后一页时的成就感。后来我重读这本书时发现，我第一次读的时候至少有一半的内容没有读懂，但这不是重点。重点是有一位老师相信我足够聪明可以读完这本书，这让10岁时书呆子一样的我对世界充满了信心。从那以后，我读了狄更斯的所有小说。

谢丽尔·斯特雷德的《勇往直前》。从小时候起，我就喜欢收藏名人名言。名言警句的优点在于，它们会在你人生的不同阶段站在局外与你交谈。我是在一段艰难时期碰到这本书的，里面的很多名言现在还贴在我浴室的镜子上。

在你的专业领域里，你都听过哪些糟糕的建议？

"休息即软弱。"很多运动员都认为，锻炼得越多越好，这会让你为筋疲力尽、身体受伤、训练过度和肾上腺疲劳做好准备。这种思维模式在运动员中很普遍，在不同领域取得很高成就的人也会抱持这种心态。成长和收获来自阶段性的休息，但"休息"已经成为高水平的人不屑一顾的词，这一点应该改变。

你用什么方法重拾专注力？

我的办法听起来可能很奇怪。我会做一些乏味的家务活，比如擦洗浴缸或清理冰箱。当我觉得大脑卡壳的时候，完成一项任务，不管它有多无聊，都会给我重新集中精力的动力。除此之外，我还会运动，最好是越野跑。大自然和内啡肽总能解决问题。

你会给刚刚毕业的大学生什么建议？你希望他们忽略什么建议？

你如果想弄清楚自己的人生方向或者对什么充满热情，就关注那些你在意过程而非结果的活动、想法和领域。我们都喜欢那些结果可以证明一切的任务，不过，我发现真正的成就来自对过程的热爱。寻找那些你喜欢过程胜于结果的东西，结果将随之而来。

有没有某个信念、行为或习惯真正改善了你的生活？

我天生不喜欢风险，但在过去的 5 年中，我学会了如何直面恐惧，而不是逃避恐惧。我的天性是选择那条正直的道路，那条未知较少人走的道路。但是通过强迫自己面对未知的事物（比如参加乔·德·塞纳创办的"死亡竞赛"），走出自己的舒适区，我发现自己有了成长。因此，我现在把恐惧和不安当作我应该去做某事的信号。奇迹将会在那里发生。

帮助没有你那么幸运的人

乔尔·麦克哈尔（Joel McHale）

推特 / 照片墙：@joelmchale

joelmchale.com

乔尔·麦克哈尔 以主持美国 E! 娱乐电视台的节目《杂烩汤》并主演热播喜剧《废柴联盟》而出名。他还出演了电影《该死的圣诞快乐》《驱魔警探》《单亲度假村》《泰迪熊》《床伴逐个数》《观鸟大年》《非常小特工 4：时间大盗》《告密者》。此外，乔尔还在全美各地进行脱口秀表演，从来都是座无虚席。2014 年，他在华盛顿特区主持了一年一度的白宫记者协会晚宴。他还主持了美国广播公司 2015 年度卓越体育表现奖颁奖礼。乔尔出生在罗马，在美国西雅图长大。他曾在华盛顿大学攻读历史专业，也是该校冠军橄榄球队的成员。乔尔获得了华盛顿大学专业表演方向的艺术硕士学位。他著有《感谢金钱：如何利用我的人生故事成为你更好的乔尔·麦克哈尔》。

你最常当作礼物送给他人的 3 本书是什么？

蒂姆，这个问题太大了（我无法相信回答这些问题竟然不给钱），我列 5 本书吧，你这个浑小子。我就不推荐自己的书《感谢金钱》了，要不看起来太自负了。现在开始介绍，5 本书如下。

科马克·麦卡锡的《长路》。这本书很有诗意。在刻画父母对孩子的爱上，没有哪本书能胜过这本书了。此外，它还极为细致地描绘了世界末日之后的景象。它真的是一本很有意思的书！

乔·阿克罗比的《无鞘之剑》。记住我的话，阿克罗比将成为有史以来最伟大的幻想小说家。他可以与托尔金齐名。阿克罗比的作品很有魔力，一方面，他凭空创造了一个新世界。另一方面，书中的人物被刻画得淋漓尽致，让人以为阿克罗比亲自去了那个神奇的世界，采访了那些人。最重要的是，阿克罗比还很有幽默感。

米歇尔·法柏的《异境之书》。很难找到合适的词来描述这本书的精彩。读这本书的时候，你一定要记住，它出自无神论者之手。

凯文·阿什顿的《创造：只给勤奋者的创新书》。这本书太棒了。它阐明了很多事情，最具有启发性的一点是，创造力不是少数人的独特特征，而是被写在我们的遗传基因中，被写在每个人的遗传基因中。

劳伦斯·冈萨雷斯的《深度生存》。我 13 年前读的这本书，现在几乎每个星期还会思考书中的内容。这本书的标题准确地概括了它的内容，而且内容棒极了。这本书教会我不要把事情视为理所当然。它还教会我在有压力的情况下该怎么做，以及如何冷静地评估所处的境地。这本书向我们展示了事物本来的样子，而不是你想让它们成为的样子，这就是生与死的差别。

最近有哪个 100 美元以内的产品带给你惊喜感吗？

我说的东西可要超过半年了（怎么，蒂姆·费里斯，你要对我做什么？起诉我吗？尽管来吧，我不会惧怕你的）。它就是 Audible.com。（他们可没有付钱让我写这个。不过，赶紧买 Swiffer wetJet 清洁拖把吧！它太神奇了！）我有诵读困难症，所以 Audible.com 的出现改变了我的生活。出于某些不可思议的原因，我花的钱已经远远超出蒂姆规定的 100 美元。一本书的价格从 3 美元到 30 美元不等。经典世界的大门已经向我敞开，我感谢上帝，也感谢设计这个应用程序的书呆子们。高中时，老师让我读陀思妥耶夫斯基的《罪与罚》。当时，我把整本书读完的可能性就和自己长条尾巴差不多。我用了几周的时间听完了未删节的《罪与罚》（共花了 36 个小时）。这个程序真是太好了，我激动得直哆嗦（也可能是流感的原因）。我开车、锻炼、洗碗的时候，都会用这个程序听书，我已经迷失在故事的海洋里。

你会给刚刚毕业的大学生什么建议？你希望他们忽略什么建议？

头脑聪明、发愤图强的大学生，你好啊！

我有什么理由和你一起出去玩吗？我从未和你这样的人一起闲逛过。想去看《极盗车神》吗？我知道了，你很忙，你要发愤图强。你介意我回答蒂姆的问题时喝几杯啤酒吗？喝啤酒很爽的，不管怎么样，我都要喝几杯。

我给即将踏入现实世界的大学生的建议并没有什么启发性。你也许总能听到这句话，但我还是要再说一遍。追求已经根植于你内心的梦想，不管是一个还是几个。有些人会说不知道自己的梦想是什么，没错，但它就在那里，请相信我。

这就是你要追寻的东西，是你自己要追寻的东西。我觉得你应该追随自己的梦想，把它当成命令。

不要只做别人期望你做的事，也不要只为钱而做。这样做在一段时间内可能有效，但到了 40 多岁，你心中就会出现严重的不满。我总能碰到这样的例子，真是糟糕透了。还有一件更重要或者同样重要的事，帮助没有你那么幸运的人，帮助我们居住的地球。好了，我要喝一瓶印度淡啤酒了。如果你做过一些利他的事情，或者利己但是正义的事情（比如你的梦想），那么你在生命的尽头会感到更加幸福和欣慰。在这两点中，欣慰会更重要一些。

哦，还有，要做一个贤妻良母、暖夫慈父、良师益友。看看保罗·纽曼，以他为榜样就对了，绝对没错。

活在当下

本·斯蒂勒（Ben Stiller）

推特：@RedHourBen

脸书：/ BenStiller

thestillerfoundation.org

本·斯蒂勒　以编剧、主演、导演或制片人的身份参与了 50 多部电影的制作，包括《白日梦想家》《超级名模》《王牌特派员》《我为玛丽狂》《拜见岳父大人》三部曲、《疯狂躲避球》《热带惊雷》《马达加斯加》系列、《博物馆奇妙夜》三部曲。他是"烂仔帮"的成员，该组织由一群喜剧演员组成。斯蒂勒的电影在加拿大和美国的票房收入超过 26 亿美元，平均每部电影收入 7 900 万美元。纵观他的职业生涯，他获得了很多奖项和荣誉，包括艾美奖、MTV 电影奖和青少年选择奖。

你有没有什么离经叛道的习惯？

我有很多不同寻常的习惯，我觉得不应该在这里详谈。每当我看到观光地的景观说明，都会把车停在路边，把上面的内容通读一遍，有时读完还会进去探索一番。虽然这并不算荒谬，但有时我会继续走下去，比我正常的行程多兜了一大圈。

我喜欢早上把头浸入一桶冰中唤醒自己。我并不觉得它实际上会有什么治疗效果，但绝对能让人精力充沛，虽然看上去很荒谬。

你最常当作礼物送给他人的 3 本书是什么？

我十几岁时，姐姐的朋友送了我一本 E.B. 怀特的《从街角数起的第二棵树》。这本书总是那么鼓舞人心……它讲述了一个人简单的内心独白。他在精神病医生的办公室里想要弄清楚自己渴望的人生。这本书很简单，但极为感人，它告诉我们，幸福时光是转瞬即逝的，但这就是生活的奥秘所在。这个故事颇为幽默，感情充沛，打动了年少时的我，而且与我以前无法表达的内心世界产生了共鸣。

还是十几岁的时候，母亲给了我一本书，是塞林格的《九故事》，其中的《为埃斯米而作》深深地影响了我。这是一个很简单的故事，主人公是一名患有创伤后应激障碍（当时这种疾病还没有被命名）的士兵，还有他在战争中邂逅的两个孩子。这两个孩子在他回来后帮助了他。故事的结尾引人入胜，虽然只是读了一封信，却让我意识到故事的力量。它让我们看到艺术的作用——以一种如此简单的方式打动别人。这个故事讲述了人的良善，让我们看到一个小小的举动就可能产生极大的影响。我在成长过程中萌生的这一想法确实影响了我对艺术的态度。

另一本书是《大白鲨》，由卡尔·哥特列布撰写，他也是电影《大白鲨》的编剧。这本书记录了《大白鲨》制作过程中的点点滴滴，包括现场制作电影的各种细节。这对我来说真是太鼓舞人心了——我想当导演，而《大白鲨》在我 10 岁那年就上映了。我喜欢这部电影，对它的一切都很着迷。我吸收了书中的内容，当我和朋友们一起拍摄《超级 8》系列电影时，这本书相当于我的电影制作《圣经》。这样一本适时出现的书，在我刚开始学习一门技艺时满足了我对知识的渴求，对我的成长产生了重大影响。我仍然记得那本平装书破旧的封面，以及我反复阅读时的兴奋之情。即使在当前的数字电影时代，这本书也是一部伟大的电影编年史，记录了当年以模拟技术为主的电影制作过程。

最近有哪个 100 美元以内的产品带给你惊喜感吗？

我找到了合适的背包，是 Incase 旗下的城市系列背包。这款背包对我影响很大，因为它相当于我的移动办公室兼钱包。对男人来说，除非你带钱包，否则背包必不可少。背包里似乎总会塞满东西，如果塞满了，我就会提醒自己不需要把所有东西都带在身边。买一个上方有隔层的背包，可以放钱包、钥匙等，这确实会让生活变简单。

有没有某次你发自内心喜欢甚至感恩的"失败"？

我认为《王牌特派员》在商业上的惨败是我的一次重要经历。每次回顾起来，它都最有教育意义，最能培养我的意志力。电影的制作过程完全是一次创作。我们基本上达到了目标，而金·凯瑞愿意出演这部电影助了我们一臂之力。因此，在电影的拍摄过程中，我们觉得很充实，也很兴奋。但电影上映后，所有人都不喜欢，没有人去电影院观看。这件事对我的打击很大，主要原因是我从未有过把这么备受关注的项目搞得如此糟糕的经历。正如所有失败一样，这件事让我很痛苦。在第一次经历这样的事时，我们不知道如何走出来。但是，当你最终走出阴影时，你会拥有一个看待事物的崭新视角，而如果不经历这件事，你就永远都不会有。就人们对艺术或娱乐的反应而言，你会发现有时候效果不错，有时候效果不好。因果其实并一定紧密相关。换句话说，你在过程中总要尽力而为，但结果或好或坏。那次失败之后，我对这一点的看法不再那么天真了。后来，如果我的电影备受欢迎，我就会告诉自己，这并不能说明电影本身很好。我觉得这很有帮助。

此外，就电影而言，我明白了"成功"的真正标志是人们数年后是否会想起它，也就是说，这部电影是否具有"生命力"。就《王牌特派员》而言，我发现它是有生命的，比我拍的其他更"成功"的电影更有生命力。当人们向我提及它的时候，我觉得更满足。

你长久以来坚持的人生准则是什么？

"活在当下。"（我一直努力做到这一点，但常常败下阵来。）

人生短暂，我们拥有的只有当下。我们的记忆十分宝贵，但它们记录的是过去，而未来尚未到来。随着年龄的增长，我尽量与我所爱所关心的人一起充分享受当下的时光。多少年来，我一直专注于接下来要做什么事，为最终无关紧要或不会带来幸福的事情焦虑不安。我一直努力让自己"放松"，只关注当下的事，不管它是不是我想要的。

有没有某个信念、行为或习惯真正改善了你的生活？

当我觉得有压力时，会做深呼吸。我会什么都不想，只关注自己的呼吸。我觉得这样做真的很放松，并且有助于我重新集中精力，恢复如初。

在你的专业领域里，你都听过哪些糟糕的建议？

我觉得大家太想知道当前什么是"热门"了，并试图效仿它。最终你会发现，作为制片人或演员，你需要有自己的主见。做到这一点需要时间。就糟糕的建议而言，如果有人告诉你，他知道自己在做什么，那么你不要相信他。编剧威廉·高德曼曾认为，在电影行业"大家都一无所知"。这是事实，我就知道自己什么都不知道，而我已经在这一行做了很长时间。每次开拍电影，我都要从头开始。

所以，如果有人告诉你，你应该写什么类型的电影，你应该是什么样的或者应该做什么工作，那么你要捂上你的耳朵。

发人深思的箴言

蒂姆·费里斯

（2016年3月22日—3月25日）

一个人越是能够放下许多事情，越是富有。

——亨利·戴维·梭罗

美国作家、哲学家，著有《瓦尔登湖》

有量化，才谈得上管理。

——彼得·德鲁克

现代管理学之父，著有《卓有成效的管理者》

所谓道德，就是我们对不喜欢的人采取的态度。

——奥斯卡·王尔德

爱尔兰诗人、著有《道林·格雷的画像》

要用一生来学习

安娜·霍姆斯（**Anna Holmes**）

推特 / 照片墙：@annaholmes
　　　　　annaholmes.com

安娜·霍姆斯　一位屡获殊荣的作家和编辑，她为很多报社杂志社工作过，包括《华盛顿邮报》《纽约客》在线版和《纽约时报》。她定期为《纽约时报》的"星期日书评"撰稿。2007年，为了回应她在《魅力》和《时尚》等杂志发表的作品，安娜创建了颇受欢迎的网站 Jezebel.com。该网站给有关性别、种族和文化的热门讨论带来了很多变革性的影响。2016年，安娜成为第一眼传媒编辑部的高级副总裁，负责 Topic.com 的上线。该网站面向用户，是该公司的影视和数字工作室。

你会给刚刚毕业的大学生什么建议？你希望他们忽略什么建议？

　　如果有人主动告诉你未来是什么样子，那么这些人的建议应该被忽略。没有人知道这个问题的答案。每个人都有自己的想法，有的可以加以考虑并采纳，但要注意分寸。可以说，我已经不记得有多少媒体或政治"专家"对新闻娱乐或政治领域的下一件大事做出过大胆的宣言，结果却被证明大错特错。从全局看，没有人什么都知道，或者更确切地说，我们每个人都有很多东西要学。我们要用一生来学习。别人与你分享的信息，一定要详加询问，将其作为一种帮助你下决心的方法，而不是一条你要遵循的道路。

你长久以来坚持的人生准则是什么？

"跟随自己的好奇心，不管它指向何方。"

拥有一份好奇心，不断尝试学习更多的东西，多了解别人，了解自己，了解这个世界以及我们所处的位置。这是表达自己的一种重要方式，而且不用花多少钱——往往是免费的！

有没有某次你发自内心喜欢甚至感恩的"失败"？

我完全不懂办公室政治，这可能是因为我根本不想了解那一套。我喜欢大家互相合作的氛围，所有人都努力工作，不管是谁，做得好就可以得到奖励。我讨厌阴谋诡计和暗箱操作。我大学毕业后的第一份工作钩心斗角得厉害。我当时做得不太好，不过这倒是一件幸事，因为我最终得以在不那么传统和保守的地方发挥了自己的专长。这里说的保守与政治无关，而是指"谨慎地依照惯例，照章办事"。

你最常当作礼物送给他人的 3 本书是什么？

我最喜欢的童书是芭芭拉·库尼的《花婆婆》。我家里大概放了10 本《花婆婆》，我会送给有女儿的新老朋友。这个绘本图画精美，讲述了一个小女孩的故事。她住在临海的缅因州，长大后环游世界，对其他人和地方充满了好奇心。她晚年回到缅因州，使那里变得更加美丽。故事中没有提到结婚生子，只是刻画了一个女人的一生。她遵循自己的兴趣，在此过程中发现了人生的价值和意义。这本书也给我们上了重要的一课，告诉我们女人究竟有多大的能力。

你有没有什么离经叛道的习惯？

在过去的几年中，我发现自己对鸟和飞机的飞行越来越着迷。几个月前，我入住伦敦希思罗机场附近的一家宾馆，顺便去观看了飞机。我走出停车场，和几个英国小男孩打了招呼，他们正在小山上看飞机向近处飞来。我不知道这个兴趣会不会一直持续下去。据我所知，一般来说，女性对飞行并不会特别着迷。

有没有某个信念、行为或习惯真正改善了你的生活？

瑜伽，具体来说，是让人精力充沛的流瑜伽。我从 2011 年开始练习瑜伽，希望自己变得更强壮，更健康，同时度过人生中非常艰难的时期。当时，我与前夫闹矛盾，后来正式分居离婚。我小时候一直学习跳舞，却忘记了解自己的身体并相信自己的能力会带来自尊、专注和对心理状态和情绪状态的关注。瑜伽以及因为练习瑜伽结识的人改变了我的人生。

你如何拒绝不想浪费精力和时间的人和事？

我更擅长拒绝那些要我帮忙或征求建议的请求，这听起来很可怕！但是，几年前有一段时间，我用来回答陌生人问题的时间，超过了我和朋友家人在一起的时间。几年前，我曾在纽约北部一所私立女子寄宿学校的毕业典礼上做了演讲。那次演讲的重点是为什么那些多才多艺的女孩应该学会说不。社会认为，女性就应该乐于助人、照顾他人、先人后己，不应该招惹是非。我并没有告诉那些毕业生让这些话见鬼去吧，而是告诉她们，应该克服在拒绝他人时可能会遇到的不适感，这里的"他人"也包括朋友、伴侣和同事。

你用什么方法重拾专注力？

我会做两件事：一是深呼吸；二是出去走走，最好在自然环境中，比如公园、纽约市的滨海地区等等。有时我很幸运，想放松时刚好不在城里，可以在美国缅因州、英国或我心爱的家乡加利福尼亚州的小径上走走。我还很喜欢自驾游。我觉得长时间开车可以帮助我客观地看待事物，解决问题，并发泄精力。我边开车边大声唱歌。在世间行走，在路上前行，不管是步行还是开车，都会改变我看待事物的方式。碰到任何让我有一丝快乐的事情我都会很感恩，比如棉花似的云朵，穿过马路的花栗鼠，栖息在栅栏上的老鹰，一群吵吵闹闹的快乐青年。

巨人的方法

事物的好坏永远不像表面看上去的那样

安德鲁·罗斯·索尔金（Andrew Ross Sorkin）

推特：@andrewrsorkin

andrewrosssorkin.com

安德鲁·罗斯·索尔金 《纽约时报》财经专栏作家，也是 DealBook 的创始人兼特约编辑。DealBook 是《纽约时报》每日发布的在线财务报告。安德鲁还是《纽约时报》商业与金融新闻的助理编辑，为相关报道提供指导。此外，他还是美国消费者新闻与商业频道（CNBC）标志性早间节目《财经扬声器》的主持人，著有《纽约时报》畅销书《大而不倒》。这本书记录了 2008 年金融危机期间发生的事。该书获得了 2010 年杰罗德·罗布最佳商业图书奖，并入围 2010 年塞缪尔·约翰逊奖和 2010 年《金融时报》年度商业图书奖。作为制作人，安德鲁将《大而不倒》改编成电影，获得了 11 项艾美奖提名。他于 1995 年开始为《纽约时报》撰稿，与众不同的是，那时他高中尚未毕业。

你长久以来坚持的人生准则是什么？

"事物的好坏永远不像表面看上去的那样。"

最近有哪个 100 美元以内的产品带给你惊喜感吗?

睡眠耳塞。我把所有睡眠耳塞都试了一遍,Hearos 品牌的 Xtreme Protection NRR 33 耳塞效果最好,也最舒服。如果你还怕光,Lonfrote 深度睡眠眼罩最适合在飞机或其他地方使用。

你会给刚刚毕业的大学生什么建议?你希望他们忽略什么建议?

毅力比天赋更重要。一位成绩全优的学生,和一位成绩一般但更有激情的同学相比,成绩全优就没有那么重要了。

你用什么方法重拾专注力?

每当我觉得自己需要把手头的事情分出优先级,或是某件焦虑的事让我思虑过多时,我会尽力回想电影《间谍之桥》中的精彩对话。汤姆·汉克斯饰演的律师有一位客户被指控为间谍。汉克斯问他:"你担心吗?"他回答:"那有什么用吗?"我心里总会想"那有什么用吗?"这个关键的问题,我每天都会问自己。如果你用这个问题过滤所有的事情,你就会发现它是一种非常有效的整理思绪的方法。

比起原创我更看重诚意

约瑟夫·高登－莱维特（Joseph Gordon-Levitt）

推特/照片墙：@hitrecordjoe

hitrecord.org

约瑟夫·高登－莱维特　演员，其演艺生涯长达 30 年，他出演了电视剧《歪星撞地球》，电影《神秘肌肤》《追凶》《盗梦空间》《和莎莫的 500 天》《斯诺登》。他作为编剧和导演执导的第一部电影《唐璜》获得美国独立精神奖最佳编剧处女作提名。约瑟夫还创立并管理艺术家网上社区 HITRECORD，该社区强调协作而非自我宣传。目前，HITRECORD 已发展成为一家"以社区为来源的"的制作公司，不仅出版书籍，发布唱片，还为 LG、美国公民自由联盟（ACLU）等品牌制作视频，其综艺节目 *HitRecord on TV* 赢得了艾美奖。

你最常当作礼物送给他人的 3 本书是什么？

　　劳伦斯·莱斯格的《合成：让艺术和商业在混合经济中蓬勃发展》。这本书讲述了如果把别人创造的东西变成自己的，那将意味着什么。身为法律学者，劳伦斯谈论了知识产权法、版权、合理使用等，但他对一般的创作过程也很有见地。我们的文化非常重视原创性，但我们如果仔细查看任何"原创"思想或作品，就会发现它是受前人影响的综合体。所有东西都是合成的。当然，有些东西明显是抄袭的，但比起原创，我更看重诚意。我认为，如果把更多的精力放在诚意而非原创上，我的表现就会更好。

有没有某次你发自内心喜欢甚至感恩的"失败"？

我 6 岁第一次上镜，19 岁暂别演艺界，开始上大学。但是，当我想重新进入演艺圈时，我却找不到工作。我花了一年的时间试镜，屡试屡败，那段经历真的很痛苦。我以为自己再也当不了演员了，这个想法真的把我吓坏了。

我想了很多。我到底害怕什么？我如果再也演不了戏，那么会错过什么？我从未真正喜欢过好莱坞的浮华和魅力，所以这并不是答案。当时，我甚至从未在意别人对我的电影和表演有什么看法。可以说，我就是喜欢表演。我热爱创作的过程。我意识到，我不能让别人是否雇用我这件事左右我的创造力，我要把一切掌握在自己手里。

为此，我想到一句具有隐喻性的"咒语"，当我需要鼓励时，我会对自己说，"按下录制键"（hit record）。我总喜欢摆弄家里的相机，红色的录制按钮成了我信念的象征，我坚信自己可以做到。我自学剪辑视频，开始制作短片、音乐和故事。

哥哥帮我建了一个小网站 HITRECORD.ORG，我可以把自己的作品传上去。这是 12 年前的事了。从那时起，HITRECORD 已经发展成一个拥有 50 多万艺术家的网上社区。我们共同创造了各种出色的作品，给别人带来数百万美元的收入，并获得了很多大奖。但对我而言，它的核心始终没变，那就是对创造力的热爱。这就是 12 年前我必须寻找的东西，当时它被淹没在自我厌恶、趋于懒惰、求告无门的失败中。

巨人的方法

你长久以来坚持的人生准则是什么？

我的一位好友曾说："说自己不是谁真的很容易，但说自己是谁却很难。"换句话说，你可以整天诋毁他人，但即使你是对的，也没有人会在乎。任何人都可以谈论为什么某件事不好。尝试着去做点儿好事吧。

你做过的最有价值的投资是什么？

我觉得离开家乡是我做过的最有成效的一件事。我们总是禁不住以他人看待我们的眼光来定义自己。因此，当身边除了新朋友什么人都没有时，我可以重新定义自己。后来，我回了老家，但是我离开那段时间的成长是巨大的。

你有没有什么离经叛道的习惯？

我喜欢自言自语，并且一般都会很大声音。

有没有某个信念、行为或习惯真正改善了你的生活？

因为妻子的介绍，我第一次用了谷歌学术。谷歌学术和谷歌很像，只不过是用来搜索学术论文和科学研究成果的。如果我想了解什么东西，我不会去读那些吸引眼球的标题党，而是会在谷歌学术上寻找科学的内容。这样做花的时间更长。学术论文不容易读懂。实际上，我经常需要别人的帮助，但一切都是值得的。

你会给刚刚毕业的大学生什么建议？你希望他们忽略什么建议？

我前面似乎已经触及这个问题，但是对那些想要进入演艺界的读者来说，我的建议是你们先问问自己为什么，自己追求的究竟是什么，对这些问题你一定要诚实回答。名望会诱惑人。我们都看过麻雀变凤凰的电影，也都很喜欢这样的电影。我不会说自己对此百分之百免疫。实际上，我认为就生物进化而言，想出名是很自然的事。当我们的祖先生活在野外时，让每个人都知道自己，这有助于他们获得想要的帮助，以便勇敢地面对艰难的环境和传宗接代。所以，我不是说你想出名你就是坏人，我只是想说，你可能走上了一条与幸福无关的道路。在我认识的名人中，那些幸福的人并不是因为他们的名望而幸福的。他们之所以快乐，原因是相同的：健康，他们身边有好人，而且不管有多少陌生人在关注他们，他们都对自己的工作感到满意。我想这一点不仅仅适用于演艺界。在任何领域，如果每个人都认为你是成功人士，通常来说你就应该得到某种神话般的奖励。但是根据我的经验，享受工作本身就能带来实实在在的快乐。

你如何拒绝不想浪费精力和时间的人和事？

我喜欢写东西。在人生的不同阶段，我都有写日记的习惯，有时候间隔较长，有时候间隔较短。碰到什么事我都会求助于写作，尤其是当我尝试解决困扰我的事情时。我会坐下来，用文字描述我的处境。我会在计算机上打出完整的句子。我就像写给读者看一样，虽然我从未给任何人看过。要给一无所知的"读者"解释清楚一件事，我不得不介绍并分析实际发生的一切，包括细节在内。有时我会得出新的答案或结论，但即使没有，我的思绪一般也会变得更清晰，压力也会减轻。

要知道什么时候不能 100% 相信别人说的话

维塔利克·布特林（Vitalik Buterin）

推特：@VitalikButerin
红迪网：/u/vbuterin

维塔利克·布特林　以太坊的创始人。2011 年，他通过比特币首次发现了区块链和加密货币技术，立即被这种技术及其潜力吸引。2011 年 9 月，他和别人共同创立了《比特币》杂志。在接下来的两年半里，他研究了现有区块链技术和应用程序需要提供的功能，并于 2013 年 11 月发布了《以太坊白皮书》。目前，维塔利克正带领以太坊的研究团队，致力于开发未来的以太坊协议。2014年，维塔利克获得了为期两年的蒂尔奖学金，该奖学金由科技领域的亿万富翁彼得·蒂尔设立，给 20 位 20 岁以下有前途的创新者提供 10 万美元的奖金，鼓励他们去追求自己的创新。

有没有某个信念、行为或习惯真正改善了你的生活？

最重要的大概是，我知道了在他人目标与自己目标不完全一致时如何解读别人说的话。没有经验的领导者经常会犯一个新手常犯的错误，那就是总是认同最后与之交谈的那个人说的话。这个问题需要一定的时间才能克服。不过，如果你与足够多意见不同的人接触，这件事就会变得容易得多。一般来说，反事实推理这招很管用。如果有人告诉你X正确，你可以问自己：（1）如果X真的正确，他们会说什么；（2）如果X错误，他们会说什么。如果这两个问题的答案都是"他们大致会把刚说的话重复一遍"，那么他们的话所提供的信息是零。总的来说，我们要知道什么时候不能100%相信别人说的话，这一点真的很重要。

最近有哪个100美元以内的产品带给你惊喜感吗？

一个合适、舒适的旅行背包。无论坐飞机去哪里，我都会把随身携带的所有东西（大约10千克）放在背包里，这样做真的很方便。

你有没有什么离经叛道的习惯？

我经常在坐飞机时看电影，但语言必须是我还说得不流利的语言。目前，我会轮流看法语、德语和汉语电影。

纯度为90%的黑巧克力。纯度低于80%的巧克力太甜了，纯度为95%的目前对我来说又有点儿太苦了……通常，我会选择瑞士莲巧克力，因为这个品牌最容易买到。不过，我偶尔也会买其他品牌的巧克力，这主要取决于我能买到哪个，而非我的个人喜好。

还有一个不算离经叛道的习惯，我喜欢猫。

在你的专业领域里，你都听过哪些糟糕的建议？

我还是提供一条没有得到足够重视的好建议吧，那就是掌握跨学科的知识。就我而言，我关注计算机科学、密码学、机械设计、经济学、政治学和其他社会科学领域的各项研究，这些领域的相互作用往往能给战略和协议决策提供依据。

你用什么方法重拾专注力？

这取决于具体情况。一般而言，转移一下注意力总会起到一定的作用，比如散步。如果是因为技术问题而觉得超负荷（例如，我们如何完成这项任务？），那么打破僵局的最佳方法是让自己处在不同的情况和环境中，以寻求新的灵感。如果是社交问题，那就更难应对了。在这种情况下，重要的是不要陷入这样的陷阱：以最后与你交谈的那个人的视角看待问题，甚或以与你最常待在一起的人的视角看待问题，后者更常见。你要力求找到能够中立评估问题的方法，也许你可以和圈子外的其他人谈一谈。

发人深思的箴言

蒂姆·费里斯

（2016 年 2 月 12 日—3 月 4 日）

要独立思考。要当下棋的人，而非棋子。

——拉尔夫·查雷尔

著有《如何让事情如你所愿》

恐惧需有名状，方可驱除。

——尤达大师

《星球大战》中的绝地武士

有效的进攻就是最好的防守。

——丹·盖布尔

奥运会摔跤金牌获得者，人称有史以来最伟大的摔跤教练

很多错误都源于坐以待毙。

——中国幸运饼

人生最重要的事：活着，给予，宽恕

拉比乔纳森·萨克斯勋爵（Rabbi Lord Jonathan Sacks）

推特/脸书：@rabbisacks

rabbisacks.org

拉比乔纳森·萨克斯勋爵 国际宗教领袖、哲学家、获奖作家、受人尊敬的道德领袖。他因为"在肯定生命的精神维度上的杰出贡献"而被授予 2016 年坦普尔顿奖。威尔士亲王曾说拉比萨克斯是"照耀国家的一盏灯"，英国前首相托尼·布莱尔称其为"睿智的伟人"。拉比萨克斯担任英联邦联合希伯来圣公会首席拉比 22 年，卸任后在多所大学担任教授职位，包括耶什华大学和伦敦国王学院。他目前担任纽约大学英格博格和艾拉·雷纳特犹太思想全球杰出教授。此外，拉比萨克斯出版了 30 多本著作。他的新书《不以上帝的名义：直面宗教暴力》获得了 2015 年美国国家犹太图书奖，位列《星期日泰晤士报》十大畅销书榜单。2005 年，拉比萨克斯被英国女王封为勋爵，享受终身贵族身份，并于 2009 年 10 月在上议院就职。

你最常当作礼物送给他人的 3 本书是什么？

罗纳德·海菲兹和马蒂·林斯基的《火线领导》。这是我读过的描写领导力最真实的一本书了，你可以从副标题"驾驭变革风险"中看出来。这本书写得很实在，我几乎见人就送，好让他们清楚地知道，他们如果想当领导者，会面临什么情况。

最近有哪个 100 美元以内的产品带给你惊喜感吗？

毫无疑问，是博士降噪耳机。这是我遇到的最虔诚的东西了，因为我认为信仰是在噪声中聆听音乐的能力。

有没有某次你发自内心喜欢甚至感恩的"失败"？

实际上，我人生的低谷是在 2002 年 9 月 11 日出版《差异的尊严》的时候，当时正值 9·11 恐怖袭击事件一周年纪念日。

2002 年 1 月，我站在美国世贸中心遗址归零地。那一年，世界经济论坛从达沃斯改到纽约。坎特伯雷大主教、以色列首席拉比、伊玛目、精神领袖从世界各地聚首在归零地一起祈祷。

我突然意识到，人类的下一代面临着一个重大选择：将宗教视为共存、和解与相互尊重的驱动力，还是将其视为仇恨、恐怖和暴力的驱动力。

我决定写一写自己对 9·11 恐怖袭击事件的感想，并在一周年纪念日时出版。这本书的名字是"差异的尊严"。这本书感情强烈，也很有争议。我的同僚认为我太过火了，实际上已经离经叛道了。

那是在 2002 年初，当时发生了一些相当有趣的事情。罗恩·威廉姆斯刚被任命为坎特伯雷大主教。在任命的前一周，他参加了威尔士德鲁伊教的礼拜，英国国教有些人士认为此举属于异端行为。

报纸头条写道："坎特伯雷大主教和首席拉比被指控为异端。"我想这种标题此前从未出现过，以后可能也永远不会出现。

现在这个年代，如果你是某种信仰的捍卫者，却被指控为异端，这至少可以说是有些挑战的。有人要求我辞职。我觉得很多拉比并不理解这本书，所以才做出这种批评。

只是我不清楚自己该如何做。

我看不到可以恢复自己作为犹太领袖的地位、声誉和信誉的希望，因此陷入绝望。当隧道的尽头没有一丝亮光时，你能看到的就只是隧道。我当时觉得前方无路可走，也许我要做的最重要的事就是辞职。

就在那时，我听到一个声音。我不想说是上帝在对我说话，但确确实实有一个声音对我说："你如果辞职，就是把胜利拱手送给了对手。你觉得这是下一代人的重大挑战，结果却在第一场战斗中就被击败了。"

我不能这样做。

尽管我承受着几乎无法忍受的痛苦，但是我不能辞职。我无法把胜利交到敌人、对手，以及宗教宽容与和解的反对者的手里。

就在那一刻，我突然意识到，这件事关乎的不是我，而是不让那些相信我的人失望，不要背离促使我担任首席拉比以及撰写这本书的初衷。

这是一个转折点，最终我克服了困难，变得比以前更坚强。这不仅对我自己很重要，而且对所有拉比都很重要，因为他们可以看到我饱受争议，广受批评，但仍能克服困难，仍可以与艾尔顿·约翰一起唱《我仍然站立》。我对自己工作的理解有了180度的大转变。我的工作根本不关乎自己，其中没有自我的参与。它关乎我所代表的信仰以及我所关心的人。从那一刻起，从某种意义上说，我变得无懈可击，因为我不再让自己陷入困境。

你长久以来坚持的人生准则是什么？

我会写上这6个字：活着，给予，宽恕。它们是迄今为止我人生中最重要的事情。

你做过的最有价值的投资是什么?

那是在 1979 年,很久以前的事了,现在算来,已经过了 38 年。当时我和妻子伊莱恩买了房子,花园尽头有一间游戏室,当时我想着可以把它改成书房。在此之前,我一直在努力写博士论文,还有我的第一本书,但离成功还很遥远。我时常想着要去山上的灵修之处或乡间小屋工作,有一天我突然想:"我们在花园尽头有一个房间,也许我可以在那里找到宁静和与世隔绝的感觉。"一切都像梦一样,我在那个房间里完成了博士论文,写完了我最初出版的 5 本书。它彻底改变了我的生活。虽然有些昂贵,但每一分钱花得都很值。

你有没有什么离经叛道的习惯?

我发现有一件荒谬的事可以彻底改变生活。当我在生活中稍事停顿时,或是当我需要恢复活力时,我会叫妻子一同坐下或站着,在 YouTube 上看一段音乐视频来回顾往事。这个网站真的很棒。如果马塞尔·普鲁斯特那个时代有 YouTube,他就不用写《追忆似水年华》了,因为有了这个网站,我们的过去永远不会逝去。那里有我们一起看过的电影《回到未来》,我们可以一起回到过去的某个感情充沛的时间和地点。这不难做到,而且几乎花不了多少时间。

你能举个例子说明一下过去的某个时刻与哪段 YouTube 音乐视频相关联吗?

我就举一个例子,那是在 1968 年夏天,我经历了两件非常重要的事情。第一,我去了一趟美国,见到了当时最伟大的几位拉比,这改变了我的人生。第二,我回到英国后遇到了伊莱恩,她当时正在剑桥的医院学习,而我当时在剑桥的大学读书,不久我们就订婚了,后来喜结连理。

当时我和伊莱恩一起看过一部电影,是达斯汀·霍夫曼主演的《毕业生》。他爱上的女孩叫伊莱恩，电影的主题曲由西蒙和加芬克尔演唱。1968 年，他们发行了一首令人回味无穷的歌曲《美利坚》，我们可以看到小伙子和他们的女朋友，还有络绎不绝的汽车开在新泽西的高速公路上。

因此，每当我想重温和伊莱恩初次见面的那一刻，重温我的生活焕然一新的那一刻，重温我们一生中最浪漫的故事变为现实的那一刻，我只要上 YouTube 看看西蒙和加芬克尔演唱《美利坚》就行了。

有没有某个信念、行为或习惯真正改善了你的生活？

三年半前，出于种种原因，我辞去了首席拉比的职务，想要做一些拉比从未做过的事。我要开启新的职业生涯，迎接新的挑战。我意识到，辞去这种拥有特权的公职，肯定会有戒断反应，可能还会有抑郁的风险。

我决定把我的行程安排得满满的，让自己根本没有时间沮丧。这种方法十分有效，大家都可以试试。

你如何拒绝不想浪费精力和时间的人和事？

很简单，交给我的团队处理，也就是我的妻子和我办公室的两名助手。因为我意识到，我最大的弱点就是不会拒绝，所以只能授权给别人了。那些受我委托的人在拒绝这件事上要比我擅长多了。这个方法大家可以试试。

在你的专业领域里，你都听过哪些糟糕的建议？

在我的领域，也就是宗教和公共话语领域，我最常听到的可能就是恐惧以及由此引发的防御。以这种方式面对未来是错误的。我们要充满希望，要知道不管前方有什么挑战，你都能战胜。我们要传达与恐惧和防御完全相反的信息。

拉比乔纳森·萨克斯勋爵

你用什么方法重拾专注力？

我要往我的人生导航系统中输入什么？换句话说，10 年或 20 年后我想成为什么样的人？我的最终目标是什么？每次感到无法集中注意力时，你都要想想这两个问题。记住自己的目标有助于你做出人生中最重要的区分，那就是区分需要抓住的机会和需要抵抗的诱惑。

期望值的不确定性也包括在期望值之内

朱莉娅·加莱夫（Julia Galef）

推特：@juliagalef
脸书：/ julia.galef
juliagalef.com

朱莉娅·加莱夫　作家、演讲家，专注于研究"我们如何才能提高人们的判断力，尤其是在高风险的复杂决策上的判断力"。朱莉娅是非营利组织应用理性中心的联合创始人，该中心会举办提高推理和决策能力的研讨会。自 2010 年以来，她开始主持每两周一次的播客节目《理性说话》，该节目以采访科学家、社会科学家和哲学家为主。朱莉娅目前正在撰写一本有关如何通过重塑潜意识动机来提高判断力的书。她的 TED 演讲《为什么你总认为自己是正确的——即使你真的错了》观看次数超过 300 万。

有没有某个信念、行为或习惯真正改善了你的生活？

　　如果有什么事情进展得十分不顺利，我不会不假思索地认为自己做错了什么。相反，我会问自己："我遵循的哪条原则导致了这个糟糕的结果？虽然这条原则偶尔会导致糟糕的局面，但是我是否期望它可以在总体上取得最佳结果？"如果是，那就继续！

这个习惯之所以如此重要，是因为即使是最好的原则也会失败，你不想一出现不可避免的失败就放弃这个原则（或自责）。

假设你总是提前 1 小时 20 分钟到达机场，有一天，高速公路上发生了一起事故，你因此耽搁了时间，差点儿错过航班。这是否意味着你应该多预留一些时间呢？没有必要。提前两个小时到机场这个方法可以节省你这次耽搁的时间，但会产生不同的时间成本——在机场等候的时间会长很多。提前 1 小时 20 分钟到机场可能仍然是最好的原则，即使你偶尔也会像今天这样错过航班。

同样，我往往会因为在博客、会议或演讲中所犯的错误而自责。当出现这种情况时，我的第一个念头总是"我应该花更多时间准备"。有时候确实是这样，但并非总是如此。有时候，正确的结论是："实际上，我为了避免此类错误而在准备演讲上所花的时间并不值得。"

再举一个例子。最近，我在冬天坐了一次新泽西捷运公司的列车。当我凝视窗外时，我似乎看到火车轨道着火了。其他人都没有反应，所以我想："可能没什么可担心的。"但我并不确定，所以我去找列车员，把看到的情景告诉了他。结果，这确实没什么好担心的。显然，列车公司会在冬天用火除去铁轨上的冰。我的第一反应是自己的杞人忧天很愚蠢，但仔细想想，我意识到："不，实际上，即使在大多数情况下事实证明我是错的，我也应该继续核实那些一旦我是对的结果就会非常糟糕的风险。"

在你的专业领域里，你都听过哪些糟糕的建议？

我认为大多数建议都很糟糕，因为它们都是通用型的建议，比如"承担更多的风险""别对自己太苛刻""努力工作"。问题是：有些人需要承担更大的风险，而有些人需要承担较小的风险；有些人需要放松，而有些人对自己太过宽容了；有些人需要更加努力地工作，而有些人已经到了筋疲力尽的边缘。这样的例子不胜枚举。

所以，我认为，最有用的建议是如何提高你的判断力，即准确感知当前处境（即使真相并不讨人喜欢，也不会产生多少便利）、潜在选择以及取舍的能力。有了良好的判断力，你可以评估一条建议是否适合你自己的情况。但如果没有判断力，你就无法分辨好的建议和坏的建议。

菲利普·泰洛克和丹·加德纳的《超预测》以及道格拉斯·哈伯德的《如何度量》这两本书对如何提高准确预测的能力提供了一些很好的建议。奇普·希思和丹·希思的《决断力》解释了四大判断错误，比如思维过于狭隘、让暂时的情感模糊了判断力。这本书同时给出了校正这些错误的方法。

你如何拒绝不想浪费精力和时间的人和事？

我已经学会远离一种令人分心的东西，那就是向我推送我已经了解且认同的内容的媒体，比如政治媒体。这些信息可能会让人上瘾，因为它们看起来是那么有道理，就像和朋友发泄一样。但是，你从中学不到任何东西，而且我认为，沉迷其中会使你逐渐地无法容忍其他观点。所以，我会提醒自己浪费了这么多时间却什么都学不到，以此防止自己上瘾。

你用什么方法重拾专注力？

有时候，我发现自己纠结于两个选择，我很清楚风险很高，但并不清楚哪个选择更好。因此，我会因为选择而饱受折磨。即使没有任何新的信息来源，我也会在两个选择之间摇摆不定。

幸运的是，当有一次纠结时，我想起一个原则：期望值的不确定性也包括在期望值之内。所以，如果我知道选项 A 和 B 之中有一个很好，而另一个将是一场灾难，但我完全不确定哪个是灾难哪个是幸事，那么它们的期望值是相同的。

这种全新的思考方法很管用。如果你这样想，"两个选择中的一个很好，另一个很糟糕，但我不知道哪个好哪个不好"，大脑就会陷入瘫痪。不过，如果改变思考方式，想着"这些选择的期望值相同"，你的大脑就会得到解放。

当然，这样想的前提是，你无法轻易得到有关选项 A 和 B 的更多信息，无法减少不确定性。如果你可以获得更多信息，一定要去获取！我上面的建议仅适用于你无法轻易获得更多信息、感觉头昏脑涨的情况。

假设有两份工作摆在你面前，你因为不知道如何选择而苦恼万分。你觉得不知所措，因为无法轻易分辨哪份工作更好。工作 A 职位和薪水更高，但工作 B 会为员工提供更多帮助，你会有更多选择项目的自由。

这时，你应该问问自己："我有没有什么方法可以获取更多信息来解决这个问题？"也许你可以与两家公司的员工聊一聊，看看他们对工作的满意度如何，或者你可以看看两家公司离职的员工现在都在做什么。

不过，这些事情也许你都做了，但它们并不能帮助你解决这个问题。如果是这样，如果没有其他你可以轻易获得的信息帮你判断哪个选择是正确的，你就应该放轻松，任意选择一个，把烦恼抛在脑后。我知道，"放轻松不再烦恼"往往说起来容易做起来难。但是，我们如果不能判断哪个选择更好，那么总的来说，它们就是同样好的选择。

人是可以犯错的

图里亚 · 皮特（Turia Pitt）

推特 / 照片墙：@TuriaPitt

　　　　　turiapitt.com

图里亚 · 皮特　澳大利亚备受尊敬和认可的人物。2011 年，24 岁的图里亚是一名模特、健身爱好者，也是一位成功的采矿工程师。当时，她在西澳大利亚州参加 100 公里的超级马拉松比赛，突然身陷熊熊大火之中。她被直升机运出偏僻的沙漠，全身烧伤面积达 64%。虽然受伤严重，但图里亚还是活了下来，并且比以往任何时候都更强大。2016 年底，她完成了在夏威夷科纳举行的铁人三项世界锦标赛，随后写了回忆录《为一切而活：图里亚·皮特的励志人生》。她的 TEDx 演讲《发掘你的潜能》颇受欢迎，详细讲述了她战胜逆境的成功故事。

你最常当作礼物送给他人的 3 本书是什么？

　　我个人最喜欢的一本书是西蒙·温切斯特的《改变世界的地图》。书中讲到一位运河挖掘者（威廉·史密斯）绘制了第一张英格兰和威尔士的地质图。你可能认为这会为他赢得荣誉,但事实恰恰相反,他被指控为异端分子,最终被关入狱。说到这里,我知道大多数人并不像我那样痴迷于地质学(我曾经是采矿工程师),所以我会根据朋友的兴趣送给他们不同的书。

如果是喜欢跑步的朋友,我会送他们克里斯托弗·麦克杜格尔的《天生就会跑》。如果是想要改变财务状况的朋友,我会送他们斯科特·佩普的《赤脚投资者》。如果是想进一步了解我的朋友,我会送他们我的书。如果他们正在做深刻的自我反省,毫无疑问我会送他们维克多·弗兰克尔的《活出生命的意义》。

最近有哪个 100 美元以内的产品带给你惊喜感吗?

这个东西花了我不止 100 美元,但它彻底改变了我的生活。几个月前我在机场买了一副苹果的 Beats Solo^3 耳机,真是好用极了!我喜欢戴上耳机收听 Brain.fm(一款非常小众的治愈系电台),这有助于我进入状态,专注于手头的工作。如果非要说 100 美元以下的东西,Brain.fm 应用程序也改变了我的生活。它确实可以帮助我专注于工作。我每天都会使用它。

有没有某次你发自内心喜欢甚至感恩的"失败"?

我的一生中有很多糟糕的经历,数都数不过来!我曾欠税务局一大笔钱(没错,不过现在已经还清了)。我花了 1 万美元请人给我做演讲辅导,后来才意识到我不需要。我乘飞机去参加会议,结果发现自己飞错了城市。在颁奖礼之夜,我喝了很多酒,丑态百出。虽然这些失败没有为成功奠定基础,但它们告诉我人是可以犯错的。你知道吗?地球不会因为你犯了一个错误而停下来。实际上,在生活中错误比成功更有用。我从未从成功中学到任何东西,成功几乎可以说太容易了。相比之下,错误会让你认识到自己容易出错,更重要的是,你可以从中吸取教训并做出改进。

有没有某个信念、行为或习惯真正改善了你的生活？

常怀感恩之心。小时候，我也不是不感恩，但我从未花时间仔细思考自己所得到的一切。现在，我每天早上都会想一想需要感恩的事情，一天中可能还会这样做几次。我没有过多地思考这种做法背后的科学，我只是知道，这样做我会感觉更好。我不相信"快速修复"这回事，但我知道这是可以立即改变感受的有效方法。

具体来说，我是这样做的。我先在声田（Spotify）上听我的感恩播放列表，随便点一首歌。比如，今天的列表里有 9 首歌：

1. 哈莫克的《换气》。

2. 天空大爆炸乐队的《想握你的手》。

3. 克雷格·普吕斯和阿南达的《女神的祈祷》。

4. Tycho 乐队的《地平线》。

5. 歌手 Bonobo 的《反复出现》。

6. 歌手 Active Child 的《守护》。

7. 斯纳坦·考尔的《不落的太阳》。

8. 泰·伯霍、詹姆斯·霍斯金斯、卡特·麦卡锡、曼诺拉马和亚纳基·卡格尔的《天使的祷告》

9. 草叶集乐队的《二十二点十四分》。

然后，我会想 3 件需要真心感谢的事。我发现越具体越好：说"感谢妈妈"，不如说"感谢昨晚妈妈给我做了菠菜派"；说"感谢我的爱人"，不如说"感谢爱人昨天和我一起跑步"。今天早上我感谢的 3 件事是：

1. 肚子里的宝宝踢了我

2. 咖啡

3. 看日出

如果我的做法正确而真诚，而不只是在脑海里随便想 3 件事（这就是我要听音乐帮助我进入状态的原因），我通常就会因感恩而哭泣。如果一天中感到沮丧或生气，我就会再想 3 件感恩的事，以便集中精力。

不要把失败与结果联系在一起

安妮·杜克（Annie Duke）

推特/脸书：@AnnieDuke

   annieduke.com

安妮·杜克　过去 20 年全球顶尖的扑克牌手。2004 年，她在世界扑克系列赛（WSOP）中击败 234 位选手，获得了人生中的第一个 WSOP 冠军金手链。此外，她还赢得了同年举行的 WSOP 冠军邀请赛，获得 200 万美元的奖金，该赛事遵循"赢者通吃"的规则。在成为职业扑克牌手之前，安妮获得了美国国家科学基金会的奖学金，在宾夕法尼亚大学学习认知心理学。安妮定期在博客《安妮分析》中分享自己对科学决策的见解（不仅适用于扑克），还通过一系列畅销书分享打牌技巧，比如《做出最好的扑克决策》和《中间地带：掌握德州扑克中最困难的牌局》，这两本书都与约翰·沃豪斯合著。安妮最新的一本书《对赌》主要讲述了科学的决策方法。

你会给刚刚毕业的大学生什么建议？你希望他们忽略什么建议？

　　第一，要寻求异见。一定要努力找到和你意见不同的人，他们可以诚实且富有成效地扮演唱反调的人。挑战自己，真心聆听那些想法和意见与你相异的人。尽可能远离政治泡沫和回音室效应。愿意倾听那些持不同意见的人说的话。尝试每天改变你对一件事的看法。

事实上，当两个极端的观点相遇时，真理往往处于中间位置。如果没有接触过与你相左的那个极端，你自然就会走向另一个极端，从而远离事情的真相。不要害怕犯错，因为犯错正是发现更多真相的机会。

第二，要懂得变通，在机会来临时持开放态度。我认识的大多数成功人士刚从大学毕业时并不确切知道自己想要做什么，他们在职业生涯中改变了自己的工作重心。对你碰到的人和物持开放态度。你可能为当前的工作或职业投入了很多时间，但不要害怕改变。不用急于弄清楚所有事情，你如果觉得自己弄清了一切，就会让自己陷入僵局，不想做出改变。

你如何拒绝不想浪费精力和时间的人和事？

总的来说，我在拒绝所有事情上都有了长进，尤其是那些必须离家前往外地的事情。我的策略是，设想一下我必须离家的那一天，想想那一天我是快乐的还是悲伤的。然后想象这是第二天，我回到家，我问自己：这次外出值得吗？我的回答是肯定的吗？我会为自己所做的事情感到高兴吗？通过这种"时间旅行"，我可以具体地想象出自己不喜欢的事情有哪些缺点（比如离家在外、旅行的麻烦），然后将其与我考虑要做的事情的优点进行比较（比如做一次观众反响强烈的主题演讲，参加慈善活动，因筹集到资金而感到欣慰）。

对于类似的选择，我都可以通过这种想象的方法来解决。我会因为接受还是拒绝而高兴？不管做出何种决定，小到是否接受晚餐邀请，大到是否搬到另一个城市，这种方法都很管用。在脑海里做一次时间旅行有助于你做出判断。

有没有某次你发自内心喜欢甚至感恩的"失败"?

在扑克牌领域,你会失败很多次,因为你会输掉很多手牌。在这一领域,有两种失败。有一种失败你可以简单地将它定义为"输了",比如输了一手牌。但是,你会从打扑克牌中学到一点:这种定义失败的方法毫无益处,因为有时你做出了非常糟糕的决定,却赢了牌;有时候你做出了非常明智的决定,却输了牌。你可以把所有的钱都押在数学上占优势的牌上,但还是输了,因为接下来的牌都不是你想要的。

如果将失败仅仅定义为输了,那么你只是把失败看成一种结果。即使你的决策很好,你也可能会调整打法,避免输牌(或者仅仅因为赢了一次就重复糟糕的决策)。这相当于因为顺利闯过几次红灯就认为这样做很明智,或是因为有一次在绿灯时过马路发生了事故就认为不应该在绿灯时通行。

打扑克牌教会了我不要把失败与结果联系在一起。输了并不等于失败,而赢了也不等于成功。你应该从长远来看能帮助你赢牌的明智策略,并以此定义成功或失败。重要的是我一路所做的决策,每一次决策失败都是学习和调整未来策略的机会。这样一来,输牌不再是一种情感体验,而是探索和学习的机会。

杀不死我的会让我变得更强大

吉米·法伦（Jimmy Fallon）

推特 / 照片墙：@jimmyfallon

tonightshow.com

吉米·法伦　喜剧演员、艾美奖和格莱美奖得主。他因出演《周六夜现场》以及主持《吉米·法伦深夜秀》而闻名。吉米出版了多本著作，包括《让孩子开口说的第一个词是"爸爸"》以及新近出版的《一切都是妈妈》。吉米与妻子南希和他们的女儿温妮、弗兰妮住在纽约。如果你想看我用脚把吉米转起来（说真的，我们一起练了杂技瑜伽），请登录 tim.blog/jimmy。

你最常当作礼物送给他人的 3 本书是什么？

　　如果是大人，我会送维克多·弗兰克尔的《活出生命的意义》。我在厨房弄东西时，戒指不小心被勾住了，结果导致手指撕裂性损伤，要重接手指。我在贝尔维尤医院的重症监护室待了 10 天，就是在那时我读的这本书。它谈论的是生命的意义，我相信，你读了这本书之后会成为一个更好的人。我最喜欢的一段文字是："'生命有什么意义'

这个问题没有确切的答案。这就好像问一位国际象棋大师'最好的走法是哪一步'一样，这取决于你的处境。"它还增强了我的信念，让我更相信，杀不死我的会让我变得更强大。你如果读了这本书，就一定会受益匪浅。

我现在送得最多的是儿童书，因为我有两个孩子，一个两岁半，一个 4 岁，所以我会参加很多儿童聚会。我想起我小时候喜欢读的书，就是那些深深印在我脑海中的书，其中一本是乔恩·斯通的《书后的怪物》。

我记得自己嘲笑故事的讲述者格罗弗，它总是吓唬我不要翻页，因为书的最后有一只怪物。不过，我还是会继续翻页，它因此更抓狂了。"你翻页了！！！！？？？别再翻了！！！"我不知道自己是不是想在它面前表现得勇敢一点儿，还是就是知道不会有什么怪物，但我始终没有停下来，一直读到书的最后一页——结果发现它就是那个怪物。这个可爱的毛茸茸的老格罗弗！我觉得这本书教会了我没有什么好害怕的。

有没有某个信念、行为或习惯真正改善了你的生活？

在过去 5 年里，我养成的最好的习惯莫过于行走和冥想了，两者要分开进行。我的朋友洛恩·迈克尔斯喜欢行走，我们只要一起出去，就会边走边聊。我们每次走路都没有什么目的，只是因为好玩。有一次在伦敦，我们想都没想就走了十几公里。我的妻子和孩子们也很喜欢行走，我觉得这件事我们可以一直做下去。我竟然这么久才意识到行走的好处，真是令人懊恼。至于冥想，练习起来会困难一些，但是你如果可以训练自己的大脑练习冥想，就像学习弹吉他、模仿他人、开手动挡汽车等那样，它就会是一项很棒的技能，你需要的只是练习。我认识的每个聪明稳重的人都喜欢行走和冥想。你可以从"顶空"开始练习，这款冥想应用程序很有意思。你可以每天坚持做，不过，我暂时不建议你在走路时做。

发人深思的箴言

蒂姆·费里斯

（2016年4月1日—4月15日）

天才只是一种出众的观察能力。

——约翰·拉斯金

维多利亚时代的博学之士、艺术评论家、慈善家和社会思想家

方法可能有千千万万种，但原则只有几个。掌握原则的人可以成功地选择自己的方法。尝试方法而忽略原则的人，麻烦就在前方。

——拉尔夫·沃尔多·爱默生

美国散文家、19世纪超验主义运动领袖

对企业所使用的任何技术而言，第一条规则是，如果将自动化应用于高效的运营，效率就会继续提高。第二条规则是，如果将自动化应用于低效的运营，效率低下的情况就会加剧。

——比尔·盖茨

微软联合创始人

要从多元的角度寻找自己

埃丝特·佩瑞尔（Esther Perel）

照片墙：@estherperelofficial

脸书：/ esther.perel

estherperel.com

埃丝特·佩瑞尔　继露丝博士之后亲密关系领域最重要的变革家。她有关保持性欲、重新思考出轨问题的 TED 演讲的播放已经超过 1 700 万次。她在纽约市提供私人治疗服务 34 年来，看到也检验了所有可以想象的情景。埃丝特是国际畅销书作家，著有《亲密陷阱》，此书已被翻译成 26 种语言。埃丝特是比利时人，熟练掌握 9 种语言，我亲耳听她说过。她将自己对多元文化的感触融入新书《危险关系》中。目前，她的创作精力集中在共同创作和主持《我们应该从哪里开始？》，这是一个有声原创音频系列。

你会给刚刚毕业的大学生什么建议？你希望他们忽略什么建议？

　　生活会带给你意想不到的机会，而你事先不一定知道哪些是重要的时刻。最重要的是，你的人际关系将决定你的生活质量，所以要投入时间和精力打理你的人际关系，即使那些看起来无关紧要的关系也要好好打理。

我的朋友最近给我讲了一个故事，正好说明了这一点。他带女儿去参观一所大学，他们和学校说要去看看女儿特别中意的一个中心。学校的设施经理非常自豪地带他们四处参观，从校长办公室到媒体中心再到多功能教室。他女儿就想看看那个中心，结果转了那么一大圈，累得要命，所以十分不屑。不过，父亲告诉她："只管问问题，你永远都不知道将来会发生什么。"当他们终于参观完，设施经理给了他们一张名片。我的朋友指导女儿写了一封感谢信，其中特别提到参观过程中令人难忘的两件事。

第二天，他女儿接到中心主任打来的电话。显然，设施经理把她的邮件转发给了中心主任，而且写了一句话说："她是我们学校需要的那种学生。"剩下的事情，你可能已经猜到了。

一定要对别人表示感谢，不要只感谢那些你知道能从他们那里得到好处的人。如果你对别人表现出兴趣，他们也会对你感兴趣。你对别人好，别人也会对你好。你尊重别人，别人也会尊重你。关系即使很短暂，也是通往机遇的大门。

应该忽略的建议是："你的 5 年规划是什么？"

你做过的最有价值的投资是什么？

我在语言学习方面很有优势，因为我在比利时长大。比利时说 3 种语言，分别是佛兰芒语、法语和德语。我父母是战后从波兰到比利时的犹太难民，所以我还接触了波兰语、希伯来语和意第绪语。很小的时候，我就知道语言是通向另一个世界的大门，它会让你了解它的文化、情感、审美和幽默。外来难民的对立面是内部人士，而语言是一种融入的方式。当我切换使用语言时，我会有不同的触动。

我还学习了其他语言。我在学校学英语，在路上学西班牙语。我

　　　　　　　　　　　　　　　　　　　巨人的方法

还跟着一个巴萨诺瓦乐队学葡萄牙语，睡觉前学意大利语。我经常在晚上看不同语言的新闻，杂志也很有帮助。我在飞机上和外国人交流，因此增加了词汇量。我会说 9 门语言，我在工作中至少会用 7 门语言。

我在学习语言上投入的时间对我的职业至关重要。我到美国时，没有发表过什么论文，也没有特别高的学历，唯一与众不同的就是语言以及它们带给我的不同视角。

我也要求我的儿子学习各种语言。我发现，在美国会说两种语言象征着社会地位较低，即使在托儿所，孩子也会拒绝说父母的语言，这一点我觉得很奇怪。所以，我会用旅游来吸引孩子学习语言。他们如果想和欧洲、以色列或南美的孩子一起玩，就需要学习那些孩子的语言。

在工作中，我会接触到世界各地的人，和他们谈论最私密的事情。语言会拉近人与人之间的距离。如果我必须通过翻译和他们交流，那么我可能无法做我现在的工作。

你用什么方法重拾专注力？

我会找人帮助我重新集中精力，重获信心和清晰的思路。我的生活圈中有朋友、家人、同事、陌生人、导师和学生。当我不知所措时，我会失去方向感，我需要有个人扮演 GPS（全球定位系统）的角色，帮助我"重新计算"并找到自己的路。

在不相信自己时，你需要其他相信你的人。当你步履蹒跚时，他们会扶着你，防止你摔倒。别人对你的看法不同于你对自己的看法。多元化的视角对塑造我们个人至关重要。身份始终是一条双向的道路——由内而外、由外而内形成。

很多人认为，当超负荷或是无法集中精力时，他们需要回归自我，与世隔绝。他们认为，能把问题解决了是件更大的功德。这种方法对我不起作用。当我和其他人在一起，沉浸于美妙的多元性之中时，我会找到自己，从而激发最大的创造力。

埃丝特·佩瑞尔

做你自己，拥抱自己，为自己庆祝

玛利亚·莎拉波娃（**Maria Sharapova**）

推特 / 照片墙：@MariaSharapova
　　　　　　MariaSharapova.com

玛利亚·莎拉波娃　5 次大满贯得主，曾获奥运会网球银牌。玛利亚出生于俄罗斯尼亚干，14 岁开启网球职业生涯。她是为数不多的获得 4 个大满贯头衔的选手之一，包括温布尔登网球公开赛（2004 年）、美国网球公开赛（2006 年）、澳大利亚网球公开赛（2008 年）、法国网球公开赛（2012 年和 2014 年）。她曾连续 21 周保持世界排名第一的位置，在职业生涯中共获得了 35 次单打冠军。2005 年，玛利亚被《福布斯》评为全球收入最高的女运动员，并 11 次获此殊荣。此外，她著有《势不可当：我至今的生活》一书。

你最常当作礼物送给他人的 3 本书是什么？

　　我喜欢送人乔尔·班·伊齐的《乞丐国王的时光指环》。现在有些书都号称人生指南或手册，它们虽然很实用，但生活并非总是如此。你可能在走出第二步之前就要想到第十步。我喜欢《乞丐国王的时光指环》这本书，因为它没有给出答案，而是让你思考自己会得到什么答案。

有没有某次你发自内心喜欢甚至感恩的"失败"？

在我所从事的职业中，输球通常被视为失败。失败不是没有赢得最后一分，而是首先出局。输球的各种迹象是显而易见的。不过，从内心说，输球会为赢球奠定基础，输球后你的所思所想是赢球无法带给你的。你开始提出问题，而不是觉得自己有了答案。问题会为更多可能性打开大门。如果某次输球使我不得不提出一些棘手的问题，那么我会获得答案，最终转败为胜。

你长久以来坚持的人生准则是什么？

"保持本真。"

这句话很容易懂，按字面意思理解即可。做你自己，拥抱自己，为自己庆贺。我们总是会受到外界的人和事的影响，那些人我们可能从未见过。这使我们远离了我们所拥有的一切，偏离了我们自己。

你有没有什么离经叛道的习惯？

我有几个不同寻常的习惯。在穿鞋时，我总是先穿左脚再穿右脚。不仅仅是网球鞋，所有鞋子都是如此。如果我在商店里试鞋，店员给我拿来的是右脚的鞋，我可能会说："抱歉，我自己去拿就行，我想试左脚的鞋子。"店员会奇怪地看着我。

就我的比赛服而言，我不喜欢穿同样的衣服。一般来说，大家都喜欢穿自己曾经赢球的比赛服。他们会将其洗干净，下次再穿，抑或不洗继续穿。我则相反，我不会穿同样的衣服，我会换着穿。我穿的比赛服看上去一样，但其实都不是同一件。

如果你赢了一场大型比赛，有没有什么喜欢吃的东西或是其他庆祝时必不可少的东西？

我喜欢甜食。我很喜欢牛奶焦糖酱。我们俄罗斯有一种蜂蜜蛋糕，有很多层，松软可口。即使每天早餐、午餐和晚餐都吃这种蛋糕，我也吃不够。我奶奶做樱桃酱的时候，我会一勺一勺地吃，那是我儿时的回忆。我真的很爱甜食。

你会给刚刚毕业的大学生什么建议？你希望他们忽略什么建议？

要多说"请"和"谢谢"，将这些话付诸行动，你要让身边的人觉得你说这些话是真心的，你确实是这样想的。当取得突破和成功时，你也要如此。不要把"请"和"谢谢"从你的字典里删除。

你用什么方法重拾专注力？

几年前，我最好的朋友在送给我的生日贺卡上写了一句话：

> 河流之所以让人觉得如此宁静，是因为它没有任何让人疑惑的地方。它肯定会到达自己要去的地方，也肯定不想去任何其他地方。——哈尔·博伊尔

一天中会发生很多事，我们会有很多要做的事，还会碰到很多让人分心的事。我们很容易被困其中，看不清前方的路。贺卡上的这句话会让我回归我想要成为的自己，让我脚踏实地。

信息量达到临界值后，额外信息会加深"确认偏见"

亚当·罗宾逊（Adam Robinson）

推特：@IAmAdamRobinson
robinsonglobalstrategies.com

亚当·罗宾逊　一生都在研究以智取胜的方法。他是国际象棋大师，美国国际象棋联合会授予他"终身大师"的头衔。十几岁的时候，亚当在鲍比·费舍尔的亲自指导下学习了 18 个月，获得了国际象棋世界冠军。后来，他步入职场，与人联合创办了普林斯顿评论公司，开发出一种革命性的方法辅导学生参加标准化测试。他与人合著的《破解 SAT》打破陈规。正如他们在出版时所说，这本书可谓"品类杀手"，是唯一一本成为《纽约时报》畅销书的备考书。卖掉普林斯顿评论公司的股份后，亚当在 20 世纪 90 年代初将注意力转向当时新兴的人工智能领域，开发了一个可以分析文本并像人一样提供评论的程序。后来，他受邀加入一家著名的量化基金，开发统计交易模型。此后，他成为一个独立的咨询顾问，为世界上最成功的对冲基金和超高净值家族办公室的首席投资官提供咨询服务。

你最常当作礼物送给他人的 3 本书是什么？

我们的潜意识一直在不停地工作，处理海量信息。与我们的意识相比，潜意识的强大功能更为惊人。当然，我们的整个教育体系，乃至大部分西方哲学，都致力于改善我们有意识的思维和能力，而忽略了潜意识。

我的阅读范围很广，读过数千本书。其中有 5 本书我比较推崇，它们对我产生了极大的影响。它们有助于我确认自己的直觉。在我寻求了解自己的潜意识，或者想要多多少少控制自己的潜意识时，在我想要随时发挥潜意识的作用时，在我希望尽可能引导潜意识时，这 5 本书为我提供了可行之道。

这 5 本书是奥根·赫立格尔的《箭术与禅心》（*Zen in the Art of Archery*）、贝蒂·艾德华的《像艺术家一样思考》（*Drawing on the Right Side of the Brain*）、约瑟夫·奇尔顿·皮尔斯的《宇宙蛋的裂缝》（*The Crack in the Cosmic Egg*）、阿瑟·库斯勒的《创造的行为》（*The Act of Creation*）和朱利安·杰恩斯的《二分心智的崩塌：人类意识的起源》（*The Origins of Consciousness in the Breakdown of the Bicameral Mind*）。最后一本也许是最重要的一本。这些书对我的思想影响深远，每本书我至少读了 3 遍。随着岁月的流逝，我还会不断地翻阅，以激发自己更多的见识和灵感。

如果我们改写一下哈姆雷特的话，这些书所证实的以及我自己对潜意识的探索都揭示了一点：潜意识的范围远远超出我们的哲学梦想。

有没有某个信念、行为或习惯真正改善了你的生活？

在过去 5 年里，有一件事极大地改善了我的生活，那就是意识到他人在改变世界以及享受世界中的重要性！它现在已经成为我的一种习惯。

我天生性格内向，可以说特别内向，有朋友毕业多年后告诉我，我们的高中同学有的从未见过我说话。

在宾夕法尼亚大学沃顿商学院获得本科学位后，我去牛津大学读了研究生。研究生毕业后，我已经不那么内向了，不过还是 95 分的内向 5 分的外向。我很喜欢和大家在一起，但只能待一会儿。超出这个时间，我就会觉得超负荷，需要独处来给自己充电。

大学毕业后，我在职场上的成功源于我的洞察力、想象力和思维方式。因此，我主要生活在思想的海洋中，与人的接触比较少。我提出的好想法越多，我取得的成就越多。

因此，在后来的生活中，实际上就是去年，我发现如果你想改变世界，就必须把其他人纳入你的计划和愿景，这一点让我感到很意外。不仅如此，专注于他人还可以带来巨大的乐趣和满足感。我还惊奇地发现，我给予他人的越多（我一直都在这样做），上天给我的回报越多。

不过，以前当我出门遇到其他人时，我总是会陷入沉思。现在，我关注的不再是自己的内心，不再是自己的想法，而是如何与他人建立联系。2016 年 12 月，我在蒂姆·费里斯主持的播客中首次公开提到这一发现，此后不久我便受此启发，写了《伟大的游戏邀请：爱情、魔法和日常奇迹的寓言》（*An Invitation to the Great Game: A Parable of Love, Magic, and Everyday Miracles*）。我在这本书中阐明了我的 3 个生活指导原则。第一，尽可能与他人建立联系。第二，要热情地为他人创造乐趣和快乐。第三，珍惜每一刻，你会遇到期盼的魔法或奇迹。

这个发现极大地改变了我的生活，它让我第一次认识到我在这个星球上的真正使命。现在我将自己的人生分为两个阶段：发现他人价值之前，发现他人价值之后。如今，我每天都迫切地盼望离开家，想象着自己邂逅他人时会产生什么样的魔力，我几乎无法控制这种迫切的心情。在我现在的生活中，内向和外向之间已然有了一种自然的旋律，于我就像呼吸一样自然。当我独处时，我会吸纳自己的想法。与他人在一起时，我会吐露自己的想法。

自从意识到关注他人的重要性之后，我很快便养成一种习惯，与别人在一起时，我会把注意力全部放在对方身上。自从我了解了别人

亚当·罗宾逊

之后，很多杰出人士、意外发现和各种成功就进入了我的生活，这一切都让我惊诧不已。

你做过的最有价值的投资是什么？

我一生中做过很多投资，投入的可能是金钱、时间、精力、激情和情感，而回报最大的是学习冥想。

我一直为大千世界所激励，也为此而兴奋，所以我的大脑总是以极快的速度运转，不是追寻这个问题，就是追寻那个问题，不是创造这个系统，就是创造那个系统，从不停歇。一年 365 天，一天 24 小时，时时运转。如果碰到闰年，就是工作 366 天。

当然，这种不间断的脑力活动会让人精疲力竭。你如果希望在任何事情上都发挥出最佳水平，就需要找到一种从相关压力中复原的方法。因此，我知道我应该找到一种"关闭"大脑的方法，让自己什么都不想，放松一下，享受当下的时光。不过，多年来，我始终没有找到。

我做了很多尝试，比如瑜伽、锻炼，甚至催眠。我拜访了纽约市最好的催眠师，想要关闭我过度活跃的大脑。但是，在 4 次价格不菲的尝试之后，催眠师放弃了。他说："你的大脑太活跃了，无法接受催眠术。""谢谢，医生。"我对他说，把不满藏在了心里，"我就是因为这个才来找你的啊！"

大约两年前，我的好友乔希·维茨金发现我无法放松，也无法停止对身边事物的分析，尤其是对金融问题。他建议我练习冥想。

"这对我没用。"我说，"我不可能长时间坐在那里一动不动，等着进入冥想的状态。"

"你试没试过心率变异性训练？就是 HRV 训练？"

"没有。"我说。

"那我强烈建议你试一试。"他说。

我告诉他，我从未听过 HRV 训练。他说，你只要专注于呼吸，利用生物反馈来测量心率的"平稳性"和变化幅度即可。心脏会记录我们所有的实时情绪和压力，因此，正常的心跳十分不稳定，紧紧围绕着平均线上下波动。生物反馈训练的目的是通过专注于呼吸来控制自己的心率，使"锯齿状"的心率像正弦曲线那样平稳，并加大振幅。

这听起来很有趣，但直到我对冥想有了新的认识之后，我才开始尝试。我觉得，冥想的"问题"在于它不"实用"。更糟糕的是，我花在冥想上的时间本可以用来分析身边的世界。

不过，我最终对冥想有了新的认识。我通过冥想让意识放弃控制权，以便我更强大的潜意识可以接管它，而我对世界的分析能力也得到提升。

在这一新认识的激励下，我热情地接受了 HRV 训练。几周后，我便可以通过一次深深的腹式呼吸使自己的心安静下来，我可以随时达到类似禅定的平静。

现在，每当我需要抽离现实或是摆脱日常生活的压力，让我的心休息一下时，我就会集中精力做腹式呼吸。我每天会做很多次，这会儿做一分钟，过会儿再做几分钟。即使再忙，每天我也至少做一次，我一般每天会花 15~20 分钟的时间冥想。这当然不是浪费时间，因为这些恢复脑力的短暂训练带来的创造力和生产力，远比我在冥想时花在"无效率"上的时间更有价值。

冥想是有史以来最实用、最强大的提高效率的方法之一，学习冥想是我有史以来最好的投资。

最近有哪个 100 美元以内的产品带给你惊喜感吗？

我买的这个东西价格不止 100 美元，但也就 159 美元。两者相差不大，所以也可以通过吧。这个东西就是美国心能研究所推出的内平衡生物反馈监控仪。它可以检测心脏最小的跳动频率，并把图表发到你的智能手机上，从而促进你的 HRV 训练。

亚当·罗宾逊

在你的专业领域里，你都听过哪些糟糕的建议？

几乎所有的投资者在年轻时都听过或隐约相信，他们越了解这个世界，投资的回报越高。商学院千篇一律的课程也会鼓励他们这样做。这样做是有道理的，难道不是吗？我们获取和评估的信息越多越有根据，决策就会越好。积累信息，对情况更加了如指掌，这无疑是一种优势——这一点即使不适用于所有领域，也适用于大多数领域。

但是，在违反直觉的投资领域却并非如此，积累信息会损害投资结果。

保罗·斯洛维奇是世界一流的心理学家，也是诺贝尔奖获得者丹尼尔·卡尼曼的朋友。1974 年，他决定研究一下信息对决策的影响。美国的所有商学院应该都讲过这项研究。斯洛维奇找了 8 位职业赛马评磅员，告诉他们："我想看看你们在赛马中的预测能力。"这些评磅员都是经验丰富的专业人士，他们以赌马为生。

斯洛维奇告诉他们，测试将包括连续 4 轮比赛，共预测 40 场赛马。在第一轮比赛中，评磅员会根据自己的需要得到每匹马的 5 条信息，每个人得到的信息可能不同。有人可能想知道骑师有多少年的经验，有人可能根本不在乎这一点，而是想知道每匹马在过去一年达到的最快速度。

最后，斯洛维奇除了让评磅员预测每场比赛的获胜者，还让他们每个人说出自己对预测有多大的信心。每场比赛平均有 10 匹马，我们盲猜的话，每位评磅员的准确率应该是 10%，他们对自己猜对的信心度也应该是 10%。

在第一轮中，也就是在评磅员只有 5 条信息的条件下，最终的准确率是 17%，这已经是不错的结果了，比在毫无信息时的准确率 10%高了 70%。有趣的是，他们的信心度达到了 19%，几乎和他们的准确率相当。

在第二轮比赛中，他们获得了 10 条信息。在第三轮中，是 20 条信息。在第四轮也就是最后一轮比赛中，他们获得了 40 条信息，远远超过他们开始得到的 5 条信息。令人惊讶的是，他们的准确率稳定在 17%，额外的 35 条信息对他们准确率的提高并没有什么作用。不幸的是，他们的信心度几乎加倍，达到 34%！可见，额外信息并没有提高他们的准确率，却让他们更加自信。他们会因此增加下注的金额，从而遭受损失。

达到一定的数量之后，额外信息会助长心理学家所说的"确认偏见"，暂且不论获取信息所耗费的巨大成本，包括时间成本。如果我们获得的信息与我们最初的评估或结论相冲突，我们就会无视这些信息。如果我们获得的信息再次确认了我们最初的判断，我们就会更加确信自己的结论是正确的。

回到投资上，在试图了解世界的过程中，我们不能忽视另外一个问题，那就是它太复杂了，无法被掌握。我们越是想要理解这个世界，越是热衷于解释其中的事件和趋势，我们就越依赖于由此产生的信念。这些信念或多或少都是错误的，它们会遮住我们的双眼，让我们看不到真正的金融趋势。更糟糕的是，我们自以为很了解这个世界，这会给投资者一种虚假的信心，而实际上，我们对这个世界总是有或多或少的误解。

即使是经验最丰富的投资者和金融"专家"，他们也会说出这样的话：这种趋势或那种趋势"没有道理可言"，"美元没有道理持续走低"，"股票没有道理继续走高"。不过，当投资者说什么趋势没有道理时，实际情况是，他们有很多原因解释当前趋势应该朝相反的方向发展，但事实没有像他们期望的那样。因此，当他们认为某种趋势没有道理时，他们看待这个世界的模型才是没有道理的，而这个世界或事件本身一直是讲得通的。

实际上，由于金融趋势涉及全球范围内的人类行为和信仰，因此，当投资者看懂某个最强大的趋势时为时已晚。当投资者明白过来，有信心投资时，机会已经错失了。

所以，如果我听到有经验的投资者或金融评论员说能源股持续走低没有什么道理时，我就知道能源股还会下跌。原因是，这些投资者都站错了队，他们拒绝接受现实，可能会加倍购买能源股。最终，他们会举手投降，不得不卖出手中的能源股，股价将继续走低。

你用什么方法重拾专注力？

当我无法集中精力时，我问自己的第一个问题是："我是在表现自己最好的一面吗？"如果答案是否定的，我就会问自己如何重新开始。一天有 86 400 秒，这意味着我们每天都有无数的机会重新开始，平衡自我，继续展示自己最好的一面。

如果我意识到自己集中不了注意力，当然还有在遇到负面情绪时，我就会问自己："我现在的注意力应该放在哪？"

答案几乎总是"我的使命"，它就像一个永远指引我前进的灯塔。

不过，有时候我会做出太多承诺，因为有时我很难拒绝那些想和我合作的人。我会投入过度，让自己超负荷。

当出现这种情况时，我不会草草履行所有的承诺，而是扪心自问："我现在可以取消哪些活动或承诺，从而腾出更多的时间？"这让我想起几年前读过的一则新闻。新闻里提到一个欧洲小镇（我就不说具体是哪个国家了，以免冒犯别人），镇上的邮政工人无法及时完成派送工作。周一，他们会竭尽全力送信，但总会剩下一些，他们会把这些信件放到周二要送的信件里。当然，周二他们又会剩下一点儿，周三、周四都是如此。到了周五，他们会有一大堆没有派送的信件。他们会将其付之一炬，周一重新开始。下一周会上演同样的过程，每个周五他们都会燃起一小堆火，清理掉他们本周没有送完的信件。

这种每周重启的方法并不可取，我不建议这样做！但是，在超负荷时重启的这种理念非常好。比如，某天中午，我发现自己某件事没有赶上进度，很明显我有可能立刻出现超负荷的情况，这时，我不会试图完成下午的全部计划，那样的话，会一件比一件拖得晚。我会看一下时间表，问问自己哪件事可以推迟到明天。我会为此重新排个时间表，准时完成其他 3 件事，我不会为拖拖拉拉完成全部 4 件事而烦恼。

说到这里，我每周都会空出一天，假装这一天会出城旅行。这样我就不会忍不住占用这一天，即使是和朋友见面或是参加其他有趣的娱乐活动也不行。如果发生紧急情况，或者因赶不上进度又要超负荷了，我就会知道自己还有一天是自由的，我可以按照自己想要的方式度过那一天。

因此，当我超负荷时，当我试图同时抛接太多的球时，我会问自己可以暂时放下哪一两件事，然后把剩下的事情按时完成。

你有没有什么离经叛道的习惯？

美国很早之前有一部电视剧叫《抓拍镜头》，最近阿什顿·库彻进行了翻拍，推出了电视节目《整蛊总动员》。这个节目会给毫不知情的人预先安排恶搞的场面，同时进行实时录像，节目情节总是让人捧腹大笑。

我会偷偷地对毫不知情的人表达善意，从中我得到了无尽的快乐。例如，我点完冰拿铁后，会给星巴克的咖啡师 20 美元，让他给我后面的后面的那个人免单，还要把零钱找给他。我之所以不选我后面的那个人，是因为他可能会怀疑我是那个神秘的赠予者。

随后，我会坐在远处喝着拿铁，看着那位被随机选中的受益者先是困惑不已，后来意识到自己得到了意外的馈赠进而喜笑颜开。有时，那个人会把零钱留给咖啡师当作小费。有时他会坚持付款，把这杯免费的咖啡"赠予"下一位顾客。无论如何，受益者在离开时总会笑容满面，我知道我引发的连锁反应会影响那个人身边的人以及他当天遇到的任何人。

让我们一起撒播魔力的种子吧！

生活真是太美好了

乔希·维茨金（Josh Waitzkin）

joshwaitzkin.com

乔希·维茨金 小说和同名电影《王者之旅》中主人公的原型。他是公认的国际象棋神童，他所采用的绝佳的学习策略可以应用于其他各个领域，包括他的其他喜好，比如巴西柔术（他是仅次于传奇人物马塞洛·加西亚的黑带选手）和太极推手（他曾获得该项目的世界冠军）。目前，乔希致力于培训世界顶级运动员和投资者。他还致力于教育改革，又培养了划桨冲浪的新爱好。在练习划桨冲浪时，他经常置我于险境。我是多年前读了他的著作《学习之道》后认识他的。

你最常当作礼物送给他人的 3 本书是什么？

杰克·凯鲁亚克的《在路上》。在我十几岁的时候，这本书让我看到了人生很多瞬间让人心醉的美。

冯家福和简·英格里希合译的《道德经》。这本书激发了我对柔性和感受性的研究，而这两样与我那些疯狂的爱好相呼应。

罗伯特·波西格的《禅与摩托车维修艺术》。这本书激发了我对动态品质的培养，并将其作为一种生活方式。

《海明威谈创作》。这是我遇到的关于创作最有效的智慧之书，而且篇幅不长。

最近有哪个 100 美元以内的产品带给你惊喜感吗？

Stay Covered 品牌的巨浪立式单桨冲浪脚绳，价格 36 美元。它不容易断，在离岸很远的一些令人胆战心惊的冲浪时刻，我很感激绑了这种脚绳。

有没有某次你发自内心喜欢甚至感恩的"失败"？

我一生中最痛苦的一次失败发生在 18 岁以下世界国际象棋锦标赛的最后一轮比赛中，这场比赛是在匈牙利塞格德举行的。当时，我和俄罗斯选手并列第一，他开局不久就提出和局。我拒绝了，我要争取胜利，不过，最后我输了。在下棋的关键时刻，我必须做一个决定，但这个决定完全超出我的认知架构。直到比赛结束 3 个月，我研究了100 多个小时才找到正确的走法。简单讲，我必须移走"王"前面最后一颗防御棋子，因为他的进攻实际上需要我的防御，就像火需要燃料一样。如果除去防御棋子，我的棋子实际上足以保护我的王，而他的进攻也将无济于事。本质在于空白棋盘的力量，也就是以"空"应对进攻。这次教训对我而言就像范式的彻底转变，此后我将一生中的很大一部分时间都用于这方面的训练。

12 年后，我利用这个原则在太极拳推手世界锦标赛的决赛中胜出。所以说，我在国际象棋比赛中遇到的最惨重的失败给我上了一生中最重要的一节主题课，并在十几年后让我获得了武术界的世界冠军。我们如果以开放的心态坦然面对失败，就会发现生活是无比美丽的。

你长久以来坚持的人生准则是什么？

生活真是太美好了。

你有没有什么离经叛道的习惯？

我喜欢下雨、风暴、恶劣天气，喜欢那种背后隐藏着秩序的混乱。这是不是很奇怪？

有没有某个信念、行为或习惯真正改善了你的生活？

我经历了无数次"失败"。在我们的冲浪之旅中，蒂姆已经见怪不怪了。我早年参加国际象棋比赛，每次经历痛苦的失败后，我都需要很长时间才能意识到这次教训是多么宝贵。我一直很擅长解决技术问题，但最近几年我在两件事上有了很大改进：一是找到技术错误中隐藏的主题或心理教训（这极大地促进了我后面的进步）；二是当我仍处于沉重打击所带来的痛苦中时，我可以意识到失败之美，意识到它是促使我进步的力量。

你会给刚刚毕业的大学生什么建议？你希望他们忽略什么建议？

做自己喜欢的事情，而且用自己喜欢的方式去做，全身心投入每一个瞬间。不要受到惯性的影响。生活中，你要不断挑战你内心的假设以及身边其他人的假设。要注意，虽然你的认知框架会让你陷入危险之地和巨大的痛苦中，但是你的潜意识会努力为其辩护。利用身体来训练思想。

应该忽略这样的建议：循规蹈矩，避免风险，小心翼翼，穿着西装。

在你的专业领域里，你都听过哪些糟糕的建议？

那些没有经历过你的处境，没有经受过考验的人，他们提供的建议几乎都很糟糕。一定要当心那些只会讲大道理的人。

你如何拒绝不想浪费精力和时间的人和事？

　　所有公开露面的事我都会拒绝。别人找我做的专业项目，99%我都会拒绝。我的一个核心原则是，没有比自我学习更好的投资了，因此，我只接受那些让我觉得有挑战、能够提高自我的项目。与99%的投入相比，在投入100%时我的表现要好得多。因此，我只接受能够激发我斗志的事情。而且，我只与那些我喜欢或者我相信自己会喜欢的人合作。

你用什么方法重拾专注力？

　　我会从身体本身着手。如果靠近大海，我就会去冲浪。如果离海较远，我就会做一会儿高强度的壶铃运动，骑自行车，游泳，洗冷水澡或冰浴，练习维姆·霍夫呼吸法或心率变异性呼吸法。大脑会跟随身体的变化而变化，这真的很神奇。说实话，我认为，正是因为不了解或不渴望了解这种简单的进化事实，很多人才无法快速改善自己的生活。

无论学什么专业，你都要去上学校最好的人文学科的课

安·三浦香（Ann Miura-Ko）

推特：@annimaniac
照片墙：@amiura
floodgate.com

安·三浦香　风投公司 Floodgate 的合伙人，这家公司致力于初创企业的微型投资。《福布斯》称其为"创业领域最强大的女性"。安是斯坦福大学的创业讲师。她出生于美国旧金山的帕洛阿尔托，父亲是美国国家航空航天局的火箭科学家。从十几岁时起，安就致力于科技创业。在创办 Floodgate 之前，安曾在查尔斯河风投公司和麦肯锡公司供职。安所投资的公司包括来福车（Lyft）、大数据公司 Ayasdi、应用开发技术公司 Xamarin、时尚生活网站 Refinery29、饰品品牌 Chloe and Isabel、创客媒体公司 Maker Media、电商平台 Wanelo、跑腿兔（TaskRabbit）和女性复古风服装商城 Modcloth。

有没有某次你发自内心喜欢甚至感恩的"失败"？

我 12 岁的时候，有一次站在舞台上，哥哥站在我旁边指着我自信

地向大家介绍说："这位是三浦香，她将为大家演奏肖邦的 C 小调夜曲。"我静悄悄地站在哥哥身边，一句话都没说，然后大步走到钢琴边开始演奏。虽然我可以开独奏会，在很多人面前演奏钢琴，但我绝对不敢在众目睽睽之下说话，这也是哥哥替我报幕的原因。另外，我在家里都说日语，尽管我可以说自己在其他学科上做得很好，但英语从来都不是我的强项。高中时，我决定勇敢面对自己的这种不安全感。我报名参加了演讲和辩论队，将几乎所有的课余时间都投入其中。两年后，我读完了高二，父母对我说，这次尝试是一次惨痛的失败。队友都获得了各种奖杯和荣誉，而我投入那么多时间，却屡战屡败。父母担心我把所有鸡蛋都放进一个糟糕的空篮子里，当然，他们的担心也不无道理。他们建议我高三换一门课。"也许可以练练击剑？"我的母亲建议道，显然她没有意识到我完全没有运动细胞，"我听说如果擅长击剑，就可以上一所好大学！"

尽管父母的本意是好的，但他们没有考虑我真的很喜欢辩论。我喜欢辩论赛，喜欢构建论点，喜欢准备的过程。我喜欢与辩论有关的一切，我的热情并没有因失败而减少。我请求父母给我一个夏天的时间，让我找到新的方法。母亲说我太顽固。我高二的暑假是在当地图书馆里度过的，我在研究下一年可能会出的辩论话题。我付出了原来两倍甚至三倍的努力，我阅读哲学书籍、社会学文章和期刊文章，所有能找到的东西我都会读一读。我向父母保证，我如果没有在当年的前两次比赛中取得名次，就退出辩论队。

那年夏天对我来说绝对是一个礼物。与我获得传统上的成功相比，我更了解自己，也更知道如何获得成功。首先，如果你真的很喜欢某件事，那么沉浸其中要容易得多。通过真正的钻研和努力，你会为比赛做出极为充分的准备。当我参加高三秋季的第一轮辩论赛时，我的对手还没开口说一个字，我就赢了第一轮。我已经做好了充分的准备和计划。对手提出的每一个论点，我都思考过各种各样的回应。实际上，这没有什么惊奇可言。其次，我知道我比其他人更了解自己的能力。人们很难度量别人的毅力、决心、努力程度和潜力。在机会面前，我们可能更了解自己对这几项的回答。我们只需要倾听内心的声音。大三那年，我获得加利福尼亚州辩论赛的第二名，大四时获得了全美辩论赛冠军。我在高二暑假时并没有想过会取得这样的成功。

你有没有什么离经叛道的习惯？

我特别喜欢办公用品。我母亲那边的家族在日本金泽市开了一家小型办公用品商店，小时候，每到夏天，我都会待在那里。我喜欢最新最好的铅笔和钢笔。我知道哪种铅笔盒功能最多，包括内置的卷笔刀、配套的尺子和剪刀，还有用于放糖果或钱的隐藏式隔层。我喜欢还没有被打开的新笔记本的味道。我喜欢日本人用印章代替签名的方式，他们会到商店来更换他们可能遗失了的印章。如今，我最喜欢的笔是"无印良品"0.38毫米的中性笔和"百乐"0.4毫米的中性笔，最喜欢的笔记本是"灯塔"中号精装本，这离不开我炎炎夏日在舅舅的办公用品商店度过的时光。我非常喜欢用各种各样的彩色钢笔和铅笔在纸上做笔记，虽然有时候在旁人面前我会觉得略微有些尴尬。

你会给刚刚毕业的大学生什么建议？你希望他们忽略什么建议？

我通常会给大四的学生两条建议。我的专业是电气工程，而且获得了计算机安全数学建模方向的博士学位，我提出这两条建议可能有些奇怪。不过，我会首先告诉我遇到的大学生，剩下的大学时光要去上学校最好的人文学科的课。我1995年上的数字电路课程早已过时，但有关基本人性的永恒真理（如约翰·洛克和托马斯·霍布斯）、我在文学和历史课上学到的社会兴亡以及英雄所树立的鼓舞人心的榜样（如亚历山大·汉密尔顿），直到今天对我仍有借鉴意义。我们所在的世界强调通过快速迭代和试验来创造新的产品，我们往往会忘记退后一步，以确保我们急速奔向的未来是我们真正想要创造的。哲学（如康德的伦理学）、历史和文学涉及的判断和推理是一种我们大学毕业后仍应该继续磨炼的技能。不过，我们如果不在大学开始学习，之后就很难拾起了。

接下来是第二条建议。我在纽约市开始工作的第一个月，经理给了我一条免费的建议。他告诉我，这条建议是非常私人的，但极为重要：踏入职场后立刻培养乐于给予的处世态度。他说，我除了学生贷款没有其他负担，很适合培养这种态度。他建议我拿出一部分收入，将这笔钱捐给我每年选定的慈善机构。当时我没有意识到，慈善捐赠既是一种习惯，也是一种有意识的行为。不过，现在我知道了。虽然在任何时候，你可能都会觉得捐给慈善机构的这些宝贵的存款可以被用在无数其他的地方，但保持这种个人承诺具有重大意义。从大学毕业起，甚至在还不赚钱的研究生阶段，我就一直信守这一承诺。我和丈夫决定未来一起履行这一诺言。

时间和注意力是完全不同的两件事

贾森·弗里德（Jason Fried）

推特：@jasonfried

    basecamp.com

贾森·弗里德　Basecamp 软件公司（原名 37signals）的联合创始人兼首席执行官。公司位于芝加哥，它的旗舰产品 Basecamp 是一款项目管理和团队沟通应用程序，已经获得很多人的信赖。贾森是《把握现实：成功构建 web 应用程序更智能、更快、更容易的方法》一书的合著者，这本书可以在 gettingreal.37signals.com 上免费下载。此外，贾森还著有《纽约时报》畅销书《重来：更为简单有效的商业思维》和《重来 2：更为简单高效的工作方式》。贾森在美国《公司》杂志拥有自己的专栏。除此之外，他还常常为 Basecamp 颇受欢迎的博客"信号与噪声"撰稿。这一博客为读者提供"设计、商业和技术方面的有力观点和共同想法"。

你最常当作礼物送给他人的 3 本书是什么？

    皮特·贝弗林的《探索智慧：从达尔文到芒格》。我想这本书已经

巨人的方法

绝版了，但我还是推荐大家找来读一读。我认为任何一本评论查理·芒格思想的书都值得一读，尤其是这一本。它融入了历史上一些最伟大的思想者的智慧。虽然写得有点儿绕，有些松散，但我觉得很好。

有没有某次你发自内心喜欢甚至感恩的"失败"？

那是在 20 世纪 90 年代，我刚开始做网页设计师。我把自己的作品发给了评奖网站 HighFive.com。当时，这个网站很出名。你如果得了它的奖项，就相当于获得了业界的认可。

我把作品发了过去，网站负责人戴维·西格尔给我回了邮件。我现在找不到那封电子邮件了，但他的大致意思是，我的作品很烂，我不适合从事网页设计工作，还说我再也不要给他发邮件了。

他的拒绝让我的心中充满了激情，不是生气，不是怨恨，不是失望，而是激情。我要展示自己的能力，证明他是错的。

我喜欢这次被拒，是它塑造了我。

你长久以来坚持的人生准则是什么？

我喜欢以下这些名言。

> 如果你认为自己太渺小，发挥不了作用，那么你是没在黑夜遇到蚊子。——贝蒂·里斯
>
> 每一项伟大的事业都从一场运动开始，后来发展成一笔生意，最终沦为一场喧哗。——埃里克·霍弗
>
> 最公平的规则是那些即使不知道自己有多大权力的人也同意的规则。——约翰·罗尔斯
>
> 从理论上讲，理论与实践是没有什么区别的，但在实践中却是有区别的。——简·范德斯奈普特
>
> 价格是你付出的，而价值是你得到的。——沃伦·巴菲特

每个人都有自己的价值，但没人愿意做自己。——奈尔斯·巴克利

生活不会问我们想要什么，它会为我们提供选择。——托马斯·索威尔

观察人们对什么愤世嫉俗，往往会发现他们缺乏什么。——小乔治·史密斯·巴顿

无论身处何种境地，你都要倾你所有，尽你所能。——西奥多·罗斯福

重要的不是你看什么，而是你看到了什么。——亨利·戴维·梭罗

要当心大家拍手赞同的投资活动，伟大的举措迎来的往往是哈欠连天。——沃伦·巴菲特

补丁和窟窿必须相配。——托马斯·杰斐逊

所经之事，所历之境，若可着以问号，必定裨益良多。——伯特兰·罗素

官僚作风是一门使可能变成不可能的艺术。——哈维尔·帕斯夸尔·萨尔塞多

不做什么很重要。——伊基·波普

不要在意媒体怎么写你，只需要看看报道的篇幅即可。——安迪·沃霍尔

知者行之始，行者知之成。——王阳明

没有什么比有效地做不该做的事更无用的了。——彼得·德鲁克

人们总想着去触摸天上的月亮，却忘记了脚边盛开的鲜花。——阿尔伯特·史怀哲

我们的恐惧总是比危险多。——小塞涅卡

当你不计名利的时候，你的成就会多很多。——哈里·杜鲁门

不要担心别人会窃取你的想法。如果它是原创的，你就要将它生生地塞到他们的脑袋里。——霍华德·艾肯

不要养了狗，然后你自己吠叫。——大卫·奥格威

所有的优秀工作都是在无视管理的情况下被完成的。——鲍勃·伍德沃德

把一只笨脚迈在另一只的前面，边走边校正方向。——巴里·迪勒

一个愤世嫉俗的人知道所有东西的价格，却不知道任何东西的价值。——奥斯卡·王尔德

一个有效的复杂系统总是从一个有效的简单系统演变而来。从零开始设计的复杂系统永远不会奏效，也无法加以修补使其正常运转。你必须重新开始，先从一个有效的简单系统做起。——约翰·加尔

每当有一项艰巨的工作要做时，我都会把它分配给一个懒人，他肯定会找到一种简单的方法。——沃尔特·克莱斯勒

不是所有可以计算的事物都有价值，也不是所有有价值的事物都可以计算。——威廉·布鲁斯·卡梅隆

欲变世界，先变其身。——卡拉姆昌德·甘地

世界上大多数美好的地方不是由建筑师创造的，而是由普通人创造的。——克里斯托弗·亚历山大

我发现营销主管越来越不愿意使用判断力，他们越来越依靠研究。他们利用研究，就像醉汉利用灯柱，想要的是支撑而非照明。——大卫·奥格威

早晨损失一小时，一天时间来弥补。——意第绪谚语，作者不详

交流通常会失败，除非出现意外。——奥斯莫·维奥

你做过的最有价值的投资是什么？

每一次不期望任何回报的给予，包括金钱、时间、精力等等，都是我最好的投资。我一旦期望有所回报，投资就会受阻。每当我纯粹为了赠予、帮助、支持、援助、鼓励而给予时，每当我不求任何回报时，我都会心满意足。

贾森·弗里德

我的朋友克里斯最近开了一家私人健身房。他刚刚离开父亲的公司，资金有点儿紧张，开健身房有很大的风险。但我完全相信他，我知道他会做得很好，并且想帮他消除一些烦恼。于是，我帮他付了第一年的房租，他不需要给我股权，不需要偿还，也不涉及任何利益。这只是一份礼物。现在，他的生意蒸蒸日上，看到他和组建不久的家庭（妻子和两个孩子）很幸福，我也觉得特别开心。我为他们感到高兴。

有没有某个信念、行为或习惯真正改善了你的生活？

我原来每周锻炼三次，现在改为两次。变化虽然不大，但是当你减少运动量时，有一些好事会随之而来。你会意识到，自己不运动的那几天必须吃得更好，睡得更好，生活得更好。经常锻炼可能会掩盖坏习惯，但是当你减少锻炼的频率时，其他的事情就会变得更重要。这样做确实会让我更清楚如何保持健康。

你会给刚刚毕业的大学生什么建议？你希望他们忽略什么建议？

专注于写作技巧。这是我发现可以真正帮人脱颖而出的一项技能。如今，越来越多的交流要诉诸文字。你要擅长用文字介绍自己，而且要学会如何只用文字介绍自己，这样你将遥遥领先于大多数人。

另外，你担心的大多数事情并不重要。你会担心很多没人在意的细节。这并不是说细节无关紧要——它们很重要，而是说那些值得重视的细节才是最重要的。要注意自己把时间花在哪里了。

时间和注意力是完全不同的两件事。它们是你前进过程中最宝贵的资源。就像你在走路时会穿过空气，在游泳时会穿过水一样，当你工作时，你的注意力也会贯穿其中。注意力是工作的媒介。虽然人们经常说没有足够的时间，但你要记住，注意力总是比时间少。全神贯注意味着全力以赴，每个人都想抢走你的注意力，请保护好它。

　　　　　　　　　　　　　　　　　　　　　　　巨人的方法

在你的专业领域里，你都听过哪些糟糕的建议？

太多了。"扩大规模。"不，不要扩大规模，要从小做起，尽可能长时间保持较小的规模。扩张要在控制范围之内，不要失去控制。

"筹集资金创办软件／服务公司。"不要融资，要自力更生。正如我们在生活中会很早养成各种习惯一样，我们也会很早养成商业习惯。你如果筹集到资金，就会变得挥金如土。你如果白手起家，就会被迫擅长赚钱。如果说创业人士必须养成一种习惯或技能，那就是赚钱。所以，强迫自己养成这种习惯吧。

"早早经历失败，常常经历失败。"这条建议也不好。我们行业怎么会出现这种对失败的迷恋呢？我想不明白。当然，大多数企业都没有成功，但我从不认可失败是成功的先决条件。我不认为它是一项成就，它就只是失败。此外，很多人都说，你可以从失败中吸取很多教训。也许吧。不过，你可以从成功中学到更多东西。失败可能会告诉你不要再这么做了，但它并不能告诉你下次该怎么做。我宁愿专注于行之有效的方法，再次尝试，而不想从无效的方法中吸取教训。

糟糕的建议真的太多了，我可以不停地列举下去……

你如何拒绝不想浪费精力和时间的人和事？

我一直很擅长拒绝，但最近几年我想出一条新的规则。如果这件事会在一周以后发生，那么我几乎都会拒绝。有几种例外的情况，比如我要参加的家庭活动、我真想说点儿什么的会议。除此之外，如果这件事要占用我一周之后的某段时间，那么我几乎都会拒绝。

我会拒绝得很简洁，很直接。除了极特殊的情况，我总会解释一下原因，告诉对方："谢谢你的邀请，但我只能提前一天左右做出承诺。我需要为自己和经常与我一起工作的人留出时间。你要是想见我，最好提前一两天联系我。如果我有空，我们就可以安排一下时间。"

正如我在博客"信号与噪声"中所写，据说，沃伦·巴菲特有一条见面的规则：只能提前一天预约。我的方法与此类似。

我意识到，承诺的事情越晚发生，当日期来临时我越后悔。因为现在做出对未来的承诺没有什么成本，所以我们很容易对未来做出某些承诺。此外，这样做意味着你的日程安排最终会受到控制。当时间一点点过去，你的日历会记满先前的约定。这会限制你在当下的可能性。如果我今天想做什么事，却因为几周或几个月前承诺了某事而无法做到，那就没有什么比这种情况更让我感到困扰的了。

你用什么方法重拾专注力？

我会出去走走，最好是我从未走过的路线。如果是一条习惯走的路线，我往往就会忽略周围的环境，继续思考让我无法集中精力的那件事。但是，如果是一条新路线，我就会注意四周，头脑很快就会清醒。大概要走 30 分钟或更长的时间才能达到效果，但没有什么是比走上一条新路，朝着我未曾去过的方向走上一段时间更令我神清气爽的事了。

发人深思的箴言

蒂姆·费里斯

（2016 年 4 月 22 日—5 月 13 日）

行动不一定带来幸福，但不行动肯定没有幸福。

——本杰明·迪斯累里

英国前首相

一开始就知道太多是致命的。这如同旅者知晓了自己的路线，作家对情节了如指掌，无聊会随即而至。

——保罗·索鲁

美国小说家、旅行作家，著有《火车大巴扎》

即使有招人嘲笑的风险，我也宁愿忠于自己，不愿意戴上虚假的面具，从而招致自己的憎恶。

——弗雷德里克·道格拉斯

非洲裔美国社会改革者、废奴运动领袖

所有行动都有风险，因此，谨慎行事不应该表现在避免危险上（这是不可能的），而应该表现在计算风险并采取果断的行动上。可以因为雄心而犯错误，但不要犯懒惰的错误。培养大胆做事的力量，而不是受苦的能力。

——马基雅弗利

16 世纪意大利哲学家，被誉为"现代政治学之父"，著有《君主论》

如果优先考虑幸福，我们的表现就会全面提高

阿里安娜·赫芬顿（Arianna Huffington）

推特：@ariannahuff

thriveglobal.com

阿里安娜·赫芬顿 荣登《时代周刊》"100 位全球最具影响力人物"榜单，以及《福布斯》"全球最具影响力女性"榜单。阿里安娜出生于希腊，16 岁时移居英国，在剑桥大学获得经济学硕士学位。2005 年 5 月，她创办了"赫芬顿邮报"。这是一个新闻和博客网站，很快成为互联网上访问量和转发率最高且经常被引用的媒体品牌，并于 2012 年获得普利策国内报道奖。2016 年 8 月，阿里安娜创立了 Thrive Global 公司，其使命是为公司和个人提供科学的、可持续的幸福感解决方案，从而结束普遍存在的压力和疲劳。阿里安娜是很多公司的董事会成员，包括优步和美国公共廉政中心。她已经出版了 15 本书，包括最近出版的《成功的第三种维度》和《睡眠革命》。

你最常当作礼物送给他人的 3 本书是什么？

我经常送人马可·奥勒留的《沉思录》，我很喜欢这本书。马可·奥

勒留是古罗马皇帝，他在位的 19 年战争接连不断，还有一场可怕的瘟疫。他最亲密的盟友曾试图夺位。此外，他还要与同父异母的无能贪婪的兄弟共治罗马。即便如此，他还是写下了这样的话："人们寻求退隐，他们隐居于乡村茅屋，山林海滨。一个人退回到任何一个地方都不如退入自己的心灵更为宁静和更少苦恼……你不断地让自己做这种退隐吧，更新你自己吧。"这也是我最喜欢的一段话。至于斯多葛主义，我们几乎每天都可以看到有关斯多葛主义复兴的文章。斯多葛主义从未如此重要。我觉得这本书很有启发性，很有教育意义。我把它放在我的床头柜上。

我还很喜欢卡尔·荣格的《荣格自传：回忆·梦·思考》。这本书是一本伟大的指南，告诉我们梦是通往直觉和智慧的重要途径。

有没有某次你发自内心喜欢甚至感恩的"失败"？

我"很喜欢"的一次失败实际上是由许多次小失败组成的。当时，我的第二本书被 37 家出版商退稿。我记得我的钱已经花完了，我沿着当时住所所在的伦敦圣詹姆斯街走着，十分沮丧。我抬头看到巴克莱银行，便不假思索地走了进去，想和经理谈谈。我请求他贷款给我。尽管我没有任何资产，但是他同意了。这位银行家叫伊恩·贝尔。虽然银行贷给我的钱不多，但它改变了我的生活，因为有了这些钱，我还可以再承受几次退稿。被拒 37 次之后，我的书终于出版了。现在，每年我都会给伊恩·贝尔寄一张节日贺卡。

我母亲告诉我，失败不是成功的对立面，而是成功的垫脚石。

你做过的最有价值的投资是什么？

就像坐飞机时广播告诉我们的那样，发生紧急情况要先戴上我们的氧气面罩，我做过的最好的投资是睡觉、冥想、散步、锻炼。2007年，我因太过劳累晕倒了。从那之后，我开始改变自己的生活，越来越热衷于将幸福感与效率联系起来。很多人认为他们没有时间照顾自己，但我认为这是一项可以从很多方面获得回报的投资。

有没有某个信念、行为或习惯真正改善了你的生活？

我会说是我重新看待时间的看法。以前，我将时间分为工作时间和非工作时间两部分，而且我总想把工作时间最大化。现在，我意识到两者无法分开，休息、散步、冥想、暂时放下手中的一切，这些也是工作时间。从某种意义上说，放下一切、养精蓄锐使我在生活和工作中变得更好，更高效，更快乐。

你会给刚刚毕业的大学生什么建议？你希望他们忽略什么建议？

我会建议他们注意并思考自己与技术的关系。因为技术，我们能够做很多神奇的事情，但是我们已经沉迷其中。这是设计使然，产品设计师知道如何在注意力经济中获胜，如何令我们上瘾。但是，正如曾在谷歌担任设计伦理学家的特里斯坦·哈里斯所说，有很多方法可以"解放思想"。

例如，有一种方法是定期打乱应用程序的排序，这会中断我们对手机应用程序模式的条件反射。这让我们更容易注意对手机本身的使用，创造出一点儿空间和时间，我们可以以此判断我们是真的需要使用手机，还是只是因为无聊或习惯拿起了手机。

最近有哪个100美元以内的产品带给你惊喜感吗？

在过去半年，有一种100美元的产品对我的生活产生了特别大的积极影响，那就是Thrive Global公司推出的"手机床"。我知道，这是我们公司的产品，所以这可能违反了蒂姆·费里斯不成文的问答规则。但是，很多阅读本书的人都知道，你如果在市场上找不到你想要的东西，就必须自己创造。我的手机床放在卧室外面的五斗橱上，每天晚上我与手机道别已经成了一个仪式。这个手机床有 12 个端口，可以为全家人的手机和平板充电。虽然手机有很多用途，但是它里面存着我们的待办事项清单，存着我们的焦虑和忧思，绝对不利于睡眠。因此，为了使我们更容易收起手机，我们给它们安排了一张床，让它们可以在卧室外充电。这样一来，我们就可以道声晚安，上床睡觉，第二天满血复活。

你用什么方法重拾专注力？

我喜欢冥想，哪怕 5 分钟也好。它会帮助我透过现象看清本质，深入思考。只要冥想片刻，我就能再次集中精力。

你长久以来坚持的人生准则是什么？

我会写上："要想获得成功，精疲力竭不是必需的代价。"我真的希望所有人都能看到，因为世界上有很多人都抱持这样的错觉，认为必须在自己的幸福与成功之间做出选择。科学告诉我们的恰恰相反，如果优先考虑幸福，我们的表现就会全面提高。初创企业有 3/4 会以倒闭告终，创业精神就是要做出决定。没有什么比精疲力竭的状态更能影响你的决策质量了。

宏观上要有耐心，微观上要有效率

加里·维纳查克（Gary Vaynerchuk）

推特 / 照片墙：@garyvee
garyvaynerchuk.com

加里·维纳查克　一位连续创业者，维纳媒体公司的联合创始人兼首席执行官。作为一家数字媒体公司，维纳媒体公司为《财富》500 强提供全方位的服务。20 世纪 90 年代末，加里建立了最早的葡萄酒电商网站 Wine Library，从此崭露头角。这个网站帮助他的父亲将家族企业的年销售额从 400 万美元提高到6 000 万美元。此外，加里是一位风险投资人，曾 4 次荣登《纽约时报》畅销书作家榜，并且是推特、汤博乐、支付应用 Venmo 和优步等公司的早期投资者。加里曾入选《克雷恩纽约商业》和《财富》的全球 40 位 40 岁以下商界精英榜单。加里目前是在线系列纪录片《我的日常》（*DailyVee*）的主角之一，该片着重介绍在当今数字世界担任首席执行官和公众人物的感受。

最近有哪个 100 美元以内的产品带给你惊喜感吗？

　　我随意购买的各式各样 20 世纪 80 年代的摔跤 T 恤。

有没有某次你发自内心喜欢甚至感恩的"失败"?

我是一个个子不高的人，一个移民，一个 12 岁之前还尿床的人，所有这些都为我在大方向上的成功奠定了基础。我上学时是一个学习成绩很差的学生。

我认为学习生涯的极端失败为我在现实生活中获得巨大的成功做好了准备，因为市场迫使我变得更好。我所说的市场是指我的朋友、父母和老师，他们总是嘲笑我，批评我，期待着我再次失败。

有人在网上写了一些关于我的东西，把我与很差劲的人进行比较。他们说我是骗子，是个可怕的人。这是一个高贵的人最难应付的事情了。但是，他们根本影响不了我，因为我已经习惯了。

我觉得我之所以能够充分发挥自己的个性优势来获得商业上的成就，很大程度上是因为我经历的那些失败。我没有什么具体的故事可讲。我认为，按照大家的标准，我从小到大都是一个失败者，因为学习成绩是当时判断孩子的唯一标准。不管是学习还是运动，我做得都很差。我没有参加任何社团，一无所获，成绩都是最差的等级。1982年到 1994 年教育的失败者是什么样的，我就是什么样的。

不过，你也看到了现在的我。

你会给刚刚毕业的大学生什么建议? 你希望他们忽略什么建议?

宏观上要有耐心，微观上要有效率。你们不应该关心接下来的 8年会怎么样，而应该强调接下来的 8 天会怎么样。

从宏观上看，我认为每个人都很急躁。我觉得自己几年甚至几十年来一直极有耐心，而每天的每一分钟却极为亢奋。我真的觉得所有人都与我恰恰相反。他们都在做这样的决定："我 25 岁时应该做什么? 我最好做……"从长远看，他们缺乏耐心，会做出愚蠢的决定。然而，从短期看，他们却在看网飞。他们 22 岁时非常担心自己 25 岁时会是什么样，但每周四晚上 7 点都会去喝酒。他们玩《疯狂橄榄球》，看

《纸牌屋》，每天都花四个半小时浏览照片墙。

这一点十分重要。

每个人在宏观上都缺乏耐心，在微观上却足够耐心，浪费每一天的时间，却为几年后的时光担忧。我不担心自己几年后会怎么样，因为我正争分夺秒地努力，更不用说每一天会怎样过了。这样做才是正道。

有没有某个信念、行为或习惯真正改善了你的生活？

健康养生之道。3年前，我开始注重健康养生。不过，我要说的是，我并没有因此而增加体重，真的是零增长。这样做是对的。如今，我41岁了，体重有所减轻。我可以更轻松地拿起行李，抱起孩子。实际上我更强壮了，但我并没有多余的脂肪或人们在健身时想要甩掉的东西。从理论上讲，我有很多在我60岁、70岁、80岁，甚至90岁时能收获的美好事物，它们都是从我现在投入精力所做的事情中获得的，这一点不用置疑。

我最初是想提高自己的外在美感，很快我就开始问自己，"如何让自我感觉良好并长期保持健康"。我现在每天都会和教练一起健身。每周有三四天，我会分别锻炼上肢和下肢的力量。其他时间主要锻炼柔韧性和软组织。我会做很多提高臀部、背部和颈部灵活性的锻炼，这让我觉得特别舒服。我现在的目标是增肌和打牢基础。我会做硬拉、仰卧推举、蹲起等。我的目标不是练出大块的肌肉，而是要自我感觉良好并保持强壮、灵活和健康。

如果每天能挤出30分钟到一个小时的时间，我就会用来锻炼身体。我的私人教练乔丹经常和我一起外出。我早上一般在去办公室之前运动。我通常会在6:15到健身房，锻炼大概一个小时。

你如何拒绝不想浪费精力和时间的人和事？

一切事物。对任何获得成功的人来说，最大的一个问题就是他会面临太多的机会。因此，与接受相比，拒绝变得至关重要。

不过，泰勒或我的其他助手会告诉你，我还是需要接受 20% 看上去很愚蠢的事物，从而达到一种健康的平衡，因为我相信缘分。这是人们很难做到的一种重要的平衡。

我的确相信，大多数阅读此书的人要么走向一个极端，要么走向另一个极端。有的人过于遵守纪律，会对所有事情说"不"。他们认为这样利用时间才是正确的。有的人对所有事情都说"是"，不加思考，也不采取任何策略。

我希望自己更接近拒绝的一端，做到擅长拒绝，珍惜自己的时间。但是，我的确偶尔会试着碰碰运气，答应一些看上去投资回报率不高的事情，这种平衡是有益的，因为这 20% 的投资中往往会有一项能带给我超值的回报。

你用什么方法重拾专注力？

我会假设家人死于一场可怕的事故。老实说，我真的就是这样做的。这个答案可能比本书很多人给出的答案都奇怪，但它绝对能起到激励的作用。我会去一个非常黑的地方，真实感受这件事对我的影响，感受内心的痛苦。随后，我会意识到，现在无论是什么事，都不能与失去家人相提并论。接下来，我会为自己失去客户、失去机会或遭人取笑而心存感激。

技术的重点不是赚钱，而是解决问题

蒂姆·奥莱利（Tim O' Reilly）

推特 / 脸书：@timoreilly
领英：linkedin.com/in/timo3/
　　 tim.oreilly.com

蒂姆·奥莱利　奥莱利媒体公司的创始人兼首席执行官。他最初的商业计划仅仅是"为有趣的人提供有趣的内容"，这一点现在看来似乎已经实现了。奥莱利媒体公司做在线教育，出版书籍，做会议策划。此外，蒂姆还鼓励公司创造更多价值，并试图通过传播和丰富创新者的知识来改变世界。他被《连线》杂志称为"趋势发现者"。蒂姆现在已经将注意力转移到人工智能、按需经济以及改变工作性质和商业世界未来形态的其他技术上。他的新书《未来地图：技术、商业和我们的选择》讲的就是这些内容。

你最常当作礼物送给他人的 3 本书是什么？

　　很难就列 3 本书，因为书籍以及我从中汲取的想法在我的头脑占了很大一部分，它们会为我提供各种办法。

我要先从约翰·考珀·波伊斯的《文化的意义》说起，因为它解释了我与文学（和其他艺术）的关系。波伊斯指出，教育与文化之间的区别在于，文化不仅将音乐、艺术、文学和哲学整合进你的知识库或简历中，它还会塑造你本人。他谈到文化与生活的相互作用，还谈到我们的阅读可以丰富我们的经历，我们的经历也可以丰富我们所读的内容。

威特·宾纳翻译的《道德经》。这本书与我的宗教和道德哲学核心十分接近，它强调什么是事物的适当性——只要我们能够接受就好。认识我的大多数人都听我引用过这本书中的内容。"天网恢恢，疏而不漏。""善者吾善之，不善者吾亦善之，德善。"

F. M.巴斯比的《里萨·凯尔盖朗》。这本科幻小说现在基本已经被人遗忘了，我是在刚开始创业的时候读的这本书，它对我产生了深刻的影响。其中一个中心思想是创业精神是一种"颠覆力量"。在一个由大公司主导的世界中，让自由得以延续的其实是规模较小的公司，而经济领域至少是其中的一个战场。这本书给了我勇气，使我能够沉浸在琐碎的工作细节中（科技写作和出版），让我暂时放弃了我早先的愿望。我最初的想法是撰写可以改变世界的有深度的书。不过，这些愿望后来又浮现出来。

这本书还传达了一个绝妙的思想，那就是"长线思维"。在恒今基金会传播这一想法很久之前，巴斯比就设计了这样的科幻小说情节：在一个速度接近光速的世界中，速度接近光速的人与那些落后的人相比，前者的时间会过得更慢。书中的人物必须启动某些事件，数十年后再与它们相遇。在我开始创业时，这个方法也很有用，我可以影响未来的世界，而影响的方式是我在作为年轻创业者时无法做到的。

你长久以来坚持的人生准则是什么？

实际上，我说过的一些话已经被做成表情包，还有各种令人惊叹的图片（有时还包括文字内容）。最受欢迎的 3 个是：

> 做重要的事。
>
> 创造的价值要多于你获取的价值。
>
> 企业手中的钱就像汽车油箱里的油，你要留意你的油量表，以免你的车在路边抛锚，因为旅途中不是随处都有加油站的。

如果要我选其中一个，我可能会选"创造的价值要多于你获取的价值"，我们经济中的很多问题都因为未能做到这一点。在一个富裕的社会或者在一个富裕而复杂的生态系统中……这句话是我们公司的营销副总裁布赖恩·欧文大约在 2000 年的一次公司高管的静修会上说的。当时，我不无挖苦地说，不止一位互联网领域的亿万富翁告诉我，他们的创业经验是从奥莱利的书中学到的。布赖恩建议我们接受这一原则，对此我从未后悔。

我曾试图向谷歌的前首席执行官埃里克·施密特解释，相对于谷歌的口号"不作恶"，为什么我觉得这句话是一个更好的指路明灯。它是可以衡量的——你可以比较你从一项活动中获得的收益以及其他人的收益。实际上，谷歌在它的年度经济影响报告中做了一些衡量，但我认为，如果在开发新服务时花更多的时间思考其生态系统的健康状况，现在它就不会陷入反垄断的麻烦。只考虑自己以及用户是不够的，你必须将公司视为生命之网的一部分，就像生态系统中的一个有机体一样。你如果处于过高的支配地位，就会从生态系统中吸走所有的生命力。系统一旦失去平衡，每个有机体就都会遭殃，甚至包括那些自以为处于食物链顶端十分安全的生物。

你有没有什么离经叛道的习惯？

当每天早晨跑步时，我都会拍一朵花的照片分享到照片墙上。我之所以这样做，是因为几年前在 C.S. 刘易斯的书中读到一段话，受到了启发。那本书应该是《梦幻巴士》。书中的一个角色死后，花朵在他的眼里只是一团模糊的色彩，而他的摆渡人告诉他："那是因为你活着的时候从未真正欣赏过它们。"正如音乐剧《汉密尔顿》的台词："环顾四周，看看这个世界，现在能够活着的我们是多么幸运！"

有没有某个信念、行为或习惯真正改善了你的生活？

我一起床，立刻做两分钟的平板支撑，再做两分钟的瑜伽下犬式，然后做一系列的伸展运动。这样做能促进我的新陈代谢，让我更有可能以更为激烈的运动开启一天。以前，我一起床就打开计算机，沉浸其中，等我抬起头时我会发现出门运动为时已晚，我不得不正式开启一天的工作。

你如何拒绝不想浪费精力和时间的人和事？

埃丝特·戴森有一条关于是否接受演讲邀请的建议，我从中受益匪浅。"如果是在下个星期二，我会答应吗？"当星期二到来时，你会说："真该死，我为什么要答应呢？"有远见是一个优点，我们要记住，有一天，遥远的未来会成为现在，而你今天所做的选择将决定那时你能做的选择。显然，这种方法也可以被广泛地用于解决社会和环境问题（比如气候变化或收入不平等）。

在你的专业领域里，你都听过哪些糟糕的建议？

"颠覆！"当 1997 年克莱顿·克里斯坦森在他的商业经典著作《创新者的窘境》中提出"颠覆性创新"一词时，他提出的问题与"如何说服风险投资人相信我可以创造巨大的市场，从而让他投钱给我"截然不同。克里斯坦森想知道为什么现有公司无法利用新的机会。他发现，尚未成熟的突破性技术先是通过发现全新的市场来获得成功，然后才会颠覆现有市场。

颠覆性创新的重点不在于它所破坏的市场或打败的竞争对手，而在于它创造新市场的可能性。就像晶体管收音机或早期的万维网，这些新市场往往太小，所以成熟的公司都认为它们不值得追求。当它们幡然醒悟时，一家初创公司已经在这个新兴市场占据了领导地位。

更重要的是，当前的经济不景气、收入悬殊和政治动荡的核心源于这样一种想法，即我们应该专注于颠覆而非我们可以创造的新价值。但是，如何建立更美好的未来？秘诀是利用科技完成以前不可能完成的事情。第一次工业革命如此，现在也一样。夺走我们工作的不是技术，而是短视的商业决策，他们只想着使用技术来削减成本，增加公司利润。技术的重点不是赚钱，而是解决问题！

应用技术的总体模式是做更多的事情，做以前难以想象的事情。

虽然硅谷一直在谈论颠覆性，但是它也经常受到金融体系的影响。对很多创业者而言，最优解不是他们要对世界做出改变，而是退出、出售或上市，这会给创业者及风险投资人带来巨额收益。我们往往会指责华尔街，却没有意识到我们是这个问题的同谋，我们也没有找到控制它的方法。

你会给刚刚毕业的大学生什么建议？你希望他们忽略什么建议？

> 物壮则老，是谓不道，不道早已。——《道德经》

我们将头脑聪明和发愤图强视为成功的方法。不过，有时候，警觉的态度更为明智和有效。学会跟随自己的直觉，抓住自己的好奇心或兴趣，你可能会到达发愤图强无法让你达到的境界。

幸运的巧合塑造了我的人生。大学刚毕业的时候，我的一个朋友问我想不想写一本关于科幻小说家弗兰克·赫伯特的书。我从未写过书，但身为编辑，当时正准备出科幻小说家新系列丛书的迪克·赖利知道我喜欢科幻小说，并且文笔不错。我记得当时我还与我在哈佛大学的论文导师泽夫·斯图尔特聊了聊，我问他这样做会不会让我"偏离正轨"。泽夫也是我的朋友。他笑了笑说："你才21岁。如果你到30岁时还不知道自己在做什么，那就让人担心了。"

因为答应了写书的事，所以我开始把自己看成一位作家。也正是因为我把自己当成作家，几年后我答应了一位程序员朋友帮他编写一本计算机手册，即使我对计算机一无所知。这个幸运的突破为我后来创立奥莱利媒体公司奠定了基础。

甚至在职业生涯的后期，有时我也会因为抓住了正确的时机，最终迎来了完美的结果。以我1998年4月组织的"免费软件峰会"为例，1997年秋天，我一直在考虑将Linux、Perl和互联网的专业人士召集到一起，但因为有些事耽搁了。后来，网景公司宣布将发布免费的浏览器。到我1998年4月组织会议时，时机正好成熟。克里斯汀·彼得森几周前刚刚创造了"开源"软件一词。如果我在前一年秋天召开会议，我就没有机会说服参会的领袖，让他们认可这个新名词，并将其介绍给参会的媒体。

聆听自己内心的声音，它会告诉你如何选择。苏格拉底称其为"恶魔"。老子论到智者时说，他们会"去彼取此"。正是这种默默等待适当时机的能力，而不是漫不经心的四处奔波，能让一个雄心勃勃的成功猎手捕获到最大的猎物。

蒂姆·奥莱利

卓越就是接下来 5 分钟的事

汤姆·彼得斯（Tom Peters）

推特：@tom_peters
tompeters.com

汤姆·彼得斯 《追求卓越》的作者之一，这本书被誉为"有史以来最好的商业书籍"。30 多年来，汤姆写了 16 本书，如今仍站在他所催生的"管理学大师"行业的最前沿。正如美国有线电视新闻网（CNN）所说，"虽然大多数管理学大师都竭尽所能挖掘各种准则，但有一个叫汤姆·彼得斯的人独自撑起了一片天，并且他一直在重塑自我"。他还出版了《追求卓越 2：成就卓越的 163 个细节》。汤姆的基本信念是："执行就是策略，关乎人和行动，而不是话和理论。"汤姆发表了 2 500 多次演讲，他的演讲和文章可以在 tompeters.com 上找到。

你最常当作礼物送给他人的 3 本书是什么？

苏珊·凯恩的《安静：内向性格的竞争力》、弗兰克·帕特诺伊的《慢决策》、琳达·凯普兰·萨勒的《善意的力量》和《小的力量》、凯西·奥尼尔的《算法霸权：数学杀伤性武器的威胁》。

凯恩的书让我有些尴尬。这本书指出，我们大多数人都低估了性格内向的人，这等于直接对总人口的 40% 说了"不"。实际上，性格内向的人往往更周到体贴，更深思熟虑。他们并不是不喜欢别人，事实上，与性格外向的人相比，他们往往只是与更少的人建立了更深刻的关系。

速度就是一切！对吗？弗兰克·帕特诺伊的回答是否定的。暂停和反思的能力将我们与动物区分开来。鉴于当前大家对速度的疯狂追求，"放慢速度"至少可以说是一条深刻的建议。

至于琳达·凯普兰·萨勒的书……哇，她白手起家，创建了一家大型广告公司，位列美国广告名人堂。我碰巧也相信"善意"和"小"这两条规则！它们让我的生活充满了生气。（她还嘲笑"远见"这个概念，不过，当今作品的质量才是这个问题的关键。）

接下来是凯西·奥尼尔的书。这本书给了"大数据"一记重拳，而这正是这个领域所急需的。真是太棒了！大数据可能非常宝贵，但也可能给人类造成不可估量的伤害，我们需要更加警惕后者。

我再列举几本书。我碰巧认为，经济成功的关键在于中小企业。关于这个话题，我会送人 4 本书：乔治·沃林的《零售巨星》（我最喜欢的一句话是："做到最好，这是唯一不拥挤的市场。"）、保·伯林翰的《小巨人》、比尔·泰勒的《简单的智慧》，还有赫尔曼·西蒙的《隐形冠军》。

我喜欢送人书！上面说的这些书，我每本至少送出去 25 到 50 本，我知道这听起来很疯狂。一位全球最伟大的投资者曾经对我说："汤姆，你觉得首席执行官最大的失败是什么？"我支支吾吾不知道说什么好。他说："他们的书看得不够多。"

最近有哪个 100 美元以内的产品带给你惊喜感吗？

我喜欢划船，这个爱好大约从我 5 岁时就开始了。我说的不是划船比赛，而是跳上划艇，在河上划一两个小时。我在安纳波利斯附近的塞文河边长大。划了60年的船之后，我发现了我的天堂，那就是14英尺长的佛蒙特平底船。它是凯夫拉材质的，既时髦又轻便。制造商是佛蒙特州北费里斯堡的阿迪朗达克造船公司。

这条船远远超过100美元……但它肯定是我很长时间以来买到的最喜欢的东西。

你做过的最有价值的投资是什么？

我觉得自己几十年来一直领先于别人半步。但是，大约4年前，我觉得自己远远落后了，甚至有些同行我已经难以望其项背了。因此，我休了一年的假，全用来读书。当谈到技术变革时，我以前总觉得自己是个局外人，但现在我可以相对应付自如了。

你有没有什么离经叛道的习惯？

我的这个习惯真的很令人讨厌，都快把我妻子逼疯了。我的专业是土木工程，工程师都喜欢做太多不必要的准备。我们会做最坏的打算，并设计出应对方案。

这一点也反映在我的现实生活中。即使是短途旅行，我的行李也会特别沉。每件东西我都会带着备用品，有的甚至带两份备用品。打个比方，你如果把我的包偷走了，打开后就会发现一个小型的电子产品商店。

你会给刚刚毕业的大学生什么建议？你希望他们忽略什么建议？

各种各样的人都会给你的工作方式提出建议。我的建议比较不同，良好的举止会带来巨大的回报。我假设你很聪明，并且会努力工作。但是，保持文明、体面和友善是事业成功以及个人成就的基础。如果有人告诉你这个建议很愚蠢，你就让他来找我，我会给他的鼻子来上

巨人的方法

重重的一拳。

哦，还有另外两件事。第一，成为一流的倾听者。怎样才能做到呢？用心练习，这不是自然而然就能做到的。仔细钻研，不断练习，请导师打分。第二，多读书，不停地读书。简言之，无论你是 21 岁、51 岁还是 101 岁，获胜的都是读书最多的人。

在你的专业领域里，你都听过哪些糟糕的建议？

有人说："从大处着眼！有一个令人信服的愿景！"我却认为应该从小处着眼。在一天结束之前做一些好事！我写过关于"卓越"的书籍。大多数人将卓越视为宏伟的志向。这是不对的，大错特错。我个人的愚见是，卓越就是接下来 5 分钟的事。卓越是接下来 5 分钟的对话质量，是下一封电子邮件的质量。不要看得太远，抓住接下来的 5 分钟。

你用什么方法重拾专注力？

散步、散步、散步。不带任何电子设备，去办公室外面走 30 分钟，甚至 15 分钟，都会让我头脑清醒过来。

我的著作《追求卓越》的主题实际上是我 1977 年与惠普总裁约翰·杨见面时确立的。他说惠普的口号是"走动式管理"，意思是联系员工，人性化，向所有人学习。几年前，我与一位非常成功的诺德斯特龙百货经理共事过。她大概说了这样的话："当我大脑卡壳或情绪低落时，我会站起来，离开办公桌，四处走 30 分钟。与同事交谈几分钟就可以让我头脑清醒，我会从中获得源源不断的鼓舞。"

汤姆·彼得斯

优秀与卓越的区别在于善良

贝尔·格里尔斯（Bear Grylls）

推特 / 照片墙：@BearGrylls

脸书：/ RealBearGrylls

beargrylls.com

贝尔·格里尔斯 户外生存和探险领域大家最熟悉的面孔。贝尔在英国特种部队服役 3 年，后加入英国皇家第 21 特种空勤团。他目前在电视上展示的许多技能都是在部队受训期间培养的。他主持的《荒野求生》曾获艾美奖提名，是全球最受欢迎的节目之一，大约有 12 亿观众。在美国全国广播公司（NBC）的热门探险节目《越野千里》中，贝尔带领全球最有名的人一起探险，包括美国前总统奥巴马、本·斯蒂勒、凯特·温斯莱特、扎克·埃夫隆、查宁·塔图姆。贝尔已经出版了 20 本书，包括超级畅销书《荒野求生：贝尔自传》。

你最常当作礼物送给他人的 3 本书是什么？

斯科特·亚历山大的《犀牛成功学》（*Rhinoceros Success*）。我 13 岁时读的这本书，它讲的就是生活很艰难，就像丛林一样。那些为实现目标而努力奋斗、永不放弃的"犀牛"会得到人生的奖励。最重要的是，不要追随那些漫无目的走来走去的"奶牛"，它们在一生中没有目标，也没有欢乐。我经常把这本书送给那些我觉得会喜欢或需要它的人。

有没有某次你发自内心喜欢甚至感恩的"失败"？

我第一次申请加入英国皇家特种空勤团时落选了。当时，我的心碎了。我从来没有为任何事情付出这么多努力，所以失败让我心灰意冷。但是，我回来了，又申请了一次，终于通过了。一般来说，每120个申请者中只有4人会成功，人们经常说第二次通过的都是最好的士兵。我喜欢这句话。它告诉我，坚韧比天赋更重要，这句话在生活中更是千真万确。

为了准备第二次选拔，我更加努力了，训练强度也加大了。我一天要么背着大约50磅[1]的重物在山间跋涉，以最快的速度行走3个小时，要么做60分钟利用自身体重的循环训练，外加上坡冲刺跑。基本上，我每天都在疯狂地锻炼。

失败意味着要继续奋斗，而奋斗总能给我增添力量。

你长久以来坚持的人生准则是什么？

这个问题很简单。"暴风雨会让我们变得更强大。"如果你问我对踏上人生之旅的年轻人有什么话说，那就是这句话了。不要逃避困难。迎难而上，朝着那条鲜有人走、荆棘丛生的道路前进，因为大多数人在看到战斗的第一个征兆后便会跑开。暴风雨给了我们一个定义自己、脱颖而出的机会。只有经历了暴风雨，我们才能变得更强大。

还有一点也很关键，那就是要始终保持友善。善良在那段战胜困难的旅程中至关重要。优秀与卓越的差距就在于善良。

---

1. 1磅=0.453 6千克。——编者注

有没有某个信念、行为或习惯真正改善了你的生活？

　　学会享受当下，而不是总为未来而努力。有时候，遇到丛林或沙漠，我会拼命穿过去，我会尽我所能，加快速度，付出更大的努力回到家人身边。但是，我意识到我花了太多时间担心未来，花了太多时间想要摆脱自己的处境。学会拥抱当下，这让我有了很大改变。无论你经历的是高兴的事还是痛苦的事，对你而言，它们都是一种荣幸。我想很多人都没有活到 30 岁，因此我们已经很幸运了。

你用什么方法重拾专注力？

　　坚持，关注当下的努力，深入探索，永不放弃。虽然这不是火箭科学，但要做好也很难，因为大多数人在遇到困难时都会寻找各种借口或其他策略。然而，当困难来临时，我们需要做的通常是更加坚强并坚持下去。神奇的是，这往往意味着你已经接近最终目标了！只要再集中一次精力，全身心投入一次，鼓足勇气，你就会走出困境。这时，环顾四周，你会发现大多数人已经不见了……他们在最后一次痛苦来临时选择了放弃。

找出问题所在永远是一项可靠的投资

布琳·布朗（Brené Brown）

照片墙 / 脸书：@brenebrown
brenebrown.com

布琳·布朗　博士，休斯敦大学社会工作研究生院研究员。她 2010 年在休士顿发表了 TEDx 演讲"脆弱的力量"，该视频的观看次数超过 3 600 万，是全球最受欢迎的五大 TED 演讲。在过去的 14 年里，布琳研究了脆弱、勇气、价值感和耻辱。她是《纽约时报》畅销书作家，著有《活出感性》《脆弱的力量》《成长到死》《归属感》。

你最常当作礼物送给他人的 3 本书是什么？

　　我送人很多书。我的送书清单包括哈丽特·勒纳的《愤怒之舞》，还有她的新书《你为什么不道歉》。如果夫妻正陷入"我在大喊大叫，他/她却一言不发"的循环，《愤怒之舞》这本书会派上用场。读了《你为什么不道歉》这本书，我发现我们大多数人在道歉这件事上做得都很糟糕，这一点彻底改变了我。如果是初为父母的人，我喜欢送他们简·尼尔森的《正面管教》系列和 T. 贝里·布雷泽尔顿的"布教授有办法"系列。《正面管教》能为孩子和家长赋能。读了"布教授有办法"系列，你会发现，如果不了解孩子的成长发育，你就真的无法给他们提供指导。我每年都会给我的团队买几次书，下次我们要买的是斯科特·索南沙因的《延展》、雷蒙德·凯特利奇和迈克尔·欧文共同撰写的《内向思考》。

你长久以来坚持的人生准则是什么？

"勇气胜于舒适。"这句话很简单，可以提醒我们勇往直前就是要跳出舒适区。每个人都想做勇敢的人，没有人希望自己脆弱。

最近有哪个 100 美元以内的产品带给你惊喜感吗？

这个问题很简单，Native Union 品牌 10 英尺长的苹果手机充电线，还有 Tata Harper 品牌的 Fierce 润唇膏。

你做过的最有价值的投资是什么？

确定问题所在永远是一项可靠的投资，值得我们投入时间、金钱和精力。爱因斯坦曾说："我如果有一个小时来解决问题，就会花 55 分钟思考问题，花 5 分钟思考解决方案。"在花费时间和资源准确找出问题所在时，过程会令人不适，我们都想跳过这个过程，把问题快速地解决掉。我们大多数人都会受到行动偏误的困扰，很难集中精力去思考问题所在。我发现，弄清楚问题所在以及原因，是我们在工作和生活中最好的投资。

有没有某个信念、行为或习惯真正改善了你的生活？

睡眠。饮食、运动和职业道德远远比不上睡眠对生活、爱情、育儿和领导方式的影响。

你用什么方法重拾专注力？

　　　　1. 该睡觉了吗？

　　　　2. 该运动了吗？

　　　　3. 饮食健康吗？

　　　　4. 我是否因为没有设定或保持界限而感到不满？

有没有某次你发自内心喜欢甚至感恩的"失败"？

　　我犯过的最大的一个错误就是不了解或者不承认自己想要在多大程度上参与公司的业务。我很早就说服自己可以"下载想法"，我们优秀的团队会执行这些想法，而我可以去做其他事情。我希望自己相信这种做法可行，因为我的时间太有限了。我要做研究、写作、演讲、推动领导力计划、管理3家公司，还要保证和家人在一起的时间。然而，这种方法根本行不通。我的团队拥有世界上最优秀的人，他们都很聪明、忠诚，具有创新精神。但是，下载想法并不是领导。真正有效的工作在于不断迭代，吸收消费者的反馈，排除障碍，弄清楚何时应该前进，何时应该退出，以及在遭受挫折、吸取经验后帮助所有人走上正轨。我希望并且需要参与所有这些工作。我想要弄清楚我们是如何包装产品的，以及包装里的卡片是什么样的。我想知道我们准备放在网站上的照片会不会引起用户的情感共鸣，能不能与用户建立情感联系。我如果不参与其中，就会给我们所有人带来不必要的挫败感，具有讽刺意味的是，这还会导致最糟糕的微观管理。现在，在项目开始时我会花很多时间与团队在一起，确定项目目标。我每周会参加一次他们的站立式会议。团队负责人可以通过Slack（聊天群组）与我联系。我们的综述小组还会确保每个人的职责和权利是一致的。你可以感受到这种转变。我们的效率提高了，效果很明显，这可以说是史无前例的，我们都很开心。我们可以从中学到的关键一点是，痴心妄想是极其危险的，它会让你花费更多的时间、金钱和精力。

发人深思的箴言

蒂姆·费里斯

（2016年5月27日—6月16日）

从长远来看，即兴创作的简单意愿比研究更重要。

——罗尔夫·波茨

美国旅行作家，著有《流浪》

没有通向幸福的路，幸福本身就是路。

——释一行禅师

越南佛教禅宗僧侣，曾被提名为诺贝尔和平奖候选人

明白事理的人使自己适应世界，不明事理的人想使世界适应自己。因此，所有的进步都取决于不明事理的人。

——萧伯纳

爱尔兰剧作家、诺贝尔文学奖获得者

完美并不是没有更多可添加的东西，而是没有更多可去掉的东西。

——安托万·德·圣埃克苏佩里

法国作家，著有《小王子》

你已经足够好了。深呼吸，放轻松

里奥·巴伯塔（Leo Babauta）

推特：@zen_habits

zenhabits.net

里奥·巴伯塔 "禅意习惯"网站（Zen Habits）的创始人，该网站致力于在喧嚣的日常生活中寻找简朴和正念。"禅意习惯"网站拥有 200 多万读者，《时代》杂志将其评为 2009 年度"25 个最佳博客"以及 2011 年度"50 家最佳网站"。里奥著有多本著作，包括《少的力量》、《禅意习惯精华》（*Essential Zen Habits*）等。

最近有哪个 100 美元以内的产品带给你惊喜感吗？

我花了大约 100 美元买了 Manduka PRO 黑色瑜伽垫。它十分厚重，有种奢华感。因为它，我开始在家练习瑜伽，坦率地说，这真是一个奇迹。

有没有某次你发自内心喜欢甚至感恩的"失败"？

2005 年，我被种种困境包围。我一身债务，身体超重，沉迷于垃圾食品，没有时间陪伴家人，无法坚持锻炼。我感觉自己是一个彻彻底底的失败者。不过，正因如此，我开始研究习惯以及如何改变习惯，我把全部精力都放在改变一个习惯上，然后改变下一个。我的整个生活因此发生了变化，我开始帮助其他人改变习惯。这种感觉很恐怖，却是我一生中最难忘的一次教训。

我做的第一个改变是戒烟，结果发现这是最难改的一个习惯，因此我不建议大家从戒烟开始。不过，我还是全身心地投入其中，并且学到了很多有关改变习惯的知识。我做的第二个改变是增加跑步时间，它可以减缓戒烟后的压力，也让我变得更健康。之后，我成了素食主义者，并开始练习冥想。

你长久以来坚持的人生准则是什么？

"你已经足够好了，就像现在这样。深呼吸，放松。"

你有没有什么离经叛道的习惯？

我特别喜欢简约主义美学。我能从一个只有一件家具和一盆植物的空房间里获得很多乐趣，这一点听起来有些荒唐可笑。有时我会幻想自己什么都没有，只有一个空房间！

有没有某个信念、行为或习惯真正改善了你的生活？

禅宗对我产生了深远的影响，这不仅体现在冥想和正念上，还体现在我相信体验的纯洁性、我与众生的关系，以及我希望用一生来帮助他人获得幸福上。我现在热衷于帮助他人将痛苦转化为正念、开放和快乐。

我读的第一本相关著作是铃木俊隆的《禅者的初心》，这本书很经典。但是，我认为对初学者来说最好的书还是诺曼·费希尔的《何为禅：与初学者的坦率交谈》(*What Is Zen?: Plain Talk for a Beginner's*

Mind）。这是一个很棒的入门级图书，我刚开始修禅时遇到的大多数问题都在这本书中找到了答案。

你会给刚刚毕业的大学生什么建议？你希望他们忽略什么建议？

接受恐惧、不确定性，以及毫无根据的事情，把它们视为学习和成长的地方。不要躲避它们，要迎面而上。这样做有助于你克服拖延症和社交焦虑，有助于你克服对创业或追求梦想的担忧，克服对失败和嘲笑的恐惧。这些恐惧仍然存在，但是你会找到其中的乐趣。

你用什么方法重拾专注力？

我会把注意力放在呼吸上，体会身体的感觉。当我感到超负荷时，我会扪心自问："现在这种感觉在身体上有什么体现？"我不会去描述自己心里的感受，而是在乎身体的实际感觉。我会尽可能长时间地与这种感觉共处，了解它，并向它敞开心扉。这样做可以消除恐惧、分心、拖延症、挫败感等。进入沉思以后，我会问自己，"我现在能为自己和他人做的最暖心的事是什么"，然后行动起来。

减少被动反应，为主动反应腾出空间

迈克 · D（Mike D）

照片墙：@miked

beastieboys.com

迈克 · D 原名迈克尔 · 戴蒙德，说唱歌手、音乐家、词曲作者，鼓手和时装设计师。他因是嘻哈先锋乐队"野兽男孩"的创始成员而闻名于世。野兽男孩被《滚石》评为"有史以来最伟大的 100 位艺术家"，并于 2012 年 4 月入选摇滚名人堂。美国著名说唱歌手埃米纳姆曾说："任何人都可以清楚地看到，野兽男孩对我以及其他许多人产生了很大的影响。"2012 年其创始成员 MCA（亚当 · 约赫）去世后，野兽男孩乐队解散。目前，迈克在 Beats 1 平台上主持一档名为"回音室"的广播节目。

有没有某次你发自内心喜欢甚至感恩的"失败"？

哇，作为一个乐队，我们有太多不如意的时候，比如，想到某个点子却没有实现，演唱会的准备似乎会持续一辈子，因为我们找不到默契。不过，我能想到的最"令人感到解脱"的失败也许是我们的专辑《保罗时装店》。随着时间的流逝，事实证明这部专辑并没有失败，因为很多人都说这是他们最喜欢的专辑。但是，让我们纳闷的是，这些人在我们发行这张专辑的时候都在忙什么呢？为什么没有人去唱片店花 9.99 美元买一张呢？当时，唱片都是在唱片店售卖的。

现在，让我们回顾一下这件事，我再介绍一下背景信息吧。《保罗时装店》这张专辑从商业上讲是令人失望的，真的是一次重大失败。我们的首张专辑《病魔许可》（*Licensed To Ill*）卖出了几百万张，其中的歌曲和音乐视频火了好几个月。很多人在等我们过气，等我们向他们以及整个世界证明这一切都是侥幸的。但另一方面，一家大唱片公司的很多人预计《保罗时装店》会给他们带来利润，他们等待奇迹再次出现。唉，等来的却是坏消息！令人难过的是，《保罗时装店》与《病魔许可》相比，没有重复的曲调、音乐视频，甚至没有些微相似的歌曲。除了一小批怪人（我们的忠实粉丝），《保罗时装店》对任何人来说都是一张完全不同的专辑。起初，我们有点儿难以接受。我们真的非常努力，对这张专辑充满信心，但发行短短几周，一切几乎都结束了。没有热门歌曲、视频或巡演。我们投入那么多精力和时间，就这样放手太令人心碎了。我们写了那么多歌词，在录音室录了那么长时间的歌，录了无数版本，一遍又一遍地听数字样本，更不用说其间为了防松大脑所打的乒乓球和桌上冰球了。我们伤心透顶。

好的一面是，这张专辑在乐评界广受好评。不过，这似乎对它的受欢迎程度没有多大影响。国会唱片公司的很多高层因此放弃了这张专辑。我们去唱片公司恳请他们继续为我们的唱片做营销，他们拒绝了，因为他们还有其他的事情要做。

为什么说这件事让人感到解脱呢？因为它让我们与这个世界彻底脱轨了。我们置身事外，每天只是消磨时间。我们拥有的就只剩下我们 3 个人、我们的关系以及对彼此的信任。我们一起闲逛，没有什么事情可做。早晨醒来，吃早餐，抽烟，买些唱片来听，也许还会玩一会儿音乐。现在，我们有了完全的艺术自由。就连我们自己都没有任何商业期许。这给了我们创作的自由，我们可以做任何想做的音乐，完全没有恐惧和期待。事后看来，这是一个巨大的恩赐。

当然，这个故事并不完全公平。就像我说的，《保罗时装店》不仅在乐评界广受好评，而且随着时间的流逝，人们以自己的方式重新领略了这张专辑的美，这张唱片卖出了几百万张。这对一个由 3 个纽约白人男孩组成的、决定进行说唱的硬核朋克乐队来说，仍是一个巨大的成功。

有没有某个信念、行为或习惯真正改善了你的生活？

对我而言，超觉冥想是一份最大的礼物，它会不断给予我力量。我年纪越大越意识到，自己永远不知道何时何地会遇到什么样的经验教训。有一次，我在印度洋中部冲浪。当时，波涛汹涌，条件再好不过了。我很幸运，也很感恩能去那里，但是随后我经历了很大的情感波动。值得庆幸的是，这次旅行的核心人员都是超觉冥想的练习者。我尝试了一下，立即感受到它的好处。我一回到家，就在录音室里灌唱片。我开始学习超觉冥想，我们所有的工作人员也开始练习。这成了我们之间一种更强大的共同体验。实际上，当我们在工作室工作很长时间时，超觉冥想变得更加可行。令人惊讶的是，超觉冥想是一个出色的"重启按钮"。在我们当前的生活环境下，对时间没有那么高要求的超觉冥想十分可行。起床后练习 20 分钟，如果真的需要，睡觉前还可以练习 20 分钟。冥想会把我带到一个非常安全的地方，在那里我可以深入了解自己的心理创伤和激动心情，我不会有任何担心。我的被动反应会减少，这为主动反应腾出了空间。我和每个人的关系都从中受益。有时我的孩子会说："爸爸，你为什么花时间冥想？"因为冥想，我和孩子的关系改善了，我和所有人的关系都变得更好了。

你用什么方法重拾专注力？

这个问题很有趣。我的第一种倾向是继续下去，尤其是在创作歌曲或音乐时。即使头很疼，我也要不撞南墙不回头。我希望有所突破！但是，我觉得随着我不断走向成熟（我不敢肯定自己是不是成熟了），我发现有时候重启是必要的。我们可以采取不同的形式重启。下面是对我有帮助的一些方法。

超觉冥想。这一点上文已经提过。尤其是当我觉得超负荷、过度劳累，或者想不明白某些问题并且变得越来越沮丧时，我会花 20 分钟练习超觉冥想，这会使我充满活力，重新集中精力。超觉冥想通常会让我以不同的方式看待事物，并维持几个小时的高效率，这可以说是不错的投资回报了。

冲浪。我很幸运，住在加利福尼亚的马里布，走着就可以去海边。我经常带着孩子在世界各地冲浪，花在这上面的每一分钟都是值得的。我很清楚，大多数人都离海很远，没有机会体验这种难得的居住环境。冲浪使我重获新生，我会立刻变得更加感恩。在大自然的怀抱中，我会获得客观的判断力。受控的是大海和波涛，而不是我。我只是一粒想要呼吸、尽力而为的尘埃。

和孩子们在一起。他们不会永远都是孩子，这一点很该死却是千真万确的！有时我需要他们让我分分心！当我们一起聊天、共度某个难忘的时刻时，我总是非常感恩。这真的可以让我以全新的视角看待事物。我很高兴自己能够像我父母那样，小时候，当父母和他们的朋友聊天时，他们总会让我参与其中。我也尝试这样对待我的孩子，尊重他们的想法和思想。

遛狗。我只要休息一下，遛遛狗，通常就能弄明白几件事。

一定要犯新的错误

埃丝特·戴森（Esther Dyson）

推特：@edyson
wellville.net

埃丝特·戴森 健康倡议协调理事会（HICCup）创始人、埃戴风投控股公司董事长。埃丝特是一位活跃的天使投资人、畅销书作家、公司董事和顾问，专注于新兴市场和技术、新空间以及健康领域。她是 DNA 鉴定公司 23andMe 和 Voxiva 公司（以及旗下 txt4baby 健康服务平台）的董事。埃丝特投资的公司包括慢性病患者社交平台 Crohnology、应用程序接口服务提供商 Eligible API、员工敬业度和福利管理平台 Keas、慢病管理公司 Omada Health、改善睡眠质量的移动应用程序 Sleepio、数字医疗创业加速器 StartUp Health 和健康科技公司 Valkee。2008 年 10 月到 2009 年 3 月，埃丝特住在俄罗斯莫斯科郊外的星城，作为后备宇航员接受训练。

你最常当作礼物送给他人的 3 本书是什么？

马克·刘易斯的《欲望生物学》。成瘾是一种短期的欲望，目标是一种长期的欲望。

塞德希尔·穆来纳森和埃尔德·沙菲尔的《稀缺》。这本书解释了有钱知识分子的匮乏。它指出穷人因缺钱而做蠢事，富人却因缺少时间而做愚事。

丹尼尔·丹尼特的《从细菌到巴赫再到细菌：心智的进化》。这本书讲述了意识是如何产生的，以及意识在多大程度上取决于对过去、现在和未来的感觉。此外，这本书还揭示了许多其他有趣的见解。

有没有某次你发自内心喜欢甚至感恩的"失败"？

多年来，我有很多次失败！最近的一次失败出在我经营了 10 年的非营利项目"通往健康城之路"（Way to Wellville）上。我们合作的社区共有 5 个，其中一个社区的参与度几乎是零，这就像雇了私人教练但从来不去健身房一样。我们礼貌地与之终止了合作，并选择了其他社区。这不仅解决了问题，还让包括社区、潜在投资者和合作伙伴在内的所有人明白了一件事，我们会对自己和他人负责。通过这一举动，我们向那些愿意冒险并努力有所作为的社区表达了敬意。

你长久以来坚持的人生准则是什么？

"一定要犯新的错误！"实际上，因为这句话我每年会从名言百科中获得大约 50 美元的版税。

你有没有什么离经叛道的习惯？

太空旅行，其实我并不觉得这件事很奇怪。我希望可以在火星上退休，但不要太早！我在俄罗斯星城接受了 6 个月的培训，希望可以成为太空旅客。

有没有某个信念、行为或习惯真正改善了你的生活？

我开始使用 Audible（亚马逊有声书），现在又可以定期读书了。

埃丝特·戴森   245

（也许我30年的不读书应该归咎于上面有关"失败"的那个问题。）这个平台真是太好了。即使忙于"通往健康城之路"的项目，我也可以听有关贫困、神经科学、营养学、复杂系统、成瘾等方面的书。这两种高度抽象、真实具体地与人打交道的方式会相互补充。

你会给刚刚毕业的大学生什么建议？你希望他们忽略什么建议？

一定要从事你并不胜任的工作，这样你才能不可避免地学到一些东西。除非确实有更好的选择，否则你不要辍学。尽管有些名人辍学后取得了成功，但对大多数人来说，没有大学文凭会是一个严重的障碍。

你如何拒绝不想浪费精力和时间的人和事？

我在拒绝那些有趣但不太有用的会议上有了一点儿长进。

我的秘诀是问问自己："如果这件事是在下个星期二，我会答应吗？"答应几周或几个月以后的事真是太容易了，因为你那时的日程安排现在看起来还不满。

你用什么方法重拾专注力？

当我招架不住时，我会问自己："最坏的情况会是什么？"通常，我们对未知的恐惧要比对特定事物的恐惧严重得多。只要不是事关自己或者有责任保护之人的生死，我们就会有一些合理的选择，我们应当冷静地思考一下。

你不必喜欢它，但必须做到最好

凯文·凯利（Kevin Kelly）

推特：@kevin2kelly
kk.org

凯文·凯利 1993 年与他人共同创立了《连线》杂志，他是该杂志的"资深游侠"。此外，他还是全物种基金会的联合创始人。作为一家非营利机构，全物种基金会致力于对地球上的所有物种进行分类和识别。此外，凯文还与人共同创立了罗塞塔项目，旨在为所有有记录的人类语言建立档案。在空闲时间里，他出版畅销书，还担任恒今基金会的董事。作为恒今基金会的一员，他正在研究如何恢复或复活濒危或灭绝物种，包括长毛猛犸象。他可能是这个世界上最有趣的人。他新近出版了《必然》一书。

你最常当作礼物送给他人的 3 本书是什么？

下面这些书改变了我的行为、想法和生活，它们对我（和其他人）来说好似操纵杆。我按照它们进入我生活的顺序依次列出。

阿瑟·克拉克的《童年的终结》。身为一个 19 世纪 50 年代和 60

年代初在无聊郊区长大的孩子，我没有电视可看，是科幻小说开阔了我的视野。我如饥似渴地把我们公共图书馆的所有科幻小说都读了一遍。这些书，尤其是阿瑟·克拉克的小说，让我对科学产生了终身的兴趣，让我对想象力报以深深的尊重。这个关于奇点的故事一直萦绕在我的脑海中，我已经为它做好了准备。

斯图尔特·布兰德的《全球概览》。在我 17 岁那年，这本庞大的选择目录激励我拥有自己的想法，设计自己的方法，大胆追求自己对艺术和科学的热爱。我用它来创造自己的生活。十几年后，我的第一份真正的工作就是参与《全球概览》的出版。

安·兰德的《源泉》。在大一期末考试期间，我沉浸在这本倡导自力更生的书中。读完这本书，我决定辍学。我再也没有回到学校，这是我一生做过的最好的决定。

沃尔特·惠特曼的《草叶集》。在阅读这本歌颂美国和可能性（"我包罗万象！"）的经典诗集时，我心潮澎湃，我有一种无法控制的旅游冲动。我放下书，买了去亚洲的飞机票。我漫步于亚洲，走走停停，总共在那里待了 8 年。那里就是我的大学。

《甘地自传》。这本甘地的自传竟然把我引向了耶稣。甘地激进的诚实立场也会促使我那样做。这本书让我的精神从睡梦中醒过来。

《圣经》。从头到尾读过《圣经》之后，我打破了对这样一本作为基石的书的所有预期。它比我原本以为的更奇怪，更不可思议，更强大，也更令人震惊。我已经读过好几遍《圣经》，无论是好的方面还是坏的方面，每次它都会打破我原本的想法。

侯世达的《哥德尔、艾舍尔、巴赫》。我第一次读这本书时，它的非凡之处让我惊讶不已，给我留下了深刻印象。不过，起初它并没有改变我的生活。但是，这些年来，我发现自己不断回到这本书的真知灼见上，每次我的理解都会加深一层。现在，我发现书中的这些见解已经成了我的想法。我意识到，我现在已经在用类似的眼光看待这个世界了。

朱利安·西蒙的《终极资源》。这本书的影响力也是隔了一段时间才在我的心中确立的。西蒙的见解十分清晰，即思维和智力可以克服任何身体上的限制，因此是唯一稀缺的资源。这一见解已经成为一个重要的理念，影响着我今天看待大多数事物的方式。

詹姆斯·卡斯的《有限与无限的游戏》。这本简短的小书为我提供了思考人生意义的词汇——不仅是我的生命，而且是所有生命！它为我的灵性提供了一个数学框架。正如这本书所说，无限的游戏是要让游戏永远进行下去，说服所有人都加入无限的游戏而非有限（会分出输赢）的游戏，并意识到世上只有一个无限的游戏。

最近有哪个 100 美元以内的产品带给你惊喜感吗？

我最近升级了 1Password 密码管理工具的团队/家庭计划。现在，我可以与家人和密切合作的人共享安全、便捷和轻松的良好的密码系统。我们可以安全地共享合适的密码。

你做过的最有价值的投资是什么？

我用 200 美元开始了我的第一次创业。我在《滚石》杂志登了一则广告，内容是可以给用户邮寄一份穷游指南，价格是 1 美元。这份指南和账目现在都找不到了。如果没有足够的订单，我就会退还订购用户的钱。不过，靠着自力更生，这一切都进展得十分顺利。我从那200 美元中学到的商业知识远超令人债台高筑的工商管理硕士课程。

你如何拒绝不想浪费精力和时间的人和事？

每当我决定是否接受一份邀请时，我都会假装这件事明天早上就会发生。我们很容易答应 6 个月以后发生的事情，但要让我明天早上就做某件事，这件事必须有趣才行。

有没有某个信念、行为或习惯真正改善了你的生活?

我不会做其他人可能做的事情,即使我很喜欢这件事,即使它能让我得到丰厚的报酬。我会设法透露我最好的想法,我希望有人去做,因为他们如果做了,那就意味着我将不是唯一做这件事的人。我也会出于同样的原因鼓励竞争对手。最后只剩下只有我能做的项目,这些项目会因此而与众不同,价值连城。

你会给刚刚毕业的大学生什么建议?你希望他们忽略什么建议?

不要去找自己的激情所在,而要掌握一些其他人认为有价值的技能、兴趣或知识。在开始时,什么技能、兴趣或知识都无关紧要,你不必喜欢它,但必须做到最好。一旦掌握了它,你就会获得新的机会,你就可以不再做你不喜欢的事情,转而做自己喜欢的事情。如果你能继续提高自己掌握的技能,最终你就会找到自己的激情。

失败的底线与耻辱的底线永远无法相提并论

阿什顿·库彻（Ashton Kutcher）

脸书：/ Ashton
aplus.com

阿什顿·库彻　著名演员、投资人和企业家。他通过情景喜剧《70 年代秀》开启了自己的演艺生涯，这部电视剧共播出了 8 季。此外，他还出演了票房极高的喜剧电影《疯狂夜之奇想》。作为著名的技术投资人，阿什顿投资了爱彼迎、移动支付公司 Square、即时通信软件 Skype、优步、手机服务网站 Foursquare、外语学习网站多邻国等公司。阿什顿目前是数字媒体公司 A Plus 的联合创始人兼董事长，该公司致力于传播正面新闻。阿什顿带领公司与各大品牌和网红建立了战略合作伙伴关系。2009 年，他成为第一个粉丝达到 100 万的推特用户。现在，他有 2 000 万推特粉丝。

你最常当作礼物送给他人的 3 本书是什么？

　　哈维·卡普的《卡普新生儿安抚法（0~1 岁）》。如果你想亲自照顾孩子，同时还想上班，那么这本书绝对值得一读。我通常会和另外一本书一起送人，它就是珍妮弗·瓦尔德布格和吉尔斯·皮瓦克撰写的《快速睡眠法》。

我最近喜欢分享或讨论的书是尤瓦尔·赫拉利的《人类简史》。这本书写得特别好。我越研究人以及系统的工作方式，越意识到他们都是由各个部分组成的。我们很容易滔滔不绝地谈论哲学，或者引用书籍、名人名言或学说，似乎他们的话比其他人的更可信。然而，你研究得越深入，越能意识到我们不过是站在一大堆假象之上。这本书很好地说明了这一点。

有没有某次你发自内心喜欢甚至感恩的"失败"？

18岁那年，我被指控犯有三级入室盗窃罪，因此锒铛入狱。幸好，我成功申请了延期判决，这件事没有被记入我的档案，所以我还拥有投票权，还可以持有枪支。这件事的耻辱感促使我向所有人证明我不是那种人。因为这件事，我承受了本来不会有的风险，因为我知道，失败的底线与耻辱的底线永远无法相提并论。

你长久以来坚持的人生准则是什么？

"当机立断。"太多的人都在等待一切准备就绪，然后去做自己打算做的事情。是时候当机立断了。

或者也可以这样说："发布相关信息并不等于采取行动，它只是廉价的空谈！"太多的人以为自己支持某项事业，其实他们唯一做的就是在社交媒体上发布相关言论。贵在行动，不要纸上谈兵。

有没有某个信念、行为或习惯真正改善了你的生活？

我终于开始珍惜睡眠了。我已经意识到，如果不认真睡觉，我在生活的各个方面就很难达到最佳状态。

你用什么方法重拾专注力？

散步或跑步、做爱、吃东西，然后列个清单。

一般来说，重拾专注力的方法是进入一种用心欣赏的状态。散步有助于你欣赏周围的世界。跑步有助于你感谢氧气、健康和生活。做爱……就不用我说了吧。食物实际上就是为了确保你不处于饥饿的状态。列清单会变混乱为有条不紊，通常能将大事变成可以执行的小事。

你会给刚刚毕业的大学生什么建议？你希望他们忽略什么建议？

要有礼貌，要准时，要真正努力地工作，直到你有足够的本事可以直言不讳，可以迟到一会儿，可以休假。即使做到这种程度……你也要保持礼貌。

阿什顿·库彻

发人深思的箴言

蒂姆·费里斯

（2016 年 6 月 24 日—7 月 15 日）

喜欢忙碌并不是勤劳。

——塞涅卡

古罗马斯多葛派哲学家、著名剧作家

服务他人就是我们租住在地球上所需支付的租金。

——穆罕默德·阿里

美国具有传奇色彩的职业拳击手和活动家

对于很多事，智者宁愿保持无知。

——拉尔夫·沃尔多·爱默生

美国散文家、19 世纪超验主义运动领袖

假若你没有犯错，那就说明你研究的问题还不够难，而这就是一个大错。

——弗朗克·韦尔切克

美国理论物理学家、诺贝尔物理学奖获得者

不要道德绑架

布兰登·斯坦顿（**Brandon Stanton**）

照片墙：@humansofny
脸书：/ humansofnewyork
　　humansofnewyork.com

布兰登·斯坦顿　著有《人在纽约》、《人在纽约 2》以及童书《小大人在纽约》。这些书长居《纽约时报》畅销书榜首。2013 年，布兰登被《时代周刊》评选为"全球改变世界的 30 个 30 岁以下的年轻人"。布兰登与联合国合作，讲述来自世界各地的故事，并应邀在白宫为奥巴马总统拍摄照片。他的摄影和故事博客"人在纽约"在多个社交媒体平台上拥有 2 500 多万关注者。布兰登毕业于佐治亚大学，现居纽约。

有没有某次你发自内心喜欢甚至感恩的"失败"？

　　当我被交易公司开除时，我坚信自己想成为一名成功的证券交易员。有时候，你得允许生活夺走你的愿望。

有没有某个信念、行为或习惯真正改善了你的生活？

要谨慎对待道德绑架。你要意识到，每个人都有不同的道德准则，并且很少有人会故意做出不道德的决定，这有助于解决矛盾。蔡斯·贾维斯曾经对我说："每个人都想把自己看成一个好人。"无论犯了多么严重的罪行，罪犯通常都认为其在道德上是可以被接受的。

在你的专业领域里，你都听过哪些糟糕的建议？

我发现媒体领域有一种最令人不解的趋势，那就是"遵循有效方法"的压力。作为艺术家，我的主要动力一直是创作与众不同的作品。我认为，我们每个人能实现的最大目标就是找到一种表达新观点的方法。但是，这种想法总是曲高和寡。新颖被视为一种责任。发行商想要的是已经被证明行之有效的东西，这意味着，要创作出最好的艺术作品，就要冒最大的风险。

要尊重自己

杰罗姆·雅尔（Jérôme Jarre）

推特/脸书/色拉布/YouTube：@jeromejarre

杰罗姆·雅尔　19 岁从商学院辍学，之后来到中国。创业失败 6 次以后，他将所有的精力都放在社交媒体上。在 12 个月内，杰罗姆拍摄的有关幸福和挑战恐惧的视频，观看次数超过 15 亿次，他也因此成为移动视频行业的先驱。2013 年，杰罗姆和加里·维纳查克共同创立了第一家只针对手机端的移动广告公司，将网红与品牌联系起来，为一些世界最大的公司提供咨询服务。杰罗姆支持全球各地的非政府组织。2017 年，他通过"爱心团"联合了 50 位最著名的网红，为索马里干旱筹集了 270 万美元，他把每一分钱都直接花在难民身上。

你最常当作礼物送给他人的 3 本书是什么？

　　爱德华·伯内斯的《宣传》以及纪录片《探求自我的世纪》。当我在营销领域盲目打拼时，这本书开阔了我的眼界。爱德华·伯内斯是营销领域的始祖，他是所有营销大师和营销公司之父。20 世纪初，他对希特勒军队打造的一切很感兴趣，那其实完全是一种幻觉，即数百万欧洲人信以为真的"宣传"。于是，他移居纽约，决定将这种方法应用于商业领域。由于"宣传"一词含有负面意思，他使用了一个新名词"公共关系"，并创建了美国第一家公关公司。

对人类来说不幸的是，伯内斯根据出钱多少选择客户，就像如今99.9%的公关公司一样。他说服人们相信早餐吃培根可以让男人更强壮，以此助推了猪肉业。他还使得香烟成为女权运动的象征，以此推动了烟草业的发展。

我对伯内斯的生活很感兴趣，因为他在所有事情上都做错了。他追求的是金钱而非意义，追求的是名利而非影响。临终前他有很多遗憾。我在书中读到，他在临终时是反对吸烟的。我知道营销和公关行业没有出路，现在想扭转伯内斯和所有市场营销大师对世界的影响为时已晚。但是，我希望有一天，伯内斯的书和他的纪录片会成为学生在商学院必学的第一课。现在，他的一生已经被大家忽略了，因为他就是每个人不愿意看的一面镜子。我记得我在德国的一次营销会议上谈到伯内斯的一生。会议的组织者大为恼火，他们只是希望我能教给他们一些如何在色拉布上把产品卖给"千禧一代"的方法。

最近有哪个 100 美元以内的产品带给你惊喜感吗？

我花了 4 美元把车停在俄勒冈州一个美丽的湖边。我跳进去游了个泳，与湖水共度了一段无价的时光。

有没有某次你发自内心喜欢甚至感恩的"失败"？

我做的大多数事情起初看起来都注定要失败。当我从商学院辍学开始创业时，我认识的人中有 75% 认为我将为此抱憾终身，甚至有人说我最终会无家可归。当我退出步履维艰的科技创业公司开始制作在线视频时，我周围的每个人都将这视为可耻的逃避和浪费时间。当我离开我和加里·维纳查克共同创办的网红营销公司，开始利用社交媒体行善时，所有人都认为我彻底疯了，不仅失去了理智，而且失去了巨大的收入来源和未来的保障。结果表明，这些都是我一生中最好的决定，因为这些起初看起来会失败的艰难决定使我一步步接近真实的自我。每个决定都赋予真我一定的力量。这些决定一点一点把我从错觉中唤醒。从这一点我可以看到，每次在试图接近真实的自我时，我都会遭到否定，因此，"看起来会失败"的感觉变成一种动力，而非压力。

你长久以来坚持的人生准则是什么？

从某种程度上说，在社交媒体上拥有大批粉丝，就好像有一块每天都有很多人看到的巨大广告牌一样。我希望所有人都能这样想。举个例子，我知道有很多人反对特朗普，却每天都在社交媒体上谈论他，批评他。你会为你不希望当选的人立一块巨大的广告牌吗？可能不会。我们真的不了解社交媒体。有一本好书应该对我们有益，那就是马歇尔·麦克卢汉撰写的《理解媒介》。这本书可以说是21世纪的网络行为《圣经》。我们无时无刻不在使用各种媒介，但我们大多数人从未真正研究过它。

回到这个问题上，"让自己感到骄傲"这句话在我碰到艰难抉择时鼓励我迎难而上。我认为我们花了太多时间去取悦所有人，而忘记了一切都已在自己的心中。你的直觉、内心、灵魂知道什么对你和世界有益，而你的朋友和网上的陌生人的意见就不那么重要了。

第二句非常特别的话是克里斯托弗·卡迈克尔说的。"你99岁，快要死了，你现在有机会回到现在，这时你会怎么做？"当很多次遇到难题时，我都会用上这句话。7年前，在中国见到克里斯托弗·卡迈克尔时，我还不会说英文。于是，他给了我几本书阅读和练习，让我习惯英语，其中一本书就是蒂姆·费里斯的《每周工作4小时》。为了练习，我读了很多遍，以至有一段时间我的说话方式都有点儿像蒂姆了。

你做过的最有价值的投资是什么？

4年前，就在短视频平台Vine大获成功之前，我决定全身心投入其中。如果要实现这一目标，我就要离开我所在的多伦多，搬到纽约。纽约是营销广告行业极为发达的城市，我渴望在那里创建第一家移动网红营销公司。因此，我鼓起勇气问当时的商业伙伴，我们有多少钱可以让我搬到纽约去。结果，我们一分钱都没有。但是，其中一位商业伙伴说可以借我400美元。你可以想象一下，我带着400美元去了纽约。我在美国一个人都不认识。我只知道，有一个声音呼唤我去那里，我必须相信自己的直觉。我花了60美元订了一张票，从多伦多坐大巴去纽约。我睡在一个朋友的朋友的朋友家的地板上。我就这样在纽约落脚了。

7天后，我和加里·维纳查克创立了第一家移动网红公司GrapeStory。我当时一点儿钱都没有，但我不想让加里知道。我在他的维纳媒体公司的办公室睡觉，在附近的健身房洗澡，吃他的员工忘在公司冰箱里的剩饭剩菜。这种情况持续了几个月，在此期间，我在Vine上发布的帖子开始激增。纽约给了我极大的灵感，以至我并不介意在这样一个花销巨大的城市过着捉襟见肘的生活。差不多一年后，我搬进一间公寓。我的目标从来都不是吸引大量的关注者，而是通过不断使用这个应用程序来研究它。不过，我在纽约莫名其妙地发现了自己的风格，而且观众很喜欢这些内容。2013年6月，就在我搬到纽约的短短几周后，我的关注者在一个月内从2万涨到了100万。也就是在那个月，我们的公司开始盈利。即使开始赚钱了，我也一直睡在办公室里，因为我真的没有时间去找住处，而且我觉得我当时很享受在纽约公园南大道的办公室地板上睡觉时耳边的喧嚣。它自有它的魅力。当我从公司拿到第一笔薪水时，我买了一部iPhone5（苹果手机）。那是我第一次买新手机，我以前用的都是二手手机。我之所以买苹果手机，是为了提高我上传到网上的图片的质量。这也是一笔非常不错的投资。

你有没有什么离经叛道的习惯？

　　这件事并不奇怪，但我一生中大部分时间都没有这样做，而且我也没有看到有多少朋友这样做，所以我觉得这件事可能不大寻常。吃饭之前，我会祷告，并非出于宗教原因，而是为了表达自己的感恩。我想要真心感谢自己盘中的食物，尤其是碰巧遇到荤食，也许是鸡蛋或鸡肉。大多数时候我都吃素，因为吃素会给我带来最好的感觉，并且对我们地球和环境来说这也是成本最低的。不过，我为了"爱心团"在索马里待了大约 4 个月，那期间我们没有吃素的条件。我们不得不吃鸡肉。只要心存敬意，在必要的时候我也可以吃肉。对动物的生命表示感谢是一种尊重动物的方法。我们吃的所有东西，无论是西红柿还是鸡肉，里面都有"光"存在。这种光比卡路里或蛋白质所给予我们的更多。如果承认这种"光"的存在，承认大自然创造的一切事物都是神圣的，我们就可以再一次得到食粮。这就好像你小时候有个毛绒玩具，他们告诉你只有你相信毛绒玩具是活的，它才能变成活的。食物中的光也是如此。

有没有某个信念、行为或习惯真正改善了你的生活？

　　有一种信念改变了我，那就是相信我们每个人都是一个小神。我的意思是，从创造者的角度来说，我们不应该丰富我们的自我，而应该丰富我们的意识。这意味着整个宇宙不仅存在于我们外部，也存在于我们的内心。我们拥有无限的能力，能够解决我们或他人面临的任何问题。我们开始打造自己的现实世界。这是一个简单的小信念，但它可以改变人类前进的方向。作为小神，我们永远都不缺什么。我们知道我们已经拥有一切，我们不需要 100 万美元，也不需要 1 万亿的追随者。我们是完全的人，我们是富足的，我们可以无限地给予。若有一天我们都开始像小神一样作为，和平就会降临世间。

杰罗姆·雅尔

你会给刚刚毕业的大学生什么建议？你希望他们忽略什么建议？

不要相信那些大师的话，不管是营销大师还是生活大师。凡是告诉你他知道的比你多的人，大部分都是想剥夺你的权利，因为他把你放在了低位，把自己放在了高位。大师会把自己与其他人区分开。任何区分都是错误的。实际上，我们都是团结一致的，都是一样的，都是同一个世界的一小部分。我想到网上的一些人，他们告诉你你应该更加努力地工作，告诉你他们比任何人都更努力。如果你99%的时间都在工作，那就只有两种情况：要么你很不擅长正在做的事，要么你的生活完全失去了平衡。这两者都不是什么值得骄傲的事。无论何时，只要看到有人在说教，你就要记住这些都是骗人的。

我的另外一条建议是，尽快进入现实世界。我所说的"现实世界"并不是在营销公司实习。我的意思是离开社交媒体，走出大城市，去接触真实的事物，包括大自然、你的灵魂、内心那个孩子般的你。要尊重自己。如今，世人多半都在沉睡当中，在一个巨大的幻觉中扮演着微小的角色。你不必如此，你可以选择不同的生活。一切都源自你的内心。你如果愿意花时间找到自己并信任自己，就会知道答案。你如果正在学习商业/公关/营销，今天就退出来吧。到处都可以找到营销人员和商人，世界不需要更多这样的人了。世界需要的是用心的医治者和问题解决者。你的心比大脑强大无数倍。

在你的专业领域里，你都听过哪些糟糕的建议？

我现在涉足两个行业，一个是"网红"，一个是人道主义。我在网红领域听到的最糟糕的建议来自营销大师。他们鼓吹说，如果你有一批粉丝，并开始向他们推广品牌，那么你会变得非常富有和成功。这样做很精明，但还记得伯内斯的故事吗？为了钱而推广不道德或不健康的产品并不是成功，实际上那应该被称作"腐败"。这里所说的腐败不像我们惯常听到的那样，属于政治层面的腐败，而是信仰体系的腐败、道德的腐败。我知道，有很多网红会推广自己永远不会使用的产品。但是，当你面对在照片墙上发几张图片就能拿到50万美元的诱惑时，你会怎么做呢？

我自己就曾经面临这样的情况，我可以自豪地说，那天我的行为对得起我的良心。大约两年前，当我开始真正质疑广告行业的时候，酸布丁小孩糖果公司的营销人员表示，如果我在色拉布上帮他们做一次系列活动，就可以获得100万美元。我说我不吃那些糖果，也永远不会在镜头前吃。他们并没有不悦。我甚至还记得我对自己说："即使负责签署合同的营销总监让我吃那些糖果，我也永远不会吃。"那天对我来说是一次艰难的抉择，一方面是需要钱的假象，一方面是正直的内心告诉我不要那样做。我拒绝了那份100万美元的合同。我甚至录下了会议现场的视频，将其放到我的YouTube主页上。加里当时也在房间里，他正在为那份合同进行谈判。那天，我为自己感到骄傲。网红收到的最糟糕的建议可能来自营销人员。加里就说过："营销人员会毁掉一切。"

在人道主义领域，你会听到的最糟糕的建议是："相信大型非政府组织，它们清楚自己在做什么。"人道主义是一个巨大的产业，这听起来有些可悲。我见过很多人为某项事业筹集资金，少则数十万美元，多则数百万美元。但他们觉得他们并不能胜任自行组织救援的任务。他们认为，如果能找到一家他们信任的知名的大型非政府组织，一切就没问题了。当然，这对你来说是一个安全的选择，因为你已经撇清了责任。突然，你的任务结束了。但这真的会帮助那些有需要的人吗？未必。当我们为索马里筹集资金时，我们决定自己组织一切，自己去询问当地非政府组织的建议，但绝对不放手交由他人去做。这就是为什么我们的"爱心团"是索马里有史以来影响力最大的救援团体之一。尽管与这个领域的其他大型组织相比，我们的资金相对较少，但最终还是产生了巨大影响。有人会告诉你拥有善意还不够，但我可以向你保证，如果在整个过程中你始终保持善意，不掺杂任何其他东西，那么你会学得很快。你不仅可以通过行动，还可以通过善意来改变别人的生活。需要食物或水的人也是人，他们可以分辨出给他们食物的人是不是尊重他们，有没有传递给他们正能量，有没有将他们视为商品。拥有几十年历史的非政府组织知道人道主义系统已经破裂，也知道现在有更有效的新方法。

例如，在非洲的许多国家，比如索马里，手机转账已经十分普遍。这意味着我们不需要把食物带到村庄，现在可以直接将筹集的资金转到他们的手机上。大约 10 年前就可以这样做了，但是联合国和非政府组织没有人谈到这件事，因为这使他们感到恐惧。如果人道主义领域像其他行业一样突然遭到颠覆，那就会给这些非政府组织及其工作人员带来巨大的冲击。想一想，优步对出租车公司产生了多大的影响。当我和我的团队发现这种新的方式已经万事俱备时，我们开始筹集资金，并将资金直接转到灾民的手机上。这样做改变了游戏规则。人们被赋能，他们可以像普通人那样购买食物。我的重点是，把钱捐给需要的人，而不是慈善机构。

你如何拒绝不想浪费精力和时间的人和事？

在为索马里干旱募集援款那段时间，我面对着各种挑战，我不得不把时间分配给两件事，一个是组织爱心团，另一个是与 9.5 万捐助者沟通，并更新状态。我必须非常留心应该把自己的精力放在哪里。在此过程中，我改变了使用手机的方式。我没有将每封邮件都视为人生中最重要的事情，而是把它们视为能量的化身。这封邮件会给我带来能量，还是会从我身上吸走能量？我意识到大多时候答案都是后者。要知道，世界上的大多数人都在沉睡中，他们忘记了自己的内在力量，因此，他们觉得需要从别人那里吸取力量以充实自己。我现在学会了拒绝这样的邀请。

你用什么方法重拾专注力？

　　我只需要接触实实在在的东西即可。这可以通过很多方式来实现：游泳，水是真实的；冥想，心是真实的；与动物接触，它们也是真实的；独自在阳光下享用一顿美餐。我喜欢一个人吃饭，我会慢慢品尝食物，把很多心思融到食物中，我的味觉比以前更敏锐了。吃饭时，我往往会因为食物的味道而激动。这些无足轻重的真实时刻会让你忘掉烦心事。

不管你认为自己做得到还是做不到，你都是对的

费多尔·赫尔兹（Fedor Holz）

推特：@CrownUpGuy

照片墙：@fedoire

primedgroup.com

费多尔·赫尔兹 公认的现代最杰出的扑克牌手。2016 年 7 月，他以 111 111 美元买入一滴水豪客赛，从而获得了他的第一个世界扑克系列赛冠军金手链，获得 4 981 775 美元的奖金。2014 年和 2015 年，他被扑克玩家网站 PocketFives 评为最佳在线多桌锦标赛牌手。他在现场赛事中的收入超过 2 330 万美元。费多尔是 Primed 公司的联合创始人兼首席执行官，这家投资初创公司的总部位于维也纳。公司的第一款产品是思维训练程序 Primed Mind，它有助于用户体验世界上最著名的扑克牌手所使用的可视化和目标设定手法。

你最常当作礼物送给他人的 3 本书是什么？

维克多·弗兰克尔的《活出生命的意义》。维克多·弗兰克尔描述了自己在纳粹集中营的生活，他爱的人都死了。这本书对我产生了深

远影响，尤其是我应该把时间花在哪些事情的决策上。通过这本书，我明白了我们避免不了苦难，但我们可以选择如何应对苦难。此外，生命的意义至关重要。

最近有哪个 100 美元以内的产品带给你惊喜感吗？

对我来说，Deuserband 原装阻力带是一个惊人的发现。尤其是当在椅子上坐了很长时间以后，用阻力带伸展一下胳膊和背部，我会感觉特别舒服。另外，它还可以改善人的体态。

有没有某次你发自内心喜欢甚至感恩的"失败"？

我"很喜欢"的一次失败发生在我 18 岁那年。在大学学习了 9 个月后，我辍学了，开始专注于打扑克。当时，我的家人和身边的大多数人都很担心我和我的未来。接下来的 9 个月，我没有明确计划，只是打扑克。随后，我搬出自己的公寓，放弃了一切，开始环游世界，将全部精力放在扑克上。我在旅途中遇到两个十分优秀的人，和他们一起搬到了维也纳。之后的 9 个月，我通过在线打扑克赚到了我人生的第一个一百万。

你长久以来坚持的人生准则是什么？

> 不管你认为自己做得到还是做不到，你都是对的。——亨利·福特

这毫无疑问是我一直以来最喜欢的名言。我人生的核心价值观是积极的心态，专注于重要事项，下定决心满怀激情地实现目标。

你做过的最有价值的投资是什么？

我只投资给那些我十分相信的人。我已经在扑克圈的密友身上投

了数万美元，他们已经将其变成了数百万美元。他们现在都是最好的扑克牌手。

扑克领域有很多不同的交易和模式。一般来说，主要有两种：（1）长期下注，你向某位牌手提供资金，利润五五分成，持续比赛，直到获利为止；（2）入股，你在一场锦标赛中赞助牌手50%的赌注，牌手获胜后你将获得50%~x%的奖金（称"加成"）。这就是我一直在做的事情，而且做得非常成功。这和体育博彩差不多。你先假设一位牌手在锦标赛中的投资回报率，除去佣金还要支付他额外的费用，也就是加成。大多数牌手都会收取加成，因为他们认为自己会赢，并希望与赞助者分享更多潜在利润。如果加成过高，即使他赢了，从长远看，你的投资也会蒙受损失。最佳的情况是，牌手和投资者之间公平分配收益。50%只是一个例子，任何百分比都有可能。我最大一次盈利是和我一位最亲密的朋友在一场锦标赛中将2 500美元变成了75万美元。

除此之外，我还在各种体验上花了很多钱，但很少花在物质享受上。

你有没有什么离经叛道的习惯？

我手不闲着的时候可以更好地思考，这就是我总是不停地玩减压魔方、指尖陀螺、球或微珠颗粒颈枕等小玩具的原因。

有没有某个信念、行为或习惯真正改善了你的生活？

我强烈意识到提出正确问题的价值，尤其是最近。我们有多少次只是说些套话，浅尝辄止。深入研究，弄明白为什么某人会这样做以及他的动机是什么，这对我而言具有更多意义。特别是在交谈中，询问对方的感受以及他们为什么这样做会让双方都有一个截然不同的视角。

在你的专业领域里，你都听过哪些糟糕的建议？

"你只需要继续玩下去。"除了继续玩下去，扑克还有更多意义。

我们要了解它的所有不同方面，抽时间去做其他事情，让自己的大脑有时间恢复精力。玩扑克的赌注很高，所以你一定要保证精力充沛，思维敏锐。要记住，过犹不及。

你用什么方法重拾专注力？

我会和我的思维教练埃利奥特·罗待在一起，还可以使用我们的应用程序 Primed Mind。10 分钟后，我就会进入状态，充满活力，做好准备全身心应对即将到来的挑战。

不要伤害他人，做真实的自己

埃里克·里佩尔（Eric Ripert）

推特 / 照片墙：@ericripert
推特 / 照片墙：@lebernardinny
le-bernardin.com

埃里克·里佩尔　全球最好的主厨之一。1995 年，年仅 29 岁时他就被《纽约时报》评为四星级大厨。20 年后，埃里克担任主厨兼老板的法式海鲜餐厅 Le Bernardin 连续 5 次获得《纽约时报》四星级的最高评分，成为唯一一家在那么长的时间里一直保持卓越地位的餐厅。埃里克分别于 1998 年和 2003 年获得詹姆斯·比尔德基金会的"纽约市顶级厨师"和"年度杰出厨师"称号。2009 年，他推出了自己的第一个电视节目《与埃里克在一起》，并播出两季，获得两次日间时段艾美奖。2015 年，《与埃里克在一起》第三季回归，在烹饪频道播出。此外，埃里克还在 YouTube 上主持了一档节目《餐桌上》。该节目于 2012 年 7 月与观众见面，埃里克也出现在全球媒体中。他著有《纽约时报》畅销回忆录《32 个蛋黄》《与埃里克在一起》等。

你最常当作礼物送给他人的 3 本书是什么？

我有两本准备送人的书，它们是保罗·柯艾略的《牧羊少年奇幻之旅》和佛教僧侣马修·李卡德的《请慈悲对待动物》。《牧羊少年奇幻之旅》通俗易懂，它讲到我们每个人都有人生的终极目标，但大多数人不敢去追求。它鼓励我们实现自己的梦想，这本书真的十分鼓舞人心！读《请慈悲对待动物》这本书激起了我内心的挣扎。作为一名佛教徒，我一直深陷矛盾之中，一方面是将肉和鱼作为烹饪食材，另一方面是对生物之死负责。书中令人震惊的事实和充满激情的论点在情感和智力上都对我发出了挑战。

最近，我开始送人我的回忆录《32 个蛋黄》。我很荣幸能分享我的经验，我希望这本书能为年轻厨师提供借鉴。

最近有哪个 100 美元以内的产品带给你惊喜感吗？

一颗闪锌矿石珠子。即使是最具怀疑精神的人，也能从心理、情感、精神和身体上感受到它那神奇的保护和治疗功能。它有一个事关我们很多人的优点：可以吸收电子设备产生的有害电磁波。

有没有某次你发自内心喜欢甚至感恩的"失败"？

大约 15 岁时，我因表现不佳被学校开除。学校告诉我，我需要找一家职业学校。我记得当时我和母亲坐在校长的对面，我努力表现出难过的样子，但内心十分高兴！很小的时候，我就对从母亲那里学到的饮食知识产生了浓厚的兴趣。这次"失败"意味着我终于可以上烹饪学校了！在职业学校里，我师从一些很厉害的大厨，我也因此成为主厨，做着我喜欢的事情。

你长久以来坚持的人生准则是什么？

"不要伤害他人。做真实的自己。"对我来说，利他行为和关心他人是成为一个好人并真正实现内心幸福的途径。我认为，要想获得满足感，实现内心的平和，我们必须对每天接触到的每个人产生积极的影响。我们不应该让自己受到其他人负能量的影响。我们应该忠于自己的信念。

最近，我读到一句话："幸福不是现成的东西，你的行动才能造就你的幸福。"它对我以及我希望过的生活产生了深刻的影响。

你做过的最有价值的投资是什么？

在 20 世纪 90 年代初，我读到一位佛教领袖的书。当时我还很年轻，正在寻求指引和灵性……这对我来说是一个启示，从此我踏上了佛教之旅。

你有没有什么离经叛道的习惯？

我几乎总会在兜里放一个迷你版的水晶佛像或一颗作为护身符的石头。

有没有某个信念、行为或习惯真正改善了你的生活？

戒掉无糖汽水。我改喝花果茶了，包括藏红花、荷叶茶。它们能给我同样的能量，但对健康没有负面影响。

你用什么方法重拾专注力？

为了避免超负荷或注意力不集中，我每天早上会花大约一个小时进行冥想。冥想教会了我要为一天中的幸福和平静留出空间。在压力很大时，我会尽量远离相关问题，花一些时间反思。无论遇到什么难题，我通常都会问自己："我现在能改变现状吗？"我如果找不到能够产生积极影响的明确方法，就会继续反思。我认为在解决问题时，耐心的作用往往被低估了。

来自埃里克团队的卡蒂·希里解释说："埃里克通常每天早晨都会进行不同类型的冥想，包括止禅和观禅。在需要集中注意力时他会选择止禅，而观禅是一种引导冥想，可能更具宗教意味。他通过观禅平息自己的愤怒。他在大多数环境中都可以练习冥想，但通常他会选择冥想室。他有时在办公室里冥想，有时在走路时冥想。"

你如何拒绝不想浪费精力和时间的人和事？

五六年前，我决定把生活分成 3 部分：1/3 给生意，1/3 给家人，1/3 给自己。这样的区分和优先次序可以帮助我在各个方面找到平衡和满足。现在，拒绝对我来说很容易。如果某件事不会给这 3 部分中的任意一个增添意义或乐趣，我就会选择拒绝。

在你的专业领域里，你都听过哪些糟糕的建议？

人们往往想在较短的时间内开很多家餐厅，有些人将此称作成功。这些餐馆的薄弱之处在于一致性，因为卓越不可能在一天内实现，所以你会选择在一天内可以实现的平庸。想要同时管理多家餐厅并保证服务和食物都处于同一水准，这几乎是不可能的。我们不可能经营两家同样出色的 Le Bernardin 餐厅。如果你的精力过于分散，很多事就会因为你的注意力分散而遭受更大损失。

你是一个值得被爱的人，这不需要证明

莎朗·莎兹伯格（Sharon Salzberg）

推特：@SharonSalzberg

sharonsalzberg.com

莎朗·莎兹伯格 自 1974 年开始授课以来，她在将冥想和正念带入西方和主流文化中起到了关键作用。她是内观禅修社的联合创始人，著有 10 本书，包括《纽约时报》畅销书《冥想的力量：28 天，体会真正的快乐》、产生了巨大影响的《仁爱》，还有她的新书《真正的爱》。莎朗以切合实际的教学风格而闻名，她创造了传授佛学的现代方法，让佛学知识变得通俗易懂。她是 On Being 栏目的专栏作家、《赫芬顿邮报》的撰稿人，也是她自己的播客节目 *Metta Hour* 的主持人。

有没有某次你发自内心喜欢甚至感恩的"失败"？

在我早期的授课生涯中，我特别害怕没有办法给大家讲课。我们的冥想静修强度很大，人们需要全天冥想，其中包括问答环节、小组与老师的互动，还有每天晚上的正式讲座。在美国最初主持的几次静修会，我都不敢讲课，而是由我的同事代劳。这种情况持续了一年多。

我担心讲课的过程中我的大脑会一片空白，我会目瞪口呆地坐在那里让每个人失望至极。过了很长一段时间，我意识到人们坐在那里不是等着评判我，也不是等着我讲解出色的专业知识。他们最想要的是一种联结感，而我可以通过真诚、通过陪伴实现这一点。我还意识到，我想要的也是一种联系，要实现这个目标，我并不需要成为完美的演讲者。如果不是因为最初的恐惧，我就不可能深入地思考这个问题，也就不可能如此深刻地理解真实性。

你最常当作礼物送给他人的 3 本书是什么？

铃木俊隆的《禅者的初心》对我的人生产生了极大的影响。书中有一句话大概是这样写的：我们练习冥想不是为了成佛，而是为了表达佛性。尽管我第一次读这本书是在 40 多年前，但只要想到这句话，我就会激动不已。我经常想，最好的教学方式是清晰地说出我们已知的东西，但我们不知道如何用话语表达，或者最关键的是不知道如何生活。从我第一次读到这句话我就感觉到，通过练习获得你认为自己缺少的东西，与通过练习全面表达自己之间存在重大的区别。

你长久以来坚持的人生准则是什么？

"你是一个值得被爱的人，你无须做任何事情证明这一点。你不必赢得爱，你只需要存在。"我们很容易将真正爱自己与自恋或自负相混淆，但我认为两者截然不同。我发现，自恋旨在掩饰内心的凄凉或空虚，而对自己真正的爱来自内心的富足或满足。它源于我们与生俱来的完整感，它是我们内心固有的东西，隐藏在我们的恐惧、文化制约和自我判断之下。因此，要让自己值得被爱，并不需要学习网球、制作疯狂传播的视频，或者成为世界顶级大厨。这些事情都很伟大，但无论我们有没有实现它们，我们都值得被爱。

你如何拒绝不想浪费精力和时间的人和事？

我现在更擅长拒绝邀请。我有一套方法，那是从一个朋友那里学来的。她觉得自己真正需要拒绝时却几乎总是无法拒绝。在冥想的过程中，她会有意识地思考自己本可以更好地说"不"的情况。她不断询问自己，看看自己的身体会有什么变化。有一种感觉会从腹部旋转而上到达胸部，抑制她的呼吸。这种感觉几乎和恐慌一样，它是一种内心的表达，仿佛在说"也许他们不会再喜欢我了"。她了解了这种感觉，下次在工作或者和家人在一起时，如果心里问了同样的问题，并感受到那种感觉，她就会说："我随后答复你。"这样能给自己一点儿时间，之后再拒绝。意识到身体本身的情感表达很重要。我正努力追随她的脚步。

你用什么方法重拾专注力？

我会停下来问问自己："要想快乐，我现在需要什么？除了当下的情况，我还需要其他东西吗？"这会引导我关注自己真正关心的事物。我还会调整呼吸。我发现，如果感到超负荷了，我就会像被定格了，呼吸也会变得很浅。如果我觉得大脑乱作一团，我就会告诉自己"专心呼吸"。又或者，我会转移注意力，感受脚踩在地面上的那种感觉。我们往往倾向于认为，我们的意识存在于大脑中，在我们的眼睛后面。我发现，我要做的就是将能量轻轻地下移，感受脚的存在。你可以试一试。起初会有点儿奇怪，但我们不必把意识限制在我们的大脑中，以为它们只会在那里凝视着世界，与世隔绝。我的意识越能遍及我的身体，我越能有意识地呼吸，自然我就会更专注。

发人深思的箴言

蒂姆 · 费里斯

（2016 年 7 月 22 日—8 月 12 日）

凡是人们大规模创建的东西，或是满怀激情创建的东西都会引起混乱。

——弗朗西斯 · 福特 · 科波拉

屡获殊荣的导演，因执导《教父》闻名于世

别追寻前人的脚步，追寻他们所追寻的。

——松尾芭蕉

日本江户时代的诗人

你占有的东西最终会占有你。

——恰克 · 帕拉尼克

美国作家，最著名的作品是《搏击俱乐部》

如果你定一个高得离谱的目标，就算失败了，那么你的失败也在任何人的成功之上。

——詹姆斯 · 卡梅隆

加拿大著名导演，因执导《泰坦尼克号》和《阿凡达》而著称

我相信我能挺过所有失败

富兰克林·伦纳德（Franklin Leonard）

推特：@franklinleonard
照片墙：@franklinjleonard
blcklst.com

富兰克林·伦纳德 被美国国家广播公司（NBC）新闻节目称为"好莱坞秘密剧本库（剧本黑名单）的幕后之人"。2005年，富兰克林调查了近100位电影行业的开发负责人，询问他们当年有哪些他们很喜欢的剧本没有被拍成电影。从那时起，调查对象逐渐增加到500名电影行业的高管。目前，"剧本黑名单"上已经有300多个剧本被拍成故事片，这些电影在全球的票房收入超过260亿美元，获得了264项奥斯卡金像奖提名，并获得了48项奥斯卡大奖，其中包括最佳影片《贫民窟的百万富翁》《国王的演讲》《逃离德黑兰》《聚焦》。此外，最近的20个奥斯卡最佳剧本奖有10个来自"剧本黑名单"。

有没有某次你发自内心喜欢甚至感恩的"失败"？

我职业生涯的前3年可以说充斥着各种失败的尝试，我尝试了我以为自己可能喜欢的各种职业。我支持并投身的国会竞选以失败告终。我在《特立尼达卫报》上发表的文章不错，但并不出彩。我是麦肯锡公司一位平庸的分析师。因为这些并不成功的经历，我决定去好莱坞试试。具有讽刺意味的是，我在"剧本黑名单"上的成就从很多方面来讲都离不开过往的经历，包括领导一项运动，以写作为动力，真正了解公司系统和运营。

你有没有什么离经叛道的习惯？

我不确定这件事有多么不同寻常或奇怪。我是一个堕落的足球迷，每周五晚上都会在洛杉矶踢球。在英超联赛期间，我周六和周日凌晨4点就起床观看每一场比赛。我在打《梦幻英超联赛》游戏时特别认真，而且我经常计划到世界各地去现场观看国际大型足球比赛。从根本上讲，我热爱足球比赛，但它与我的日常工作没有任何关系。不过，我因为热爱足球比赛与志同道合的人建立了亲密的关系。

你用什么方法重拾专注力？

我会给自己放一天假（如果不能放一整天，那就休息几个小时甚或几分钟），让自己不去思考不顺利的事情。在休息的那一天，我通常会干一些体力活，重看至少一部我最喜欢的电影，一般是《莫扎特传》和《妙人奇迹》。这两部电影讲的都是天才如何在不同寻常的地方被发现的故事，这可能没有什么奇怪的。

只要有可能，我就会踢一场足球赛。我天生就不喜欢健身房，但健身既必要又很有价值，因为它可以让我保持健康，让我沉浸在身体的痛苦中，从而暂时忘却超负荷或注意力不集中给我带来的感情伤痛。我很幸运，住的地方离洛杉矶格里菲斯公园很近，因此我随时可以去山间远足。

有没有某个信念、行为或习惯真正改善了你的生活?

可能有两件事。

必须旅行。我的父亲是位军官。在我 9 岁前,我没有在一个地方居住超过 12 个月,我怀疑自己因此患上了旅行癖。我与之抵抗了至少 10 年,努力地专注于自己的工作,也就是在办公室里翻阅文件。在过去的 3 年中,我试着抓住工作中碰到的每一次出差机会,并承诺在一年中至少有一个月要在美国境外度过。这对我的心理健康起到了非凡的作用,而且让我在回到办公室后能够对什么事情重要、什么事情不重要做出正确的判断。

我相信我能经受得住大多数发生在我身上的失败。在人生的前 33 年,我努力避免失败。最近,我不再那么担心失败了,而是更多地担心没有足够的胆量去做可能会失败的事,因为我确信,没有什么失败是我挺不过去的。即使"剧本黑名单"明天被摧毁了,我也可以立刻得到一份工作。

在你的专业领域里,你都听过哪些糟糕的建议?

最糟糕的建议是,全球观众不会去看有色人种的电影。这种建议特别隐蔽,但它反映了一个更广泛的问题,即好莱坞认同这一传统智慧——它更多反映的是传统而非智慧,而不去质疑是否有证据支持这些假设。

你会给刚刚毕业的大学生什么建议?你希望他们忽略什么建议?

先去尝试做你想作为职业去追寻的一切事情,不要一开始就采用你十分不希望实施的备用计划。

定期重塑自我，不断拓宽眼界

彼得·古贝尔（Peter Guber）

推特：@PeterGuber
领英人物：peterguber
　　peterguber.com

彼得·古贝尔　现任曼德勒娱乐集团董事长兼首席执行官。加入曼德勒之前，他曾是索尼影视娱乐公司的董事长兼首席执行官。他亲自或通过公司制作或监制了多部电影，获得了 5 项奥斯卡最佳影片提名（《雨人》获奖）。其中票房大卖的影片包括《紫色姐妹花》《午夜快车》《蝙蝠侠》《闪电舞》《孩子们都很好》。此外，彼得还是2015 年和 2017 年 NBA（美国男子篮球职业联赛）总冠军金州勇士队的老板兼执行主席、洛杉矶道奇队的老板，以及美国职业足球大联盟洛杉矶足球俱乐部的所有者兼执行主席。彼得是一位著名作家，他的作品包括《枪战：在好莱坞幸存的名声和（错误的）财富》以及新作《会讲才会赢》，该书曾登顶《纽约时报》畅销书榜单。

有没有某次你发自内心喜欢甚至感恩的"失败"？

　　20 世纪 70 年代，当我还是哥伦比亚电影公司一位年轻主管的时候，这家公司的高管正努力对抗盒式录像带行业的猛烈冲击，因为他们认为作为将电影搬上银幕的制片人和发行人，他们受到了这一新兴事物的威胁。我辩称，这是一种吸引观众的新方法。有了盒式录像带，他们可以根据自己的时间安排看电影，这对我们的业务和观众来说都是一个加分项。公司高管的观点比较狭隘。当终于看到盒式录像带的价值时，他们不再视其为定时炸弹，而是将其当成一份宝藏。

后来，那些挑战影业公司统治地位的人提出，希望在影院和电视播放结束后购买影片的独家发行权，所有影业公司都欣然接受了这份意外之财。我极力争辩，不要赚这笔钱，不要让他们在背后建立一个拥有巨大价值的发行系统。我们应该利用我们手中的资源开展这项新业务。他们却选择了眼前利益，放弃了一个后来能生金蛋的行业。

我永远不会忘记我未能说服他们，让他们相信短视是不利的。具有讽刺意味的是，20多年后，当我担任影视娱乐公司的首席执行官时（当时已经收购了哥伦比亚电影公司），我以昂贵的赎金买回了资源库以及所有的发行权。我觉得把这些内容和发行权掌握在自己手中对品牌和企业的生命力至关重要。

你长久以来坚持的人生准则是什么？

"不要让恐惧的压力压倒好奇心所能带来的喜悦。"恐惧是看似真实的虚假证据。

"绝大多数使你焦虑的事情永远都不会发生，因此你必须将之驱逐出去。"不要让它免费住在你的大脑中。

"态度会让天赋锦上添花。"态度是比较隐晦的东西，但是在经常出现的危急时刻，隐晦的东西往往最重要。

你会给刚刚毕业的大学生什么建议？你希望他们忽略什么建议？

从踏入现实世界开始，年轻人就应该以不同于传统的方式看待职业金字塔，这是一个重大转变。将重点放在你职业生涯的开始，把未来想象成机会不断增多的过程。你可以横跨多个领域，寻找不断丰富职业生涯的机会。定期重塑自我，不断拓宽眼界，把握每一天。

你的梦想就是现实的蓝图

格雷格·诺曼（Greg Norman）

照片墙：@shark_gregnorman

脸书：/ thegreatwhiteshark

　　shark.com

格雷格·诺曼 素有"大白鲨"之称，他在世界上赢得了 90 多场高尔夫比赛的冠军，其中包括两次公开赛。他曾蝉联高尔夫世界排名第一的宝座达 331 周之久。2001 年，格雷格以超过历史上所有入选者的票数入选世界高尔夫名人堂。目前，他担任格雷格·诺曼公司的董事长兼首席执行官。这家公司旗下拥有多个知名公司，跨多个领域，包括主打新生活方式的消费产品、高尔夫球场设计，以及资产融资业务。此外，格雷格还投身慈善事业，他已悄悄为慈善机构筹集了 1 200 多万美元的资金，其中包括儿童癌症治疗研究基金会和旨在促进可持续发展和环境保护的高尔夫环境研究所。

你最常当作礼物送给他人的 3 本书是什么？

　　丹·米尔曼的《深夜加油站遇见苏格拉底：和平勇士之道》、蒂姆·费里斯的《巨人的工具》和亨利·基辛格的《论中国》。

《大白鲨之道》以开放和诚实的方式介绍了我一生的转变。第二部即将与大家见面……

你长久以来坚持的人生准则是什么?

你的梦想就是现实的蓝图。

你做过的最有价值的投资是什么?

20世纪90年代初,我给高尔夫品牌Cobra投了180万美元。它被高仕利公司收购之后,我最终拿到4 000万美元。我用这笔钱对自己的业务再注资。这次投资决定当时并不难做出,主要有以下3个原因。

1. 我通过投资获得了Cobra12%的股份,而且我的投资主要用在研发上。那个年代,卡拉威是第一个在市场上推出超大一号木的公司,但是它忽略了超大铁杆。Cobra决定立即生产男女适用的超大铁杆,抢占这个市场空白。此外,我们还专门为高级球员推出球杆,之前他们一直没有受到重视。这一决定为Cobra的快速增长提供了坚实的推动力。

2. 接下来的几年,我一直是Cobra的代言人,每年可以获得一笔收入,很快我就收回原始投资。因此,我的投资回报率始终是有保证的,我持有一家高速成长的公司12%的股份。

3. 在那段美好幸福的日子里,我一直是全球排名第一的高尔夫球员,是世界级选手。因此,对我们来说幸运的是,在这项20世纪80年代蓬勃发展的体育运动中,我的曝光率很高,这提升了产品的知名度。

你有没有什么离经叛道的习惯?

我在刷牙时会单腿站立,两条腿轮换。这样做对腿、重心和稳定性十分有益！

有没有某个信念、行为或习惯真正改善了你的生活？

2016 年 12 月我去了一次不丹，与佛教结缘。佛教不仅是一种宗教，而且是一种非常有意义的生活方式。

在你的专业领域里，你都听过哪些糟糕的建议？

"这件事是不可能完成的。"

你用什么方法重拾专注力？

首先我会尽可能大声地喊一句脏话，然后判断一下，是"立即行动"还是"适时行动"。

我还会去健身房，享受一段独处的时光。我会进行自我分析，并消除当时以及一天的压力。

如果是在我的农场，我就会骑上我的爱马"公爵"长途跋涉一番。这也是一种解压的方式，因为大自然是一位出色的治疗师。

巨人的方法

好事会降临到努力工作、永不放弃的人的身上

丹尼尔·埃克（**Daniel Ek**）

推特／脸书：@eldsjal
          spotify.com

丹尼尔·埃克　著名流媒体音乐服务提供商声田的首席执行官。声田拥有超过1.4 亿的月活跃用户。丹尼尔被《福布斯》评为"音乐界最重要的人物"。在十几岁的时候，丹尼尔在自己的卧室里为各大公司创建网站，并提供网站代管服务。他大学时辍学，先为多家网络公司工作，后来创办了在线营销公司 Advertigo。2006 年，他把这家公司卖给了瑞典数字营销公司 Tradedoubler。之后，丹尼尔与 Tradedoubler 公司的联合创始人马丁·洛伦松成立了声田，并担任首席执行官。

你最常当作礼物送给他人的 3 本书是什么？

马修·萨伊德的《黑匣子思维》。自从读了这本书，我就将这种解决问题的方法融入每天的工作。我一直鼓励周围的人不要害怕失败，因为我觉得失败是最有价值的学习工具。

保罗·柯艾略的《牧羊少年奇幻之旅》。我和保罗在瑞士度过了一个鼓舞人心的夜晚，那时我们正准备在巴西推出声田。我很高兴和保罗谈了谈他的这本书是如何成为畅销书的——他从未退缩，他让读者免费阅读这本书，以此促进销量，这和早期声田的免费增值模式一样。

索菲娅·埃克的《雷区女孩》。我的妻子索菲娅最近出版了她的处女作。我为她写这本书所付出的辛勤努力和敬业精神感到非常自豪。我不知道她在悉心照顾我们的两个女儿的同时是如何写成这本书的。这本书讲述了一位年轻的西方女性在独裁统治下生活和经商的经历。这是一个关于爱情与喧嚣的故事。在她所塑造的世界里，一切都并非表面上看到的那样。

查理·芒格的《穷查理宝典》。多年来，我一直很喜欢在网上看查理·芒格的演讲。这本书汇集了他最好的演讲。最近坐飞机时我看了《成为沃伦·巴菲特》，它让我想起了查理的传奇一生。

有没有某个信念、行为或习惯真正改善了你的生活？

我每天至少会安排两次以"边走边聊"的形式进行的会议。如果会议双方不在同一地点见面，我会用手机上的谷歌环聊，边走边把手机屏幕放在面前，同时戴着耳机。这有助于我集中精力并激发灵感，而且明显对健康有益。

有没有某次你发自内心喜欢甚至感恩的"失败"？

我大学辍学后创立了自己的公司，并帮助其他公司建立网站。当时，我的朋友和家人都觉得我疯了。但是，我母亲一直很支持我，她是我的坚强后盾。当然，她更希望我上大学，打好扎实的知识基础。但更重要的是，她对我说："做你真正想做的事，无论如何我都会站在你的身边。"正是因为有了这种支持，我觉得世上没有什么事是我不能做到的。你只需要大胆去做。如果你敢，你就已经领先其余 99% 的人了。

在你的专业领域里，你都听过哪些糟糕的建议？

"好事会降临到那些等待的人的身上。"如果我听从了这句话，声田就只能停留在一个创意上。早期我们被拒绝了很多次。爱尔兰摇滚乐团 U2 的主唱保罗曾经对我说："好事会降临到努力工作、永不放弃的人的身上。"我觉得这句话更合理。

没有什么灵丹妙药可以代替"对不起"三个字

斯特劳斯·泽尔尼克 (Strauss Zelnick)

照片墙：@strausszelnick
       zmclp.com
       take2games.com

斯特劳斯·泽尔尼克 2001 年创立了泽尔尼克媒体集团，专门从事传媒行业的私募股权投资。斯特劳斯现任 Take–Two 互动软件公司的首席执行官兼董事会主席。这家公司是泽尔尼克媒体集团的最大资产，也是视频游戏开发商，推出了《马克思·佩恩》《侠盗猎车手》系列和 WWE 2K（手游）等风靡全球的游戏。斯特劳斯还是美国教育网络公司的董事、Alloy 公司的董事会成员。在成立泽尔尼克媒体集团之前，他曾担任贝图斯曼唱片公司的总裁兼首席执行官。当时，贝图斯曼是全球最大的唱片公司之一，在 54 个国家和地区拥有 200 多家唱片公司。斯特劳斯拥有维思大学的本科学位、哈佛商学院的工商管理硕士学位，以及哈佛大学法学院的法学博士学位。

你最常当作礼物送给他人的 3 本书是什么？

　　戴尔·卡内基的《人性的弱点》。卡内基是商业自助运作的创始人。

除了参考文献有些过时，标题有些大，这本书实乃领导力和销售技巧的绝佳指南。

你长久以来坚持的人生准则是什么？

一定要问自己："我错过了什么？"然后听听答案。

有没有某个信念、行为或习惯真正改善了你的生活？

每周锻炼 7 至 12 次，锻炼的方式多种多样，而且常常是和一群志趣相投的人一起。我们都很自律，我们的队名是"#TheProgram"。这改变了我的健身方式，也极大地改善了我的生活。

我坚信，凡事都要慢慢启动。那些承诺在 3 周内就能练出搓衣板一样的腹肌的杂志只是想提高销量。如果你的身材不是很好，你想练就一副好身材就不是一朝一夕的事。此外，不要期望一夕之间就能扭转乾坤。在开始你的健身计划时，一种方法有益且温和，那就是每周选择 3 天，每天做大约 10 分钟的健美操，比如俯卧撑、仰卧起坐、开合跳、深蹲等，然后快走半个小时。几周后，你可以去健身房上一门简单的健身课程，或是请私人教练，抑或选一些在线课程。每周锻炼两三次即可，等到身体适应后再增加。如果你在开始时慢慢适应，养成 3 个月左右的锻炼习惯，你就很可能会坚持下来。

记住，不要暴饮暴食。世间没有什么神奇的健身之法。我非常喜欢马克·佩里的增肌方法，它适合所有人，而且效果明显，你尤其要搭配上他的饮食建议。

有没有某次你发自内心喜欢甚至感恩的"失败"？

我每天都会犯很多错误，但我会及时发现并纠正过来，或者至少会设法解决。失败由很多未被发现或未被纠正的小错误组成。我"很喜欢"的一次失败是我有一次不经意间违背了商业道德——我的行事之道以及我们公司的品牌诚信优先的原则。事情是这样的，当时我的公司与一位合作伙伴共同运营一项业务，因为我们之间的协议，我的公司不能收购另一家具有竞争力的公司。尽管如此，我们还是认真研究了另外一笔交易，这笔交易虽然与我们不能收购的那家公司不完全一样，却在相似领域。我说服自己相信这笔新的交易真的与我们的协议不冲突。我这样做的主要原因是我想开一家这样的公司，同时避免潜在的风险。在快要收购这家公司的时候，我去找合作伙伴，告诉了他们我的计划。他们都要气炸了。那我最后是怎么做的？我个人承担了所有责任。我再三致歉，尽全力把错误纠正过来。最重要的是，我再次吸取教训：永远不要做损害你正直的事情。这一点我以为自己早就知道了。正直是你的全部。不管怎样，收购新公司的交易最终未能达成。

虽然道歉会让人觉得尴尬或不适，但这是成熟和良好品格的标志。不幸的是，没有什么特别的魔法可以代替"对不起"。该道歉就要道歉。

你做过的最有价值的投资是什么？

教育。我上了 4 年大学，又念了 4 年研究生。当时看起来时间好像很长，却是值得的。

你会给刚刚毕业的大学生什么建议？你希望他们忽略什么建议？

想清楚你心中成功是什么样子的。不要接受他人的观点或传统智慧。写下 20 年后你要在个人生活和职业上取得什么样的成功，然后将时钟拨回到今天，确保你现在的选择符合那些目标。

我二十几岁的时候画了一幅水彩画，描绘了我几十年后的生活。对我而言，工作上的成功就是掌控一家大型多元化媒体娱乐公司，拥有大量股权。个人生活上的成功是组建一个家庭，有我爱的妻子和孩子，我们在纽约过着舒适的生活。我现在的生活就是如此。它并不完美，也不适合所有人，但是我确实基本上实现了我当初的梦想。如今，我大部分时间都心满意足。

你用什么方法重拾专注力？

我会休息一下，不要对自己太苛刻。锻炼一下身体，之后我会问自己："我是否在正轨上？我只是因为今天没有进展而感到沮丧，还是需要重新考虑自己的做法？"如果这样做没有什么帮助，我会求助我信任的密友和妻子。如果还是无济于事，我会 24 小时内不再思考这些问题。一天过后，迷雾散去，一切都了然于心。

发人深思的箴言

蒂姆·费里斯

（2016年8月12日—9月9日）

当你觉得自己走到尽头时，你其实往往是在另一旅程的起点上。

——弗雷德·罗杰斯

著名电视节目《罗杰斯先生的街坊四邻》的制作人

以其终不自为大，故能成其大。

——老子

中国哲学家，著有《道德经》

值得做的事情都值得用心去做。

——梅·韦斯特

美国经典影片中最伟大的女明星之一

如果你发现自己在进行一场公平的战斗，你的目标就定得太低了。

——大卫·哈克沃斯上校

美国前陆军上校和著名军事记者

庆祝童心

史蒂夫·尤尔韦特松（Steve Jurvetson）

推特：@DFJsteve
脸书：/jurvetson
　　dfj.com

史蒂夫·尤尔韦特松　硅谷顶尖风投公司德丰杰风险投资公司合伙人。史蒂夫被世界经济论坛评为"全球青年领袖"，并被德勤评为"年度风险投资人"。《福布斯》多次将史蒂夫选入全球最佳创投人榜单，他被评为"科技界最佳风险投资人"之一。2016 年，奥巴马总统任命史蒂夫为"全球创业精神总统大使"。此外，史蒂夫还是太空探索技术公司、特斯拉等知名公司的董事。他是世界上第一位拥有特斯拉 Model S 的人，也是继埃隆·马斯克之后第二位拥有特斯拉 Model X 的人。

你最常当作礼物送给他人的 3 本书是什么？

　　礼物 1：艾利森·戈波尼克的《摇篮里的科学家》。如果我的哪位极客朋友即将迎来他们的第一个宝宝，我会送他这本书。礼物 2：恩斯特·克莱恩的《玩家1号》。我把这本书送给我所有用苹果电脑编程的高中同学，还有和我一起打《龙与地下城》的伙伴。书中提到了个人计算早期的许多东西，包括著名摇滚乐队 Rush 的《2112》、TRS-80 台式微型计算机，还有卡带游戏等。

对我产生了最大影响的书包括：

凯文·凯利的《失控》。这本书介绍了受生物学启发的进化算法和信息网络的力量。

雷·库兹韦尔的《机器之心》。摩尔在集成电路行业的起步阶段从一个长期趋势中观察到一种衍生指标，也就是一种折射信号。这一趋势引出了各种哲学问题，并预测了难以想象的未来。库兹韦尔对摩尔定律的抽象化解释揭示了对数量级的计算能力，并发现了一条持续了110年的双指数曲线！计算机的发展经历了5次范式转变，其中就包括机电计算器、真空管计算机。在此期间，1 000 美元可以购买的计算能力每两年就会翻一番。在过去的30年中，计算能力则是每年都在翻倍。在加速变化的现代技术领域，我们很难找到具有任何预测价值的5年趋势，更不用说跨越几个世纪的趋势了。

自从读了库兹韦尔这本书，我一直在更新这张图表，每次演讲都会展示给大家看。下图是最新的版本。

进一步说，这是有史以来最重要的一张图表。地球上的任何一个行业都离不开信息技术。以农业为例，你可以问一个农民20年后他们是如何竞争的，而这将取决于他们如何利用信息，这些信息的范围从卫星图像驱动的机器人领域的优化到种子代码。信息技术与工艺或劳动力无关。随着信息技术不断推动经济的发展，它最终将渗透到每个行业。

市场的非线性变化对创业精神和重大变革也至关重要。科技的指数级发展速度一直是持续颠覆市场的主要力量，它为新公司带来一轮又一轮的机会。没有颠覆，创业者就不会存在。

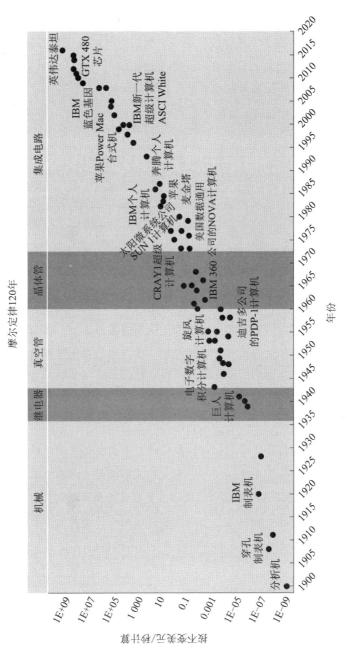

摩尔定律120年

机械　继电器　真空管　晶体管　集成电路

每秒每1 000美元/秒

1E+09
1E+07
1E+05
1 000
10
0.1
0.001
1E-05
1E-07
1E-09

1900 1905 1910 1915 1920 1925 1930 1935 1940 1945 1950 1955 1960 1965 1970 1975 1980 1985 1990 1995 2000 2005 2010 2015 2020

年份

分析机
穿孔制表机
IBM制表机
巨人计算机
电子数字积分计算机
旋风计算机
迪吉多公司的PDP-1计算机
IBM 360计算机
CRAY1超级计算机
美国数据通用公司的NOVA计算机
太阳微系统公司的产品
SUN 1计算系统
IBM个人计算机
苹果麦金塔
奔腾个人计算机
苹果Power Mac台式机
IBM蓝色基因超级计算机
IBM新一代超级计算机
ASCI White
英伟达泰坦GTX 480芯片

摩尔定律对经济来说是外源性的，经济增长和加速进步的原因就在于此。在德丰杰风险投资公司，我们每年都会接触各种创业想法。我们在这些想法的日益多样化和全球影响中看到了摩尔定律的影子。当前，受科技创业浪潮影响的行业更加多样化，从汽车、航天到能源和化工，这些领域的发展速度比 20 世纪 90 年代高了一个数量级。

有没有某个信念、行为或习惯真正改善了你的生活？

Whole30 饮食法。经过 30 天的肠胃清理后，我不再吃面包和（非自然生产的）糖了。我比以往任何时候都更有活力，一觉睡到天亮，体重回到高中时的水平。

吃过人造肉后，我相信它将加速人类道德的发展，就像奴隶制的经济替代选择让社会认识到奴隶制的恐怖一样。回顾过去的两千年，我们可以看到，随着文化的成熟我们发生了多大的变化。我们很难确定，我们现在所做的那些主流人士认为道德的事情，在未来是否依然是道德的。作为食肉者，我现在第一次在自己身上反思这一点。我相信，几年后当我们回过头来看，我会惊叹于吃肉的野蛮及其引发的令人震惊的环境浪费（消耗水、产生甲烷）。

我们的同理心一般会随着时间的推移而扩大，但有时也会成为回溯过去时解释某件事的借口。我们通常不会在礼貌的谈话中讨论肉类行业，因为我们不想面对不可避免的认知偏差（因为培根真是太美味了）。我们并不想知道为什么美国农业部几乎所有的肉类检验员都变成了素食主义者。我认为，当肉类通过细胞进行培养而不是在田间养殖时，一切都会改变。我们会转而谴责以前的自己。

你有没有什么离经叛道的习惯？

和孩子们一起在家发射大型自制"火箭"，收集阿波罗号飞船的手工艺品。我已经把德丰杰风险投资公司变成了太空博物馆。

你长久以来坚持的人生准则是什么？

"庆祝童心。"在我看来，最优秀的科学家和工程师都有一颗童心。他们都很顽皮，思想开阔，不受内心理性或害怕失败的束缚，不受集体愤世嫉俗的影响。

童心有什么好处吗？我要再次强烈推荐艾利森·戈波尼克的《摇篮里的科学家》，即将有孩子的人都应该读一读。艾利森的一个主要结论是："婴儿比我们聪明得多，如果聪明是指学习新事物的能力，那么我们至少可以这么说……他们会进行思考，得出结论，做出预测，寻找解释，甚至做实验……实际上，科学家之所以成功，恰恰是因为他们的做法和婴儿一样。"

人脑的大部分能力来自大量的突触互联。圣达菲研究所的杰弗里·韦斯特发现，在所有物种中，突触/神经元的扇形生长与大脑质量成幂律关系。

在两三岁的时候，儿童的突触数量达到顶峰，是成人大脑的 10 倍，能量消耗是成人大脑的两倍。从那以后就开始走下坡路了。

加州大学旧金山分校记忆与衰老中心绘制了一幅认知能力下降图，发现 40 多岁时和 80 多岁时会出现同样的下降趋势。我们一般只会注意到年纪越大认知能力下降得越厉害，尤其是当我们开始忘记大部分我们想记住的东西时。

但是，我们可以对这一趋势施加影响。加州大学旧金山分校的迈克尔·默策尼希教授发现，成年人的神经可塑性并未消失，我们只需要智力锻炼。要么使用它，要么失去它。最重要的是，坚持终身学习，尝试新鲜事物。体育锻炼是重复的，而智力锻炼是不拘一格的。

滑板运动能够改变世界

托尼·霍克（Tony Hawk）

推特 / 照片墙 / 脸书：@tonyhawk

birdhouseskateboards.com

托尼·霍克　可以说是有史以来最著名的滑板巨星。他在 1999 年世界极限运动会（X Games）上完成了空中旋转 900° 的高难度动作，成为第一个能够达到如此高度的滑板高手。《托尼·霍克职业滑板》是历史上最受欢迎的视频游戏之一，其获得的收入已超过 14 亿美元。托尼拥有多家公司，包括 Birdhouse 滑板公司、霍克服饰公司、托尼·霍克签名系列体育用品和玩具公司。托尼·霍克基金会已向全美 500 多个滑板公园项目捐赠了 500 多万美元，这些项目每年为 480 多万名儿童提供服务。

有没有某次你发自内心喜欢甚至感恩的 "失败"？

当我第一次着手参与开发有关滑板的视频游戏时，我与很多发行商见过面，但都令人十分失望。有几次见面差点儿吵起来。我发现自己总是在捍卫滑板运动，而不是根据我喜欢的运动来推销游戏。事后

巨人的方法

看来，当时的时机不对。几年后，动视公司邀请我参与游戏制作，也就是后来的《托尼·霍克职业滑板》。如果第一次的那些尝试成功了，我相信我们的游戏早已进入尚不喜欢滑板运动的人的视野了。尽管当初那些会面很令人沮丧，但它们为我提供了我所需的动力，让我为合适的时机做好了准备。

你长久以来坚持的人生准则是什么？

滑板运动能够改变世界，享受滑板带来的乐趣吧！

你有没有什么离经叛道的习惯？

弹球！我会不远千里，就为了玩上好的老式弹球机。我家和办公室都有几张玩弹球的桌子。

有没有某个信念、行为或习惯真正改善了你的生活？

我不再让自己那么忙碌，以免错过与家人在一起的微小但十分重要的瞬间。在我所爱的人需要我时，我会待在他们身边，而不是追逐每个商机，沉浸在工作、滑板或旅行之中。对我来说，与妻子和孩子保持真正的亲密关系是一个相对较新的概念，但它带我走进了比以往更有意义的生活中。

你会给刚刚毕业的大学生什么建议？你希望他们忽略什么建议？

成功不应以挣到多少钱来衡量。真正的成功是做你热爱的事，并以此为生。全方位了解你所在的领域，因为这样做会让你超越竞争对手，并且碰到更多往往也会更好的工作机会。

你能给创业者提供一些建议或警告吗？

我们已经与一些大公司建立了伙伴关系，包括麦当劳、百事旗下的菲多利公司、美泰公司等。我们彼此合作，开展许可交易。每次，我都要在创意方向、广告和产品方面争取最终的批准。有时，这会阻碍产品的发布或是活动的举办，但为了保持品牌的完整性，这些麻烦最终证明都是值得的。我的建议是，坚守自己的价值观和产品的方向，尤其是在与其他公司合作时。

如果事情发展的速度比你的预期更快，那么无论如何，都要控制好你的品牌或想法。

理性思考能提升整体幸福感

丽芙·波莉（Liv Boeree）

推特 / 照片墙：@liv_boeree
　　　　　　　https://reg-charity.org

丽芙·波莉　扑克牌手、电视节目主持人、作家。作为欧洲扑克巡回赛和世界扑克巡回赛的冠军，她赢得了 350 多万美元的比赛奖金，是国际最著名的扑克牌手之一，人称"铁娘子"。丽芙是"扑克之星"明星队的成员，曾 4 次获得欧洲年度最佳女牌手。她最大的爱好是科学，她拥有曼彻斯特大学物理学与天体物理学一级荣誉学位。丽芙是"有效利他主义运动"的坚定支持者。作为一种哲学理念，有效利他主义旨在使用证据和合理决策达到至善的效果。2014 年，丽芙参与创立了一个叫"为有效给予筹款"的组织，该慈善组织为全球最有效、最具影响力的慈善机构筹集资金。

你最常当作礼物送给他人的 3 本书是什么？

　　关系治疗师和心理学家迪安·德利斯的《激情陷阱》（*The Passion Trap*）。这本书是我即将结束一段非常艰难的恋爱关系时一位朋友送给我的。它极富启发性。作者研究了人类彼此吸引的心理力量，解释了亲密关系中最常见的引发矛盾的因素。这本书的一个关键结论是，双方关系不和谐很少是其中一方的原因，更常见的原因是失衡。这本书提供了很多策略来克服这些失衡，不管你是单身、即将分手，还是沉浸在幸福中的恋人，我都推荐你读一读这本书。

埃利泽·尤德科夫斯基的《地图与领土》（*Map and Territory*）和《如何改变思想》（*How to Actually Change Your Mind*）。毫无疑问，这两本书是我读过的关于现代理性思维的最佳之作。在我看来，作者是我们这个时代最伟大的思想家之一。尤德科夫斯基用有趣易懂的方式向读者解释了高度复杂的哲学和科学概念。读完这两本书，我觉得我终于找到了理解自己以及周围世界的工具。实际上，这两本书是《理性：从人工智能到僵尸》系列的第一本和第二本，这套书共包括6本。内容来自过去10年尤德科夫斯基在LessWrong.com网站上发布的博客文章。

最近有哪个100美元以内的产品带给你惊喜感吗？

阅读应用程序Blinkist，它可以让你在15分钟内了解一本非虚构类图书。

你做过的最有价值的投资是什么？

学习现代理性，我发现它给我生活的方方面面都带来了附加值。

玩扑克就是要做出最佳决策，我吃了一番苦头才明白我为不理性而犯的错误付出了多大的代价。也正因如此，我才有更多的动力去找出自己固有的心理缺陷。理性（和扑克）会教你如何量化地思考问题——如何做出更好的预测，如何更有效地评估自己的想法，从而更好地实现自己的目标。它还会教你如何更好地控制并处理自己的情绪。我发现它极大地提高了我的整体幸福感。

你长久以来坚持的人生准则是什么？

我觉得是，"行为的实际后果远比行为本身更重要"。

有一次，一位哲学家朋友向我解释道义论和结果论之间的区别，我心里不禁想："当然了，还用你说。"道义论认为，为了做道德上正确的事，必须遵守一套预先设定的道德规则或意识形态。如果某个行为违反了这些规则，那么无论结果如何，它都是不道德的。结果论认为，某个行为的道德价值完全取决于结果，行为本身并不具备道德分量，重要的是结果总体上是好是坏。

举个例子，假设有一个持斧杀人犯，如果你不先杀了他，他就会杀死许多人。道义论的坚定支持者会说："不管为什么，杀人总归是错的。"结果主义者则会说："杀人是错的，因为结果往往会造成痛苦。但是，如果可以防止更大的痛苦发生，杀人就是可以的。"在这种情况下，我们大多数人很容易认同第二种思维方式。我们都知道要获得更大的利益，因此很容易认同结果论的价值。

道德启发法这种经验法则以前可以产生社会效益，特别是在近代科学出现以前的年代，那时教育水平很低，迷信和没有根据的信仰占主导地位。但是，我们现在随时可以接触到科学数据，和以往任何时候相比，我们都能更准确地评估行动的后果。因此，我们应该更加开放地重新评估我们仍然遵循的许多意识形态方面的经验法则。

你有没有什么离经叛道的习惯？

我不刮腿毛，而是喜欢一根一根地拔，这也是我多年来最喜欢的冥想形式。虽然会花很长时间，它却是让我内心平静的最有效的方法！

你如何拒绝不想浪费精力和时间的人和事？

我以前是个特别爱热闹的交际花，我喜欢见到更多新面孔的聚会。只要举办晚宴，我就会邀请身边的每一个人。我不想漏掉任何一个我认识的人，也不希望他们没有认识彼此的机会。我有点儿过于喜欢成为焦点了！

现在，大多数大规模的聚餐我都会拒绝。我更喜欢一次只与一个人对话的聚餐。如果是五六个或者更多的人，讨论往往就会支离破碎，没有连续性。我发现我的重心从数量转移到质量上。我更重视与几个人多一点儿时间在一起，而不是与更多的人在一起，每个人分配更少的时间。

有没有某个信念、行为或习惯真正改善了你的生活？

每当我需要对不确定的事做出预测时，比如"我会乘坐这次航班吗""我的伴侣有多大可能因为我不洗碗而生气"，我会尝试给"也许""有时""偶尔""可能"等模糊词分配一个百分比。每当我使用这样的字眼时，我都会在 0 到 100%（也就是在"从不"到"总是"）之间选定一个数字。尽管这些数字常常让人感到很模糊，但我发现自从养成这个习惯以来，我的决策结果有了显著的改善。毕竟，我们所在的现实世界是由数学控制的，我们应该训练自己的大脑，让自己的思维方式尽可能与现实相符。

在你的专业领域里，你都听过哪些糟糕的建议？

在扑克游戏中，人们最常犯的错误是高估自己读懂别人的能力。典型的糟糕建议通常包括"注意他们的眼球运动"（人们在撒谎时通常会非常注意自己的眼睛），或是"他看上去很紧张，这肯定是在虚张声势"（紧张和兴奋看起来很相似）。观察到的反应远不如我们学到的知识那样一致和可靠，要想玩好扑克，一定要对游戏背后的数学理论有扎实的了解，这一点更重要。

你用什么方法重拾专注力？

找出无法集中精力的根本原因，这一点很重要。这只是因为今天过得很糟，还是我真的讨厌做这件事？如果答案是前者，并且时间允许，我就会暂时停下来，做些更有趣的事情，等注意力回来——有时候要到第二天才能集中精力。如果答案是后者，我就有必要研究一下为什么我这么没有动力。如果我知道完成这件事的好处，但还是不喜欢做，那就意味着我的考虑还不够全面。接下来，我会列出原因，看看能否找到一种完成任务的新方法，同时完全避开那些麻烦的部分。如果不能，我至少可以做一次更有效的成本效益分析，然后决定是否继续下去。如果我仍然认为这件事是值得的，那么动力很可能会自己回来。

我相信自然赋予的能量、力量和自由

安妮·米斯特·索里斯多蒂尔（Annie Mist Þórisdóttir）

照片墙 / 脸书：@AnnieThorisdottir

anniethorisdottir.com

安妮·米斯特·索里斯多蒂尔　2009 年首次参加 CrossFit 比赛，获得第 11 名。2010 年，她在 CrossFit 比赛中获得了第二名的好成绩，之后成为世界上第一个连续赢得 CrossFit 比赛的女冠军。安妮在 2011 年和 2012 年被评为"世界上最健康的女性"。2013 年，安妮背部严重受伤，康复之后又回到 CrossFit 的大舞台，并在 2014 年的比赛中获得亚军。

你最常当作礼物送给他人的 3 本书是什么？

　　我主要送关于冰岛风貌的书，比如西古吉尔·西古尔琼松的《冰岛小世界》（*Iceland Small World*）或乌努尔·约库尔斯多蒂尔的《壮丽的冰岛》（*Iceland in All Its Splendour*），其中收录了埃伦德和欧尔绍尧·哈贝格拍摄的图片。我觉得冰岛对我而言很重要，它代表着我来自哪里。我相信自然赋予的能量、力量和自由。

最近有哪个 100 美元以内的产品带给你惊喜感吗?

5 分钟日记本可以记录每一天的重要日程,我是在"城市旅行者"店里买的。也许还有 Spiralizer 切菜神器,它可以让沙拉吃起来更有趣。

有没有某次你发自内心喜欢甚至感恩的"失败"?

2013 年,我背部受伤了,L5-S1 椎间盘突出。这让我意识到自己有多么喜欢训练和比赛,直到那时我才知道它们对我有多重要。

你长久以来坚持的人生准则是什么?

"梦想会成真的,你只需要为之努力。"

你有没有什么离经叛道的习惯?

我喜欢看动画片,甚至会去电影院看。看动画片会让我很开心,《神偷奶爸》看多少遍我都不会厌倦。

有没有某个信念、行为或习惯真正改善了你的生活?

我不再为未来忧虑过多。我专注于充分利用每一天,我相信它会把我带到自己向往的地方。

有没有哪项你很喜欢或是很有价值的运动,但大多数 CrossFit 运动员却忽略了?

低强度的耐力运动。大多数 CrossFit 运动强度都很大,但我们往往会忘记建立有助于锻炼耐力和加快恢复速度的能量体系。

你用什么方法重拾专注力?

我会努力集中精力,专注于自己,牢记我为什么要做这件事。我最喜欢的一句名言是:"在成为运动员的背后,在刻苦训练的背后,在教练不断敦促的背后,有一个小女孩,她爱上了这种比赛,从未回头……为她而战。"

安妮·米斯特·索里斯多蒂尔 309

发人深思的箴言

蒂姆·费里斯

（2016 年 9 月 16 日—10 月 14 日）

我不仅用了我自己的所有梦想，而且用了我能借到的所有梦想。

——伍德罗·威尔逊

美国第 28 任总统、诺贝尔和平奖得主

人生的充实和贫乏与勇气的大小成正比。

——阿奈丝·尼恩

著名散文家、回忆录作家，著有《情迷维纳斯》

作家不应该因为凝视而感到羞耻。没有什么是不需要他注意的。

——弗兰纳里·奥康纳

美国作家、美国国家图书奖获得者

愤怒往往与在公共场合表现出来的痛苦很像。

——克丽斯塔·蒂皮特

广播员、皮博迪奖获得者、畅销书作家

知道自己是谁，就是知道自己不是谁的过程

马克·贝尔（Mark Bell）

照片墙：@marksmellybell

YouTube：supertraining06

HowMuchYaBench.net

马克·贝尔　萨克拉门托"超级训练馆"的创始人，它通常被称为"美国西部最强的健身房"。在自己开设健身房之前，马克曾在西部杠铃俱乐部跟随传奇人物路易·西蒙斯学习和训练。马克在力量举比赛中最好的有效成绩为深蹲 465 千克、仰卧推举 377 千克、硬拉 335 千克。马克还是一位身家百万美元的企业家，也是专利"卧推弹弓"（Sling Shot）的发明者。卧推弹弓是一种辅助工具，有助于锻炼者保持正确的卧推姿势，同时增加重量和次数。

你最常当作礼物送给他人的 3 本书是什么？

加里·维纳查克的《出击》。这本书十分具有前瞻性，它认识到推特和尚未成熟的技术的重要性。加里认为，所有形式的广告都将被抛弃。他还预测营销将会发生转变，焦点会从专业运动员和名人转到网

红身上。这本书使我认识到，既然每个人都能上网，那么我就有足够的条件建立一家大公司，即使在家里也能做到。

蒂姆·费里斯的《每周工作 4 小时》，这本书教会了我如何更好地安排时间以及不让自己太忙的价值。

吉姆·文德勒的《力量训练 5/3/1》。想要变得更强壮，方法可以很简单，也可以很复杂。吉姆·文德勒向我们出色地介绍了一种简洁、简单但十分有效的健身方法。

你长久以来坚持的人生准则是什么？

"要么加入，要么挡路。"我们通常会追赶那些非同路之人，这些人出于各种原因并不适合我们的生活或生意。和这些人在一起是浪费时间，我们应该把重点放在我们的同路人身上。

"知道自己是谁，就是知道自己不是谁的过程。"这句箴言是我父亲迈克·贝尔说的。力量举和许多竞技运动一样，要想成为第一名是极其困难的。我已经深深迷恋上力量举，我会尽我所能做到像埃迪·科恩一样强壮。父亲在我人生中正确的时候说了这句话。他让我意识到，我对力量举的影响也许会与这个领域有史以来最伟大的运动员截然不同。

有没有某次你发自内心喜欢甚至感恩的"失败"？

我有几次胸肌拉伤。作为发明人，我有权说自己是因为肌肉拉伤才发明这些专利的。如果不是因为胸肌拉伤，我可能不会想到要发明"卧推弹弓"了。到目前为止，卧推弹弓已经售出 50 多万件。卧推弹弓是上肢锻炼的辅助工具，可以训练受伤部位及其周围的肌肉。此外，它还可以让你安全地承受更多的重量。利用卧推弹弓，你可以举起更重的物体，慢慢地，不用它你也可以举起更重的物体。它还可以提升你卧推的姿势，从长远看，这一运动模式会永久地扎根在卧推和俯卧撑运动中。

　　　　　　　　　　　　　　　　　　　巨人的方法

你做过的最有价值的投资是什么?

我花了 1 200 美元学习如何成为职业摔跤手。摔跤界的娱乐方式就是在摄像机或现场观众面前拍摄宣传片。这种公开讲话的形式是我做过的最难的一件事。因为是在同行和现场观众面前讲话,所以你必须反应迅速并即兴发挥。更糟糕的是,你讲话的时间是有限的,而且要记住在宣传片中必须说的内容。职业摔跤还教会我如何缓解精神紧张,那就是走到别人面前,自我介绍,然后握手。

最近有哪个 100 美元以内的产品带给你惊喜感吗?

我在日本用 200 日元(约合 2 美元)买了一副喜剧演员格劳乔·马克斯戴的那种眼镜。这副眼镜将所有人的注意力从其他摔跤手身上转移到我身上,这就是一种自我推销的方式。

你有没有什么离经叛道的习惯?

我喜欢疼痛的感觉。我喜欢通过锻炼把自己累得很惨。我不一定热爱这种痛苦,但是我很喜欢长期以来从中获得的效果。

我会在浴室的镜子上写下我的目标,我会写上体重和卧推的目标,等等。我每天都写,这些梦想因此变成了可以实现的目标。

在你的专业领域里,你都听过哪些糟糕的建议?

在我的专业领域,最根本的目标就是举起最重的重量。然而,要想成为最强壮的人,你应该举起最适合的重量,而不是将重量最大化。一般而言,力量举运动员和教练倾向于加大重量和频率。我认为,我们总想承担超过我们能力范围的东西,从某种程度上说,这是人类的天性。然而,要取得进步,你需要举起合适的重量,做一些更现实的事情。任何不自量力的做法,都会使你陷入危险的境地。

你会给刚刚毕业的大学生什么建议？你希望他们忽略什么建议？

我会告诉他们在自己身上多花些时间，一定要做一些身体锻炼，坚持某种饮食方式以保持健康。如果这件事做不到，其他事情就会变得更艰难。

应该忽略的事情：其他人或公司在做什么。如果你不目视自己的前方，悲剧性的失误就会发生。这就是为什么赛马会被戴上眼罩。如果它们向左或向右看，不仅自己会受伤，其他相关的人也会受伤。

我一直知道自己是可以的

埃迪·科恩（Ed Coan）

照片墙：@eddycoan
脸书：/ EdCoanStrengthInc

埃迪·科恩 有史以来最伟大的力量举运动员。他在这个领域创造了不止 71 项世界纪录。埃迪最好的单项成绩是深蹲 1 019 磅（约 462 千克）、卧推 584 磅（约 265 千克）、硬拉 901 磅（约 409 千克），总计 2 504 磅（1 135.79 千克）。他在体重接近 200 磅时，硬拉成绩达到了 901 磅。埃迪成为有史以来硬拉、卧推和深蹲三项比赛总和突破 2 400 磅的体重最轻的力量举运动员。

> 来自蒂姆·费里斯的话：本文的安排与其他篇目有所不同。埃迪是我童年时心目中的英雄，也是世界上最好的力量举运动员。我禁不住要问他一堆关于训练的问题。让我们一起看看他那经过实践检验的答案吧。

你一直很擅长运动吗？

小时候，我手眼协调能力很差，晚上不得不去伊利诺伊理工大学戴上类似马眼罩的东西练习，因为我甚至连拍球都不会。我真的很矮。高一时，我还不到 1.5 米，体重只有 89 磅，所以我从未打过棒球，也从未踢过足球。我很害怕。不过，我最终选择了摔跤，因为正好有我这个重量级的摔跤班。也就是在那时，我发现了力量举。

我可以独自全身心地投入力量举，只有我和训练器械。我会在午夜时分到地下室去，坐在那些加了很少重量的器械上，因为没有人看我，我会发疯似的练几个小时，只有我一个人。

回顾 28 年来的训练记录，你有没有什么违反直觉或是特别令人惊讶的发现？

在我创下纪录的时候，我没有什么发现。但是，当我回头看时，我确实发现了。最惊奇的发现是我没有急于求成，而是每年取得四五次很小的进步。如果你在 28 年中每年都取得 4 次微小的进步，那么你会非常擅长自己所从事的事情。我从未想过："哦，我必须举起多少的重量或者必须达到什么样的标准。"我只是想："我要变得更好。要想进步，我必须这样做。这些是我的弱点，我需要克服。"

你在力量举领域看到的新手最常犯的错误是什么？

他们不懂得要慢慢来。他们也没有长远目标，没有大局观。我会问年轻人一些古老的问题，这些问题每个过来人都会问。"5 年后你想达到什么水平？你希望自己有什么样的成绩？"如果把这些问题应用于力量举，很多人都不理解。他们只会想："6 个月内我要做什么？"他们没有意识到，如果你把身体的各个方面都锻炼得十分强壮——你可能会在短短 3 年内做到这一点，那么你相当于创造了一台坚不可摧的机器。它不会受伤，不会崩溃，你可以一生都拥有它，因为你一直初心未改。

他们没有一点一滴地慢慢积累。就像有人可以写出世界上最好的论文并交给老师，但从语法上讲，他们只能得较低的分一样。他们不在小而重要的事上花时间，比如辅助训练、额外的健身技巧训练、适当的饮食习惯、预防受伤的锻炼等。

我很幸运，因为性格内向，所以我知道自己所有的弱点。我一年只参加两次比赛，因为我希望自己可以做到更好，并且有足够的时间来弥补自己的弱点。比如，我的优势在于背部和臀部。在漫长的休赛期间（大约从 12 月到次年 6 月中旬），我会做奥林匹克高杠合腿深蹲。我不会练习常规的硬拉，而是会不戴腰带，站在垫高的地方做硬拉，或是绷紧双腿从垫高的地方走下来。

对于卧推，我会问自己："怎么把它变得更难一些，从而有助于我的锁定状态？"我会抬起双脚，做更多的窄握卧推和上斜卧推。

我知道的那些方法不仅有助于我变得更强壮，还有助于我进行深蹲、硬拉和卧推。拥有漂亮的肱二头肌，即使不用它来做什么，也是很好的。

什么时候可以冲击力量举的最大重量？

一年参加两次比赛的时候。

一般来说，如果人们在体育馆不断冲击自己能举起的最大重量，那就说明他们十分没有安全感，对最终的结果没有信心。几十年前，我和弗雷德·哈特菲尔德（第一个在比赛中深蹲超过 1 000 磅的人）等人一起去了苏联。当时苏联还没有进行戈尔巴乔夫改革，苏联在力量举领域可以说首屈一指。我去了一家年代久远的健身房，就是你可能会在《洛奇》那样的电影里看到的健身房。我和那里的人聊了聊训练，他们说："你一生中会有很多次尝试举起最大重量的机会，为什么要在健身房浪费时间做这个呢？"我认同这一点。

有没有什么特定的训练，你觉得大家忽略了或者觉得更多的人应该练习？

通常是较难的动作，比如暂停式深蹲，就是蹲到最低位置时停留几秒。有的人承受不了那么大的重量，因为这样做更难，而且很多时候他们都不会这样做。当暂停时，从最低位置站起来的唯一方法就是整个身体向上起，在最佳的时间点做到同步。你的方法不能错，否则会立刻向前倾倒。我做箱式深蹲时不会停留在箱子上……我通过自学掌握了如何与杠铃保持一体。

你认为杠铃深蹲最常见的错误是什么？

人们在做深蹲时没有把身体当作一个整体。大家都以为做深蹲用的只是腿。他们会想"我不想伤了背部，所以后背不要用力"。但是，要扛起杠铃，你需要同等的向下的推力，这来自你的腿，还需要向上的推力，而这来自你的背。这两个动作会激活臀部，使其像门上的折叶一样移动。如果任何一个动作没有做好，你就会向前倾倒。因此，我会专注于整个身体，腿先用力，然后背用力，带动杠铃。这样一来，臀部就会做出反应。硬拉也是同样的原理。

你有没有喜欢或不喜欢的预康复训练？

莱恩·诺顿在过去的 4 年里臀部和背部一直有伤，不过他回来了。他在照片墙上（@biolayne）分享了一个对他帮助很大的臀部练习教程。我也尝试了一下，真的很管用。

我还会做一些凯利·斯塔雷特所讲的拉伸运动，用弹力带热身。我会用长曲棍球练习胸肌和菱形肌等。

以胸肌为例，你可以站在门框的侧面，将长曲棍球直接放在胸肌的肌腱上，然后靠在墙上。如果是练习右侧的胸肌，那就站在左侧门框的前面，这样你的右臂可以伸直，穿过门框，右侧胸肌用力向墙的方向压球。关键是球不能动。你在压球的同时要上下移动伸直的手臂，你会感觉到球在肌腱上滚动。你会感觉到痛，不过这是你自己制造的，你可以忍受。

巨人的方法

在你的比赛生涯中，你有没有发现什么不寻常的康复方法？

我每周会去找鲍勃·戈德曼博士的朋友做 4 次脊椎按摩。每次我去找他，他都会从我的脚开始。现在，你会看到克里斯·达芬和凯利·斯塔雷特这样的人脚底踩一个东西来回滚动，他们在做脚踝的准备活动。当时，我们用的东西和算盘很像。做完后，我会四处走走，膝盖突然就不疼了，背部也不那么紧绷了。现在，我用的是长曲棍球。

我听说你在训练中从来都能达成计划的目标，这很罕见。你从哪里学到的方法？

我确定这是我自己发明的。我小时候经常读《美国力量举》这本杂志，但是我的训练计划是一个基本的线性循环过程，其中有很多辅助练习。我是这样做的：如果我有一个为期 12 周的训练计划，那么我会从第 12 周开始计划，包括动作组合、次数、重量，然后一步步倒推到第一周。我会预先确定每次训练的预先组合、次数和重量。不管是后屈腿、暂停式深蹲，还是哑铃肩推、俯身划船，在整个训练周期中，组合、次数和重量都会被算好。

然后，我会停下来看看这个计划，当然都是用铅笔写的。我会问自己："这里的每一步都可行吗？"如果要想一想才能回答，你就要赶紧修改计划。一定要确保它们百分之百可行。当你开始执行计划时，你的精神面貌会特别好。

我从未感到沮丧，也从未感到有压力。我从不担心"下周能做到这个程度吗"，我一直知道自己是可以的。

回顾你巅峰时期的训练，你每周是如何分步训练的？

周一深蹲外加其他腿部辅助训练。周二休息。周三卧推、胸肌辅助训练和大量肱三头肌训练。周三肱三头肌训练疲劳之后，周四我会训练肩部，主要的练习是坐姿颈后杠铃推举，练到 400 磅以上的重量。

周五硬拉（用负重较轻的深蹲热身），还有所有的背部训练。周六是轻重量的卧推训练，包括宽握卧推、哑铃飞鸟，主要是康复训练，偶尔我也会做一些轻量级的锻炼，比如弯举和推举。周日休息。

你长久以来坚持的人生准则是什么？

"友善待人！"

我年轻的时候很容易"生气"和"专注"，我发现这两个词让我的生活简单了很多。

放在以前，如果什么东西和我认为的不一样，比如形状或形式，我就会皱起眉头。我不知道这是不是因为像我这样内向的人很难表达自己的想法，抑或我就是个混蛋。我觉得我并不是混蛋，因为我从未冲动行事。

后来有一天，健身房来了一个白痴，真的让我特别不爽。

我深吸了一口气，没有揪着不放，而是走上前去对他说："嘿，怎么样？你看起来很不错。祝贺你完成学业。"我突然感到："天哪！太神奇了！"我仿佛释放了自己。愤怒不见了。因此，即使是现在，我也会试着缓解一下氛围，比如一句"嘿，你好啊。很高兴见到你"。如果我真的不喜欢某件事，或者某件事不适合我，我会走开或者与一个更积极的人交谈。

这一点我在力量举大师马克·瑞比托和斯坦·艾菲尔丁身上学到了很多。他们不让任何人或任何事影响他们的心情，就像水从天鹅背上滑落一样。

你用什么方法重拾专注力？

当我乘坐长途飞机旅行时，我会回顾过去两周的生活：我做了什么，我对此有何看法，我如何改进，我打算做些什么才不会犯错。实际上，斯坦·艾菲尔丁教会了我如何通过列清单的方式做到这一点，这可能只需要 30 分钟……当我把这些问题写在纸上时，我的情绪有了出口，想要继续下去会变得更容易。

举个例子，拖延和恐惧往往是我的绊脚石。当思考问题时，我倾向于从整体上看，所以经常会不知所措。如果我将其分解开来，写在纸上，半小时后再看，分解之后的东西似乎就没什么大不了。把它们写在纸上，看起来会容易得多，因为我心中的恐惧已经被外化。我可以看着它，同时意识到它并没有那么可怕。

有没有某个信念、行为或习惯真正改善了你的生活？

自从不再参加比赛以来，这几年我一直在练习截拳道，我很喜欢这种阻击对手的拳法。这项运动肯定在我的候选清单上。我必须教自己如何再次动起来，因为我想成为一名运动员，而不是一个"纸片大猩猩"。

你如何拒绝不想浪费精力和时间的人和事？

一张我裱起来的父母照片。我从未听父母说过任何人的坏话。这张照片让我思考如何对待我爱的每一个人。

这张照片是几年前拍摄的，是张半身照，我父母紧紧地挨在一起。我从未看过他们表现出这种深深的爱意，一辈子都未见过。他们有 5 个孩子，现在又有了很多孙子孙女，他们真的没什么机会向彼此表露爱意。现在他们已经 87 岁了，虽然有健康问题，但仍在努力地活着。他们热爱生活，热爱自己的孩子和孙辈，这是他们继续前行的动力。

我认为，他们在我不知不觉的情况下为我注入了观察力。直到今天，我仍然认为这是我真正擅长的一方面——静静地坐在那里观察。我从未尝试过成为派对或吵闹活动的焦点。我通常只是坐下来，面带笑容地观察。我觉得直到你长大以后开始回忆往事时，你才会意识到父母给予了你什么。

埃迪·科恩

你有没有什么离经叛道的习惯？

我喜欢自己制订的训练计划，不希望有任何事打乱我的计划。我父亲曾对我说："我知道自己千万不能在你训练力量举的日子去世，也不能选那个日子守夜或举办葬礼，因为我知道你是不会来的。"

从小时候起，我每天白天都会小睡一会儿。现在，我也尽量坚持做到。通常是 45 分钟到 1 小时，最好是下午 3: 30 或 4: 00。

你最近买过什么最好的东西？

不久之前，我刚刚做了一个手术，肺科医生和麻醉师来到我的病房，就像真人秀《干预》里的场景一样。我说："怎么了，医生？你们脸上可没有笑容啊。"他们说："我们必须谈谈。因为你的骨密度很高，肌肉和肌腱强大，所以手术比正常的时间长了一些。"

这对我来说没有什么，我很高兴。然后，他们又说："整场手术最难的问题就是让你保持呼吸。"随后，我参加了一次睡眠研究。他们发现，我在侧身睡觉时每分钟会停止呼吸 8 次，在平躺睡觉时每分钟停止呼吸 24 次。

于是，我买了一台 CPAP 呼吸机，它改变了我的生活，提高了我的注意力，帮我克服了类似抑郁症的消极思想。我的血压下降了，血液开始正常流动，一切都因这台机器发生了变化。我一直都有睡眠问题，只是从未意识到。

在你的专业领域里，你都听过哪些糟糕的建议？

"最新的训练理念是最好的！"大错特错。久经考验的基本要点为我们在健身房或其他场所所做的一切奠定了基础。

我希望这个问题不会让你觉得有所冒犯，为什么你的名字的拼写是"Eddy"？这是一个不常见的拼写。

这种拼写不太常见。我之所以没用 Eddie 这种拼写，和我第一次作为力量举导师的经历有关。我年轻的时候在宾夕法尼亚州匹兹堡参加过一次硬拉展览。那天是圣·帕特里克节，我看起来像个小妖精。我做了一个硬拉，一位女士拿着比尔·珀尔的大部头著作《健美与负重训练之路》（*Keys to the Inner Universe*）走上前来。她对我说："你能给我签个名吗？我相信你将来有一天会成为一位著名的力量举选手。"我说："当然了。"不过，我的手因为刚做完硬拉在不停地颤抖。我当时还系着腰带，手上还有滑石粉。我过去给她签了名，签的是"Eddy"。我想："我以后都要签成 Eddy，这样我给那位女士签的名才会一直有效。"

独立思考，同时保持完全开放的心态

瑞·达利欧（Ray Dalio）

推特：@RayDalio

bridgewater.com

瑞·达利欧 桥水基金的创始人、董事长兼首席投资官。桥水基金是机构投资组合管理领域的全球领导者，也是全球最大的对冲基金（超过 1 500 亿美元）。桥水基金以其"极度透明"的文化而闻名，其中包括鼓励异议、包容分歧、给所有会议录音或录像。瑞·达利欧的净资产估值近 170 亿美元。他与比尔·盖茨和沃伦·巴菲特一起签署了"捐赠誓言"，许诺在有生之年将其净资产的一半捐给慈善事业。他创建了达利欧基金会作为慈善捐赠的渠道。瑞·达利欧曾入选《时代周刊》"全球 100 位最具影响力人物"，以及《彭博市场》"全球 50 位最具影响力人物"。瑞·达利欧著有《原则》一书，他在书中分享了自己过去 40 年发展、完善并采用的非常规原则，这些原则也是他在生活和商业领域获得独特成就的原因。

你最常当作礼物送给他人的 3 本书是什么？

约瑟夫·坎贝尔的《千面英雄》、威尔·杜兰特和阿里尔·杜兰特的《历史的教训》、理查德·道金斯的《基因之河》。

最近有哪个 100 美元以内的产品带给你惊喜感吗？

袖珍记事本，我可以随时把我的创意记下来。

有没有某次你发自内心喜欢甚至感恩的"失败"？

我最痛苦的失败是我最好的老师，因为这种痛苦促使我做出改变。我"很喜欢"的一次失败发生在 1982 年，当时我在颇受欢迎的电视节目《华尔街一周》和国会上预测经济将陷入萧条期，结果我们立刻就迎来了牛市。

你长久以来坚持的人生准则是什么？

"独立思考，同时保持完全开放的心态。"

你做过的最有价值的投资是什么？

学习冥想。我是超觉冥想的忠实执行者，但我对其他类型的冥想也很感兴趣，有时也有所涉猎。

你有没有什么离经叛道的习惯？

我喜欢反思那些给我带来痛苦的错误。我会把自己的所思所想写下来。我还开发了一个 iPad 应用程序，帮助人们反思他们所经历的痛苦，我把这个程序命名为"痛苦按钮"。

有没有某个信念、行为或习惯真正改善了你的生活？

我认为我的人生正处于这样一个阶段，我能做的最重要的事情就是让别人在没有我的情况下获得成功。

你会给刚刚毕业的大学生什么建议？你希望他们忽略什么建议？

要乐于审视自己不知道的东西、自己的错误和缺点，因为了解它们对充分调用生活中的一切至关重要。

在你的专业领域里，你都听过哪些糟糕的建议？

"表现好的市场就是好的投资。"换句话说，如果有人说，"这家公司做得很好，应该买下来"，你应该思忖，"要小心，因为它的价钱已经涨起来了"。

你用什么方法重拾专注力？

我会冥想。

在生活中求解内心的迷惑

杰奎琳·诺沃格拉茨（Jacqueline Novogratz）

推特：@jnovogratz

脸书：Jacqueline Novogratz

acumen.org

杰奎琳·诺沃格拉茨　Acumen 公司的创始人兼首席执行官。这家公司通过募集慈善捐款，投资给那些改变全球贫困解决方式的公司、领袖和创意。在创立 Acumen 之前，杰奎琳在洛克菲勒基金会工作。她创立了"慈善工作坊"和"下一代领导力"计划，并担任负责人。她还在卢旺达与人共同创办了一家小额信贷机构 Duterimbere。杰奎琳通过大通曼哈顿银行在国际银行业开启了自己的职业生涯。她目前是 Sonen 资本和哈佛商学院社会企业计划顾问委员会委员，阿斯彭研究所和 IDEO.org 的董事会成员，以及美国对外关系委员会、世界经济论坛和美国艺术与科学学院会员。杰奎琳最近获得福布斯美国 400 富豪榜"社会创业终身成就奖"。

你最常当作礼物送给他人的 3 本书是什么？

　　拉尔夫·艾里森的《看不见的人》。我 22 岁时读的这本书，它让我深深地陷入思考。我开始思索社会为什么"看不到"那么多成员的存在。这本书现在依然会提醒我注意他人，遇到别人向他们示意问好。这听起来很简单，但会改变一切。

钦努阿·阿契贝的《瓦解》。这是我读的第一本非洲作家写的书。阿契贝用心刻画了变化所带来的挑战、殖民主义关系，以及权力中心和权力边缘的对比。今天，这些问题仍然十分重要。

罗因顿·米斯特里的《微妙的平衡》。这是一本狄更斯式的小说，以非凡而深刻的方式展现了人性，描述了印度城市贫穷生活的本质。尽管我读过很多非虚构作品，而且在印度工作了多年，但这本书还是让我有了新的理解。

有没有某次你发自内心喜欢甚至感恩的"失败"？

25 岁那年，我萌生了拯救世界的想法，心想可以从非洲大陆开始。我离开了华尔街，想着我有太多的技能可以分享，有太多的东西可以奉献，但我很快发现，大多数人都不想被别人拯救。我最需要的能力是道德想象力，或者换位思考和倾听的能力，我需要认识到简单的解决方案少之又少，但建立信任是通往可能性的力量之门。敢于梦想创造一个新的世界，谦虚地从当前的世界开始，学会在这两者之间达成一种平衡，这是我一生中学到的最重要的一课。对任何想要带来变革的人来说，这都是必不可少的领导力属性。而现在，我们所有人都应该贡献一分力量。

你长久以来坚持的人生准则是什么？

利润已不再是服务我们这个相互依存的世界的唯一重要因素。我们必须把关注点从股东转移到利益相关者身上。我们要有长远的眼光，衡量什么是重要的事情，而不仅仅是我们可以计算的事情。说起来容易做起来难。因此，我们 Acumen 公司起草了一份宣言，作为指导我们决策和行动的道德指南针。这是一份带领你通往成功的文件，我每天都会思考它的内容，尽管我并不总能做到。这份宣言是这样的：

> 首先要与穷人站在一起，倾听无人聆听的声音，在别人感到绝望的地方发掘潜力。这要求我们把投资当作一种手段而非目的，要敢于进军失败的市场，援助需要帮助的领域。这样一来，资本会为我们所用，而不是我们被资本控制。它以道德想象力为基础：谦虚地看待世界本来的样子，大胆地想象世界可能的样子。我们要有在边缘学习的雄心，要有承认失败的智慧，还要有重新开始的勇气。我们要有耐心、良善、韧性和毅力，这是一种来之不易的希望。我们要起到带头作用，拒绝自满，打破官僚主义，挑战腐败。我们要做正确的事，而不是简单的事。我们要在一个愤世嫉俗的世界中创造希望。我们要改变世界解决贫困问题的方式，建立一个以尊严为主的世界。

除了这则宣言，我可能会借用里尔克笔下的美妙诗句"在生活中求解内心的迷惑"。这句话很简单，提醒我们要有道德上的勇气生活在灰色地带，接受不确定性，但并不是以被动的方式。在生活中求解内心的迷惑，以便有一天，你可以在生活中找到答案。

你会给刚刚毕业的大学生什么建议？你希望他们忽略什么建议？

不用过于担心第一份工作，尽管开始，让工作来教你。每走一步，你都会更加了解自己想成为什么样子以及自己想要做什么。如果你等待最完美的工作，不做出任何选择，那么最后你除了这些选择可能一无所有。所以，不要等，开始吧！

在你的专业领域里，你都听过哪些糟糕的建议？

"为善者诸事顺。"谁想通过做坏事来成就一番事业呢？我们必须越做越好。这个历史时刻要求我们将目标置于利润之上，要求我们更清醒地认识到，我们拥有工具、想象力和资源去解决最棘手的问题。因此，是时候开始行动了。

你用什么方法重拾专注力？

我会跑一段很长的路，让自己想起世界的美好，明天太阳会照常升起，重要的是你还在场上。

写作领域所谓专家的建议都是错误的

布赖恩·科佩尔曼（**Brian Koppelman**）

推特 / 照片墙：@briankoppelman
briankoppelman.com

布赖恩·科佩尔曼 编剧、小说家、导演、制片人。他参与创作了热门电视剧《亿万》，并担任执行制作人。在写这个剧本时，他抱着碰运气的想法。在此之前，他作为《赌王之王》和《十三罗汉》的编剧，以及《魔术师》和《好运之人》的制片人而闻名于影视界。布赖恩曾执导过由迈克尔·道格拉斯主演的影片《孤独的人》，还主持了播客节目《瞬间》（*The Moment*）。其中我最喜欢的一集导师是导演约翰·汉博格，此人是《寻找伴郎》的编剧及导演，还担任过《拜见岳父大人》的编剧，作品很多。那一集节目就像一场有关电影学院和编剧艺术硕士生培养的专题讨论。

你最常当作礼物送给他人的 3 本书是什么？

下面这些是我送人最多也是最为推荐的书，它们在我的生活中都是至关重要的。

村上春树的《当我谈跑步时，我谈些什么》。

朱莉娅·卡梅伦的《唤醒创作力》。

托尼·罗宾斯的《唤醒心中的巨人》。

大卫·贝尼奥夫的《贼城》。

我列了 4 本书，但每一本书都值得介绍一下。村上春树的那本书讲述了要成为一名伟大的艺术家所需要的专注、投入和使命感。这本书可以说是对这个问题做了最好的提炼。村上春树表面上是在写自己的跑步生涯——大家普遍认为他是一个令人钦佩的长跑爱好者，但是他真正谈论的是如何抛却实现目标并不需要的一切东西。这本书写得细致严谨，十分鼓舞人心。它向读者发起挑战，激励他们进步。对我来说，这也是世界上最好的小说家写的最棒的非虚构作品。

《唤醒创作力》讲到一个方法，即晨间笔记，它是我遇到的清除障碍的最佳工具。如果你内心深处感到正在偏离自己的真实目标，那么这本书有助于你实现突破。

托尼·罗宾斯的书对我一直都很有用。这就是我和我的创作搭档大卫·莱维恩制作纪录片《托尼·罗宾斯：做自己的大师》的一个原因。这本书是我读的托尼的第一本书。它问了我一些关键问题，涉及我所讲的那些限制我成长的故事。我相信任何人都能从托尼的书中受益。

最后一本是贝尼奥夫的《贼城》。这本书真的是一本能给人带来快乐的书。小说具有实际的效用。我认为成就卓著的人有时会忘记一点，那就是小说会激起人内心的情绪，使你感到不安，迫使你参与难以解决的问题。这本书做到了这些，还令人十分愉悦。这本书我已经送给了 100 个人，他们都很感激我，他们自己也买了很多送人。

有没有某次你发自内心喜欢甚至感恩的"失败"？

曾经有一段时间，我们每年把一个试播节目的创意卖给高端的有线电视网络公司。我们会告诉这些公司的负责人我们的想法，他们付钱让我们写剧本，但我们交剧本的时候却被告知，他们不想制作这类节目了。每次他们放弃我们的剧本时，我都会十分痛苦。我喜欢每个节目，目睹了它的创作过程，却不再拥有它了。当最后一次发生这种情况时，伤害的方式有所不同。我坐直了身子说："不会有下一次了。"因此，当我们再有不错的想法时，我们决定写好剧本碰碰运气，而不是提前把点子卖给别人。我们是这样想的，如果有人想买写好的剧本，我们在交易过程中会有一定的筹码，也许可以坚持要求他们必须拍摄。这个想法带来《亿万》的成功。

《亿万》最终由艾美奖和金球奖得主保罗·吉亚玛提和戴米恩·刘易斯担纲主演。它是娱乐时间电视网出品的有史以来最好的原创系列剧，最近上线了第三季。

你有没有什么离经叛道的习惯？

乒乓球。我喜欢有关乒乓球的一切。杰尔姆·查林关于乒乓球的大作《削球与旋球》（*Sizzling Chops and Devilish Spins*）描绘了这种运动带给我的感觉。乒乓球像一项十分简单的运动，但是一旦投入其中，你就会发现情况恰恰相反。乒乓球的速度很快，需要深层次的战略，要求你控制恐惧，全力击球，将球打回给对方，并在击球的瞬间为下次击球做好准备。在过去的一年里，我每周要打四五次。要是几年前我能如此投入就好了。

最近有哪个 100 美元以内的产品带给你惊喜感吗？

日本蝴蝶乒乓球用品公司生产的科贝尔乒乓球拍。因为当我买它的时候，我知道我真的会像乒乓球运动员那样练球。我一直很喜欢这项运动，我总是告诉自己，希望有一天我能打好，买球拍说明这一天到来了。

在你的专业领域里，你都听过哪些糟糕的建议？

在写作领域，所谓专家给出的建议几乎都是错误的。因为几乎所有建议都会告诉有抱负的人，在开始写作之前先考虑一下营销问题。现在，在非虚构作品创作中，这样做有可能说得通。但是，这不是我的风格。对艺术家而言，最重要的是全身心投入。所以，我总是告诉作家们，要追随自己的好奇心、执念和兴趣。

一无所有也能快乐地生活

斯图尔特·布兰德（Stewart Brand）

推特：@stewartbrand
reviverestore.org

斯图尔特·布兰德 恒今基金会总裁。恒今基金会旨在创造性地培养未来1万年的长远思考能力和责任感。斯图尔特负责的一个项目名为"复活与复兴"，旨在复活灭绝的动物物种，比如候鸽和猛犸象。斯图尔特因创立、编辑和出版《全球概览》（1968—1985）而闻名，1972年版的《全球概览》获得了美国国家图书奖。斯图尔特还联合创办了"全球电子链接"和"全球商业网络"。他著有《地球的法则》《万年钟》（*The Clock of the Long Now*）《建筑养成记》（*How Buildings Learn*）《媒体实验室》（*The Media Lab*）等书。斯图尔特曾在斯坦福大学学习生物学，并在美国陆军担任步兵军官。

你最常当作礼物送给他人的3本书是什么？

有4本书：

詹姆斯·卡斯的《有限与无限的游戏》。

罗德尼·斯达克的《一位真神》。

阿瑟·赫尔曼的《文明衰落论》。

斯蒂芬·平克的《人性中的善良天使》。

这些书是理解并助推文明的基本指南。《文明衰落论》一书展示了相信社会堕落的浪漫悲剧性叙事的后果。《人性中的善良天使》讲述了人类每个十年、每个世纪、每个千年实际上都在变化，暴力和残酷不断减少，公平性不断提高。《一位真神》表明，一神论宗教无法避免致命的竞争性和专制性。《有限与无限的游戏》提供了一个令人振奋的理由，告诉我们应该摆脱对赢得零和博弈的痴迷，应该专注于无限地改进我们置身其中的游戏。

有没有某个信念、行为或习惯真正改善了你的生活？

CrossFit 健身训练。大摇大摆地走进去，步履蹒跚地走出来，如此反复。

在我 75 岁的时候（我现在 78 岁），我去当地的 CrossFit 健身房看了看，里面没有镜子和固定器械，只有一些自由重量器材，我像被施了魔法一样喜欢上了它。每周两次，每次一小时，我完全陶醉于高强度的锻炼，每次锻炼都有所不同，我的力量、耐力和敏捷性得到了提高。结果如何？一年多的时间，我减掉了将近 30 磅，体重回到了我年轻时的 155 磅。我感觉特别好，这让我感到自豪，也让我高兴不已。

你会给刚刚毕业的大学生什么建议？你希望他们忽略什么建议？

我只知道什么对我有用。大学毕业后，我通过不同的课程和工作学习了各种实用技能。到 24 岁时，我可以当伐木工、作家、野外生物学家、广告摄影师、陆军军官、博物馆展览研究员、多媒体艺术家，并以此为生。我在几乎一无所有的情况下也能快乐地生活。我并没有选择其中一种职业一直从事下去，但这些技能在我以后的职业生涯中发挥了作用，比如出版《全球概览》。

我很幸运大学时的专业是科学（生物学），但我确实希望自己能在这个阶段学一学人类学和演戏的技巧（性格内向的人需要这些）。对我来说，两年的军队服役要比研究生院的生活好得多。任何形式的兵役（比如美国和平队等）对个人和社会而言都是一种福音。

斯图尔特·布兰德

发人深思的箴言

蒂姆·费里斯

（2016 年 10 月 21 日—11 月 18 日）

生命中最重要的事是活出自己。

——约瑟夫·坎贝尔

美国神话学家、作家，以《千面英雄》著称

当你不可避免地因为环境而感到心烦时，你要立刻恢复到自己本来的样子，不要让节奏失控。如果你不断回归自我，一切就会变得更加和谐。

——马可·奥勒留

古罗马皇帝、斯多葛派哲学家、《沉思录》的作者

每个人都想改变世界，却没有人想改变自己。

——列夫·托尔斯泰

俄国最伟大的作家，著有《安娜·卡列尼娜》和《战争与和平》

你为什么要走？这样你就能回来。这样你就可以用全新的眼光和独特的色彩看待你的家乡。那里的人也会用不同的眼光看你。回到你开始的地方和从未离开是不一样的。

——特里·普拉切特

英国著名幻想小说家，著有 41 卷本的《碟形世界》系列小说

做最重要的事

萨拉·伊丽莎白·刘易斯（Sarah Elizabeth Lewis）

推特：@sarahelizalewis
照片墙：@sarahelizabethlewis1
sarahelizabethlewis.com

萨拉·伊丽莎白·刘易斯 哈佛大学助理教授，主要研究方向是艺术与建筑史、非洲和非洲裔美国人研究。她拥有哈佛大学学士学位、牛津大学哲学硕士学位，以及耶鲁大学艺术史博士学位。在加入哈佛大学执教前，她曾在纽约现代艺术博物馆和伦敦泰特现代美术馆工作，并在耶鲁大学艺术学院任教。萨拉曾是美国艺术及摄影杂志《光圈》具有里程碑意义的"视觉与正义"一期的客座编辑，获得了 2017 年批判性写作与研究无限奖。她著有《洛杉矶时报》畅销书《你不是失败，只是差一点儿成功》。萨拉曾是奥巴马总统艺术政策委员会委员，目前是安迪·沃霍尔视觉艺术基金会、创意时代公共艺术组织和纽约市立大学研究生中心的董事会成员。

你最常当作礼物送给他人的 3 本书是什么？

我会送两本书，它们是丽贝卡·索尔尼的《野外迷路指南》（*A*

Field Guide to Getting Lost）和詹姆斯·鲍德温的散文集《票价》（*The Price of the Ticket*）。该散文集中有一篇名为"创作过程"的散文，应该作为所有创新者的蓝图。我不想在这里剧透，但它可是鲍德温的书啊。这本书非常精彩，如果你不知道创造性精神对社会有何意义，那么这本书会给你答案。索尔尼的书非常适合想要释放激情、正鼓足勇气寻找新路的人。

最近有哪个 100 美元以内的产品带给你惊喜感吗？

研究告诉我们，能够带来最大幸福感的消费是那种能够帮你节省时间或丰富经历的东西，而不是简简单单的物质消费。我认同这一点。但我想说，我特别喜欢鼹鼠皮牌（Moleskine）优质朴素的没有横线的笔记本。

有没有某次你发自内心喜欢甚至感恩的"失败"？

就个人而言，我经历的失败更多地与他人的预设有关。身为通过思考、教书和写作获得报酬的职业女性，而且是有色人种，如果人们对我的工作一无所知，我就会被大大低估。我的意思是，人们会认为我失败的次数比实际要多。这种预设我可能会失败的看法是一种推动力。我已经学会了对此心存感恩。

我写了《你不是失败，只是差一点儿成功》一书，还针对这本书发表了 TED 演讲，因为我坚信，所谓失败（或是别人认为的失败）会催生突破性的创新成就。马丁·路德·金在学校表现不错，但他最差的科目是公开演讲。没错，他连续得了两个 C。这样的例子不胜枚举，我喜欢把它们都写在书里。影响最大的失败是"差一点儿成功"，这是因为我们可以从差点儿实现的目标中获得推动力。不过，我从未真正用过"失败"这个词。你一旦从一次经历中吸取了经验教训，它就很难再被称为"失败"，因为这次经历对你很有用，或者至少我们希望如此。

你长久以来坚持的人生准则是什么？

"最重要的事是把最重要的事当成最重要的事。"这句话很简单，但十分重要。我觉得我们经常会因为生活、社交媒体或其他原因而分心。当一天结束的时候，我们会发现我们并没有在自己真正关心的问题上有所作为。女性对此尤其深有感触。怎样把最重要的事当成最重要的事呢？对我来说，就是要利用好早上的时间。每个人都有自己的方法，但是我发现，如果我把我最重要的事作为每天日程安排的第一件事，我更有可能找到时间专心做这件事。

你做过的最有价值的投资是什么？

我有一套冥想和锻炼的方法，最近又添加了一些新的东西，是我从布赖恩·麦肯齐那里学到的一种呼吸方法。我发现这种呼吸方法确实有助于我缓解压力，它真的很有效。它基于严谨的科学设计。布赖恩通过氧气吸入量评估情绪反应以及对二氧化碳的耐受性，从而设计特定的鼻呼吸方法，包括吸入、暂停呼吸、呼出的具体时长。他为我设计的方法就像魔术一样能够缓解我的压力。布赖恩说，呼吸暂停可以调节体内的副交感神经。这就打开了血管系统，将更多的一氧化氮带入体内。练习完呼吸法后，我会做 15 或 20 分钟的冥想。整个过程大约需要 35 分钟，而且是在早晨完成的。

你有没有什么离经叛道的习惯？

当处于灵感的高峰时，我一定要有私人空间。在那段时间，我往往不用社交媒体，也不与人见面。这在当今社会是很不常见的，却是至关重要的。在工作时保持隐私感是我们培养冒险精神的一种方法。关闭社交媒体会对你有所帮助，一个原因是你不用再担心别人会怎看你正在思考的疯狂想法，这就给了它成长和成熟的机会。

你如何拒绝不想浪费精力和时间的人和事？

哦，这是一个很大的问题。过度履行义务会耗尽你的精力。源于激情的责任会带给你更多的能量。如果别人的请求是我所热爱的一种责任，我就会去做。如果不是，我已经找到了拒绝的方法。我在哈佛大学的同事罗宾·伯恩斯坦写了一篇有关巧妙拒绝的伟大文章，标题是"拒绝的艺术"。

你用什么方法重拾专注力？

"没有管理地球自转的委员会。"这句话有助于我放松，并让我记住我是一个更大系统的一部分，我们所有人都是。这个系统的力量是如此精确，即使某人该办的事情没有办完，我们也可以确切地知道某个夜晚可以看到多大的月亮！也就是说，我们可以通过我们如何对待地球来影响自然法则，并且可以用自然法则来证明世间的事物（有时我们甚至对此并不知情）。然而，我们却无法制定或摧毁这些法则。我们生活在一个由自然法则统治的世界中。因此，当感到无法集中精力时，我会尽力融入大自然。大自然会让我回想起周围的环境有一系列控制运动的系统和规律。如果我在城市里，我会凝望星空，然后带着放松的心情和支撑的力量回到工作中。

治愈"成瘾"，就是要治愈创伤

嘉柏·麦特（Gabor Maté）

脸书：/ drgabormate
　drgabormate.com

嘉柏·麦特　医生，擅长神经内科、精神病学和心理学。他以对上瘾的研究和治疗而闻名。麦特医生著有多本畅销书，包括获奖作品《饥饿的鬼魂》（*In the Realm of Hungry Ghosts*）。他的作品已被翻译成 20 种语言，在世界各地出版。麦特医生获得了休伯特·埃文斯非小说类奖、北不列颠哥伦比亚大学的荣誉学位。2012 年，他还获得了"母亲反对青少年暴力"组织颁发的马丁·路德·金人道主义奖。他目前是西蒙菲莎大学犯罪学学院的副教授。

最近有哪个 100 美元以内的产品带给你惊喜感吗？

　　韦格四重奏团 1954 年录制的贝拉·巴托克的弦乐四重奏。我之所以这么说，也许是因为我在回答这些问题时正在听这张 CD。尽管如此，但我确实为贝拉·巴托克的谦虚、对艺术的奉献以及纯粹的演奏而感动，也因此受到鼓舞。

你最常当作礼物送给他人的 3 本书是什么？

第一本对我产生深刻影响的书是 A. A. 米尔恩的《小熊维尼》。我的童年是在匈牙利首都布达佩斯度过的，这只笨笨的小熊是我至爱的伴侣。我觉得匈牙利文的翻译版本比英文原版更有趣、更生动——这可能是我的个人看法。米尔恩笔下的角色会对我们当中的顽皮孩子说话，这些孩子最终会长大，会面对生活，希望他们能保有维尼的幽默、天真和智慧。

第二本是 E. F. L. 拉塞尔的《纳粹十字记号的灾祸》(*The Scourge of the Swastika*)。拉塞尔是英国男爵、律师和历史学家。这本书是最早记录纳粹恐怖罪行的一本书。我 12 岁读这本书的时候，它让我看到了我出生前后家人所经历的那段可怕的历史。我刚出生的那一年住在纳粹占领的布达佩斯，我的祖父母在奥斯维辛集中营被杀。从更广泛的意义上讲，这本书使我第一次意识到世界上可能存在的不公和残酷，完全无辜的人可能会遭受苦难——这种意识从那时起就扎根在我的内心。

第三本是《法句经》，它是从佛经中录出的偈颂集。这本书告诉我们，要想超越固有的偏见和自我意识的局限性，内心的探索十分重要。换句话说，如果想看清生活，我们就必须进行内心的探索。这本书指出，我们如果无法在内心世界找到和平，就不可能在外部世界找到和平，我的经历一次又一次地证实了这一点。从某种意义上说，这本薄薄的小书是后来很多影响并滋养我成长的精神和心理学著作的范本。

我要违反这道题的规则了，因为我还要加一本，爱丽丝·米勒的《天才儿童的戏剧》(*The Drama of the Gifted Child*)。这是第一本让我明白童年创伤会对人的一生产生毁灭性影响的书，而治疗和研究童年创伤已成为我工作的重点。如果编辑们掉过脸去避而不看，我还想偷偷地加一本，那就是《堂吉诃德》，这本书讲述了世界文学中最美丽、最聪明的疯子。

有没有某次你发自内心喜欢甚至感恩的"失败"？

1997 年，我曾在温哥华医院的姑息治疗科担任医疗协调员，但被解雇了。我热爱这份工作，想要与敬业的同事和护士一起照顾临终的人。一开始，我认为被解雇是一次耻辱的失败。不过，它却成为我经历过的最好的一件事。在最初的震惊、愤怒和感觉不公之后，这段经历成为我宝贵的学习源泉。我看到我被自恋蒙蔽了双眼，因此看不到同事的需求和担心。我意识到自己在倾听和写作方面做得有多差劲。这件事出乎意料地为我打开了一扇大门，让我听到一个新的召唤，它对我的职业生涯产生了深远的影响。我接下来的一份工作是帮助温哥华市中心东区受过创伤的上瘾人群。这份工作丰富了我的经历和见解，给了我激励，为我的职业生涯揭开了最新也是最有意义的一章——有关上瘾的写作和教育。

你长久以来坚持的人生准则是什么？

我认为是我同时代最伟大的老师 A. H. 阿玛斯说的话："最终，你给世界的礼物就是做你自己。这既是你的礼物，也是你的成就。"

你做过的最有价值的投资是什么？

我最有价值的时间投资是数十年前参加了好友默里·肯尼迪主持的集中启蒙静修会。这并不是说我从那时候起便开悟了。实际上，我带着自我强加的怨恨和沮丧离开，因为我错失了我认为自己需要的精神体验。不过，那次经历确实为我打开了探究精神世界的大门，我第一次将自我感知与忙碌、驱使和长期不满的心情区分开来。这一启蒙现在仍在进行，我对此心存感激。多年来，我的朋友默里已经成为一名大师，为我和其他许多人的灵性成长树立了榜样。

你有没有什么离经叛道的习惯？

试图用匈牙利口音诱惑我的妻子。诱惑偶尔会成功，但口音并不怎么管用。

有没有某个信念、行为或习惯真正改善了你的生活？

一直以来，我都怀疑瑜伽的好处。"你永远不会看到我练习瑜伽。"但是现在，我已经学会了瑜伽，并且几乎每天都做。瑜伽是由印度瑜伽修行者萨古鲁·加吉·瓦殊戴夫发展起来的。瑜伽具有改变人的能力，它使我获得了内心的通透和轻盈，而这种感觉是我不曾有过的。

你会给刚刚毕业的大学生什么建议？你希望他们忽略什么建议？

如果你真的很聪明，那么你不会受外物的驱使去发愤图强。不管外在动力是什么，只要受到了驱使，你就会像被风吹走的树叶。你没有真正的自主权。即使实现了自己认为的目标，你也注定会偏离轨道。另外，不要混淆这两种情况，一是受外物驱使，二是因内心的呼唤而真正感到精力充沛。前者会使你精疲力竭，壮志未酬。而后者会激发你的心灵，让你的心灵开始歌唱。

在你的专业领域里，你都听过哪些糟糕的建议？

对瘾君子而言，"不要吸毒、赌博、暴饮暴食、纵欲过度"是最没有帮助的建议。如果能够做到，他们早就做了。上瘾的重点在于人们因为痛苦、创伤、不安和情感焦虑而被迫染上某种不良习惯。你如果想帮助这些人，就先问问他们为什么会如此痛苦，以致要通过自我伤害性的习惯或物质来逃离这种痛苦。然后帮助他们治愈导致上瘾的核心创伤，这个过程总是始于不带偏见的好奇心和同情心。

你如何拒绝不想浪费精力和时间的人和事？

之前的我总是情不自禁地满足他人的需求，想减轻所有人的痛苦，接受所有的讲座邀请，这对我内心的和平以及我的婚姻造成了极大损害。我终于学会了对它们说不，但不是在最近 5 年，而是最近 5 个星期。这可能有些讽刺，我终于不得不用上自己"给别人开的处方"，就是我在《当身体说不的时候》一书中谈到的应对压力和疾病的方法。虽然我才刚刚开始，但是我已经感到喜悦和活力回到我的体内。我得到一个探寻自我的机会，没有外界的打扰，也不用不停地去做某些事情，而这个机会正是我急需的。

你用什么方法重拾专注力？

我的大脑有注意缺陷多动障碍的倾向，所以我很容易注意力不集中，很容易分心。不过，有一个简单的问题有助于我回到当下，那就是："我现在所做的事情是否与生命的召唤相一致？"我的召唤就是照亮我、给我最大启发的东西，也是所有人的自由，包括我自己在内。这种自由体现在政治、社会、情感和精神上。如果被迫转移情绪上的不安，我就失去了自由。同样，如果我严厉评判自己容易分心的习惯，那么我也不会觉得自由。自由总是来自对选择的再认识，而且每时每刻都是我自己的选择。

要平衡专业知识与创造性思维

史蒂夫·凯斯（Steve Case）

推特：@SteveCase

脸书：/ stevemcase

　　revolution.com

史蒂夫·凯斯　美国最著名的企业家之一，也是投资公司 Revolution LLC 的联合创始人、董事长兼首席执行官。作为互联网领域的先驱人物，史蒂夫促使互联网成为人们日常生活的一部分。史蒂夫的创业生涯始于 1985 年，当时他与人合办了美国在线（AOL）。在他的领导下，美国在线成为全球最大、市值最高的互联网公司。美国在线是第一家上市的互联网公司，也是 20 世纪 90 年代表现最佳的股票之一，为股东带来了 11 616% 的回报。在鼎盛时期，美国在线拥有全美近一半的互联网用户。史蒂夫著有《纽约时报》畅销书《互联网第三次浪潮》。1997 年，他与妻子琼共同创立了凯斯基金会，并担任董事会主席。2010 年，史蒂夫和琼加入"捐赠誓言"，并公开宣布将大部分财产捐赠给慈善事业。

你最常当作礼物送给他人的 3 本书是什么？

　　未来学家阿尔文·托夫勒的《第三次浪潮》对我的人生产生了极大的影响。正是他有关全球电子村的愿景使我走上了创立美国在线的道路。我在大四时读的这本书，书中提到的用数字媒介将人们联系起来的想法让我十分着迷。我知道这是必然的，因此，我希望将来成为构建这一媒介的一员。托夫勒的这本书对我的影响太大了，所以当我决定写书的时候，借用了它的名字。托夫勒的三次浪潮是指农业革命、工业革命和技术革命。我着重写的是互联网的三次浪潮：构建平台让世界连接起来，在互联网上构建应用程序，然后以越来越普遍的方式——有时甚至是看不见的方式——将互联网整合到我们的生活中。

你会给刚刚毕业的大学生什么建议？你希望他们忽略什么建议？

　　首先，我要说的是，展望未来，关注接下来要发生的事情而非现在正在发生的事，这一点很重要。韦恩·格雷茨基是一位出色的冰球运动员，因为他从不关注冰球所在的位置，他只专注于冰球的前进方向，并且提前到达球的位置。我们都要像韦恩那样做！

　　其次，如果你像很多人一样拥有文科学位，那么请为此感到自豪并承认它。尽管传统观点认为学编程更容易成功，但在第三次浪潮中并非如此。在这次浪潮中，主要的行业会被颠覆，就像以开发应用程序为重点的第二次浪潮一样。当然，编程依然重要，但创造力和协作同等重要。不要试图变成别人的样子。要对你所拥有的技能充满信心，因为它们可能会决定你所追寻的旅程的成败。

　　再次，不要害怕。我发现这一点说起来容易做起来难，特别是对"直升机父母"养育的这一代人来说。这些父母可能会鼓励孩子待在温室里，而我们所在的世界正被失业和恐怖主义环绕。尽管如此，你还是要走出舒适区，打全垒打，要知道有时你会失败。要记住，贝比·鲁斯不仅是本垒打之王，还是三振出局之王。如果选择冒险，你就要接受有时会失败的事实，但这并不意味着你是一个失败者。这只是说你必须掸去灰尘，站起来，加倍努力取得成功。

在你的专业领域里，你都听过哪些糟糕的建议？

有3件事让我很担心，它们现在已被视为传统智慧，尤其是在硅谷这样的地方。第一，无知是一种竞争优势。众所周知，贝宝的创始人曾表示，他们对信用卡行业一无所知，这赋予了他们颠覆该行业的优势。这一点对他们来说确实没错，但现在却成了老生常谈。无知是一种力量，这种观点在崇尚创新和颠覆重大产业的新时代可能会成为绊脚石。例如，如果你想颠覆医疗保健行业，你得了解软件行业，还得知道如何与医生合作，如何整合医院，如何通过医疗计划获得报酬，如何按照法规办事。了解医疗保健行业可能有助于你弄清楚如何推进，并获得达成目标的可信度。专业知识在农业技术中也很重要，因为了解农耕文化很重要。在教育技术领域也是如此，一定要确保你所构建的内容有助于学生的学习和教师的教学。诀窍在于，在专业知识与创造性思维之间取得平衡。在这两方面都做得很好的人将成为第三次浪潮中的胜利者。

我的第二个担忧是，最好什么都自己做，有人称这为"全栈"解决方案。这种方法可能有奏效的时候，但是如果你要做的不仅仅是开发应用程序，那么单靠这种方法是行不通的。合作伙伴可能必不可少，而且实际上可能非常关键。有句谚语将变得越来越重要："你如果想走得快，就一个人走，但你如果想走得远，就必须结伴而行。"这很可能会成为第三次浪潮的准则。

第三个糟糕的建议是，最好忽略法规，只管往前走。当然，优步在忽略当地法律的情况下取得了成功。这家公司没有等待可能永远无法获得的批准，而是快速前进，建立了一个非常成功且价值很高的双向市场，即包括乘客和司机在内的市场。我向这家公司致敬。但是，这种方法之所以适用于优步，是因为所涉法律仅限于本地而非全美。对医疗保健等行业的大多数创新而言，情况并非如此。如果未经批准就推出药品或医疗设备，你就会止步不前。自动驾驶汽车和无人机就是这种情况。智慧城市的创新也将如此。这样的例子不胜枚举。不管你喜欢与否，第三次浪潮中的创新者都需要与决策者携手去推动真正的创新，这是一个关键。总而言之，互联网第二次浪潮的重点是开发软件和服务以及推动病毒式传播，在这次浪潮中奏效的方法在第三次浪潮中一般不会奏效，因为此时互联网已经渗透到我们生活中最基本的层面。

疯狂是一种赞美

琳达·罗滕伯格（Linda Rottenberg）

推特：@lindarottenberg
lindarottenberg.com

琳达·罗滕伯格 非营利组织 Endeavor 的联合创始人兼首席执行官，这家领先的组织致力于支持全球具有影响力的创业者。琳达被《美国新闻与世界报道》评为"美国最佳领导者"之一，并被《时代周刊》评为"21 世纪 100 位创新者"之一。琳达经常在《财富》500 强公司举办讲座，她是哈佛商学院和斯坦福大学商学院四大案例研究的对象。美国广播公司（ABC）和美国国家公共广播电台（NPR）将其誉为"创业者向导"，汤姆·弗里德曼称她为全球"资本大师"。琳达著有《纽约时报》畅销书《人人都要有创业者精神》。

有没有某次你发自内心喜欢甚至感恩的"失败"？

在 Endeavor 迎来十周年之际，我想我们终于走出了丛林，但一场席卷而来的"森林之火"差点儿将我击倒。我的丈夫布鲁斯是一位以探险旅行闻名的畅销书作家。他当时被诊断患了骨癌，有生命危险，我因此无法再外出走动。突然，我不能再坐飞机了，甚至无法去办公室。老实说，我不知道布鲁斯能不能活下来，我也不确定公司的未来。幸运的是，我有一个特别好的团队，大家加足马力，我们实现了比以往更快的成长。也许这与我不曾做微观管理有关！但是，我学到的不仅仅是放弃微观管理。当布鲁斯病愈后，我回到工作岗位时，我获得了宝贵的领导力和人生经验。作为一名女性首席执行官，我坚信必须在领导过程中体现出坚强和自信……永远不要让大家看到你胆怯，更不要让大家看到你哭泣。我回到工作岗位后，那种板着脸的表情就不再管用了。团队成员想知道布鲁斯的情况如何，想知道我们年幼的双胞胎女儿的情况如何，还想知道我过得好不好。我别无选择，只能放下我的防备之心，这是我第一次在人前表现出脆弱。出乎意料的是，我的员工并没有被吓跑，而是和我的距离更近了。事实上，有些年轻员工甚至将我拉到一边，坦诚地对我说，他们以前以为我是个"超人"，意思就是我很难接近。他们说，展示了脆弱一面的我让他们决定，以后就跟定我了。我所学到的就是，我不希望成为一个超人，我想淡化超人的形象，让自己更像一个人。

你长久以来坚持的人生准则是什么？

"说你疯狂是一种称赞。"

Endeavor 是一家我最终决定自己开创的组织。当我成立 Endeavor 时，很多人都说我是个"疯女孩"。我希望其他人也能这样做，因为如果你打算尝试一些新鲜事物，尤其是在那些新鲜事物会打破现状时，你就应该期待别人称你为"疯子"。如果没有人说你已经疯了，你就不会去挑事儿。创业者最大的资产就是他们的逆向思维，别人往东走的时候，他们偏往西走，选定一个新的方向。但是，很多人都不敢前行，因为他们担心别人会说他们是疯子。我要说的是，说你疯狂是一种称赞。不仅如此，如果在开始新项目时没有人说你疯了，那就说明你的目标还不够远大！

你用什么方法重拾专注力？

我的双胞胎女儿蒂比和伊登会帮我做出判断。她们对我的个人和职业成长产生了巨大的影响。仅仅因为她们的出生，我就改变了我的整个领导风格。我曾经是一个完美主义者，微观管理者，永不停歇的环球旅行者，但我不得不学会放手，为了和她们在一起而对这些事情说不。正如伊登 5 岁时说的那样："你可以当一段时间的企业家，但你永远都是妈妈！"这句话既成熟又睿智。

你有没有什么离经叛道的习惯？

也许我最不寻常的习惯就是跟踪别人了，当然，是以一种友好的方式。当我准备创办 Endeavor 时，我"跟踪"投资者、董事会成员、企业家等人的能力帮了我很大的忙。我甚至在男卫生间外面等一位潜在的导师，只是为了能和他面对面说几分钟。我的开场白是这样的："您好，我叫琳达。我成立了一个支持新兴市场创业者的组织。如果可以，我想去您的办公室聊几分钟，向您详细介绍一下情况。"

别害怕让人觉得你有侵略性，女性尤其要学会这一点。雅诗·兰黛是最厉害的跟踪者之一。许多成功的企业家一开始都没有广泛的人际关系，但是都有一点儿运用得当的胆识。鼓起勇气，主动联系你钦佩的导师。如果你有激情，能够明确表达你接近他们的原因，对方就会做出回应。我跟踪的对象就是这样做的：他最终同意担任 Endeavor 全球咨询委员会的联合主席。换句话说，跟踪是一种被低估的创业策略！

你会给刚刚毕业的大学生什么建议？你希望他们忽略什么建议？

人们总是告诉应届毕业生和刚刚崭露头角的创业者，他们应该留有选择的余地。"不要关闭任何一扇门。"但是，保留所有的选择最终

　　　　　　　　　　　　　巨人的方法

会导致崩溃，或者更糟糕，会让你开始自欺欺人。我的同学中有几个是在高盛或麦肯锡工作几年后开始追求真正的热爱，比如烹饪或创办梦想中的公司，而现在又成了厨师或企业家的？他们大多数人仍在银行和咨询行业工作，他们认为这些门仍旧是打开的。我对大学生的建议是：关闭这些门。

这条建议还适用于一只脚踏进来而另一只脚还在外面的创业者。这样做一开始是可以的。耐克的创始人菲尔·奈特做了很多年的会计，而知名内衣品牌 Spanx 的创始人萨拉·布莱克利在确定自己的想法能够实现之前一直在销售传真机。但是，在你的想法启动一段时间后，你必须停止这种防御性做法。你如果没有全身心投入，就无法成就伟大的事业。创业者即使有能力全职创业，也常常继续从事以前的工作，将其当作安全毯，这是出于恐惧而非必要。

我对创业者的建议是：一旦你的创意上了道，你就要剪断脐带。如果你不离开巢穴，你的创意就不可能腾飞。

不顾一切地追逐自己的热爱

汤米·菲托尔（Tommy Vietor）

推特：@Tvietor08, @PodSaveAmerica
crooked.com

汤米·菲托尔　芬威策略的创始合伙人，芬威策略是一家富有创意的战略传播和公共关系机构。汤米还是播客工作室 Crooked Media 的联合创始人，也是政治播客节目 *Pod Save America* 的搭档主持人。汤米曾担任奥巴马总统新闻秘书近十年的时间。他在 2011 年至 2013 年曾担任美国国家安全委员会发言人，是所有外交政策和国家安全问题的主要媒体联络人。2004 年，汤米加入奥巴马的参议员竞选团队，并担任奥巴马的参议院发言人。此外，汤米曾是芝加哥大学政治学院的客座研究员，被《竞选与选举》杂志评为 2014 年"十大传播人物"。

你最常当作礼物送给他人的 3 本书是什么？

有一本书的确对我产生了很大影响，那就是罗伯特·蒂姆伯格的《夜莺之歌》。蒂姆伯格记录了美国海军学院的 5 名毕业生在越南战争期间以及后来进入政坛的经历，他们是约翰·麦凯恩、巴德·麦克法兰、奥利弗·诺思、约翰·波因德克斯特和吉姆·韦伯。这本书讲述一个关于勇气和牺牲的非凡故事，也具有一定的告诫意味。它告诉我们，即使认为自己所做的事是为了实现一个崇高的目标，你也很容易迷失方向，误入歧途。

有没有某次你发自内心喜欢甚至感恩的"失败"？

2002年，我大学毕业后搬到了华盛顿特区，在特德·肯尼迪参议员手下当了一名实习生。我立即喜欢上了政治，意识到这是我一生想要从事的行业。实习期结束后，我申请了能在华盛顿特区找到的所有职位。后来民主党在中期选举中受挫，我申请的职位有一半不复存在了，所以我继续当免费的实习生。最终，肯尼迪参议员办公室需要一个接听电话和接待来访者的前台，我坚信自己可以拿到这份工作。我申请了，参加了面试，有几个人还为我说了好话，结果被录取的却是其他人。我很沮丧，但是如果我得到这份工作并留在华盛顿特区，我将永远不会加入奥巴马的参议员竞选团队，而我的生活也会大不相同。那次失败是我职业生涯中最重要的一步。

你做过的最有价值的投资是什么？

我做过的最明智的投资就是放弃了一些薪酬丰厚的工作，而选择了能给我带来宝贵经验的职位。以从事竞选工作为例，这种工作不挣钱，而且需要加班。如果竞选失败，你就会失去工作。但是，通过短期的牺牲来学习是我做过的最明智的选择。

我睡了两年的充气床垫，屁股都睡疼了。这个床垫跟随我到过3个州——北卡罗来纳州、伊利诺伊州和艾奥瓦州。每天早晨，床垫一半的气都跑光了，我的屁股都触地了。我的银行账户透支了无数次（感谢美国银行收取的透支费！），但是这种经历比当时或之后的任何工作酬劳都有价值。

汤米·菲托尔

你会给刚刚毕业的大学生什么建议？你希望他们忽略什么建议？

不用担心赚钱的事，不要着急制订计划，也不用考虑建立人脉或者为下一件事做好准备。尽全力找到自己喜欢的事情，因为大多数人从未找到自己真正热爱的职业，这是一个令人沮丧的事实。对很多人来说，现实世界就是埋头苦干，他们都是为了周末而活。现在就不顾一切地追逐自己的热爱是最容易的，大胆去做吧。

你用什么方法重拾专注力？

我的工作就是阅读和评论新闻，这是我获得酬劳、赖以生存的方式，但每天早晨醒来，我还是会被世界上发生的各种新闻淹没。当我试图弄清楚首先要关注什么时，我会感到血压升高。我的解决方法就是记住一件事，即使我什么都不读，地球也会照样转。报纸第二天会继续出版。与尝试阅读所有新闻相比，我觉得阅读少量高质量的新闻总会给我带来更好的感觉。我认为这适用于很多事情。例如，与其一个晚上四处奔波见很多朋友，不如与一个朋友度过一段高质量的时光。

你长久以来坚持的人生准则是什么？

我认为是"别看手机了"，这既是对其他人说的，也是对我自己的提醒。

发人深思的箴言

蒂姆·费里斯

（2016 年 11 月 25 日—12 月 30 日）

慎勿信汝意。

——B.J. 米勒

医学博士、临终关怀医师，引自佛经

伤痛很难忘怀，可我们更难回忆起甜蜜。幸福很容易表现，可我们很少从幸福的平静里学会什么。

——恰克·帕拉尼克

美国著名作家，最负盛名的作品是《搏击俱乐部》

少说多听。

——布琳·布朗

研究型教授，著有《脆弱的力量》

现实不过是幻象，尽管这幻象挥之不去。

——阿尔伯特·爱因斯坦

德国理论物理学家、诺贝尔奖获得者

这个行业的秘密就是没有秘密

拉里·金（Larry King）

推特：@kingsthings
ora.tv/larrykingnow

拉里·金　被《电视指南》誉为"有史以来最出色的电视脱口秀节目主持人"，并被《时代周刊》称为"麦克风大师"。在半个世纪的广播生涯中，他进行了5万多次采访，包括自杰拉尔德·福特以来对每位美国总统的独家访谈。《拉里·金现场》于1985年在美国有线电视新闻网（CNN）首次亮相，连续播出了25年。拉里被称为"广播采访界的拳王阿里"，入选全美5个顶尖的广播名人堂，并获得艾美奖终身成就奖和久负盛名的艾伦·纽哈斯媒体卓越奖。他的广播和电视节目均以出色的质量赢得了乔治·福斯特·皮博迪奖。此外，拉里还撰写了多本著作，包括他的自传《非凡旅程》。他目前是Ora TV制作的《现在的拉里·金》的主持人。

> 来自蒂姆·费里斯的话：我的朋友卡尔·富斯曼（推特：@calfussman，calfussman.com）是《纽约时报》畅销书作家、《时尚先生》杂志的自由撰稿人。他是《时尚先生》"生命的领悟"专题的主要作家，并以此闻名。他采访了数十位现代文化的塑造者，包括米哈伊尔·戈尔巴乔夫、穆罕默德·阿里、吉米·卡特、泰德·肯尼迪、杰夫·贝索斯和理查德·布兰森等。卡尔几乎每天早上都会在旧金山与拉里·金一起吃早餐。因为拉里很难找，我又

巨人的方法

十分想把他加到这本书中，所以很感谢卡尔愿意代替我去采访他。我们还想讲一讲拉里的故事，因此你会发现这一章的形式和问题会有所不同。卡尔、拉里，谢谢你们！

拉里·金当播音员的第一天早上

1957 年 5 月 1 日，星期一早上。我大约 6 点到了那里，9 点由我继续广播。我的叔叔给了我一个拥抱，并亲了亲我的脸颊。那是迈阿密海滩一个温暖、潮湿、阳光明媚的早晨。41 街 8 号，警察局对面。顺便说一下，我去年去过那里，那里现在是另外一家广播站了。

大约 8 点，来了一位秘书，我走了进去，向通宵广播的那个家伙打了个招呼，开始整理我要播的唱片。差不多 8 点 45 分，我已经做好了广播的准备，总经理马歇尔·西蒙斯说："来我办公室一下。"

他说："这是你做播音员的第一天，祝你好运。"我说："谢谢。"他问我："你打算用什么名字？""什么意思？"我的本名是拉里·蔡格。"拉里·蔡格这个名字不行。"放到现在，这个名字肯定没有问题，随便什么名字都行。恩格尔贝特·洪佩尔丁克，任何名字都不会影响我的知名度。

当时，马歇尔说这个名字行不通，有点儿种族色彩。听众都不知道怎么拼写它，因此我必须换个名字。

我说："我还有 12 分钟就要开播了。"他说："嗯……"他前面放了一份打开的《迈阿密先驱报》，之后我会为这份报纸写专栏。一切都像魔术一样，报纸上有一则华盛顿大街金氏酒类批发的广告。他看了看说："拉里·金怎么样？"

我说："好的，听起来不错。"不管怎么说，我有了一个新名字。我马上就要直播了。

9点到了。

我放了唱片，调低音量，打开麦克风，但什么都没有传出来。

卡尔·富斯曼："你一句话都没说？"

拉里·金："没有。我调高了唱片的音量，又调低了，调高调低，我恐慌极了。我在出汗。我看了看表，对自己说，'我做不到。我可以做很多事情，但我很紧张，也许我的整个职业生涯就这么完了'。马歇尔·西蒙斯——愿他安息——踢开控制室的门，说道，'这是一个互动节目，该死的。说话啊'！"

他关上了门。我关了唱片，打开麦克风说："早上好。我是拉里·金，这是我第一次说这句话，因为我刚刚被赋予了这个名字。听我说，这是我有生以来第一次上节目。我一生都梦想着能有这一天。我5岁的时候，就开始模仿播音员……"

"我紧张，我在这里很紧张。因此，请多包涵。"我放了那张唱片，再也不紧张了。

后来，我把这个故事讲给了阿瑟·戈弗雷、雅姬·格利森等人，他们说："你发现了这个行业的秘密，那就是这个行业没有秘密可言。做你自己就好了。"我没有想到，那天我所做的事情伴随了我60年，那就是做我自己。不要害怕问问题，不要害怕说出什么愚蠢的话。

卡尔·富斯曼最喜欢的拉里·金的故事

这个故事发生在我刚踏入广播行业不久。当时，我开始广播已经两个月了，工作时间是早上9点到中午12点，我享受其中的每一分每一秒。

我的意思是，我迫不及待想要去上班，迫不及待想要广播。天哪，我爱上了这份工作。

总经理马歇尔·西蒙斯把我叫了进去，他说："负责通宵广播的阿尔·福克斯今晚病了。你能替他吗？"我说："当然可以。"他说："你知道，晚上就你一个人。我们广播站很小，晚上没有工程师值班。你只需要记录仪表读数，播放音乐，说说话就行。你从午夜开始播到早晨6点，然后四处逛逛，9点继续，之后可以休息一下。"

"哦，好的，我可以的。"我独自一人在广播站，播着唱片，与听众谈论时间、天气以及时事。电话铃响了，我拿起电话说："喂。"

电话里是一个女人的声音——告诉你，卡尔，这个声音现在还挥之不去。

这个性感的声音说："我想要你。"

要知道，我当时22岁。我认为我脸上的痘痘都是吃好时巧克力棒吃的。我正是一个年少怀春的犹太青年。从未有人对我说过"我想要你"这几个字。

我突然想：从事这个行业好处不止两个。

于是，我说："哇，你怎么想的？"她说："过来，到我家来。"我说："我在广播，我6点下班，我6点就结束了。""我离你那里只有10个街区。我6点就得上班了，所以要么现在过来，要么永远都别来了。这是我的地址，想办法过来吧。"

我陷入一个道德困境。一边是我的职业生涯，我的广播，一边是从未有人对我说过的"我想要你"。因此，我对听众说："女士们，先生们，我今晚是临时替班的。所以我将为你们带来一段特别美好的时光。我会一直播放哈里·贝拉方特在卡内基音乐厅的演唱。"

我有23分钟，这些时间足够了，直到今天也是如此。

我放上那张碟片——那时还没有录音带。我冲到车上，向她家开去。我看到了车道上她描述的那辆车。我把车开进去停好，门上的灯亮着。我走进一间灯光昏暗的小屋子，那个女孩穿着白色的睡衣坐在沙发上。她张开双臂，我抓住了她，抱紧她，用脸颊贴着她。她的收音机一直放着我的那个台。

我听着贝拉方特的歌，他正在唱《再见，牙买加》。"沿途的夜晚，夜晚，夜晚……"

唱片卡住了。我把那个女孩放回沙发的一头，跑回我的车上。我真是个犹太受虐狂，回去的路上我一直放着广播，"夜晚，夜晚，夜晚……"

我进去的时候，所有的灯都在闪烁，很多人打电话进来。我特别尴尬，我开始接电话，向听众道歉，最后一个打进来的人是一个年龄较大的犹太人。我刚说了一句"喂，早上好"，就听到对方说，"夜晚，夜晚，夜晚……这几个字都快把我逼疯了"。我说："对不起，你为什么不换个台呢？"他说："我是个病人，躺在床上，有位护士照顾我。她晚上离开的时候调到了这个台。收音机放在写字台上，我够不着。"我说："哦，我能为你做点儿什么吗？"他说："放那首犹太民歌《大家一起欢乐吧》。"

你最常当作礼物送给他人的 3 本书是什么？

《麦田里的守望者》是其中一本，还有弗兰克·格雷厄姆的《卢·葛雷克：安静的英雄》（*Lou Gehrig: A Quiet Hero*）。

你有没有什么离经叛道的习惯？

我会计算短语或句子中字母的数量，然后除以单词的个数，看看能否得到偶数。举个例子，"true love"（真爱）共有 8 个字母，除以 2 得 4，平均每个单词 4 个字母。我不喜欢奇数，我喜欢偶数。我经常在心里做这种计算。

每个人都有一些不同寻常的小习惯。比如，我要服用很多处方药和维生素，所有的药必须按照顺序放在壁橱里。我把它们摆好后，第二天必须按摆好的顺序服用。这是一条规则。

巨人的方法

平常心，亲爱的

穆纳·阿布苏莱曼（Muna AbuSulayman）

推特:@abusulayman
脸书:/Muna.Abusulayman.Page
    haute-elan.com

穆纳·阿布苏莱曼　中东地区的媒体领袖人物。她是阿尔瓦利德·本·塔拉勒基金会的前秘书长，该基金会由阿尔瓦利德·本·塔拉勒王子成立，是沙特王国控股公司旗下的慈善机构。穆纳还是 MBC 电视台最受欢迎的社会问题节目 *Kalam Nawaem* 的联合主持人。2004 年，穆纳被世界经济论坛评为"全球青年领袖"。2007 年，她成为沙特阿拉伯第一位被联合国开发计划署任命为亲善大使的女性。2009 年和 2010 年，她入选世界"最具影响力的 500 位穆斯林"榜单。2011 年，她位列《阿拉伯商业》"全球最具影响力的阿拉伯女性"榜单第 21 位，以及"最具影响力的阿拉伯人"榜单第 131 位。

你最常当作礼物送给他人的 3 本书是什么？

　　在生活的每个阶段，你都会发现几本正中下怀的书。它们会帮助你改变，让你成为自己需要成为的样子。要从中选择一本是非常难的。但是，如果必须选一个，我就会选威廉·尤里的《积极说"不"》。

通过这本书，我明白了为什么我会答应自己并不想做的事情。更重要的是，它教会了我如何始终如一、毫不愧疚地说"不"。

还有很多书引导我发现自己，做出改变，但是，如果我还是像以前那样总是答应做那些耗时的活动，我可能就没有时间做这些事了。

你长久以来坚持的人生准则是什么？

我有两句生活准则，都是我父亲告诉我的，他知道我不管做什么事情都想做到最好。这两句话是"你必须竭尽所能"和"放轻松，亲爱的"。

尽你所能，相信自己的能力。如果未能如愿，你就对自己说，"放轻松，亲爱的"。在那些黑暗的日子里，我肩上有太多的责任，我想要在生活的各个方面都做到完美，这两句话对我帮助很大。

它们还教会了我要对自己负责。尽力而为，放轻松，明天继续奋斗。

你有没有什么离经叛道的习惯？

每到一个国家，我都要尝尝当地奇怪口味的冰激凌。我爱吃冰激凌，我觉得它应该被单独列为一种食物。最奇怪的味道可能要属马来西亚的榴梿冰激凌了，这种奇异水果闻起来臭臭的，但一旦过了气味这一关，你就会爱上它。另外，我最喜欢的是意大利闻绮水果味冰激凌，几乎任何一种我都很喜欢。

你用什么方法重拾专注力？

我已经发现，当我过度投入时，我会失去专注力，不想做手头的工作。这就是学会说"不"对我很重要的原因。

不过，有些时候无法集中注意力实际上是其他问题的征兆，你可能并不在意自己的工作。这需要长时间的反思，与导师讨论，弄清楚你是否需要休息、休假或换个工作。

你做过的最有价值的投资是什么？

孩子小的时候，花时间陪伴他们。因为我日程繁忙，工作时间很长，所以只要有空闲时间，我就会和孩子们在一起，而不是参加成年人的社交活动。因此我和我的孩子关系很亲近。我们一起讲睡前故事，一起度假，一起创造美好的回忆。

现在，我的事业更加稳定，我也有了更多时间，但他们已经离开了家。我很高兴在他们小时候能够抽出时间每天陪他们度过一些平凡的时光，因为现在我有时间了，他们却很忙。

以前我出差，如果超过 3 天，我就会带他们一起去。有时候，这样做的代价很高，但这样一来，我便能与他们一起欢度时光，讨论不同文化之间的问题。

每次我在他们面前接听或拨打工作上的电话时，我都会花时间和他们讨论一番，电话内容是什么，说了什么问题，我如何解决它。首先，这样他们会知道妈妈离开他们的原因。其次，这还可以帮助他们了解他们将来会踏入的世界。

穆纳·阿布苏莱曼

要诚实地思考问题

萨姆·哈里斯（Sam Harris）

推特：@SamHarrisOrg

samharris.org

萨姆·哈里斯 拥有斯坦福大学哲学学位和加州大学洛杉矶分校神经学博士学位。他著有畅销书《信仰的终结》《给基督教民族的一封信》《道德景观》《自由意志》《撒谎》《醒来》，与马吉德·纳瓦兹合著《伊斯兰教和宽恕的未来：对话》。他还主持了一档广受欢迎的播客节目《与萨姆·哈里斯一同醒来》。

你最常当作礼物送给他人的 3 本书是什么？

戴维·多伊奇的《无穷的开始》，这本书极大地提高了我对人类智能潜在力量的认识，而尼克·波斯特罗姆的《超级智能》让我担心机器智能会毁了一切。我强烈推荐这两本书。不过，如果你不想思考未来，只想沉浸于一本永远改变了非虚构写作方式的书，你可以读一读杜鲁门·卡波特的《冷血》。

巨人的方法

最近有哪个 100 美元以内的产品带给你惊喜感吗？

我找到了一个特别好的苹果电脑保护套，是 WaterField Designs 公司生产的，价格为 69 美元。因为保护套制作精良，所以我现在随身携带电脑的频率比以前高多了，这还带来一些在公共场所工作的愉快经历。

你长久以来坚持的人生准则是什么？

"人类历史上没有哪个社会因其人民过于理性而遭受苦难。"

我们人类作为一个物种需要不断地在对话和暴力之间做出选择。因此，讲道理对我们彼此来说非常重要。只有诚实讲理，我们才能以开放的方式与数十亿陌生人合作。教条主义和不诚实不仅是学识上的问题，也是社会问题，原因就在于此。如果不能诚实地思考问题，我们就失去了与世界和彼此的联系。

有没有某个信念、行为或习惯真正改善了你的生活？

5 年前，我还不知道"播客"是什么。现在，我几乎每周都会在播客上更新一期《与萨姆·哈里斯一同醒来》。有了播客以后，我与各个领域有趣的人建立了联系——没有播客，这是无法做到的。我们的对话会比我的著作更吸引听众。我觉得非常幸运，作为作家和演讲者，我赶上了这项技术的诞生。我们正生活在一个新的音频黄金时代。

你会给刚刚毕业的大学生什么建议？你希望他们忽略什么建议？

不必担心余生将要做什么，只需要找到一份未来 3 到 5 年能够挣钱的有趣工作即可。

你如何拒绝不想浪费精力和时间的人和事？

出于必要，我现在非常擅长拒绝几乎所有的事，特别是和工作有关的请求，我大多都会拒绝，比如项目合作、推介书籍、接受采访、参加会议等。当我意识到要在经营自己的项目（或者陪伴家人）以及为他人服务（通常是免费的）之间做出选择时，拒绝就变得非常容易了。如今，拒绝访谈类的纪录片变得很简单。在参加了几十次采访之后，我意识到这些影片大多数都登不上银幕。

这并不是说我不愿意帮助别人。实际上，我经常竭尽全力去帮助他人。但是，在这种情况下，我是在做自己真正想做的事情，绝对不是因为我不会拒绝。

你用什么方法重拾专注力？

我会向我的妻子抱怨，她耐心听上大约 30 秒后，通常会让我闭嘴，然后我会去冥想或锻炼。

"伟大"其实是个动词

莫里斯·阿什利（**Maurice Ashley**）

推特：@MauriceAshley
mauriceashley.com

莫里斯·阿什利　国际象棋特级大师中第一位非洲裔美国人。他以各种方式将自己对国际象棋的热爱传递给他人，包括作为 3 次全美锦标赛教练、美国娱乐与体育电视网（ESPN）的评论员、励志演讲者，出版两本著作，设计苹果手机应用程序，以及发明拼图。因其对国际象棋做出的巨大贡献，莫里斯于 2016 年入选美国国际象棋名人堂。他的著作《国际象棋带你走向成功》（*Chess for Success*）介绍了这种游戏的诸多好处，特别是对问题青少年。他的 TEDx 演讲"反其道而行之"的观看人次已经近 50 万。他还和我们共同的好友乔希·维茨金一起上了我的电视节目《蒂姆·费里斯实验》巴西柔术那一期。

你最常当作礼物送给他人的 3 本书是什么？

有很多书都使我的内心发生了根本性的变化。但是，到目前为止仍能引起我共鸣的第一本书是盖尔·希伊的《人生旅程》（*Passages*）。

我读这本书的时候是 18 岁，它让我意识到，我在人生的每个阶段，直到年老和死亡，都是一个不同的人。这本书还让我意识到，我应该反过来生活，从老者的智慧开始，将其运用到蓬勃的青春中。虽然我并不能总是做到这一点，但它有助于我客观判断重要和不重要的事。

我还会推荐威廉·达夫蒂的《糖的阴影》(*Sugar Blues*)，这本书从根本上改变了我的饮食习惯。此外，乔治·伦纳德的《如何把事情做到最好》详细介绍了我们在积累专业知识的道路上所面临的挑战。蒂姆·费里斯的《每周工作 4 小时》让我放弃了中规中矩的生活，去寻找完全灵活和自由的生活。

有没有某次你发自内心喜欢甚至感恩的"失败"？

作为一名国际职业象棋手，失败是成长不可缺少的一部分。我最重要的失败发生在百慕大的一次锦标赛中，我需要赢得一场关键的比赛，才能获得国际象棋特级大师的头衔，这是国际象棋领域最负盛名也是最高的头衔。我当时对弈的是德国特级大师米夏埃多·贝措尔德。我们下到了关键的一步，我可以选择吃掉他的一颗重要棋子"车"，也可以选择吃掉一个"兵"。事实证明，吃掉"兵"我依旧可以保持所有优势，而贪婪地吃掉他的"车"会让我立刻失去攻击力。我输掉比赛后，曾 4 次获得美国冠军的特级大师亚历山大·沙巴洛夫指出了我的错误，他说了一句我永远不会忘记的话："要成为特级大师，你必须具备资格。"我当时就明白了必须回去努力完善自己，才能真正赢得比赛。从那以后，这句话一直激励着我专注于过程而非结果。

你长久以来坚持的人生准则是什么？

"我每天早晨醒来时都坚信自己远没有发挥出全部潜力。'伟大'其实是个动词。"

有一天早晨，这些话突然闪现在我的脑海中。在老去之前我还有很长的路要走，所以我在余下的日子里会拼命提升自我。"伟大"并不是最终的目标，而是每天完成的一系列小的动作，目的是不断提高自己的技能，每一天都成为更好的自己。

有没有某个信念、行为或习惯真正改善了你的生活？

我最近参加了一个名为"里程碑"的自助课程，我学到的最重要的内容是，要让自己的人际关系完全开放透明。慢慢地，它帮助我建立了数量减少但质量提高的关系，我不再那么担心别人的想法。现在，我常说的一个关键词就是"真实性"。它是一把量尺，可以用来衡量我说的是废话还是发自内心的想法。

没有通向成功的普遍可行之路

约翰·阿诺德（John Arnold）

推特：@JohnArnoldFndtn
arnoldfoundation.org

约翰·阿诺德 劳拉和约翰·阿诺德基金会的联合主席。该基金会的核心目标是，通过加强社会、政府和经济体系来改善个人生活。约翰创立了价值数十亿美元的能源商品对冲基金"半人马座能源"，并担任首席执行官。2012年他宣布退休的消息震惊了华尔街。在成立"半人马座能源"之前，约翰曾在安然公司的批发部门担任多个职务，包括天然气衍生品的负责人。他曾被誉为"天然气之王"。约翰拥有范德堡大学的文学学士学位，并且是突破能源基金的董事会成员。突破能源基金是一家由投资人领导的风险投资公司，致力于资助减少全球温室气体排放的变革性技术。

你最常当作礼物送给他人的 3 本书是什么？

一个人对生活的态度在很大程度上取决于他们的乐观程度。乐观的人会更多地投资自己，因为他们认为延迟奖励会更高。悲观的人更

巨人的方法

喜欢为了获得立即回报而牺牲长期利益。然而，被每日负面新闻驱动的媒体行业所做的，正是我们俗话说的只见树木不见森林。马特·里德利的《理性乐观派》和斯蒂芬·平克的《人性中的善良天使》恰如其分地描绘了我们面临的现实——毫无疑问，几乎所有措施在长期看来都是积极向上的。乐观是一种发射性的特征，具有因果循环性。社会对未来越乐观，未来就会越好。这两本书提醒人们，社会已经取得了巨大的进步。

你会给刚刚毕业的大学生什么建议？你希望他们忽略什么建议？

令人遗憾的是，所谓建议几乎都是个人经验，因此它们的价值和相关性都十分有限。如果你读一读大学的毕业典礼演说，你就会很快意识到每个故事都有其独特性。有的企业家多年来一直坚守某个创意因而实现了蓬勃发展，有的企业家则涉猎十分广泛。有的成功人士为自己的人生设计了总体计划，有的成功人士则选择顺其自然。忽略别人的建议，尤其是在职业生涯早期。没有一条通向成功的普遍可行之路。

你如何拒绝不想浪费精力和时间的人和事？

直到最近，我才领会了"时间就是金钱"这句话。对那些忙得没有时间的人来说，学会拒绝参会是一项必不可少的技能。开那种没有效果的会，机会成本巨大。这似乎是不言自明的，但人们往往很难平衡时间和金钱。有许多组织因为直接的小额支出而烦恼，但是当其让过多的员工在会议室开几个小时的会时，却毫无顾虑。近些年来，我在判断时间的机会成本上有了长进。

发人深思的箴言

蒂姆·费里斯
（2017年1月6日—1月27日）

计划可以让你远离混乱和冲动。它是一张用来捕捉时光的网。

——安妮·狄勒德

美国作家、教授，因《溪畔天问》获普利策奖

那些决心被"冒犯"的人会在某处遇到挑衅。无论我们如何调整，都无法取悦狂热分子，而试图这样做是有辱人格的。

——克里斯托弗·希钦斯

作家、记者、社会批评家

那些很容易受到惊吓的人就应该经常被吓一吓。

——梅·韦斯特

美国经典影片中最伟大的女明星之一

一个想法如果一开始不是荒谬的，它就没有希望了。

——阿尔伯特·爱因斯坦

德国理论物理学家、诺贝尔奖获得者

好好设计自己的每一天

钱胡子先生（Mr. Money Mustache）

推特 / 脸书：@mrmoneymustache

mrmoneymustache.com

钱胡子先生（真名：皮特·阿德尼）在加拿大长大，他的家人大多是极具个性的音乐家。皮特 20 世纪 90 年代获得计算机工程学位，并在多家技术公司工作，30 岁开始不再工作。皮特和他的妻子，还有他们 11 岁的儿子，目前住在科罗拉多州的博尔德附近。自 2005 年以来，他们一直没有真正工作。大家可能会问"他们是如何做到的"。从根本上说，他们通过两点实现了提前退休，一是优化生活方式的方方面面，实现以最少的费用获得最大的乐趣，二是投资基本的指数基金。他们的年均支出总额仅为 2.5 万美元到 2.7 万美元，他们并没有因此觉得自己缺少什么东西。自 2005 年以来，皮特一家三口一直过着一种自由的生活，他们探索各种有趣的项目、副业和冒险活动。2011 年，皮特开始在"钱胡子先生"博客上写他的生活之道。自开通以来，该博客已经吸引了约 2 300 万人，页面浏览量达 3 亿。它已经成了一种现象级的自组织社区。

你有没有什么离经叛道的习惯？

把衣服晾在绳子上在太阳下晒干、收割庄稼、砍柴、铲雪。在干这些真实传统的人类活动时，我会很快乐，它们能让我避免陷入生意、金钱和网聊等与人相关的层层旋涡。

有没有某个信念、行为或习惯真正改善了你的生活？

到目前为止，最重要的一点是，我意识到美好生活的真正衡量标准是，"我现在对自己的生活有多满意"。

事实证明，这比你想象的要简单得多。我们每个人的人生都有高峰和低谷，所以我们的目标就是将位于高峰的时间最大化，并将位于低谷的时间最小化，尽可能减少到无。

如果你过了十分美好的一天，在这一天结束时你问自己上面那个问题，答案通常就是肯定的。如果经历了糟糕的一天（或连续几天），你可能就会说生活糟透了。我意识到，美好人生的关键其实就是拥有一个个美好的日子，所以你可以每天想一次这个问题。

其实，有很多简单的方法可以赋予你美好的一天。从美好的睡梦中醒来，吃一顿美味的早餐，把手机/报纸/计算机抛在脑后，然后写一份如何让一天变得美好的计划。做几个小时的体育锻炼，努力工作，与其他人一起开怀大笑，帮助他人——做到这些，你基本上就实现目标了。

因此，长期的挑战就是好好设计自己的生活，多做上面所说的那些事，少做没有意义的事。观察一天中你所做的每一件事，想一想"它是否有助于我度过更美好的一天，如果答案是否定的，那么世界上有人能在生活中做这些无意义的事，并且取得了超越我的成功吗"？

你会给刚刚毕业的大学生什么建议？你希望他们忽略什么建议？

最糟糕的标准建议更多是一种设想，这种设想在整个中产阶级十分普遍——把自己美好、繁荣的40年职业生涯全押在你的老板身上。

这是一种设想，因为如果你遵循标准的道路，它自然而然就会发生。我说的标准道路是：将85%或更多的收入花掉，如果想要什么东西却没有钱，那就借钱买。如果一切顺利，你一生的大部分时间就会挣扎在财务困境的边缘。

相反，我们可以重新梳理一下，从自由的角度来思考这个问题。如果你锁定年支出25到30倍的钱，将其放在费率较低的指数基金或其他相对收益率较低的理财产品上，你就会获得终身财务自由。

如果按照所谓的标准，将收入的15%存起来，那么你大约在65岁就可以实现这种财务自由。如果将这个比例提高到65%，30岁你就财务自由了，而且在这个过程中，你通常会活得很快乐。

当然，还有其他方法可以解决钱的问题，比如经营一家赚钱的公司，或是找到一份能够快乐做一辈子的工作。但是，如果你不陷入"挣钱—借钱—花钱"的陷阱——这是中产阶级的普遍假设，你的财务自由就可以更快地实现。

因此，简单来说，高储蓄率（或"生活利润率"）是目前为止拥有美好创意生活的最佳策略，因为这是你获得财务自由的通行证。财务自由是创造力的源泉。

真正的失败会给人极大的自由

大卫·林奇（David Lynch）

推特：@david_lynch

davidlynchfoundation.org

大卫·林奇　一位屡获殊荣的导演、作家和制片人。《卫报》称其为"我们这个时代最重要的导演"，他的作品包括很多标志性的电影和开创性的电视剧，比如《橡皮头》《象人》《蓝丝绒》《我心狂野》《双峰镇》《妖夜慌踪》《穆赫兰道》。他还是大卫·林奇基础意识教育与世界和平基金会的创始人兼董事会主席，该基金会向全球成人和儿童传授超觉冥想。林奇曾 3 次获得奥斯卡金像奖最佳导演提名和一次最佳剧本提名。他曾两次获得法国凯撒最佳外语片奖、戛纳电影节金棕榈奖，以及威尼斯电影节终身成就金狮奖。

你最常当作礼物送给他人的 3 本书是什么？

詹姆斯·唐纳的《汽车旅馆的周末》(*That Motel Weekend*)、《圣典博伽瓦谭》，弗兰兹·卡夫卡的《变形记》。

有没有某次你发自内心喜欢甚至感恩的"失败"？

一次真正的失败会给人极大的自由。你不可能再往下掉了，所以往上爬是唯一的选择。你没有什么可以失去的东西了。因此，这种自由好似狂喜，它可以为你的心打开一扇门，引导你走向自己真正想做的事情。这个过程充满了无限的自由和喜悦，同时毫无恐惧。你将获得极大的幸福。我很喜欢的一次失败是电影《沙丘》。

最近有哪个 100 美元以内的产品带给你惊喜感吗？

1/8 英寸 × 36 英寸、1/4 英寸 × 36 英寸、5/16 英寸 × 36 英寸的木质销钉。我通过亚马逊金牌服务（prime）订购的这些销钉，直接送货上门。我做墙边桌的时候用上了它们，用它们做木制铰链的效果非常好。

有没有某个信念、行为或习惯真正改善了你的生活？

费斯托的精准木工技术。

你长久以来坚持的人生准则是什么？

"学习马哈里希·马赫什·约吉发明的超觉冥想，并定期练习。它会结束你的痛苦，给你的生活带来幸福和充实。加油！"

你做过的最有价值的投资是什么？

花了 35 美元从 1973 年 7 月 1 日开始学习超觉冥想，这是当时的学生价。

你有没有什么离经叛道的习惯？

抽烟。

你如何拒绝不想浪费精力和时间的人和事？

类似这样的采访。如你所见，我还是有事做的。

你会给刚刚毕业的大学生什么建议？你希望他们忽略什么建议？

学习马赫什·约吉发明的超觉冥想，并定期练习。忽略悲观的想法以及悲观的人。

在你的专业领域里，你都听过哪些糟糕的建议？

即使不喜欢，你也要为了钱去做。

你用什么方法重拾专注力？

我会坐下来，期待灵感的到来。

学习计算机科学理论是一项长期投资

尼克·萨博（**Nick Szabo**）

推特：@NickSzabo4
unenumerated.blogspot.com

尼克·萨博 十分博学，他的兴趣和知识在广度和深度上都达到了惊人的程度。他是计算机科学家、法律学者和密码学家，因为在数字合同和加密货币方面的开拓性研究而闻名。尼克提出了"智能合约"的概念，目的是在为网上的陌生人设计电子商务协议时引入他所说的"高度发展"的合同法实践。尼克还发明了比特黄金，许多人认为比特币由此而来。

你最常当作礼物送给他人的 3 本书是什么？

理查德·道金斯的《自私的基因》一书对生命的意义（包括人类行为和自我认知）的解释比我读过的任何一本书都更深刻。

你会给刚刚毕业的大学生什么建议？你希望他们忽略什么建议？

每个人都在努力追求社会认同，比如好友的崇拜或网友的点赞。

你越不需要别人对你的想法给予正面反馈，你可以探索的原创设计领域就越多。你会更有创造力，从长远看，对社会也会更有用。但是，人们可能花很长时间才会喜欢你，甚或付钱给你。你的想法越具有原创性，上司和同事越不理解。人们害怕或者至少会忽略他们不理解的东西。但是对我而言，当时在这些想法上取得进展就很值得，即使它们可能会成为有史以来最糟糕的聚会话题。几十年过后，它们最终获得的社会赞誉超出了我当时的想象。

在你的专业领域里，你都听过哪些糟糕的建议？

在处理大量资金时，硅谷的口号"快速前进，打破陈规"是一个非常糟糕的建议！

你长久以来坚持的人生准则是什么？

"可信的第三方是安全漏洞。"

最近有哪个 100 美元以内的产品带给你惊喜感吗？

100 美元可买不到什么意义深远的东西，或者买不到我予以重视的东西。那些单杯的小起泡器/搅拌器，比如 PowerLix 牛奶起泡器，在我调制可可粉和咖啡等饮品时用处不小。它们并不珍贵，虽然 100 年前还没有，但现在可能再普通不过了，就像开车去旧金山参加你的播客节目所需的一箱汽油一样！

有没有某次你发自内心喜欢甚至感恩的"失败"？

我最喜欢的一次"失败"是一段失业期。我没有找工作或是像大家理所当然认为的那样参加聚会，但那段时间却赋予我更多的创造力。我最好的点子出现在我不因工作或社交而分心或疲倦的时候，也出现在我可以天马行空地自由思考，而且有足够的时间深入思考的时候。即便如此，良好的教育（计算机科学和法律）和积极工作的磨炼（我当然需要钱！）也至关重要。

你做过的最有价值的投资是什么？

努力耕耘我自己的点子，而不是那些别人认为我应该钻研的点子，虽然这样做短期来看会有很多麻烦。比如，不去理会老板的想法……换句话说，优先发展那些我钦佩的想法，而不是那些满足社交和消费需求的想法。具体的做法包括，用新颖有用的方式将这些想法整合起来，或是研究在新技术的指导下那些古老的想法会有什么新火花。

还有一项伟大的长期投资，那就是学习计算机科学理论。通过学习，我发现了强大的技术能力，它可以用以解决我想解决的重大问题。此外，它还有实际的好处，因为在计算机科学领域打下的基础，我很早便发现了互联网，也因此遇到了为数不多和我志同道合的人。如果没有之前的学习，我在"现实生活"中就不会结识他们。

你有没有什么离经叛道的习惯？

在打印纸上写写画画！我知道你是笔记软件"印象笔记"的粉丝。虽然我是计算机科学家和程序员，但我还是喜欢在纸上涂涂写写，记下我大脑的灵光乍现，这样很方便也很实用。

你用什么方法重拾专注力？

嘿，我也希望能解决这个问题。我期待看到这本书其他人的回答！

尼克·萨博

以"做自己"为生是一种神奇的体验

乔恩·考尔（Jon Call）

照片墙/YouTube：jujimufu
acrobolix.com

乔恩·考尔 昵称"Jujimufu"，一位大块头特技演员。2000 年，他开始自学"极限特技"，这种运动融合了空翻、腿法、转体，极具观赏性。2002 年，乔恩创立了 trickstutorials.com，他经营这个网站 12 年，使之成为最大的网上极限特技演员社区之一。他可以在两把椅子上负重劈叉，同时举起很重的杠铃，相关视频已经在网上疯传开来。此外，他还上了美国的《达人秀》。《时尚健康》（男士）写道，乔恩"看起来像个大力士，动起来像个忍者，他表演的健身特技是你见过的最疯狂的动作"。

你最常当作礼物送给他人的 3 本书是什么？

黄忠良的《思考的身体，舞动的心灵》（*Thinking Body, Dancing Mind*）。这是一本基于道教思想的运动心理学书籍。它对道教的阐释十分独特。很幸运，我 15 岁那年在书店选了这本书来读。当时，它极大

巨人的方法

地影响了我的跆拳道训练。直到今天，我仍会拿起这本书翻一翻。

最近有哪个 100 美元以内的产品带给你惊喜感吗？

单灶电热锅。我用的 Aroma Housewares 品牌 AHP-303/CHP-303 单灶电热锅。它的价格不到 20 美元，要想给一杯或 3 杯咖啡保温，它是绝佳选择！

有没有某次你发自内心喜欢甚至感恩的"失败"？

2012 年 3 月，我在练习特技时扭伤了脚踝。因为是 II 级扭伤，我 7 个月都无法练习标准的特技动作。虽然恢复速度很慢，但也不乏有趣的事情发生。在脚踝扭伤的那段时间，我决定疯狂练习吊环。我每隔一天就练习一次，大约持续了半年。通过练习吊环增加肌肉并不像自由力量训练那样容易，但我还是增加了近 15 磅肌肉！当我的脚踝几乎完全康复时，大量的吊环训练对我的特技动作产生了巨大的影响。脚踝扭伤引发的巨大变化一直持续至今。如果没有扭伤脚踝，我就永远不会丰富自己的技能，我可能只会成为一个独自在公园里做特技的瘦弱男孩。

你长久以来坚持的人生准则是什么？

"如果不能对之报以一笑，你就输了。"

我是今年才想到这句话的，我把它当作我的生活准则。这句话的妙处在于，如果做不到，你就会得到一个强有力的教训。如果有人去世，尤其是你所爱的人，你是不会笑的，但那是因为你一生中不可能总是赢家，有时候我们的确会输！不过，我们最好能够区分真正的失去和性格的懦弱。车被剐了一下或者在每周来一次的垃圾车走了之后才想起忘记将垃圾放到路边，这些事情都会让人心烦，但你应该尽早对之报以一笑。你越早笑出来，越早可以继续自己的生活。你越早自嘲，越早可以过上真正的生活。

你有没有什么离经叛道的习惯？

嗅盐！举重运动员上台准备举起最大的重量之前闻的那种东西就是嗅盐。嗅盐是含有化学物品的化合物，通常含有氨水，可以唤醒大脑或提高运动表现。

嗅盐有多种形式，其中安瓿瓶储存效果更好，每次使用的剂量也能保持一致。可以选择 First Aid Only 品牌的 H5041-AMP 可吸入安瓿剂。我喜欢看第一次闻嗅盐的人，真的很刺激！大多数人只在举重时闻嗅盐，但我将它的用途提升到另一个层次。坐得太久不想起来？闻一闻嗅盐！开车时犯困？闻一闻嗅盐！脑子里总想与人云雨又无处释放？闻一闻嗅盐！

有没有某个信念、行为或习惯真正改善了你的生活？

用心打理我的社交媒体。利用社交媒体和为社交媒体做贡献之间是有区别的，后者会给你带来很多积极的关注者。但是，我创建社交媒体账户的初衷是为了成长。如果你能提供含有巨大价值的信息，社交媒体就会发挥最大的效用。我很注重分析（比如点赞数量、点踩数量、点击量），并控制我发布的帖子以适应趋势（也就是最有价值的东西）。我从来不会发布自己不想做或不喜欢做的事情，但是我会发布能够最大限度娱乐他人或者使他人开心而又真实反映"自我"的东西。自从开始精心打理社交媒体以来，我已经把自己想做的事发展成了一项职业。从根本上说，我以"做自己"为生，这是一种神奇的体验。这一切都是因为我用心耕耘社交媒体。

在你的专业领域里，你都听过哪些糟糕的建议？

就灵活性训练而言，大多数人认为，长时间保持拉伸动作是提高

　　　　　　　　　　　　　　　　　巨人的方法

灵活性的一种方法。我认为这条建议十分糟糕。只有将整个拉伸分成几组，中间插入一定的休息时间，奇迹才会真的发生。休息对于灵活性训练非常重要。即使没有气喘吁吁，你也会有疲倦的感觉，你的身体需要时间来适应拉伸反应。拉伸一分钟休息 3 分钟，如此重复 3 组，要比一次拉伸 3 分钟效果更好。如果要做，最好按照正确的方法做，否则你就是在浪费时间。正确的方法就是分组练习，中间休息。

你如何拒绝不想浪费精力和时间的人和事？

在和别人聊天时，如果我想讲一个比对方"更厉害"的经历，我就会告诉大脑"不要"，我在这一点上越来越擅长了。我的意思是，对方可能会给我讲一段他的经历，而我也有类似的经历，而且比他的更厉害或更离奇。我不会等待时机插入自己的故事，而是会让这种想法慢慢消失，就对方的经历提出更多问题。我发现这样做的结果好极了。当我问更多问题时，我学到的东西远远超过了讲自己的故事去打动别人。对方的故事总会有令人赞叹的地方。不要指望故事一开始就令人兴奋，鼓励对方多说多讲，故事会因此更吸引人！

你用什么方法重拾专注力？

当我觉得无法集中精力时，我会给父母打电话。他们结婚 40 多年了。他们是最能让我保持平衡心态的人。他们现在仍住在我小时候的那栋房子里！当我打电话给他们时，我会觉得自己就像当年那栋房子里的小男孩一样自在。我可能会告诉他们我因为什么事情而不知所措，但只要听他们说说我父亲在后院做了什么事情，家里养的狗怎样了，或者其他与我的生活无关的事情，我就会感觉好很多。我很幸运，现在还可以给家里打电话。

发人深思的箴言

蒂姆·费里斯

（2017年2月3日—2月24日）

生活要么大胆尝试，要么什么都不是。

——海伦·凯勒

第一个获得文学学士学位的失聪失明之人

电影《奇迹的缔造者》的人物原型

　　我很早之前就注意到，有成就的人很少等着事情找上门来，他们会出门造就事情的发生。

——达·芬奇

意大利文艺复兴时期的博学之士，绘有《蒙娜丽莎》和《最后的晚餐》

身处底层不是一件坏事

达拉·托雷斯（Dara Torres）

推特：@DaraTorres
照片墙：@swimdara
　　daratorres.com

达拉·托雷斯　美国速度最快的女子游泳运动员之一。她 14 岁时第一次参加国际游泳比赛，几年后的 1984 年第一次亮相奥运会。41 岁时，达拉参加了 2008 年北京奥运会，成为游泳比赛中年纪最大的运动员。她获得了 3 枚银牌，包括 50 米自由泳比赛，众所周知，她因为 0.01 秒惜失金牌。达拉参加过 5 届奥运会，共获得 12 枚奖牌。她是《体育画报》泳装特刊深度报道的首位女运动员。在 2009 年 "年度卓越体育表现奖"（ESPY）的颁奖礼上，她荣获 "最佳回归奖"。此外，达拉还被《体育画报》评为 "十年最佳女运动员"。她著有《年龄只是一个数字》（*Age Is Just a Number*）一书。

你会给刚刚毕业的大学生什么建议？你希望他们忽略什么建议？

　　许多人都是从底层开始，一点点努力往上爬，所以不要认为在职场中身处底层是件坏事。这时你别无选择，只能往上爬。不要相信传闻和谣言，除非你知道它们是事实。

最近有哪个 100 美元以内的产品带给你惊喜感吗？

Crepe Erase 针对晒伤皮肤的身体护理产品。

你有没有什么离经叛道的习惯？

我肚子不舒服的时候会干吃日清旗下的 Top Ramen 方便面。

你用什么方法重拾专注力？

我要么骑动感单车，要么游泳，要么拳击，要么练习把杆健身，从而缓解压力，让自己更加专注。

你长久以来坚持的人生准则是什么？

"未来属于那些相信梦想之美的人。"大家都说这句话是埃莉诺·罗斯福说的。

好好工作，积累资产，这和中彩票一样，需要的是时间

丹·盖布尔（Dan Gable）

推特：@dannygable

脸书：/ DanGableWrestler

　dangable.com

丹·盖布尔　摔跤史上最有传奇色彩的人物之一。在高中和大学期间，丹·盖布尔创造了令人难以置信的 181 胜 1 负的纪录。他曾两次获得美国全国大学体育协会举办的全美摔跤比赛冠军，3 次获得全美冠军，3 次获得八大联盟举办的摔跤比赛冠军。在大学期间仅有 1 负的记录，丹·盖布尔受此激励，每天训练 7 个小时，每周 7 天坚持训练，最终在 1972 年奥运会上获得了金牌，没有失掉一分。从 1976 年到 1997 年，他是艾奥瓦大学有史以来最出色的常胜教练，共 15 次获得美国全国大学体育协会颁发的全国摔跤队冠军称号。丹·盖布尔被美国娱乐与体育电视网评为 20 世纪最优秀的教练之一。在 2012 年奥运会期间，他入选国际摔跤联合会名人堂，位列体育传奇人物之一，成为世界上第三位获得这一荣誉的人。此外，丹·盖布尔还进入多个名人堂，包括美国国家摔跤名人堂和美国奥林匹克名人堂。他著有多本著作，其中包括畅销书《摔跤人生》（*A Wrestling Life*）。

你最常当作礼物送给他人的 3 本书是什么？

鲍勃·理查兹的《冠军之心》(*The Heart of a Champion*)这本书非常重要，因为它回答了所有问题。我恰巧在人生中最恰当的时刻读到这本书。鲍勃早在 20 世纪 50 年代就获得了奥运会撑竿跳高冠军。他的照片出现在 Wheaties 谷物早餐的包装盒，他做了很久这个品牌的代言人。

我一直很推荐这本书，事实上，我还为最新版撰写了序言……其次，可能是一本关于桑拿的书，因为我很喜欢桑拿。它有助于缓解压力，光是读读相关的书对我就有很大帮助。

最近有哪个 100 美元以内的产品带给你惊喜感吗？

小时候，每当我乔迁新居或是更换卧室，我都要在门口装一个东西……其实就是一个简单的引体向上杆，直到现在也是如此。它的价钱不到 100 美元，但你必须配一个好的支架，以免摔下来。现在，我更多地用它做拉伸，目的就是让自己的关节都打开。我每天都会花几分钟抻一抻，或是当作热身，或是当作起床后的锻炼。如果我感觉不错，可能会做几个引体向上。

你长久以来坚持的人生准则是什么？

我会在这个巨大的广告牌上写上："摔跤并不适合所有人，但人人都应该练习。"因为你在摔跤过程中培养的自律不仅可以用在摔跤中，还可以用在生活中。要成为一名优秀的摔跤手，你需要具备营养知识、生活技能和竞争力，而这一切也会让你在生活中有更好的表现。

你有没有什么离经叛道的习惯？

也许这在芬兰并不罕见，但是对很多人来说，还是不同寻常的。我喜欢大汗淋漓的感觉，这对我来说就像一个净化的过程。我不喜欢微微出汗，我喜欢的是挥汗如雨。你可以通过锻炼出汗，不过，我去的很多地方都设有桑拿室。我每天都会让自己出汗，如果没有做到，我就会发抖。

你会给刚刚毕业的大学生什么建议？你希望他们忽略什么建议？

不要想着立刻就能"中彩票"，因为这通常不会发生。好好工作，积累资产，这和中彩票一样，需要的是时间。你只需要每天都努力工作，每天都有进步，每天都挣到钱。随着时间的流逝，你的状态会越来越好。如果你在第一年就"中了彩票"，那么我会第一个向你表示祝贺，但不要太指望美梦成真。

凝视星空，感受自己的渺小

卡罗琳·保罗（**Caroline Paul**）

推特：@carowriter

    carolinepaul.com

卡罗琳·保罗　出版了 4 部作品，最新出版的《勇敢的女孩》（*The Gutsy Girl*）成为《纽约时报》畅销书。卡罗琳小时候是个胆小鬼，她认为恐惧是她通往自己理想生活的阻碍。从那时起，她参加过奥运会选拔赛，争夺美国国家雪橇队的入选名额。此外，她还成为洛杉矶首批女消防员，当时她是营救 2 组的成员。营救 2 组不仅要参与消防行动，还要参与深海潜水搜索（如搜寻尸体）、绳索救援、危险品排险、重大汽车火车事故救援等行动。

你最常当作礼物送给他人的 3 本书是什么？

    H. A.雷的《星空的奥秘》。我一直很喜欢星空，但是小时候那些古老的星座图对我来说毫无意义，它们只是一堆标着大熊星座、狮子星座和猎户星座的难以理解的东西。但是，雷重画了星星之间的连线，狮子星座看起来像一头狮子，大熊星座看起来像一头大熊。我送人这本书时希望大家抬起头仰望星空，感受那种因宇宙存在而产生的震撼。这听起来有些荒谬，但是我坚信，只要凝视星空，感受自己的渺小，看着宇宙说"哇哦，真是太神秘了"，我们就会少一点儿短视的自大，甚至在一切还来得及的时候拯救地球。想通过一本书达到这些目的，是不是要求太高了？不过，我认为《星空的奥秘》可以胜任。

你做过的最有价值的投资是什么？

作家可以免费在厨房的餐桌上写作，也可以花一杯咖啡的钱在咖啡厅写作。但是我出了第一本书之后，决定租一间叫"旧金山作家之屋"的办公室，目的就是想与其他致力于创作的作家一道写作。没有什么可以替代同行的支持。我们一起流汗，哭泣，揪头发，一切都是为了创作。现在，我出版了4本书，依然保持着清醒的头脑。如果我决定单独写作，这一切就不会发生。

你有没有什么离经叛道的习惯？

我喜欢解开缠在一起的项链。我曾经是一名滑翔伞飞行员。当你刚从背包中取出装备时，伞翼上的绳索会打很多结，似乎怎么解都解不完。不过，你也知道，绳索两端都附着在某个点上，因此只需要耐心地找出哪条绳索在哪条的上面即可。我的爱人温迪·麦克诺顿总是把她的项链扔在抽屉或口袋里，拿出来时会乱成一团。我喜欢这样的感觉：尽管结上加结，但只要有耐心和信心，我就可以把它们解开。

有没有某个信念、行为或习惯真正改善了你的生活？

我以前不喜欢散步，因为我膝盖不好，而且觉得散步很无聊。但是3年前，我和温迪从收容所收养了一只狗，当然，遛狗是免不了的。瞧，我现在喜欢上了散步。这是一个走出家门、没有目的地但始终与狗狗在一起的机会。我不会在遛狗的时候接打电话（这在遛狗公园是会让人侧目的），而且我也不会想着很快到达某个地方。有趣的是，通过遛狗我的膝盖反倒变好了。我很期待遛狗的那一个小时，只需要挪动脚步，环顾四周，不断呼吸。这就像冥想，只不过偶尔要停下来处理一下狗狗的便便。

巨人的方法

要抵制住趋向中庸的诱惑

达伦·阿伦诺夫斯基（Darren Aronofsky）

推特/照片墙:@darrenaronofsky

       darrenaronofsky.com

达伦·阿伦诺夫斯基　一位备受赞誉的导演，他曾执导风靡一时的经典影片《圆周率》《梦之安魂曲》《摔跤王》。他执导的首部电影《圆周率》1998年上映，使其崭露头角，并赢得了圣丹斯电影节最佳导演奖。他最著名的影片也许是《黑天鹅》，该片曾获得5项奥斯卡金像奖提名，包括最佳影片和最佳导演奖。他根据《圣经》改编的史诗般的电影《挪亚》上映后成为当时票房最高的影片，全球票房收入超过3.62亿美元。他最新导演的悬疑惊悚电影《母亲!》由詹妮弗·劳伦斯和哈维尔·巴登联合主演。

你最常当作礼物送给他人的3本书是什么？

    我上大一的时候是一个胆小的新生，有一天我在学校的图书馆里走来走去，眼角的余光突然瞥到了"布鲁克林"这个词。我来自布鲁克林，而且第一次远离家乡，所以我立刻有了兴趣。我从书架上取下小胡伯特·塞尔比的《布鲁克林黑街》，一个晚上就读完了这本书。我从未见过哪位作家像小胡伯特那样描写得如此到位。他深深地激发了我的写作热情，让我形成了自己的叙事风格。后来，我把他的另一本书《梦之安魂曲》拍成了电影，甚至和他本人成为亲密无间的好朋友。

有没有某次你发自内心喜欢甚至感恩的"失败"？

我拍的每一部电影最开始大家都不认同。当时，我的制片人甚至想出这样一句话："当每个人都反对时，你就应该知道自己在做正确的事。"所以，我认为所有的成功开始时都会遭到大量反对，关键在于能否克服这些攻击。

最近有哪个 100 美元以内的产品带给你惊喜感吗？

我买了一把非常好的抹刀，合适的炊具会为早餐带来特别的惊喜。

> 来自蒂姆·费里斯的话：我拿到了一张抹刀的照片，它看起来像好评率很高但价格不到 10 美元的 Winco TN719 汉堡包铲。

你会给刚刚毕业的大学生什么建议？你希望他们忽略什么建议？

关键在于毅力，这是最重要的品质。当然，如果你得到一个机会，你必须好好表现，必须超越所有人的期望，但是获得机会才是最难的。因此，请在头脑中保持清晰的愿景，每天拒绝所有影响你实现目标的障碍。

你用什么方法重拾专注力？

我很幸运，每当我离开父母去工作时，他们都会对我说"玩得开心"和"不要太努力工作"。当事不如意时，他们的话给了我借口。我认为拖延是创作道路的重要组成部分。你可能觉得自己只是在浪费时间，其实你的身心都在努力解决你无法直面的问题，只不过你也许并不知道这一点。因此，尽管去散步，泡在书店里，看电影或游泳，只要不沉迷于手机就好。

在你的专业领域里，你都听过哪些糟糕的建议？

如果把 10 个人叫到一个房间，让他们必须选择一种口味的冰激凌，最后香草味就可能被选中。总会有不断的压力使大家顺从。但是，创意只会出现在现实的边缘。站在边缘总是很危险的，因为这里离断断续续的癫狂只有一步之遥。所以，要抵制住趋向中庸的诱惑和建议。最好的作品永远来自边缘。

迅速学习，但不要急于验证

埃文·威廉斯（Evan Williams）

推特/Medium：@ev
medium.com

埃文·威廉斯　博客平台 Blogger、推特以及在线出版平台 Medium 的联合创始人。1999 年 1 月，埃文与人共同创立了 Pyra Labs，这家公司推出了 Blogger，并创造了博客一词。它于 2003 年初被谷歌收购。随后，埃文又与人联合创办了 Odeo 公司和 Obvious 公司，并于 2006 年创立了推特。埃文是推特的联合创始人、首席投资者，也是前首席执行官。他目前是 Medium 的首席执行官。埃文在内布拉斯加州克拉克斯的一个农场长大。

有没有某次你发自内心喜欢甚至感恩的"失败"？

那是在经营 Blogger 的时候，当时互联网泡沫刚刚破灭，我们像其他很多公司一样资金短缺，正四处寻找"软着陆"的机会。有一家私企想要收购我们公司的全部股权，但出价很低。我对此并不兴奋，但我的团队想促成这个交易。这是可以理解的，因为如果收购成功，他们就可以保住自己的饭碗，并且从理论上讲，我们可以继续开发这个产品。我本来是勉强同意的，但是因为对方的董事会没有通过，所以我们的交易未能完成。我不得不裁员，但我们勉强维持了下来，两年后将 Blogger 卖给了谷歌。当初那个潜在的收购方倒闭了。从那时起，我意识到，有些你未能达成的交易会成为最成功的交易。

有没有某个信念、行为或习惯真正改善了你的生活？

我大约 5 年前开始定期练习正念冥想。没有什么行为能像正念冥想那样极大地改变了我的生活。我觉得它重塑了我的大脑（可能是因为正念冥想的效果本就如此）。一开始，我觉得效果非常大。几年后，感觉没有那么强烈了，但它还是十分必要的。我如果有两三天不练习正念冥想，就会感到不适。我多么希望自己很多年前就开始练习正念冥想了。

你会给刚刚毕业的大学生什么建议？你希望他们忽略什么建议？

迅速学习，但不要急于验证。在团队中，你如果看似完全不担心自己，就会给人留下更好的印象。你担心自己是没问题的，每个人都会这样，只是不要表现出来。你如果忍住不提过多的要求，通常得到的就会更多。

发人深思的箴言

蒂姆·费里斯

（2017 年 3 月 10 日—3 月 24 日）

沩山问云岩："菩提以何为座？"

云岩："以无为为座。"

——沩山灵祐禅师（771—853）

禅宗五家之一"沩仰宗"的创立者

敢于尝试只会暂时失去立足之处，不去尝试将会失去自我。

——索伦·克尔凯郭尔

丹麦一位多产的作家，被视为存在主义之父

培训是防范意外之风险，教育则是准备迎接意外之惊喜。

——詹姆斯·卡斯

纽约大学宗教历史和文学名誉教授，著有《有限与无限的游戏》

戒糖

布拉姆·科恩（Bram Cohen）

推特：@bramcohen

脸书：/ bram.cohen

　　Medium：@bramcohen

布拉姆·科恩　比特流的开发者，比特流公司（BitTorrent）的创始人。比特流是一种 P2P（点对点）文件共享协议。2005 年，布拉姆入选《麻省理工学院技术评论》"全球 35 岁以下创新者 35 强"榜单。

有没有某次你发自内心喜欢甚至感恩的"失败"？

　　在开发比特流之前，我参与了一个注定要失败的项目，名叫 Mojo Nation。这个项目计划开发很多非常酷的功能，但是由于缺乏重点，任何一个功能都表现欠佳。这次经历之后，再加上早期参与的类似的失败软件项目，我决定做一个项目，让它只有一个功能，并且把它做好，我的目标不是大获成功，而是不要以失败告终。任何结果都比未能交付要好。这个项目的成果就是比特流。现在，大家都用"最小化可行产品"这个词。它显然是个没有感情色彩的词，表达的思想是不要想着大获成功，而是将所有精力都集中在尽量不要失败上。大多数软件开发项目都以可怜的失败而告终。

你长久以来坚持的人生准则是什么？

"戒糖，特别是汽水和果汁。除此之外，其他的饮食建议都可以忽略。"

你有没有什么离经叛道的习惯？

我发明并推出了不少益智玩具。最新的玩具叫 Fidgitz 扭扭魔方，可以在很多玩具店买到。我希望这些益智玩具能够吸引玩家的注意力，并让他们在玩游戏时变得更聪明。如果做不到这一点，我希望它们至少能给人带来快乐。

你如何拒绝不想浪费精力和时间的人和事？

有一个人生教训很重要，我虽然不愿意接受，却不得不接受，那就是不要与疯狂的人一起工作。保持开放的心态，接受朋友本来的样子，这样做没错。但是，在彼此依赖的工作中，他人的整体心理健康往往会成为一个主要问题。

有些事情即使说一说，也是禁忌。如果有人认为税收相当于偷窃，或者严格的素食主义更健康，这就表明他们严重缺乏判断力，你应该非常谨慎地决定是否相信他们做出的重大决定。与拥有不同政见和人生观的人在私下以及工作中保持联系，这是值得称赞的，我自己就在这样做。但是，有些时候，某个观点会从"极端"变为"疯狂"，这种区别十分重要。

如果是在面试环节，你要注意的是过于明显的自恋。如果一位候选人告诉你，你不需要设立他所面试的职位，而应该设立一个更高的职位，而且你应该聘用他担任此职，或者你不录用他你会后悔，或者对你大谈特谈相关业务，就好像他是一个在做尽职调查的投资者，他还没有加入公司就开始玩令人讨厌的政治游戏了，这时你应该立即拒绝他。如果这种人被录用了，这种行为就会愈演愈烈，就算提前告诉他们这种行为是不能接受的，他们也不会有任何改变。

有没有某个信念、行为或习惯真正改善了你的生活？

最近，我开始认真对待我的乳糖不耐受问题，这极大地改善了我的生活质量。我的情况比大多数乳糖不耐受患者严重得多。美国有很大一部分人乳糖不耐受，但许多人都置之不理或是没有接受诊断。我只要有一点儿不小心，就会因腹胀而感到痛苦不已。不过，只要使用一些基本的方法就会带来很大的改善。我会做以下几件事：（1）尽可能避免摄入乳糖，包括奶酪和黄油（不幸的是，还包括几乎所有的巧克力，如果标签上写着"可能含有少量牛奶"，那就说明也不行）；（2）即使我觉得没有吃过任何含乳糖的食物，每天也要服用两次乳糖酶片，因为在外出就餐时你永远不知道饭菜里面究竟都有什么；（3）每天服用两次西甲硅油，因为这对排出气体有直接帮助。不要担心打嗝，因为体内的气体必须被排出，而人体只有两个排出口。最好让气体从上面排出来，而不是迫使它从下面排出。

有一种潮流很令人沮丧，那就是人们大多误以为自己对麸质敏感，而乳糖不耐受却没有被提及。其实，乳酸菌发酵的成本极低，甚至可以在牛奶被制作成黄油或奶酪之前进行。不含乳糖应该是常规标准。在美国，大多数黑人和亚裔都有乳糖不耐受情况存在，而学校提供的主要午餐他们是无法消化的。

你会给刚刚毕业的大学生什么建议？你希望他们忽略什么建议？

在选择工作时，你要看它能不能给你带来最有价值的经验。如果你想成为一名企业家，那么你不要立刻创业，而要加入一家刚刚起步的创业公司，一边学习，一边犯错，同时还能获得报酬。只有掌握了必要的经验和知识，才能自行创业。我就是这样做的。虽然我加入的创业公司大多失败了，但是我认为，如果没有这些经验，我在创业时就不可能成功。

巨人的方法

把事情做好的最佳方法就是放手

克里斯·安德森（**Chris Anderson**）

推特：@TEDChris

ted.com

克里斯·安德森 2012 年成为 TED 大会的策划人，并将之发展成一个全球平台，用于传播有价值的想法。克里斯出生于巴基斯坦的农村，在印度、巴基斯坦、阿富汗和英国长大。他在牛津大学获得哲学和政治学学位，随后进入新闻行业。1985 年，克里斯创办了未来出版集团，推出了一本计算机杂志。这本杂志成功之后，公司又推出了其他杂志。在"充满激情的媒体"这句口号的引领下，公司迅速发展。1994 年，克里斯将业务扩展到美国，创立了想象媒体公司。这家公司出版了 *Business 2.0* 杂志，开发了颇受欢迎的游戏网站 IGN。克里斯旗下的公司最终出版了 100 多本月刊，共有 2 000 名员工。2001 年，克里斯创办的非营利基金会"种子基金会"收购了 TED，克里斯暂别其他业务，专心发展 TED。在他的领导下，TED 不断扩大范围，不仅涵盖技术、娱乐和设计，还包括科学、政治、商业、艺术和全球性问题。2006 年，TED 演讲开通了网上免费观看渠道，现已有 2 500 多个演讲可供下载。

你最常当作礼物送给他人的 3 本书是什么？

戴维·多伊奇的《无穷的开始》。这本书强调了知识的力量。知识不仅是人类的一种能力，而且是塑造宇宙的力量。

斯蒂芬·平克所有的书。他是我们这个时代头脑最清晰的思想家，也是最擅长交流的人。他让我意识到很多事情，比如，如果不了解人类如何进化，我们就永远无法了解自己。

C.S. 刘易斯的《纳尼亚传奇》。我是在小时候读的这套书，它们帮我打开了想象力的大门。

你长久以来坚持的人生准则是什么？

"为一个比你自己更远大的目标活着。"奇怪的是，这虽然不一定让你的生活更轻松，却可以让你更满意自己的生活。

有没有某个信念、行为或习惯真正改善了你的生活？

我意识到，把事情做好的最佳方法就是放手。原因是这样的，别人经常想帮助你或与你合作，但如果你控制欲太强，他们就无能为力了。你越会放手，别人带给你的惊喜越多。近年来，TED 清晰地说明了这一点。我们在网上免费发布演讲内容，热情的学习者不断在网上传播，从而大大提高了 TED 的影响力。同样，我们以 TEDx 的形式允许别人免费使用我们的品牌，结果成千上万的志愿者在全球范围内纷纷举办 TEDx，每天都有 10 场。他们提出的想法是我们从未想过的。在这个勇敢互联的新时代，你应该坚持什么和放弃什么的规则已经发生了永久性的改变。如果采取慷慨的策略，你的声誉就会得到传播，你就会获得惊人的回报。

你会给刚刚毕业的大学生什么建议？你希望他们忽略什么建议？

我们很多人都相信"追求自己的热爱"这句老话。但对很多人来说，这是一条很糟糕的建议。在 20 多岁的时候，你可能并不清楚自己的最佳技能和机会是什么。所以，最好的做法是不断学习，自律，持续成长。此外，还要尽量与世界各地的人建立联系。暂时跟随并支持别人的梦想完全没有问题。在此过程中，你会建立有价值的关系，积累有价值的知识。说不定什么时候你的热爱就会来到，并在你的耳边低语"我准备好了"。

克里斯·安德森

现在就提起笔写作

尼尔·盖曼（Neil Gaiman）

推特 / 照片墙：@neilhimself
脸书：/ neilgaiman
　　neilgaiman.com

尼尔·盖曼　《文学传记词典》十大在世的后现代作家之一。他是一位非常多产的作家，涉猎散文、诗歌、电影、新闻、漫画、歌词和戏剧等。他的小说斩获了纽伯瑞奖、卡内基文学奖、雨果奖、星云奖、世界奇幻文学奖和艾斯纳奖。我第一次读他的书是 20 世纪 90 年代的漫画书《睡魔》，那时我就惊叹于他在书中所展现的想象力，随后又读了他的《乌有乡》和《美国众神》。他还著有其他畅销书，比如《尼尔·盖曼随笔集》《车道尽头的海洋》《坟场之书》《鬼妈妈》。《坟场之书》是我最喜欢的有声书。任何希望在漫长人生中取得创造性成功的人，都应该听一听尼尔的毕业典礼演讲"创造卓越的艺术"。

你用什么方法重拾专注力？

> 我睡够了吗？
>
> 我吃饭了吗？
>
> 散一会儿步怎么样？

如果这些问题得到了解答或解决，而我确实注意力分散，那么我会问自己：

> 我怎么做才能解决这个问题？
>
> 有没有真正了解这个问题的人，我可以与之通话和交谈？

如果我只是内心感到悲伤忧郁，无法集中精力，那么我会问自己：

> 我真的动笔写作多长时间了？
>
> 停止手中的其他事情，因为它们实际上都不是工作，应该做的就是提笔写作。

最近有哪个100美元以内的产品带给你惊喜感吗？

也许给我带来最大幸福的是马加利·勒·于谢编写的"法国幼儿音乐启蒙发声书"，比如《一起来听管弦乐》《一起来听爵士乐》《一起来听摇滚乐》《一起来听维瓦尔第》《一起来听莫扎特》。按下书中的指定位置，就会有声音或音乐。我的小儿子阿什很喜欢这些书，当其他东西安抚不了他时，给他听一听或读一读这套书，他就会高兴起来。一小段音乐就能使一切回归美好……这套书让我的生活变得很美好，因为它们给阿什带来了快乐。

尼尔·盖曼

有没有某个信念、行为或习惯真正改善了你的生活？

我发现可以上私人瑜伽课，就是老师会上门提供一对一的瑜伽教学。有了孩子以后，我和妻子阿曼达·帕尔默一起练瑜伽的可能性大大降低了，而瑜伽课的上课时间和我的时间的契合度很小。但是我知道，如果不练习瑜伽放松自己，我就会很后悔。

重视利益相关者的作用

迈克尔 · 热尔韦（**Michael Gervais**）

推特 / 照片墙：@michaelgervais
findingmastery.net

迈克尔 · 热尔韦　一位出色的心理学家，曾直接为奥运会金牌得主、世界纪录创造者、超级碗得主西雅图海鹰队提供服务，帮助他们融合冥想和正念技巧。他还与皮特 · 卡罗尔教练联合创立了在线指导培训平台 Compete to Create，这个平台的使命是帮助人们成为最好的自己。迈克尔在同行评审期刊上发表了诸多文章，针对人类如何实现最佳表现多次发表演讲，得到了世界各地媒体的关注。此外，他还是播客节目 *Finding Mastery* 的主持人。在节目中，他采访了各个领域的顶尖人物，并解释了如何做到精通。

你最常当作礼物送给他人的 3 本书是什么？

　　维克多 · 弗兰克尔的《活出生命的意义》。维克多是纳粹集中营的幸存者，他在书中介绍了自己从这段经历中学到了什么，概述了在生活中发掘深层意义和目的的方法。

老子的《道德经》。这本书共有 81 章，是道教禅宗教义的基础，旨在理解"德之道"。老子的教义深奥复杂，为智慧奠定了基础。

加里·麦克的《心灵健身房》（*Mind Gym*）。这本书剥去了应用运动心理学的深奥外表，介绍了多种心态训练原则，它们极易理解和实践。

最近有哪个 100 美元以内的产品带给你惊喜感吗？

我给儿子买的一本书，是教练约翰·伍登撰写的《跬步与千里》（*Inch and Miles*）。我们会定期一起读这本书。看到儿子明白了伍登教练的深刻见解，我非常高兴和欣慰。

有没有某次你发自内心喜欢甚至感恩的"失败"？

我在职业运动领域第一次担任运动心理学家的经历。一位朋友将我引荐给体育队的总经理，他们俩也是好朋友。我和经理聊了聊他对团队未来的愿景，我们聊得很开心，他同意我担任团队的心理学家。我很渴望这份工作，于是欣然接受了，其实我并没有什么深刻的理解。我未能充分认识到，有很多其他的利益相关者会影响团队的文化和成绩，比如主教练。我从未和主教练坐下来聊一聊，我不知道我会面临什么情况。我甚至不知道主教练对运动心理学兴趣不大。实际上，他认为这是对他教练风格的一种潜在威胁。

不用说，第一次与主教练见面从本质上说颇有挑战性，他向我提出了挑战。当时，我还是个新手，他知道这一点，所以精心谋划了我与运动员的第一次会面。

第二天，他让队员练习了特别长的时间，训练强度很大，要求很高。训练一结束，他立即让队员去更衣室，穿着训练服在那里等待。然后，他叫我去他的办公室谈了几分钟。这几分钟足以使队员身上被汗水浸透的衣服变得冰冷，他们会变得烦躁。几分钟后，主教练很快地点了下

巨人的方法

头，好像他大脑里的焦虑监控器停止了工作。他说："你在团队面前介绍一下自己怎么样？"

他带我走进更衣室，说："伙计们，这是运动心理学家迈克尔·热尔韦。如果你脑子出了问题，你就去和他谈谈。"说完他迅速离开了更衣室。

我很喜欢这次经历，因为它使我明白了一件事：在做出决定与之共进退之前要对机构的人有更深入的了解。"摸清情况再行动。"

你长久以来坚持的人生准则是什么？

"每天都是一次机会，等你来创造生动的杰作。"

我们对生活的控制远远超出很多人愿意接受的程度。我们创造或共同创造着我们的生活经历，每一天都是一个新的机会，你可以全身心投入当下。唯有在当下，我们的潜能才能得到展现和表达。生动的杰作不是画在画布上、刻在石头上的，也不是用笔墨绘制的。它是对应用洞察力和智慧的一种追求和表达。

你做过的最有价值的投资是什么？

为他人的成长投资。

当进行眼神交流时（有时是真正的眼神交流，有时是概念上的，比如观察事物的核心所在），我们会彼此联结。这种联系变得十分紧密，以至我们发现自己被各种干扰和忙碌占据了时间，现代人已经习惯于用这种方式缓解因情绪即将崩塌而产生的不适。通过彼此的联系，我们能够体验到真实和美好。正是通过这些关系，高绩效得以体现，我们的潜力、意义和目标得以展露。

在你的专业领域里，你都听过哪些糟糕的建议？

"你可以做任何你想做的事。"不，这样说是不对的，它揭示了建议者对人生阅历的无知。

迈克尔·热尔韦

你如何拒绝不想浪费精力和时间的人和事？

"我有些问题想向你请教，什么时候可以开个电话会议或者一起喝杯咖啡？"不行。"我有一个想法，想征求你的建议，我们可以见个面吗？"不行。"我认为我符合条件，可以上你的播客节目 *Finding Mastery*，我们通电话聊一聊怎么样？"不行。

不喝餐厅的自来水。

不看有线电视和网络电视。

下车后拒绝接听电话（最好在开车时通话）。

拒绝新的项目和商业想法。

拒绝没有意义的媒体采访。

拒绝没有统一愿景、不愿意激情努力地工作、不习惯适应不确定性的合作伙伴和潜在客户。

拒绝加工食品，食用天然食品

你用什么方法重拾专注力？

当我的兴奋（内在激活）水平进入高速运转模式时，我会深呼吸。

当我的注意力不集中时，我会听音乐，活动一下，比如去外面散步。

当我持续超负荷而没有有意义的产出时，我会关闭电子邮件。

要判断问题应通过新技术还是基本的管理方法来解决

坦普·葛兰汀（Temple Grandin）

照片墙：@templegrandinschool

脸书：/ drtemplegrandin

　　grandin.com

坦普·葛兰汀　作家、演讲者，关注自闭症和动物行为。她是科罗拉多州立大学的动物科学教授、动物福利和畜牧业设备设计咨询领域的成功人士。英国广播公司（BBC）曾以她为原型制作了一部特别纪录片——《像牛一样思考的女人》。她 2010 年的 TED 演讲"世界需要各种心智"拥有近 500 万的点击量。《时代周刊》《纽约时报》《发现》《福布斯》和《今日美国》都曾报道过她。美国 HBO 电视网根据她的生平拍摄了一部电影，这部电影由克莱尔·丹尼斯主演，获得了艾美奖。2016 年，葛兰汀当选美国艺术与科学院院士。

有没有某次你发自内心喜欢甚至感恩的"失败"？

　　当我刚开启我的畜牧业设备设计生涯时，我误以为每个问题都可以用工程学知识加以解决。只要设计和制造没有纰漏，所有与运送动物有关的问题就可以被解决。一次重大的项目失败，让我明白了必须从根本上解决问题。1980 年，有人请我设计一种运送系统，将生猪运至辛辛那提一家古老肉类加工厂的三楼。这些猪很难走上长长的坡道。我满怀热情地接受了这份委托，设计了一个传送带式的斜槽。结果彻彻底底失败了。猪蹲坐在上面，斜槽一动，它们都向后翻滚。进一步的观察表明，大多数不会爬坡的猪都来自同一个农场。与设计大型输送系统却以失败告终相比，去这个农场解决问题其实更容易也更省钱。改变猪的某个基因，就能解决大多数问题。

通过这次失败的设计，我发现我的方法治标不治本。从那一刻起，我就开始仔细区分什么问题可以用新设备解决，什么问题应该通过其他方式解决。后来，在我的职业生涯中，我发现人们更希望利用神奇的新事物解决问题，而不是通过改善管理来解决问题。管理者需要仔细分辨业务中哪些问题应该通过新技术去解决，哪些问题通过基本的管理方法解决可能更有效。

你用什么方法重拾专注力？

在 20 多岁时，我在学校艺术大楼的墙上看到一句话："障碍就是当你的视线离开目标时你所看到的可怕的东西。"从那以后，我就知道了这句话是亨利·福特说的。纵观我的职业生涯，我为肉类行业的很多大公司设计过畜牧业设备。在这些项目中，我与最优秀的工厂经理合作过，也与最糟糕的工厂经理共事过。为了解决这个问题，我提出了"项目忠诚度"的概念。我的职责是做好工作，使项目正常运行。糟糕的工厂经理是我必须克服的障碍。项目忠诚度的概念帮助我继续前进，并成功地完成我的项目。

发人深思的箴言

蒂姆·费里斯

（2017 年 3 月 31 日—4 月 21 日）

真正的战士战斗，不是因为他讨厌眼前的东西，而是因为身后的所爱。

——G. K. 切斯特顿

英国哲学家，人称"悖论王子"

幸福完全取决于一顿悠闲的早餐。

——约翰·甘瑟

美国记者，著有《死神，你莫骄傲》

对很多人来说，获得财富不是麻烦的终点，而是麻烦的转折点。

——伊壁鸠鲁

古希腊哲学家、伊壁鸠鲁学派创始人

对待自己要用脑，对待他人要用心。

——埃莉诺·罗斯福

美国在位最久的第一夫人、外交官、活动家

看重你自己

凯利·斯莱特（Kelly Slater）

照片墙 / 脸书 / 推特：@kellyslater
kswaveco.com

凯利·斯莱特　被《商业周刊》誉为"全球最佳以及最著名的冲浪者"。他曾11次蝉联世界冲浪联赛的冠军，包括1994年至1998年连续5次夺冠。他是获得这一冠军头衔年龄最小的人（20岁），也是年龄最大（39岁）的人。此外，凯利还赢得了54场世界巡回赛冠军。他成立的凯利·斯莱特冲浪公司，生产了用于冲浪训练的最长的高性能人造冲浪池。

你最常当作礼物送给他人的3本书是什么？

丹尼尔·里德的《健康、性爱与长寿之道》（*The Tao of Health, Sex, and Longevity*）。这本书涵盖了有关个人生活的丰富知识，就像一本"个人健康《圣经》"。你可以将书中的知识付诸实践，从而改善身体、心理和情感健康。纪伯伦的《先知》是我十几岁时读的第一本"精神之书"。这本书简明扼要的叙述在我的大脑中播下了许多思考的种子。有些书可能充斥着大量细节，你很容易忘记。《先知》鼓励我思考自己的观点，它筛选了很多我以前可能没有看到的主题。

有没有某次你发自内心喜欢甚至感恩的"失败"？

2003 年，我基本上锁定了一个"世界冠军"的头衔，结果在下个月的比赛中却以微小的差距与其失之交臂。那次失败让我十分震惊，但它促使我厘清了生活中很多困扰我的事情，包括爱情、真理、家庭和工作，并最终帮助我赢得了另外 5 个世界冠军。

你会给刚刚毕业的大学生什么建议？你希望他们忽略什么建议？

为自己想一想。每个人对事物的运作方式和功能都有独特的见解，而你的想法和别人的一样有价值。有时候，你对自己的信念、对他人的开放心态，以及你的表达方式让别人听到了你的想法。

你做过的最有价值的投资是什么？

为朋友投资很重要。有一栋房子见证了我们大约 50 个朋友的成长过程，因此我们决定集资修缮它，这少不了大家的爱心。并不是每个人都有能力提供帮助，而完成这样一件事就像放养猫一样困难。我和一个朋友承担了大部分资金，因为说到底这是我们俩的想法。我发现，我越愿意慷慨分享，越能更快地通过其他方式获得回报。我坚信，自己从自由地帮助他人中得到的快乐和回报，不久之后会以其他方式带给我好运。

尽力而为已经不简单了

凯特琳·塔尼娅·戴维多蒂尔（Katrín Tanja Davíðsdóttir）

照片墙：@katrintanja

脸书：/ katrindavidsdottir

凯特琳·塔尼娅·戴维多蒂尔 冰岛的一位 CrossFit 运动员。2015 年和 2016 年，她获得了 CrossFit 比赛女子冠军，因此荣获"世界上最健康的女性"称号。继同样来自冰岛的安妮·米斯特·索里斯多蒂尔之后，凯特琳是两次获得 CrossFit 比赛冠军的第二位女性。

你最常当作礼物送给他人的 3 本书是什么？

约翰·伍登的《伍登：对赛场内外观察和思考的一生》（*Wooden: A Lifetime of Observations and Reflections On and Off the Court*）绝对是我最喜欢的一本书。我的祖父曾是一名篮球运动员，几年前他给了我这本书。伍登的训练方法让我和我的教练本·伯杰龙产生了很多共鸣。在读这本书时，我发现自己不停地点头赞同。他的理念不仅适用于健身房和比赛场地，而且适用于普通生活。我一直认为，运动是生活的一个微观视角。运动和生活拥有同样的原则和道理，但它们在运动中更为明显。这本书我最喜欢的部分可能要属前言了，它是由伍登以前的球员比尔·沃尔什撰写的。沃尔什讲到了他与教练的关系，以及他从教练那里学到了什么。他讲的故事如此美妙，我一直未曾忘怀。

另一本书是吉姆·阿弗雷莫夫所写的《冠军心智》（*The Champion's Mind*）。这是我读过的第一本运动心理学书籍。它的出现对我来说正是时候。那是 2014 年夏天，我刚刚失去了参加 2014 年 CrossFit 比赛的资格。那个夏天，我很容易陷入一种心态："我不属于这一行，我还不够好，我失败了……"但是，这本书让我更好地看待这件事。我不是一个失败者，我只是在某件事上失利了。这件事已经过去了。眼下我能做些什么让自己变得更好呢？这本书教会了我不管在什么情况下都要集中精力尽个人所能做到最好，不要一直有和别人比较的压力。我开始读这本书时，正好开始和教练本·伯杰龙合作。他关注的东西与书里所讲的一模一样。他会在训练前和训练后与我交谈，有时在训练中也会和我谈心，所有这一切开始融合在一起。这种新的心态让我真正爱上这一过程。

你有没有很喜欢的训练或是觉得很有价值的训练，但大多数练习 CrossFit 的人或运动员却忽略了？

绝对是心态。我们很容易投入身体训练，以做到更快的速度、更多的深蹲次数、更重的推举，或是更标准的引体向上……但是在精英运动员中，每个人都很健康，都很强壮，能够区分伯仲的就是心态了。

如果你问的是某一项具体训练，那么我会说是基本的"健身训练"。在接近乳酸阈值时多锻炼一会儿，这样做很难，但这也是见证奇迹的时刻。我说的不是枪炮般的锻炼，也不是"速度"问题。我说的是在你体力马上就要下降的时刻多坚持一会儿。一旦你的整体身体素质提高了，在两次举重之间以及两个项目之间，你就能恢复得更好。

它会影响很多其他方面。

有没有某次你发自内心喜欢甚至感恩的"失败"？

我刚开始练习 CrossFit 时，很快就达到了"很好"的水平。当然，不是卓尔不群，不是最好的选手，但足以参加 CrossFit 比赛。2012 年和 2013 年，我都参加了 CrossFit 比赛，我很高兴自己能成为这项比赛的运动员，并且将其视为自己身份的一种定义。我在准备参加 CrossFit 比赛时，还是一名全日制的学生和教练。我一直都很努力，但是回顾那时的训练，更像是一种走过场的形式，为了完成而完成。

老实说，我那时并不知道自己想在学校学习什么，而且我也不喜欢当教练。两者都是我觉得自己应该做的事。CrossFit 比赛是我真正想做的唯一的一件事，但 2014 年我未能晋级。这似乎是我一生中最大的一次失败。它对我打击很大，但最终成了发生在我身上最好的事。

那年未能获得参赛资格让我知道了我多么喜欢这项比赛，我愿意为之付出巨大的努力。那个夏天，我选择了休假，开始阅读运动心理学的资料，当我想要回归时，我真的已经做好了准备。我请本·伯杰龙当我的专职教练，后来我决定暂时休学，停止教练的工作，从冰岛搬到波士顿，以便真正与教练一起全身心地投入训练。我很喜欢这段经历，那是在 2015 年初。我们最终在 7 月赢得了 CrossFit 比赛。未能参加 2014 年的比赛是我经历过的最好的一件事，也是改变我一生的一件事。

你做过的最有价值的投资是什么？

2014 年初从冰岛飞到波士顿的机票。当时，我和本·伯杰龙一起去参加 CFNE 基地的训练营。我几乎用掉了所有的钱，但我非常想与本·伯杰龙和其他运动员一起训练。当时，他还不是我的教练。但是，在训练营之后，他成了我的全职教练，我们也因此建立了最密切的关系。

你用什么方法重拾专注力？

有时候，我们会觉得训练没有那么容易或有趣，日子变得十分艰难。我会告诉自己，这才是真正重要的时刻！只要愿意，你就可以去健身房刻苦训练。但是，如果不想去，如果疲乏了，那么还有谁会去训练呢？

碰到这种情况，我的方法是提醒自己"为什么"训练。答案就是我的祖母和她身上的光芒。她是最支持我的人，也是我最好的朋友。当我从冰岛搬到波士顿全职训练时，我们告诉彼此，我们一直都是在一起的。2015 年 4 月，祖母辞世，我现在仍能感受到而且也知道我们是永远在一起的。当遇到困难时，我知道她就在我身边。

有没有某个信念、行为或习惯真正改善了你的生活？

相信自己尽了最大努力就足够了。我们很容易陷入这样的想法：要"赢得"比赛，要在训练当天取得成绩，抑或不管是什么任务，都要做出一些非凡的成就。

我发现，我所认为的"最好"就是我能达到的最好结果，这就是"胜利"。尽力而为听起来可能很简单，其实并不简单。它需要你付出一切，少一分都不行。它的好处在于，它完全在你的控制范围内。不管你的身体状况如何，不管你处于什么境况，你都可以尽最大的努力。对我来说，这就是胜利。

你要提升自身的短板，而不是成为所谓的成功人士

马修·弗雷泽（Mathew Fraser）

照片墙：@mathewfras

马修·弗雷泽 在 2016 年和 2017 年的锐步 CrossFit 比赛中拔得头筹，赢得了"世界上最强健的男性"称号。2014 年，他首次参加 CrossFit 比赛，获得了"年度最佳新人奖"。他在 2014 年和 2015 年的 CrossFit 比赛均获得第二名。马修曾是奥运会种子选手，退出举重职业生涯后，他从 2012 年开始进行 CrossFit 训练。

最近有哪个 100 美元以内的产品带给你惊喜感吗？

毫无疑问，我会说是我的"黎明模拟器"，也就是飞利浦自然唤醒灯。它是一个闹钟，会用光而不是声音叫醒你。因为这种改变，你会觉得自己是自然醒来的，而且不会感到昏昏沉沉。

有没有某次你发自内心喜欢甚至感恩的"失败"？

我最大的失败是众所周知的，那就是连续两年在 CrossFit 比赛中获得第二名。第一年，我是个新手，没有什么特别的期望，所以得了

第二名，感觉就像是一场胜利。第二年，前一年的冠军已经退役了，我对自己的成绩很满意，以为自己会稳操胜券，拿下冠军头衔。结果，我又是第二名，这是一次灾难性的失败。因为这次失败，我接下来的一年比以往更加努力，在 2016 年 CrossFit 比赛中以有史以来最大的比分差获得了第一名。我从未想过要改变 2015 年的比赛结果，因为那是一次我余生都将不断反思的教训。

有没有某个信念、行为或习惯真正改善了你的生活？

我意识到，当我真正做到全力以赴时，我更看重某个过程的结果。而且我会为自己感到骄傲，这对我来说更重要。

举个例子，当我进行高强度的划船训练时，当我每次拉动手柄后链肌群火辣辣地疼时，当我感觉手指起了水疱时，当我头顶感到刺痛时，我的身体试图告诉我停下来，但我在两次拉伸之间会告诉自己，"继续练习，如果你继续努力，你就会为自己感到骄傲"。每次结束这样的锻炼，我一整天都会十分高兴，因为我知道我已经尽了最大努力来提高自己。

在你的专业领域里，你都听过哪些糟糕的建议？

我不断听到有人说："你如果想获得成功，就需要学习成功人士的做法。"在 CrossFit 领域，事实远非如此。我看到很多人都在模仿顶级选手的训练方式。如果你想在这项运动中变得更好，你就需要锻炼自己的弱项，而不是成功人士的弱项。

你用什么方法重拾专注力？

我会列个清单，这看起来很简单而且很愚蠢，但是对我很管用。现在，我几乎总是把记事本放在触手可及的地方。我发现，当我思考的某件事有太多的步骤、运动项目或变量让我的大脑想不清楚时，我会感到超负荷。那么如何解决呢？把它们写下来。有时候，我会从理想的结果开始，然后一步步倒着思考如何达到目标。有时候，只是列一个待办事项清单，我就可以让自己的一天变得井井有条。

一般来说，我会在每天早上喝咖啡时列清单。我有一个不好的习惯，白天会忘记比较琐碎的事情，所以，我喜欢在一天开始之前还没有什么分心的事情时把它们写在纸上。列清单有助于我在白天保持镇静和高效。

我列的最不寻常的一个清单是在 2015 年 CrossFit 比赛之后。对我来说，那是一场很糟糕的比赛。我本来有可能拿到 1 200 分，最终我丢了 36 分。在这 13 个项目中，我在有些项目中表现得十分出色，而在另一些项目中我几乎垫了底。比赛结束后，我研究了每个项目的完成情况，并列出下一年的改进方法。

其中有一个项目我做得很差，就是"重物翻滚"。在这个项目中，选手需要将"重物"（其实是一个重 600 磅的冰箱）在足球场上翻转12 次，然后爬上 20 英尺长的绳索，不能用腿，连续爬 4 次。只说我的重物翻滚不太好，简直是对我的弱点的轻描淡写。所以我必须弄清楚原因。是物体太重了吗？是我不知道正确的技巧吗？是我的身体没有做好准备吗？一旦找到原因，我就要想出解决方法。然后，我从期望的结果（精通这个项目）往回推，一直到我目前的状况（绝对很糟糕）。我为自己设定了几个小目标，把它们写下来，并开始朝着它们努力，一个目标接着一个目标地达成。这使我能够着眼于下一个似乎可以实现的小目标，而不是一个看似无法实现的遥远的艰巨目标。

要谦虚，要有自知之明

亚当·费希尔（Adam Fisher）

亚当·费希尔 从 2017 年 9 月起一直是索罗斯基金管理公司宏观交易和房地产投资的负责人。在此之前，他与人共同创立了联邦机遇资本对冲基金。该基金作为一家全球宏观对冲基金，管理的资产约为 22 亿美元。亚当 2008 年成立联邦机遇资本，并担任首席投资官。他拥有丰富的投资经验，曾管理过全球多家公共和私营公司。在成立联邦机遇资本之前，他 2006 年与人共同创立了东方地产集团有限公司，专注于亚太地区的投资。

你最常当作礼物送给他人的 3 本书是什么？

史蒂芬·科特勒的《超人的崛起》（*The Rise of Superman*）。这本书十分鼓舞人心，而且通俗易懂。它让我第一次真正了解生理学与表现之间的关系。这本书让我明白，我需要综合自己的真实感受，并通过训练复制我能达到的最佳生理机能。

对我来说，理想的生理机能训练就是坚持我的日常活动，包括一整夜的安眠、心率变异性（HRV）训练、冥想、每天有几段深度工作的时段，外加一些运动。如果一天中这些事情都做到了，我的状态就会很好。

你会给刚刚毕业的大学生什么建议？你希望他们忽略什么建议？

要谦虚，要有自知之明。忽略"做你自己"这句话。当然，从字面上看这句话说得没错，但它会阻碍自我完善。追求你所热爱的是可以的。

有没有某次你发自内心喜欢甚至感恩的"失败"？

在成为宏观交易员之前，我从事的是房地产投资。我一直很喜欢宏观思维，即使在做房地产投资时也是如此。如果思考得当，我会拥有最好的见解。

宏观思维是指，我在做决策时会先考虑大局，然后考虑细节。大局上的问题会主导我的偏好。这并不是说我会忽略细节，考虑细节是必要的，只是细节并不占据主导地位。比如，我会投资精英想要入住的房地产项目。虽然我可以在其他方面赚钱，但从长远来看，这条规则带来利润是很可观的。当然还有其他因素，不过这是必要条件。

我的房地产投资也有过几次失败，其中大多是因为整个团队并没有接受这种思考方式。在我看来，全球金融危机（或其风险）看起来相当简单，但对我的团队而言，情况却没有那么明显。如果我们在这一点上达成一致，我们的决策就会大不相同。

目前，我要确保我的平台和平台上的所有人都认同这一理念。如果没有遇到之前的困境，我就不会意识到团队在投资理念上的一致性是多么重要。

有没有某个信念、行为或习惯真正改善了你的生活？

毫无疑问是冥想。我没有办法一一写下它的好处，因为它的好处真是太多了。我觉得以前还没有开始练习冥想时，我好似呆坐在沙发上。我早晨做完心率变异性练习之后就会冥想。每一天，我都会在家里的同一处安静空间至少练习 10 分钟单点冥想。

你做过的最有价值的投资是什么？

我做过的最好的投资是去年请了一位绩效教练。我一直很相信教练的用处，但是出于种种原因，我花了很长时间才将教练视为生活的一部分。

我坚信世界顶尖人才都需要指导。我想，导师在很多情况下都可以扮演这个角色，不过，教练和导师是不同的。

教练首先会关注你，而导师的恰当做法是先关注自己，然后才是你。另外，优秀的教练会制订一些让你变得更好的计划，（而不是像导师那样）简单地为你提供建议。

在你的专业领域里，你都听过哪些糟糕的建议？

"找一个专业领域。"我听到这句话时觉得特别奇怪。你只需要钻研如何学习，之后总能知道自己接下来需要了解什么。

你如何拒绝不想浪费精力和时间的人和事？

对我来说，就是"日历时间表"了。我会设计一个可重复使用的时间表，每天都按此执行。我很遵守这个时间表，也希望周围的每个人都能尊重它，并帮助我达成目标。我是一个性格内向的人，所以在这个时间表上我为自己留了很多独处的时间，我身边的每个人都会保护这段时间。这种方法也能防止我的一天被烦恼填满。

你用什么方法重拾专注力？

我会做心率变异性练习。好好做 10 次呼吸会让我舒适自如，好好做 10 次"观呼吸"会让我有一颗安宁的心。

要勇敢

爱莎·泰勒（Aisha Tyler）

推特 / 脸书: @aishatyler

courageandstone.com

爱莎·泰勒 演员、喜剧明星、导演、作家、活动家。爱莎最广为人知的作品有：联合主持获得日间时段艾美奖的电视节目 *The Talk*；给热播动画喜剧《间谍亚契》中的拉娜·凯恩配音；扮演《犯罪心理》中的塔拉·刘易斯医生；出演《犯罪现场调查》《谈话脱口秀》《老友记》。爱莎还主持了喜剧节目《台词落谁家？》(*Whose Line Is It Anyway?*)，并著有《自残自伤》(*Self-Inflicted Wounds*)一书。

你长久以来坚持的人生准则是什么？

我很喜欢杰克·坎菲尔的那句话："你想要得到的一切都在恐惧之海的彼岸。"如果什么事让我感到恐惧，我通常就会开足马力向它冲去，这对我个人以及我的职业都大有裨益。每个人都会感到害怕，有时候，当我朝着目标做出足够的努力而无法回头时，我会觉得自己仿佛要坠落深渊，我不得不提醒自己要保持勇敢。

在生活的各个方面，包括创作、工作、家庭和友谊，我都努力做到勇敢。勇敢意味着不管结果如何，都要直面困难，愿意付出。我在签名售书时，经常会为粉丝写上"勇敢"二字，这对他们和我来说都是一个提醒。通过保持勇敢，我度过了信心危机，朝着目标不断迈进。

有没有某次你发自内心喜欢甚至感恩的"失败"？

我的第一部短片是一次典型的失败。那是很多年前了，当时，我还没有真正认真地做过单机拍摄。尽管很长时间以来我一直雄心勃勃，却没有什么经验。有很多台前幕后的朋友为我提供了帮助。虽然充满热情，但是我不懂如何拍摄。结果就是拍了一堆杂乱无章的镜头，没有办法剪辑出一个完整的故事，而我也无法完成这部短片。不过，我并没有灰心。我意识到自己需要学习的东西太多了，写作、制作、准备、计划等，一切都需要学习。在接下来的 10 年中，我探访了每一个我可以去的拍摄现场，跟随我认识的每一位导演，还有几位我不认识的导演学习我热衷的这门技艺。从那时起，我每拍摄一个短片就是一次非凡的经历。我有几部短片获了奖，这些都为我的第一部长片奠定了基础，而这部长片也获了奖。迄今为止，我的第一部长片是我职业生涯中最振奋人心、最充实的创作经历，它为我创作生涯的下一阶段照亮了道路。

任何一个不同凡响的创意都有同等程度的失败风险。如果不极力突破自己的极限，突破想法的局限，你就无法成就伟大的事。有很多事情我都没有做成，但这些经历让我知道了什么行得通，什么不要再重复，以及如何做到更好。我无数次想过："如果这次不行，我就崩溃了。"不过，偶尔还是会行不通，但第二天我仍旧起床继续创作。失败会让你知道自己的真正能力，在这方面没有什么比失败更有力了。避免失败的风险就是避免超越性的创意飞跃，两者是形影不离的。

你做过的最有价值的投资是什么？

Concept II 划船机。我 2001 年买的这台划船机，现在用起来还像新的一样。我很难抽出时间去健身房或者与教练一起训练，但我可以随时在家里练习划船，白天晚上都可以。它的强度比较低，全身都能锻炼到，而且效果惊人。

我的划船训练并不是一成不变的。多年来我一直是赛跑选手，所以我的划船训练正好反映了每周的跑步计划：中距离 5 千米划船，穿插高强度的间隔训练，也就是短距离 2 千米冲刺训练，每周一次或两次长距离 10 千米划船。另外，我在用划船机的时候，可以追剧，这是我唯一能看电视的时间。

说到电视剧，我刚刚看完《国土安全》的最后一季。我最喜欢的电视剧有《行尸走肉》《行尸之惧》《权力的游戏》《使女的故事》《纸牌屋》。奇怪的是，尽管有喜剧背景，但我几乎只看剧情片，因为我很难做到在大笑的时候还保持 1 分 55 秒划 500 米的速度。

你有没有什么离经叛道的习惯？

我喜欢凡事都井井有条，但我不会称其为"习惯"，它更像是一种强迫症。比如，我从国外长途旅行回家后，就会开始清理冰箱。有时候，这并不能说是善用时间，尤其是到家很晚而第二天还要早起的时候。不过，这样做能够彻底抚慰我。对我来说，没有什么能够比得上一个井然有序的空间了。它会给我带来特别大的喜悦，足以弥补我把冰箱中所有东西都摆成标签朝外所浪费的时间。

有没有某个信念、行为或习惯真正改善了你的生活？

戒糖。我知道这在好莱坞很流行，但是我确实多年来嗜糖成瘾。从睡眠质量到白天的工作效率，它对我的一切都产生了影响。我就和吸毒的人差不多。每天的特定时刻我必须摄入糖才能正常工作。当我开始戒糖时，我的血糖稳定了，能量得以平衡，锻炼的效果更好，头脑的敏锐性也得到了提高。我停止摄入糖以后，一切真的都变得更好了。这可能是我饮食方面最难做出的改变，但完全值得。现在，如果摄入糖，我的身体就会感到不适，所以餐后将甜点推开变得更容易了。

我真希望能有一个戒糖的"窍门"。这是一条漫长而缓慢的道路，始于至少 15 年前。我 20 多岁的时候，每天晚饭后都会吃半品脱[1]的冻酸奶，有时不止半品脱。我管不住自己，一旦开始吃甜食，我就停不下来，除非把它们都吃光或者吃得胃难受。我没有快速彻底地戒糖，而是慢慢地减少摄糖量。首先用黑巧克力代替冻酸奶，然后少吃黑巧克力。下午用冰咖啡代替糖，然后减少咖啡中的甜味剂，直到改为黑咖啡。我不再食用代糖，因为它们会引发我吃糖的欲望。有一种方法真的很有帮助，那就是增加饮食中的蛋白质，这让我的血糖能全天保持稳定。另一种方法是，当特别想吃甜的东西时，我会喝杯希腊酸奶或吃个烤红薯。我现在专注于高蛋白的健康饮食，并且我是吃脂肪的，这使我远离了高糖饮食。不过，当我迫切想吃糖时，我仍会吃一点儿黑巧克力。我是说，我不是机器人。

你如何拒绝不想浪费精力和时间的人和事？

几乎所有事情。在过去的几年中，我尽量拒绝所有不能激发我个人热情或创造力的事情。这是很难做到的，因为我是一个乐于助人的人，而且在工作中总会有很多筹款活动或事业需要支持。但是，随着时间的流逝，这些承诺蚕食了我的创作时间，我无法实现自己的个人目标。虽然我在这方面有了长进，但绝对说不上做得很好。我总是请身边的每个人帮助我硬下心肠，但我的决心总会在最后一刻崩溃。因此，我会用近藤麻理惠的方法："丢弃（拒绝）一切不能让我'怦然心动'的

---

1. 1 品脱 = 5.682 6 分升。——编者注

东西。"这也包括个人义务，我正在努力练习。

你用什么方法重拾专注力？

我会停下手中的一切，独自散很长时间的步。在长时间的远足过程中，我会有充裕的时间思考——这时我没有机会冲到办公桌旁，埋头处理工作上的琐事。当沉思的时候，解决方案会浮现在我的脑海中。它并不是特别激进的想法，但对我总是很有用。在散步时，我必须带一个能记笔记的东西，因为有些想法来得太快、太猛，如果不把它们全写下来，我通常很快就会忘记。独处总会让人更有力量。一天中一个人真正独处的时间少得惊人，但这种独处是妙不可言的。

巨人的方法

发人深思的箴言

蒂姆·费里斯

（2017 年 4 月 28 日—5 月 12 日）

夫未战而庙算胜者，得算多也；未战而庙算不胜者，得算少也。

——孙武

中国军事战略家，著有《孙子兵法》

不要理会第一次冲动，等待第二次吧。

——巴尔塔沙·葛拉西安

西班牙耶稣会教士，著有巴洛克风格的散文，受到叔本华和尼采的称赞

虚者，心斋也。

——庄子

公元前 4 世纪中国哲学家，著有《庄子》

压力可能使我更强大

劳拉·R. 沃克（Laura R. Walker）

推特：@lwalker
wnyc.org

劳拉·R. 沃克　美国最大的公共广播电台——纽约公共广播电台的总裁兼首席执行官。在她的领导下，纽约公共广播电台每月的听众从 100 万增加到 2 600 多万，并筹集了 1 亿多美元的长期投资。尼曼新闻实验室的肯·多克托曾说，纽约公共广播电台正在"创新的超速道"上行进。劳拉曾被美国公共广播公司授予爱德华·R. 默罗奖，这是该行业的最高荣誉。她被《克莱恩纽约商业周刊》评为纽约市"最有影响力的女性"，同时被《克莱恩纽约商业周刊》特刊评选为"纽约市商界最有影响力的 100 名女性"。此外，她被纽约 *Moves* 杂志评为"有影响力女性"。劳拉拥有耶鲁大学管理学院的工商管理硕士学位和维思大学历史学士学位，并在维思大学做过奥林学者。

你最常当作礼物送给他人的 3 本书是什么？

　　我在送书时，总是试图找一些自己喜欢的书，最重要的是，这些书还能契合对方的梦想、渴望或面临的挑战。对于身患癌症的朋友，我经常送他们悉达多·穆克吉的《众病之王》。这本书语言优美，将科学和故事完美地编织在一起。我儿子罹患癌症时，是这本书让我了解了癌症，包括癌症的历史、原因和创新性的治疗方法。

对于刚开始做饭的人，我会送他们马克·比特曼的《烹饪大全》，因为这本书正如标题所说，应有尽有。

对于纽约市的极客们——我认识很多这样的人，我会送他们丽贝卡·索尔尼特的《不停歇的城市》（*Nonstop Metropolis*）。

论到最伟大的小说，有一本我读了3遍，那就是列夫·托尔斯泰的《安娜·卡列尼娜》。

对于年轻女性，我会送她们西蒙娜·德·波伏瓦的《第二性》。我在巴黎学习时读的这本书。"女人不是天生就是女人，而是变成女人的。"

对于那些正为效率发愁，想要掌控自己生活的人，我当然会送他们蒂姆·费里斯的《每周工作4小时》。

最近有哪个100美元以内的产品带给你惊喜感吗？

我有点儿痴迷于钢笔。最近，我找到一种蓝色的可擦笔——百乐FriXion系列的蓝色可擦笔。它写起字来非常流畅，而且能擦掉，给了我一种掌控感和愉悦感。我经常把这支笔与可重复使用的智能笔记本一起使用，比如Rocketbook Everlast智能笔记本。

你如何拒绝不想浪费精力和时间的人和事？

自从几年前我儿子得了癌症以来，除了陪他和工作，我几乎停下了所有事情。我现在更擅长拒绝邀请，尤其是那些不涉及我家人的邀请。

你用什么方法重拾专注力？

在艰难时刻，我会提醒自己：只要我相信，压力就可以让我变得更强大。我会深呼吸，设想未来，集中于那种压力感，将之变为积极而充满爱心的行动。我是从斯坦福大学凯利·麦格尼格尔的研究中受到启发的。

你会给刚刚毕业的大学生什么建议？你希望他们忽略什么建议？

毕业后走出舒适区。问问自己你对什么真正感到好奇，然后加以探索。拥抱生活中免不了的歧义和矛盾，养成能够帮助你做到这一点的习惯，比如锻炼、与朋友交谈、写作。不要把时间花在寻找正确的答案或正确的道路上，而要花时间思考如何走上自己选择的道路。你的价值观是什么？你想要探寻什么问题？

追求你的内在目标

泰瑞·罗克林（Terry Laughlin）

推特：@TISWIM

脸书：Total Immersion Swimming

　　totalimmersion.net

泰瑞·罗克林　全浸式游泳的创始人。这种创新的游泳方法旨在教学生如何高效地游泳。1973 年至 1988 年，泰瑞担任 3 支大学游泳队和两家美国游泳俱乐部的教练。在他的指导下，每一支游泳队的实力都得到了显著提高。此外，他还培养了 24 名国家冠军。1989 年，泰瑞创立了全浸式游泳法，并将工作重点从卓越的游泳小将转向没有什么经验或技能的成年人。泰瑞著有《轻松有效的鱼式游泳》。我的建议是先看 *Freestyle: Made Easy* 的视频，然后读这本书。我是通过亿万级投资人克里斯·塞卡的介绍结识了泰瑞和全浸式游泳的。这种方法教会了 30 多岁的我如何高效游泳。通过不到 10 天的单人训练，我从最多能游一个来回（25 码 [1] 的游泳池），练到了每次游 20 多个来回，并且可以游 2 到 4 组。这让我很震惊，现在我觉得游泳很有意思。全浸式游泳改变了我的生活。

---

1. 1 码 =0.914 4 米。——编者注

你最常当作礼物送给他人的 3 本书是什么？

乔治·伦纳德的《如何把事情做到最好》（*Mastery*）。我第一次读这本书是在 20 年前。当时，我先是读了伦纳德发表在《时尚先生》上的一篇文章，而这本书就是在这篇文章的基础上发展而来的。尽管伦纳德 47 岁才开始练习合气道，却成为合气道大师。他在这本书里分享了自己精通此道的经验教训。

我几乎在极度的兴奋中快速读完了这本 170 多页的书。这本书肯定了我的游泳方法。它让我将游泳视为一种理想工具，可以用来教人如何养成精通某事的习惯和行为，而它们可以融合在游泳指导中。我很喜欢这本书，它是我见过的最好的美好生活指南。

这里对这本书做个简短的总结：生活不是要给予我们成功或满足感，而是让我们面临挑战，收获成长。把事情做到最好是一个神秘的过程。在此过程中，通过练习，挑战会变得越来越容易，满足感会越来越高。要想获得这种满足感，关键在于达到超脱的状态。你做这件事情不再是出于最初的目标（外在的），而是出于对它本身的热爱（内在的）。把事情做到最好的对立面是寻求快速解决问题的办法。

要把事情做到最好，有 5 个步骤：

1. 选择一项有价值、有意义的挑战。

2. 找一位老师或导师（比如乔治·伦纳德）来帮助你确定正确的道路和优先次序。

3. 勤于练习，不断努力磨炼关键的技能，并逐步提高自己的能力。

4. 热爱停滞期。所有重大进步都是短暂而激动人心的飞跃，随后便是漫长的停滞期，在此期间你会感觉自己一无所获。尽管我们好像没有进步，但我们正将新的行为转化为习惯。如果你遵循良好的练习原则，学习就会在细微层面上继续进行。

5. 精通某事，或者把某事做到最好是一段旅程，而不是终点。真正的导师永远不会认为自己已经到达最高水平。总会有更多东西要学习，总会有更多技能要锻炼。

有没有某次你发自内心喜欢甚至感恩的"失败"？

我 1972 年开启教练生涯，很快便开始不断获得成功。从 1975 年到 1983 年，我指导的国家级游泳俱乐部和大学游泳队出了 24 位冠军，每支游泳队都取得了极大的进步，从中等水平跨越到高水平。然而，1983 年我遭遇了一次令人沮丧的挫折。当时，我指导的游泳队刚刚赢得全美少儿锦标赛冠军，但在与以控制为导向的家委会争夺团队的主导权时，我失去了教练的工作。

我为这支颇有前途的队伍投入了 5 年的精力，当别人将其从我手中拿走时，我很沮丧。我当时并没有意识到自己的状态，我其实十分悲伤。在接下来的 4 年中，我先后担任了 3 支队伍的主教练，每次都取得了成功，但我从未感到高兴或满意。

1987 年，我终于意识到，那段无法释怀的悲伤使我无法享受自己的工作，只有暂停教练的工作才是解决之道。另外，我工作了 16 年，在银行却没有什么存款。我还要准备 5 年后 3 个女儿的大学学费。

我不情愿地停止了教练工作，我不知道自己还会不会回来。我想看看以我的智力和能力能否在另一个领域获得更高的报酬。接下来的两年，我一直从事营销传播工作，先是在一家技术公司，后来去了一家医院。我的收入足够支付生活开销，但我仍然无法存下钱来。更重要的是，我无法唤起自己的工作热情。

这个问题很容易理解。当了那么多年的主教练，我在任何重大事情上都发挥了重要作用。整个团队的成败主要在于我的努力和能力。但是在公司里，我就是个无关紧要的人物，我上不上班都没关系，我无法忍受这种感觉。

泰瑞·罗克林

1989 年春天，我辞掉了医院的工作，开始计划针对游泳健将的两期夏令营，每期一周，这就是全浸式游泳训练营的最初模型。1990 年夏天，我又举办了 4 期这样的夏令营。1991 年，变成了 6 期，外加几次导师训练班。这些工作还不足以支撑我们家的生活，我同时还为杂志供稿，写市场营销策划方案。

前路如何，我并没有长远的想法。但是，我对参加夏令营的学员产生了真正的影响，而且我喜欢这种不受雇于人的方式，我的工作保障取决于我的努力程度。但是，正是从这种很小的规模开始，全浸式游泳最终取得了我未曾想到的成功。如今，我们已经覆盖 30 个国家或地区，共有 300 多名教练。全浸式游泳被视为有效游泳技巧的黄金标准。

通过早期的那次失败，还有暂别教练工作的经历，我知道自己是天生的游泳教练。我还知道我天生就不适合为别人工作，我需要把命运掌握在自己的手中。

你如何拒绝不想浪费精力和时间的人和事？

我的人生目标是成为最好的游泳教练。我从未经营过公司，但随着全浸式游泳的发展，我发现自己自然而然就成了首席执行官。我不介意承认我是一个很糟糕的首席执行官。之所以会这样，其中一个原因是，每当我要选择承担高管或教练的任务时，我总是会选择教练。与领导能力相比，我将更多精力放在了提高教练技能上。我在管理方面的失败对公司产生的负面影响往往大于我作为教练带来的积极影响。

两年前，我被诊断出前列腺癌 4 期，无法治愈。我意识到治疗会占用时间，还会消耗我的精力，我没有那么多时间来完成所有的重要工作，所以我将大部分行政职责交给了两位副手。他们都比我年轻，很聪明，也很忠诚。他们对工作付出了无限的关爱。自从决定让他们接手以来，公司经历了惊人的转变。公司现在比以前好多了，为商业成功做好了更充足的准备，而且可以长期坚持下去。

同样重要的是，我在培养教练上正处于有史以来最高产的时期，我认为培养教练是一件最有价值的事情。我设计教学和培训内容，培育教练。终于，我从工作中得到的满足感超过以往任何时候。我现在更加兴奋，更具活力。这种正能量十分有益于我的健康，让我以更有益的方式接受治疗。

你会给刚刚毕业的大学生什么建议？你希望他们忽略什么建议？

我想让这个头脑聪明、发愤图强的大学生观察一下自己的动力是什么。是渴望实现内在还是外在的目标？几年前，我在《纽约时报》上读了一篇专栏文章，其中介绍了一项针对1万名西点军校学生的研究，研究人员追踪了14年。这些学生在第一年需要描述一下自己的职业目标。

那些追求内在目标的学员，也就是想要成为优秀军官的人，更有可能升为军官，他们在最低的5年服役期过后会继续服役，提早晋升至更高级别，并且拥有较高的服役满意度。优秀军官会培养自己的领导和沟通能力，赢得所带部队的尊重。

那些追求外在目标的人，也就是想获得晋升、提高地位的人，不大可能升为军官，服役满意度也不会很高。因此，他们会在最短的5年服役期后选择退役。

同样的道理在任何领域都适用。如果你的最高目标是不断提高关键技能和核心能力，保持耐心，持续学习，如果你将赞誉、晋升和奖金视为核心能力提升的自然结果，那么你更有可能获得成功和满足感，甚至可能成为杰出人物。从40多年前我开始当游泳教练时起，我的基本动机包括：

> 不断加深我对技术和表现的理解。我从来不满足于自己获得的最新成就，我总是觉得自己有更多的知识和细节需要学习。

对我所指导的人产生积极影响，可以改变他们的人生。

在游泳教练领域留下持久的印记，让这个行业比我踏入时更好。我今年66岁了，但还和21岁时一样充满热情和好奇心。可以说，我的热情和好奇心与当年相比只多不少。我也没打算退休，我想象不到还有什么其他事情能给我带来更大的满足感。

没有什么比孩子的教育更重要

马克·贝尼奥夫 （Marc Benioff）

推特：@Benioff

salesforce.com

马克·贝尼奥夫　慈善家、Salesforce 软件公司的董事长兼首席执行官。马克是云计算领域的先驱人物。他于 1999 年成立 Salesforce，希望采用基于云计算的新技术模型、一种新的现买现付的商业模式，以及一种新的综合型企业慈善模式创建一家企业软件公司。在他的带领下，Salesforce 已从一个创意发展为《财富》500 强公司、全球前五名增长最快的软件公司，以及客户关系管理（CRM）软件服务的全球领导者。马克入选《财富》"全球 50 位最伟大的领导者"、《彭博商业周刊》"50 位最具影响力人物"、《哈佛商业评论》"全球最佳首席执行官" 20 强榜单、《巴伦周刊》"全球最佳首席执行官"、《福布斯》"十年创新者"。此外，他获得了《经济学人》的创新奖。马克是世界经济论坛的董事会成员，著有 3 本著作，其中包括全美畅销书《云攻略》，这本书详细介绍了他如何将 Salesforce 的年销售额从零变为 10 亿美元。历史上仅有 4 位企业家创建的企业软件公司年收入超过 100 亿美元，马克就是其中之一，其他 3 位是微软的比尔·盖茨、甲骨文的拉里·埃里森和思爱普的哈索·普拉特纳。

你最常当作礼物送给他人的 3 本书是什么？

我读过的最有影响力的商业书籍是美国电话电报公司前首席执行官哈罗德·吉宁撰写的《谈管理》。这本书改变了我的人生以及我的整个经营方式。吉宁比较传统，他的这本书相当于他执掌美国电话电报公司的一部编年史。我们 Salesforce 做的许多事情都基于他的方法，比如我们十分重视季度运营审查。

小弗雷德里克·布鲁克斯的《人月神话》对我也产生了巨大的影响。我的第一份工作是在甲骨文，我 1990 年成为公司最年轻的副总裁。最后，拉里·埃里森把他的旧办公室给了我，他并没有完全清理干净，留下了大约 40 本《人月神话》。

拉里把这本书送给了每一位他在公司遇到的软件主管。这本书篇幅很短，它指出，要想写出优秀的软件，团队一定要小。100、1 000 或 2 000 名开发人员一起写，是不会成功的。具有讽刺意味的是，当我成立 Salesforce 并开始取得成功时，我记得已经成为竞争对手的甲骨文拥有 2 000 名 CRM 开发人员。他们心里很纳闷："Salesforce 怎么会击败我们呢？"我要说的是，这都是因为《人月神话》。在软件领域，小团队总会胜过大团队。我也是偶然才在拉里的抽屉里发现这本书的。

最近有哪个 100 美元以内的产品带给你惊喜感吗？

我真的非常喜欢从安德玛买来的一件 T 恤，上面写着篮球明星斯蒂芬·库里的座右铭："我凡事都能做。"你第一次看到这句话，会以为这是一种自我声明。其实，身为金州勇士队最有价值的球员，库里是一个十分虔诚的人。他的这句话引自《圣经·腓立比书》的 4 章 13 节："我靠着那加给我力量的，凡事都能做。"库里在赛场上投篮之前都会说这节经文。

这句话成了库里的座右铭，他的鞋子和 T 恤上都印有这句话。这句座右铭拥有强大的激励人心的力量，它不仅可以帮助你专注于自己的内心，还可以鼓励你树立更远大的目标。

我想，大多数人看他的这句座右铭，可能都会认为这是他自己的写照，但实际上，这与他的信仰有关。我买了好几件这样的 T 恤，我真的很喜欢它们。

有没有某次你发自内心喜欢甚至感恩的"失败"？

我将每一次失败都视为一次学习的机会。我会花时间与失败共处。我会揣摩一段时间，直到我从中得出一些有价值的东西，然后带着它继续前行。

举个例子，几年前，我们在日本的办公室不够用了，恰好我大约在同一时间与日本邮政的负责人在东京见了一面。他带我去看了新的邮政大厦，一栋摩天大楼从日本邮局的旧址拔地而起。这里是日本一个非常特殊的地区，名叫"丸之内"，毗邻日本皇宫和东京中央车站。他对我说他很喜欢 Salesforce 公司，希望我们能入驻这栋大厦，而且可以给大厦冠名。我感到十分荣幸，有种受宠若惊的感觉，我和建筑师一起乘电梯看了所有楼层。我不喜欢顶楼，因为日本最近刚发生过地震，我担心我们的员工在顶层工作会感到不安。另外，我喜欢中间楼层人性化的比例。我选择了中间四层。但是，搬进去后，我意识到顶层实际上才是最棒的一层。上面有一个平台，我本来可以和那些中间楼层一起租下来的。此外，我还拒绝了给大厦冠名的机会。

这件事我思考了两三年。后来，我们需要在全球租用办公楼，我们在伦敦、纽约、旧金山、慕尼黑和巴黎都有分支。我们不仅把所有入驻的大楼冠名为"Salesforce 大厦"，而且会租下顶层和一些较低的楼层。通过日本的那次经历，我学会了如何利用大楼为 Salesforce 做宣传。这个例子说明，如果因某事而烦恼，我就会花时间问问自己，"我能从中学到什么"，因为将来还会碰到类似的事情，那时我便可以做得更好。

我们把 Salesforce 大厦的顶层作为开放空间，我们称其为"Ohana"，这个词在夏威夷语中是"家庭"的意思。对我们来说，我们这个大家庭包括员工、客户、合作伙伴和社区。我们白天会在这一层开会或者举办活动和团队协作。所有员工都可以使用这块空间。如果公司不用这一层，我们会提供给非政府组织和非营利组织。旧金山的 Salesforce 大厦是这座城市最高的大厦。站在顶层，无限风光尽收眼底！

有没有某个信念、行为或习惯真正改善了你的生活？

我开始控制自己的饮食，坚持低糖饮食，也就是蒂姆·费里斯所说的低碳水化合物饮食，我完全同意蒂姆的观点。另外，我尝试一周有一天禁食，这样做对我来说真的很有好处。

我的朋友魔术师大卫·布莱恩曾在一个悬挂在伦敦上空的有机玻璃箱里成功禁食 44 天。也就是从那时起，我决定每周至少一天不吃东西。

你有没有什么离经叛道的习惯？

我特别喜欢我的 Peloton 动感单车。我喜欢在上面骑 45 分钟，这样做我既能很好地锻炼身体，还可以与世界各地同时骑行的人进行社交互动。我最喜欢的教练是科迪·里格斯比。如果我想做运动，我会尽量保持排名在前 10%。

我的高强度间歇训练做得很好，同时我还可以听音乐，与教练一起度过一段美好的时光。我正在了解自己的身体以及如何减轻压力，这些对我都非常重要。

你长久以来坚持的人生准则是什么？

"赞助 K-12 学校。"没有什么比孩子的教育更重要了。如果孩子没有接受 K-12 教育，他们将来就没有工作机会，尤其是那些需要数学和写作等核心能力的工作。我已经赞助了旧金山当地的普雷西迪奥中学。我是偶然选择这所学校的，当时我并不知道我母亲当年在那里上过学，就好像有一种神奇的力量把我引到了那里。

通过赞助学校，我们做的虽然很少，但是会产生巨大而持久的影响。如今，学校与所在社区，包括当地企业，往往是隔绝的。我们只需要敲开附近学校的门，问问校长需要什么帮助，就可以产生很大的影响。你会惊讶于这种简单的举动对学生生活产生多大的改善。专注于教会学校、特许学校或其他种类的学校很好，但它们在美国学校中占比不大。美国有 350 万名公立学校老师，他们的平均年薪为 3.8 万美元。他们需要我们的帮助和支持，为我们的下一代做好准备。只有每个人都提供赞助，他们才能实现这一目标。

自 2013 年以来，Salesforce 一直与湾区学校合作改善计算机科学教育。迄今为止，Salesforce.org 已向旧金山和奥克兰的学校捐赠了 2 250 万美元，而且提供了技术和基础设施。最重要的不是钱，而是我们的员工为这些学校投入的时间，他们为孩子提供辅导，了解他们的需要，理解他们面临的挑战。到目前为止，我们的员工已经为学校提供了 2 万小时的志愿服务。

你做过的最有价值的投资是什么？

我做过的最好的投资就是练习冥想。我通常每天早上会祷告和冥想 30 到 60 分钟。我还在犹太教堂教大家如何冥想。我练习冥想有 25 年多了，我将其视为我成功的关键。

当生活中出现问题时，我会用到这项技能。当我遇到人生的挑战，无论是父亲去世、家人生病、还是因公司而面临极大的压力，抑或为世界担忧时，我总是可以在冥想和祷告中找到慰藉和力量。我在冥想上的投入一次又一次给我带来了回报。

我深受禅宗大师释一行的影响，他住在法国西南部的梅村禅修中心。（蒂姆·费里斯注：一行禅师的《橘子禅》也对我的生活产生了巨大的影响。）

一行禅师 2014 年中风后搬来与我同住，进行为期 6 个月的中风康复。他还带了他最看重的 30 名僧侣。他们的生活方式深深地影响了我，这是任何一本书都不能比拟的。

让我难以忘怀的是，他们每天都专心禅修，严格遵守戒律。他们从来都是结伴而行，总是形影不离。

任何事情都是可以解决的

玛丽·弗里奥（Marie Forleo）

推特 / 照片墙：@marieforleo

marieforleo.com

玛丽·弗里奥　被奥普拉·温弗瑞称为"下一代人的思想领袖"。玛丽创办的电视节目 *MarieTV* 屡获殊荣。此外，她还是 B-School 的创始人。《福布斯》将她的网站评为"100 个最佳创业者网站"。玛丽在理查德·布兰森的创业中心担任创业导师。她的《让每个男人迷上你》一书已被译成 16 种语言。

你最常当作礼物送给他人的 3 本书是什么？

　　毫无疑问，是史蒂文·普莱斯菲尔德的《艺术之战》。这本书仿佛具有魔力，可以激发人的活力。对那些想要摆脱自我怀疑或是想要完成重要项目的人来说，这本书是一本必不可少的基本指南，书中没有一句废话。我每年至少会通读一遍这本书，但你也可以随便翻到一页，读读其中的章节，你会找到继续前行所需的灵感。

你长久以来坚持的人生准则是什么？

"任何事情都是可以解决的。"这一点我是小时候从妈妈那里学到的。它在我职业生涯和生活的方方面面都起到了促进作用，直到今天仍是如此。

这句话的含义很简单：无论面对什么挑战或障碍，无论是个人的、专业的，还是全球性的，你都有一条可以前行的道路。这些问题都是可以解决的。如果坚持不懈，保持头脑敏捷，并持续采取行动，你就会找到或开辟一条道路。当遇到问题时，记住这句话特别管用，因为与其在问题上浪费时间或精力，你不如立即集思广益，找寻解决方法。老实说，我觉得这是你可以坚守的最实用、最有力的信念之一。

你做过的最有价值的投资是什么？

3美元的黄色便笺簿。25岁的时候，我教街舞，在酒吧做招待挣钱，同时慢慢发展我的在线业务。每次上课或给客人斟酒时，我都会带上黄色的便笺簿，因为人们总是会问我，"你不教课或不在酒吧上班时，还会做什么"。我会向他们介绍我的在线业务，然后递给他们一支笔和我的黄色便笺簿，让他们加入我的电子邮件订阅者列表。

黄色便笺簿以及长期专注于培养我的订阅者列表，为我的整个职业生涯打下了基础。它帮助我设定并超越了我的主要人生目标，让我建立了全球业务，创造了7 500多万美元的年收入。

你有没有什么离经叛道的习惯？

我喜欢一个人逛杂货店，尤其是在没有时间压力的情况下。我喜欢推着购物车在每个过道上来回逛，把选好的东西从购物清单上划掉。

有没有某个信念、行为或习惯真正改善了你的生活？

学习并使用由哈维尔·亨德里克斯博士和海伦·拉凯利·亨特博

士开发的一种叫作"Imago 对话"的交流工具。它的步骤十分清晰，会指导你如何与配偶或其他重要的人交谈，尤其是当你们吵架时。起初，你会觉得有些做作，一点儿都不自然。但是，当你了解它的原理并认真使用时，它对你的亲密关系来说简直就是一个奇迹。

你会给刚刚毕业的大学生什么建议？你希望他们忽略什么建议？

我的建议是，追求每一个真正让你眼前一亮的项目、想法或职业，不管这个想法离你有多远，也不管长期投入这个领域现在看来多么不现实。随后，你会把这些点点滴滴汇集起来。努力工作，让大家知道你在任何情况下都能超越自己。尽一切努力赚取足够的钱，这样你就可以充分利用各种经验或学习机会，拉近自己与所崇拜之人的距离，因为靠近就是力量。每次你都要表现出你是真心想参与，因为你的干劲儿最能说明一切。

不要理会让你专注于一件事的建议，除非你确定那就是你想做的事。不要理会别人对你的职业选择或谋生手段有什么看法，特别是如果你所做的事情会为你的职业选择提供资金。不要害怕你所做的事会被人视为不专业，这种冲动会降低你的热情。不要有结婚生子的社会和家庭压力，女性尤其需要注意这一点。

在你的专业领域里，你都听过哪些糟糕的建议？

说到在网上吸引受众，人们犯的一大错误就是试图立刻做到无处不在。他们争先恐后地制作大量平庸的内容，想要填满看似数不尽的信息订阅和在线平台，这导致了令人沮丧的结果。

想要覆盖所有平台，特别是只有你一个人在打拼时，并不是一个明智或可持续的方法，这样利用你的时间、才华或精力并不理智。即使你有团队，我也建议你先选择一个平台，将注意力放在那里。要想增加一个内容频道或社交平台，先问问自己，为什么你想要入驻这个平台？你要花时间、精力和资源定期为这个平台创造内容，具体有什么商业上的原因？考虑一下你的其他投入和总体目标，这样做真的有意义吗？

有一件事很多企业主都没有意识到，那就是你所在的每个社交媒体平台都会变成开放的客户服务渠道。人们会在那里提问，没错，他们还会在那里抱怨。仔细考虑一下这个问题。安排一个人定期检查社交渠道，以免造成客户服务的梦魇。不能仅仅因为你可以在一个平台上保持活跃，你就觉得自己应该这样做。

你用什么方法重拾专注力？

每当我无法集中精力或是卡在了某个问题上时，我会做一些高强度的体育锻炼，比如骑动感单车或脚踏车，同时大声放着我喜欢的音乐。我的目的是全身心投入。这样做有很多好处，它会清除我精神和情感上堆积的东西。但更重要的是，它会打开一条通道，我觉得最好称它为"内心智慧之道"，而我在专注思考时从未或者很少能够打开这个通道。毫无疑问，我会自然而然地受到启发，从而制订明确的前进计划。对我而言，创造力存在于身体而非心灵中。

网球，圆圈，3万

德鲁·休斯敦（Drew Houston）

推特：@drewhouston
脸书：/ houston
   dropbox.com

德鲁·休斯敦 多宝箱（Dropbox）首席执行官兼联合创始人。德鲁 2006 年从麻省理工学院毕业。他觉得随身携带 U 盘或者把文件用电子邮件发给自己很麻烦，所以开发了多宝箱的原型。2007 年初，他和联合创始人阿拉什·费尔多西申请了创业孵化器 Y Combinator 的投资。多宝箱成为 Y Combinator 投资史上增长最快的初创公司之一。多宝箱现在拥有 5 亿多注册用户，在全球有 13 个办事处、1 500 多名员工。

你最常当作礼物送给他人的 3 本书是什么？

我一直很钦佩沃伦·巴菲特和查理·芒格，他们的思维是那么清晰，他们能够把复杂的话题解释得通俗易懂。查理·芒格的《穷查理宝典》是我最喜欢的一本书。

作为公司的首席执行官，你会发现你必须在自己不是很熟悉且环境不断变化的领域中做出各种决定，在生活中亦如此。你会如何做？你如何培养判断力和智慧，而不是等待一生去积累经验？

《穷查理宝典》是一个很好的开始。这本书描述了如何在大脑储备相对有限的情况下对任何事情都做出正确的决定。这里所说的大脑储备，是指基础学科中宏观而持久的概念。几乎每个人在高中时都接触过这些概念，但很少有人真正掌握它们，或者将其应用到日常生活中。根据我的经验，正是这种基本的第一性原理造就了非凡的洞察力和坚定的信念，从而使伟大的创始人与优秀的创始人区分开来。

有没有某个信念、行为或习惯真正改善了你的生活？

我发现九型人格非常有用。乍一看，它是一种性格分类方法，就像迈尔斯–布里格斯人格类型测验一样。九型人格分为九种性格，每个人都主要属于其中一种。我发现这种方法十分有用，可以预测人们的实际行为。

起初，我对九型人格有所怀疑，但是看了我的性格描述后，我发现它竟然准确地指出了我做事的原因，比如什么会激励我，我天生的优势是什么，我的盲点是什么，等等。这有助于我根据自己的长处调整我的角色和领导风格。

九型人格对团队而言更为有用。我们公司所有的高管都做了这个性格测试，我鼓励公司的每个人都学习九型人格。你可以在网上轻松找到免费的测试和资源。在过去的几年中，我发现自己开始从九型人格的角度看待所有的重要关系。它有助于加深同理心，让我更好地了解别人行为的背后原因。要是我早点儿发现它就好了。

你会给刚刚毕业的大学生什么建议？你希望他们忽略什么建议？

关于这个问题，我 2013 年在麻省理工学院发表毕业典礼演讲时想了很多。我说，如果我可以给 22 岁时的自己一份备忘录，上面会有 3 样东西：一个网球，一个圆圈，还有"3 万"这个数字。

网球代表你要寻找自己会着迷的东西，就像小时候我家里养的那只小狗一样，只要有人扔球，它就会疯狂地追球。我认识的最成功的人都沉迷于解决他们认为重要的问题。

圆圈表示你在 5 个最好的朋友中处于中等水平。确保自己置身的环境可以激发你最大的潜能。

最后是数字"3 万"。我 24 岁那年，偶然在一个网站上看到大多数人会活 3 万天左右，我惊讶地发现自己已经用掉 8 000 多天，所以我必须珍视每一天。

如今，我还会给出同样的建议，但我想说明一点，只有激情或追逐梦想还不够，你要确保你痴迷的问题是一个需要解决的问题，是一个你的所作所为可以带来改变的问题。正如 Y Combinator 提倡的："做人们想要的东西。"

你如何拒绝不想浪费精力和时间的人和事？

这件事对我来说很难，我喜欢帮助别人。但是，我意识到我们拥有的时间比想象的要少得多，而且我们没有把时间花在我们希望的地方。知道这两点对我产生了很大影响。

我觉得下面这个类比很有用。把你的时间想象成一个罐子，把重要的事视为"大块石头"，把其他事情视为"鹅卵石"或"沙子"。那么，装满罐子的最佳方法是什么？

这看起来不像火箭科学那么复杂。不管你问谁，他都会笃定地告诉你，应该从大块石头开始，然后填入鹅卵石，最后是沙子。我的答案也是如此。当我第一次这样做时（当时我正在读彼得·德鲁克的《卓有成效的管理者》，这是我一直以来最喜欢的管理书籍），我确信自己的大部分时间都用在了招聘和开发产品上，也就是所谓"大块石头"。

可是，当我连续几周记录自己每小时做了什么时，我的惊讶程度和其他也这样做过的人一样：（1）我的罐子里装满了沙子；（2）真正重要的"大块石头"都掉在了地上。

这让我开始客观地看待外界的要求。我的罐子并不是很大，我要用自己的石头填满它，还是让别人用他们的石头填满它？我的邮箱有一个"OPP"标签，用来提醒我这些请求是"其他人的要事"。我需要认真思考是答应这些不请自来的要求，还是把我的团队和客户放在首位，毕竟他们都在默默地指望我履行自己的职责。当然，这并不是说"永远都不帮助他人"，只是说你在做选择时要三思而行。

此外，我还有两点提示：提前为你的"大块石头"安排好特定的时间，这样你就不必总想着它们；不要依赖一厢情愿的想法（比如"我闲下来就会运动"）。如果你没有把"大块石头"记在日历上，那么它们相当于不存在。这对睡眠和运动之类的事情来说至关重要。如果连你都不把它们放在首位，那么没人会这样做。

就拒绝而言，我发现不必做很长的解释，也不必每封电子邮件都回复，尤其是那些主动发来的邮件。简短的一句话回复即可，比如，"我暂时没办法答应你，但还是要感谢你的邀请"，或是"谢谢你还想着我，不过我现在正忙于公司的事，无暇分身，所以不能和你见面了"。

不要为了完美而拖延时间

斯科特·贝尔斯基（**Scott Belsky**）

推特 / 照片墙：@scottbelsky

scottbelsky.com

斯科特·贝尔斯基　企业家、作家、投资家。他是 Benchmark 公司的投资合伙人。Benchmark 公司是一家位于洛杉矶的风险投资公司。2006 年，斯科特与合伙人共同创立了设计论坛分享网站 Behance 并出任首席执行官，直到 2012 年它被奥多比系统公司并购。成千上万的用户使用 Behance 展示他们创作的作品，并通过该网站追踪、寻找创意产业的顶尖人才。斯科特还是拼趣、优步、流媒体直播服务运营商 Periscope 等快速发展的初创公司的早期投资人和顾问。

你长久以来坚持的人生准则是什么？

"重大机遇从来不会明明白白地显露出来。"

不管你是寻找最好的工作、客户、合作伙伴，还是新的商机，你第一眼看到它时，它都不太可能吸引你。实际上，最佳的机会一开始甚至都不会引起你的注意。一般来说，重大机会从表面上看往往没有什么吸引力。一个机会之所以能成为重大机会，全在于它的优点。如果潜在优点一看便知，那么这个机会早已成为别人的盘中物了。

你如果根据当前所见和所掌握的信息做出所有决定，就不要说自己是有远见的人，也不要说自己想要产生巨大的影响。我总是因人们在做职业决定时的懒惰而感到惊讶。加入一个团队不是因为它是什么，而是为了你认为你可以帮助它成为什么。要有"创始人"意识，你希望有所成就，而不仅仅是加入一个团队。

机会一出现，你就要牢牢抓住它，而不是在机会很容易被抓住或是显而易见时再出手。培养运气的唯一方法就是变得更加灵活（你需要为合适的机会放弃某些东西），更加谦虚（时机是不受你控制的），更加果断（看到即抓住！）。生活中最大的机会会按自己的节奏出现，而不会以你的意志为转移。

你有没有什么离经叛道的习惯？

随着我的生活越来越忙碌，强度越来越大，我选了一些自己喜欢的歌曲和小吃，专门用来在做某些事情时享用。比如，我的电脑上有一个"写作"音乐播放列表，这些歌我只在写东西时才听，因为我很难计划和遵守写作时间。我平时不会享用我喜欢的这些东西，而是将它们作为我梦寐以求的奖励。我用于写作/深度学习的播放列表包括：

卡尔利·卡曼多的《每一天》（*Everyday*）

海伦·简·朗的《飞行员》（*The Aviators*）

卢多维科·埃诺迪的《演变》（*Divenire*）

迈克尔·安德鲁斯和加里·朱尔斯的《疯狂的世界》（*Mad World*）

冰岛乐队的《节日》（*Festival*）

我为长时间写作和工作而保留的零食虽然不如神圣的播放列表那

么重要，但它们的用处也很大。它们包括：

> 纽约市 Eli Zabar 餐厅的帕马森干酪薯片
> 外面裹着白巧克力的蝴蝶脆饼

我不会一开始就吃这些零食，只有在当前的工作显然已经成为合理的深度工作时才吃。除此之外，别无其他规则。对我来说，"深度工作"是指不能有任何事打扰，或是随意地在不同工作中跳来跳去。深度工作可以是 3 个小时以上专注地思考一个问题，在我们这个随时可以上网的时代，我发现这很难做到。因此，我会为这样的工作设立奖励和激励措施。

你会给刚刚毕业的大学生什么建议？你希望他们忽略什么建议？

不要为了完美的工作或头衔而拖延时间。不要为了提高一点点薪水而竭尽全力。要把注意力集中在真正重要的两件事上。

第一，你在职业生涯早期的每一步都必须越来越接近你真正感兴趣的东西。最有希望的成功路径是追求真正的兴趣，开始建立你生活中影响重大的关系和合作，积累经验。热爱并为之付出努力总会有回报，只是这个回报不一定会按照你期望的时间和方式出现。担任新的工作角色，拉近与自己兴趣的距离，从而获得成功。

第二，你在职业生涯初期学到的最重要的课程主要与人有关，比如如何与他人合作，如何受他人管理，如何与他人一起管理预期，如何领导他人。因此，你选择加入的团队和你的老板是你职业生涯初期工作经验价值的重要因素。根据未来同事的素质选择机会。

在你的专业领域里，你都听过哪些糟糕的建议？

"行业是由专家引领的。"

斯科特·贝尔斯基   465

当我们将行业专家奉为偶像时，我们常常忘记了行业变革往往由新人引发。最大胆的变革都是由局外人领导的，就像优步颠覆了交通行业，爱彼迎颠覆了酒店行业。改变行业的方法也许是一开始对行业很无知，质疑其基本的假设，然后坚持足够长的时间，运用这一行业独特的优势技能。基于无知的兴奋和务实的专业知识在不同时期可能同等重要。

"客户最了解情况。"

我在 Behance 唯一一次采用焦点小组方法是在 2007 年初，当时有几种帮助我们实现使命的方法，我们正在讨论哪一种更合适。我们的使命是"组织创意世界"。我们向焦点小组的参与者介绍了五六种不同的想法，然后请他们完成调查。所有参与者都普遍表示，他们绝对不想再有"一个与其他艺术家联络的社交网络"。他们认为聚友网就足够了。但是，当谈到他们的最大困扰时，参与者说维护在线作品的成本很高，效率很低。另外，很难证明他们的作品是本人创造的。

我们面临的情况可以说是"不要问客户想要什么，而要弄清楚他们需要什么"的一个经典例子。我们最终为艺术家搭建了一个社交平台，它现在已经成为全球领先的创意专业社区，拥有超过 1 200 万会员，创立 6 年后被奥多比系统公司收购。

你用什么方法重拾专注力？

我会悄悄对自己说："斯科特，赶紧做你的工作。"我们身边总会发生各种各样的事情，我们的内心也总会思虑万千，所以我们很容易分神，或者对某件事思虑太多。要想为自己的忙碌或者为什么不去做需要做的事找理由，简直太容易了。我的方法是不说废话。如果我需要做一些单调平凡的事，或者需要做一些特别困难的事，比如发布坏消息或解雇员工，我会告诉自己不要再混日子了，"赶紧做你的工作"。我发现自己下的指令自己很难反驳。

发人深思的箴言

蒂姆·费里斯

（2017年5月19日—6月2日）

你可以在10分钟之内完成很多工作。10分钟一旦过去，就一去不复返了。以10分钟为单位划分你一生的时间，尽量不要在无意义的活动中牺牲这些时间。

——英格瓦·坎普拉德

瑞典商界巨擘、宜家创始人

当你觉得一切都结束的时候，你将迎来新的开始。

——路易斯·拉穆尔

广受欢迎的美国西部小说家、短篇小说家，创作了100多部作品

一切美好事物都是野性并自由的。

——亨利·戴维·梭罗

美国作家、哲学家，著有《瓦尔登湖》

专注是一切的关键

蒂姆·麦格罗（Tim McGraw）

推特 / 照片墙：@TheTimMcGraw
脸书：/ TimMcGraw
    timmcgraw.com

蒂姆·麦格罗　其唱片总销量已经超过 5 000 万张，并 43 次占据全球单曲排行榜榜首。他获奖无数，包括 3 次格莱美奖、16 次乡村音乐学院奖、14 次乡村音乐协会奖、11 次美国音乐奖、3 次人民选择奖。他标志性的专业成就包括，被 BDS 电台评为所有音乐风格中"十年播放次数最多的歌手"以及"十年播放次数最多的歌曲"。自 1992 年首次推出单曲以来，他已经成为播放次数最多的乡村音乐歌手，其中有两支单曲雄踞排行榜第一名十多个星期。蒂姆在巡回演唱会中取得了巨大的成功，其中包括与妻子菲丝·希尔创纪录的"Soul2Soul 世界巡回演唱会"。他主演了热门电影《陋室》，并负责旁白。此外，他还出演了电影《胜利之光》和《弱点》。

你最常当作礼物送给他人的 3 本书是什么？

　　我一直把温德尔·贝里的《捷波·克罗》（*Jayber Crow*）当作礼

物送人。这本书写得非常精彩，同时让人感到平静且发人深省。它会让你对生活有一个崭新的视角。伟大的艺术会让你重新评估一切。不管是在政治领域，在生活中，还是在我们的思维中，我们都应该不断重新评估我们的所思所信，否则我们会变得太过僵化。

你用什么方法重拾专注力？

我经常会被问到一个问题："阻碍成功的一个最大因素是什么？"对我而言，答案始终是无法集中精力。我相信专注是一切的关键。因此，弄清楚如何专注或如何找回专注力是我思忖良多的一个问题。去健身房是我找回专注力的方法。当我开始锻炼时，我可以分辨出自己是否专注。当锻炼结束时，我会看到自己的变化。运动使我头脑清醒，让我专注于下一步要做的事情，从而实现自己的目标。它改变了我的一切——我一天的态度、我的心神，以及我该如何完成当天剩下的事情。

有没有某个信念、行为或习惯真正改善了你的生活？

健身改变了我的生活。我认为，健身是我在工作上持续保持成功的直接因素，原因有很多。当然，美学在我这一行十分重要。但除此之外，我们还要回到专注力上。健身会让我找回专注力。我们很容易将"拥有强健的体魄，保持身体健康"视为一件无关紧要的事情。但是，从长远看，这才是你最想要的东西。此外，这样一小步可以教会你如何在其他领域保持自律。不过，在刚开始锻炼时，你不要总想着如何制订长期计划。我在开始健身时，没有想"必须这样坚持一年"。我告诉自己："今天我要锻炼一个小时。"今天如此，明天如此，后天如此，当你抬头看日历时，一年已经过去了。

我喜欢早上做的第一件事就是锻炼，因为这样可以更好地开启我的一天。它会给予我更多能量，让我一天余下的时间都不会畏惧。

蒂姆·麦格罗

如果你在接下来的 6 个月中只能选择 2 到 5 种锻炼方式，你会选择哪些？

首先我会完成"杠铃组合练习"，共包括 12 个动作，按照一定次序做。这 12 个动作我会做 5 组，从 45 磅杠铃、每个动作重复 10 次开始。每完成一组，杠铃增加 5 磅，重复次数减少两次。具体如下：

> 10 次杠铃组合练习（12 个动作中的每一个，以下相同）
>
> 8 次杠铃组合练习 + 5 磅
>
> 6 次杠铃组合练习 + 10 磅
>
> 4 次杠铃组合练习 + 15 磅
>
> 2 次杠铃组合练习 + 20 磅（达到最重）

然后，我会反过来做一遍，每完成一组，杠铃减少 5 磅，重复次数增加两次，最后回到初始点：12 个动作重复 10 次。

第二种锻炼是泳池锻炼，是教练罗杰教我的。它包括一系列不同的重复性武术动作，只不过是在水中进行的。

你有没有什么离经叛道的习惯？

我喜欢用鱼叉捕鱼，很多人可能都没有听说过，或者认为要背着潜水氧气瓶，拿着捕鱼枪。但我们不是这样做的，我们可以自由潜水，手里拿着的工具有人称其为"夏威夷或巴哈马水下弓箭"。它就像弹弓一样，不过射出去的是鱼叉。我很喜欢这项运动，因为在捕鱼的过程中我会完全放松，充满自信。周围一片安静，你只能听到自己的心跳或呼吸声，还有血液涌上大脑的声音。它会以一种奇怪的方式让你适应自己。这种活动很危险，但是我喜欢！

你长久以来坚持的人生准则是什么？

我认为是"父亲"。我们有什么需求时，总会先想到母亲。母亲会把它弄好的，可以让母亲做这个或是那个。但是作为父亲，尤其是女儿的父亲，我和她们交谈以及对待她们的方式对她们如何看待自己至关重要。提醒自己我是一个父亲，我会希望尽最大努力成为孩子最好的父母。相信我，一直以来我做得并不好。我觉得我大部分时间做得都很糟糕！不过，"父亲"两个字会提醒我们，做一个父亲是多么重要。

蒂姆·麦格罗

对此时此刻的经历心存感激

穆尼布·阿里（Muneeb Ali）

推特：@muneeb
muneebali.com

穆尼布·阿里 Blockstack 的联合创始人。Blockstack 是一种新的去中心化互联网，用户可以控制自己的数据，应用程序运行时不需要远程服务器。穆尼布拥有普林斯顿大学计算机科学博士学位，研究方向是分布式系统。他获得了 Y Combinator 的投资。Y Combinator 被誉为创业孵化器领域的"哈佛大学"或"海豹六队"。穆尼布曾在普林斯顿大学的系统研究小组工作，也曾参与全球第一个也是最大的云计算测试平台 PlanetLab 项目。穆尼布获得了 J. 威廉·富布赖特奖学金，并在普林斯顿大学举办云计算演讲。他建立了广泛的运行系统，发表研究论文 900 余篇。

你做过的最有价值的投资是什么？

我借了大约 1 000 美元（巴基斯坦卢比）的贷款，以便可以在瑞典做 3 个月没有报酬的临时研究工作。巴基斯坦没有什么高质量的研究机会，因此我必须离开这个国家，与欧洲或美国同领域的顶尖研究人员合作，从而朝着我的目标迈进。这笔钱不足以让我在瑞典生活 3 个月，但我每天只吃一顿饭，其余的就靠办公室提供的免费咖啡和零食。这笔投资为我打开了在普林斯顿大学攻读博士学位的大门，而普林斯顿大学的学习又为我目前的创业公司打开了大门。到目前为止，我的公司已经筹集了 510 万美元的风险资金。

有没有某个信念、行为或习惯真正改善了你的生活？

问自己一个问题："当我年老时，我愿意花多少钱回到过去，去重温我现在所经历的时刻？"

如果这一时刻就像我 6 个月大的女儿抱着我，我轻轻摇她哄她睡觉时一样，那么答案将是多少钱都可以。当我 70 岁时，我愿意拿出我在银行存的所有钱，换取重温那个时刻的机会。这个简单的问题可以让你更好地做出判断，让你对自己现在的经历心存感激，而不会让你陷入对过去或未来的沉思。

你如何拒绝不想浪费精力和时间的人和事？

对我有所帮助的是，我意识到可以通过深入研究几件事而非广泛参与活动来创造更多价值。我是一家初创公司的创始人，总有这样或那样的事等着我去做。下面是一些对我有益的方法：

> 拒绝所有外部的会议邀请，这是我的一条经验法则。外部会议应该由我发起（这种情况很少发生），而不应该由他人发起。
>
> 拒绝我们公司以外的所有事务，比如担任其他初创公司或项目的顾问，在我擅长的领域投资或交易加密货币。我只会考虑一项工作，没有例外。
>
> 让团队的其他人应对外部邀请、电话、会议、活动等。与团队成员建立牢固的关系，通过他们了解事情的最新进展。换句话说，团队成员就是所有邀请和干扰的过滤器。重要的东西自然会浮现，你是不会错过的。

穆尼布·阿里

要待人如己

克雷格·纽马克（Craig Newmark）

推特/脸书：@craignewmark

craigconnects.org

克雷格·纽马克 一位网络先驱、慈善家，还是值得信赖的新闻、退伍军人和军人家庭，以及其他公民和社会正义事业的主要倡导者。1995 年，克雷格开始策划一份涵盖旧金山艺术和技术活动的清单，通过电子邮件发送给朋友和同事。人们很快称其为"克雷格清单"。后来，克雷格在此基础上成立了一家公司，他不以赚钱为目的，而是选择了优先考虑"利成于益"的商业模式。2016 年，他创立了克雷格·纽马克基金会，目的是投资于能够有效服务社区的组织，并从基层推动广泛的公民参与。2017 年，他成为纽约市立大学新闻学研究生院"新闻诚信倡议"的创始投资人和执行委员会委员。该计划致力于提高新闻素养，并增强人们对新闻的信任。

你最常当作礼物送给他人的 3 本书是什么？

我觉得莱昂纳德·科恩就是我的老师，尽管我遇到他时，舌头像

巨人的方法

打了结，话都说不出来。他的《渴望之书》（*Book of Longing*），我送出去了很多本，因为这本书会让我们清晰地感受到同情心和灵性，这是我在其他书中未曾找到的。他的作品让我进一步感受到了神圣，全球显然还有很多人也有同感。

这样说可能更准确，科恩的诗歌和音乐就像《圣经》。在流媒体流行之前，我送出去的光盘可能比书多。

科恩用蜂鸟作为精神自由的隐喻。我在回答这些问题时，看到前方 10 英尺处正有一只安娜蜂鸟在觅食。

有没有某次你发自内心喜欢甚至感恩的"失败"？

在我的整个职业生涯中，我没有意识到有效沟通的必要性，这让我受到很大的伤害。在迈入职场的头 20 年，我在 IBM 和嘉信理财因为沟通不畅，在别人眼中一直是一个糟糕的团队成员。我发现，沟通不力或缺乏沟通会造成伤害，有时是痛苦的。

不过，过去几年我开始明白有效沟十分重要。好的作品通常要求人们对其有准确的感知，否则，继续创作这些作品的方法就会失效。更糟糕的是，会有捣蛋的人进行干扰，有时会无谓地延长人们的痛苦。

目前，我参与了许多非营利组织的工作，其中涵盖科技领域的女性、退伍军人及军人家庭，以及值得信赖的新闻。我的帮助和资助要求接受者懂得如何沟通，以便他们可以从我的错误中吸取教训。

我就是这样成功地利用自己的失败的。

你长久以来坚持的人生准则是什么？

所有宗教似乎都有这样一条诫命，"要待人如己"。但是，人们年轻时往往会忘记这一点。我在工作中发现，一个简单的提醒有助于人们在为人处世上更加仁慈。因此，重复这句看似很幼稚的话十分重要。

克雷格·纽马克

你有没有什么离经叛道的习惯?

我现在很喜欢看到有鸟飞到我的家里,也会想办法吸引它们。我在庭院中准备了供鸟戏水的水盆和喂食器。我和妻子之所以这样做,是希望把鸟引来,让我们观看。也就是说,我可以坐在家里赏鸟。

如果有人也想这样做,我推荐 The Nuttery NT065 经典超大号种子喂食器。它会吸引各种小鸟,比如灯芯草雀、山雀、五子雀等雀鸟。某些聪明一点儿的大鸟,比如灌丛鸦,甚至更伶俐的鸽子,都会从中觅食。它会把松鼠拦在外面。

可以说,鸟儿们在训练我们如何喂养它们。尤其是一种西方灌丛鸦已经成功教会纽马克太太喂它吃动物板油,这对它们来说可是极大的享受了。

现在,当我步行去坐火车时,几只乌鸦开始训练我喂它们吃狗粮。(它们似乎是想带消息给临冬城。)

哦,对了,我还喜欢喂邻居的狗。

另外,我也喜欢和婴儿一起玩,一般就是我们微笑着看着对方。流口水也是原因之一,有时是婴儿流的。

重视效能

斯蒂芬·平克（**Steven Pinker**）

推特：@sapinker

脸书：/ Stevenpinkerpage

stevenpinker.com

斯蒂芬·平克　哈佛大学心理学教授，研究方向是语言和认知。他是《纽约时报》和《大西洋月刊》等媒体的撰稿人，著有 10 本著作，包括《语言本能》《心智探奇》《白板》《人性中的善良天使》，还有新近出版的《写作风格的意识》（*The Sense of Style*）。平克获得美国人道主义协会的"年度人道主义者"称号，并入选《展望》杂志"100 位公知"、《外交政策》"全球 100 位思想家"，以及《时代周刊》"全球 100 位最具影响力人物"榜单。

最近有哪个 100 美元以内的产品带给你惊喜感吗？

　　X1 搜索程序。它拥有独立的搜索标准，速度极快，精准性极高，可以精确定位（不仅仅是谷歌式的搜索字符串）我 20 世纪 80 年代的文件和电子邮件。在当今这个信息爆炸的时代，我的记忆却没有提升，对我来说，这真是一份天赐之物。

你长久以来坚持的人生准则是什么？

> 如果我不为我自己，那么谁会为我？并且，如果我不为其他人，那么我又是谁？同时，如果不是在现在，那会是在什么时候？——希勒尔拉比

你会给刚刚毕业的大学生什么建议？你希望他们忽略什么建议？

1. 寻找一个新的话题、领域或关注点，它的支持者很少，而且都是你所敬佩的人，但它尚未成为社会的流行趋势或传统观念。如果它已经成为常识，你想为它做出重大贡献可能为时已晚。如果你是唯一一个感到兴奋的人，那么你可能在自欺欺人。

2. 忽略这样的建议：单纯地跟随自己的直觉，而不去思考行动是否有所成效和收获。

3. 重视效能，也就是行动实际会达到的目标，而不是自我实现或者让自我感觉良好的其他方式。

4. 不要以为艺术和语言职业是唯一值得尊敬的职业（这是工人的后代的普遍心态）。精英们会嘲笑商业，认为那是低等的活计，但正是商业给了人们想要以及需要的东西，并为一切买单，包括奢侈的艺术品。

5. 思考一下你能为世界做出什么贡献。有些十分赚钱的职业，比如超高科技金融，它们对人类智力的应用并不一定正当。

你最常当作礼物送给他人的 3 本书是什么？

丽贝卡·纽伯格·戈尔茨坦的《上帝存在的 36 个理由：虚构作品》（ *36 Arguments for the Existence of God: A Work of Fiction* ）。坦白讲，丽贝卡是我的妻子，但这样一来我的责任就更大了，因为如果结果证

明这本书不值得推荐，我的判断力会遭到更大的贬斥。在这本书中，身为宗教心理学家的主人公列出了一份非虚构附录，它对上帝的存在做了最佳论证。此外，这本书也很有意思，很感人，对当今学术和知识分子生活的脆弱性给予了极为恰当的讽刺。

至于对我的思想产生影响的书。一本甚或 3 本是不够的。啊哈！我的大脑不是这样工作的。不过，我还是要列举一些很重要的书：

托马斯·谢林的《冲突的战略》

乔治·米勒的《言语的科学》(*The Science of Words*)

约翰·米勒的《从末日后撤》(*Retreat from Doomsday*)

朱迪斯·哈里斯的《教养的迷思》

唐纳德·西蒙斯的《人类性行为的进化》(*The Evolution of Human Sexuality*)

托马斯·索威尔的《知识与决策》(*Knowledge and Decisions*)

弗朗西斯·诺埃尔－托马斯和马克·特纳的《像真理一样清楚简单》(*Clear and Simple as the Truth*)

有没有某个信念、行为或习惯真正改善了你的生活？

一种无聊、老套但必不可少的行为：以电子形式保存我的所有文章以及书籍，那些纯粹为了消遣的书除外。我过去经常在一大堆纸本中找东西。另外，我会住在几处不同的地方并且经常旅行，所以我总会忘记带需要的东西。电子版的材料不仅容易搜索，而且——可能我们已经达到"峰值"——我正在参与生活的去物质化，这将有助于环境的恢复。

你如何拒绝不想浪费精力和时间的人和事？

来自陌生人或不是很熟的人的电子邮件。他们想找我帮忙，这种忙会耗费很多时间，通常要利用他们认为我所具有的影响力和权力，实际上我对此存疑。人们都说，有钱人和漂亮女人永远不知道自己真正的朋友是谁。在专业领域享有盛誉的人也是如此。

你用什么方法重拾专注力？

有一种浅显但暂时有用的策略，那就是按照奥斯卡·王尔德的建议去做："摆脱诱惑的唯一方法是向诱惑屈服。"（前提是它不会对自己或他人造成伤害。）有时，我会仔细阅读摄影器材讨论小组的评论，或是在 YouTube 视频上观看 20 世纪 60 年代的摇滚音乐视频。更深层次的策略是思考："在 6 个月、1 年或 5 年中，对我来说什么最重要？在我的生活中，什么是必不可少的，什么又是可有可无的？"

我有一个房间专门展示我心爱的书

格雷琴 · 鲁宾 (Gretchen Rubin)

推特 / 脸书：@gretchenrubin

　　　　　gretchenrubin.com

格雷琴 · 鲁宾　有多部著作出版，其中包括《纽约时报》畅销书《比从前更好》《幸福计划》《幸福断舍离》。她的书已经被翻译成 30 多种语言，在全球售出近 300 万册。在热门播客节目《格雷琴 · 鲁宾帮你找幸福》中，她与妹妹伊丽莎白 · 克拉夫特一起讨论良好的生活习惯和幸福感。（她们二人被称为"播客姐妹花"。）格雷琴的播客被评为 iTunes "2015 年度最佳播客"和播客学院"2016 年度最佳播客"。此外，格雷琴还入选《快公司》"最具创造力的商业人物"，她还是奥普拉"超级灵魂 100 人"的成员。

你最常当作礼物送给他人的 3 本书是什么？

　　我经常送给朋友克里斯托弗 · 亚历山大的《建筑模式语言》（*A Pattern Language*）。我不是一个崇尚视觉效果的人，但这本书教会了我用一种全新的方式看待周围的世界。这是一种分析经验和信息的绝妙方法，令人难以忘怀。

你做过的最有价值的投资是什么？

我买了 3 台计算机显示器。我之前还担心拥有不止一台显示器会让我目不暇接，注意力分散，但实际上拥有 3 台显示器在处理信息时极大地提高了我的专注力和效率。我在写作时查找内容变得很容易，可以随时复制网上的信息，也可以在回复电子邮件时查看相关文档。

有没有某个信念、行为或习惯真正改善了你的生活？

我现在热衷于低碳水化合物饮食。我戒了糖和高碳水化合物的食物，比如面粉、大米、淀粉类蔬菜等。终于，我可以和甜食说再见了——真的感觉轻松极了。这个习惯的改变对我的健康和幸福感都产生了巨大影响。

我在读盖里·陶比斯的《我们为什么会发胖？》时，接受了劝导，开始低碳水化合物饮食。我读完了这本书，一夜之间改变了所有的饮食方式。举个例子，我现在每天早餐吃 3 个炒鸡蛋（带有蛋黄），外加一些肉；比如培根、火鸡，冰箱里有什么肉就吃什么肉。

你有没有什么离经叛道的习惯？

我是儿童文学和青少年文学的狂热粉丝。我加入了 3 个读书小组，我们会讨论儿童文学作品（没有真正的孩子参加）。我公寓里有一个房间专门展示我收藏的心爱的书。

我列了一份清单，上面有我最喜欢的 81 部儿童文学作品，列这份清单真是一件令人高兴的事！如果只让我列出 3 本书，我会耍点儿小计谋，列出 3 位作者的名字，他们每个人都写了很多我喜欢的书。他们是小木屋系列图书的作者劳拉·英格尔斯·怀尔德、纳尼亚系列的作者 C. S. 刘易斯、黑暗物质系列的作者菲利普·普尔曼。

你只需要让自己变得更好

惠特尼·库明斯（Whitney Cummings）

推特/照片墙：@whitneycummings

whitneycummings.com

惠特尼·库明斯　洛杉矶的一位喜剧演员、作家和制片人。作为执行制片人，惠特尼与迈克尔·帕特里克·金共同创作了哥伦比亚广播公司（CBS）的喜剧《破产姐妹》，这部电视剧获得了艾美奖提名。惠特尼曾与莎拉·西尔弗曼、路易斯·C.K.、艾米·舒默、阿兹·安萨里等著名喜剧演员合作。2010年，惠特尼的首个一小时脱口秀特别节目《烧钱镜头》在美国喜剧中心频道播出，并获得了美国喜剧奖提名。2014年，她的第二部脱口秀特别节目《我爱你》在美国喜剧中心频道开播。2016年，惠特尼推出的一部特别节目《我是你的女朋友》在HBO电视网上线。惠特尼著有《"我很好"以及其他谎言》（*I'm Fine ... And Other Lies*）。

你最常当作礼物送给他人的3本书是什么？

　　哈维尔·亨德里克斯的《得到你所需要的爱》（*Getting the Love*

You Want)。我很爱这本书，但不喜欢书名。这本书讲述了我们为什么会被那些与我们的主要监护人有着同样负面品质的人吸引，这极具启发性。鉴于我在工作和个人生活中的关注点，这本书真是令人大开眼界。它帮助我建立了更好的关系，帮助我做出了更好的聘用决策，最终帮助我节省了很多时间，还提高了我的工作效率。这本书改变了我的自我意识，使我在选择员工和同事时做出了更好的抉择。

罗伯特·费尔斯通的《虚假纽带》(*The Fantasy Bond*)。这本书让我了解了心理防御的工作原理。它让我卸下防御，用更诚实、更高效的方式来处理冲突。这本书有助于防止童年经历成为你成人后的绊脚石。

劳安·布里曾丹的《女人为什么来自金星》。我太喜欢这本书了，因此把它拍成了电影。我觉得每个人都应该了解他们的神经化学引擎是如何工作的，以及我们为什么有时会成为原始大脑的傀儡。这本书帮助我掌握了化学、激素和杏仁核的基本知识，让我对待自己和他人更有耐心。当我面临困难的决定或者处理冲突时，这一点非常宝贵。此外，这本书也给了我极大的自由感，让我能够区分神经化学反应和合理的感觉。

最近有哪个100美元以内的产品带给你惊喜感吗？

加重的毯子。至于它背后的科学原理，我并不是专家，但我知道"深层触压感"有助于人体释放更多的血清素。当我感到焦虑的时候，当我压力很大或无法入睡的时候，我会用上这条毯子，立即就会有一种平静的感觉。

（惠特尼喜欢的一款毯子是重力毯有限责任公司生产的大号加重力毯。）

你长久以来坚持的人生准则是什么？

"展翅高飞。"在任何情况下，我能控制的只有我自己的反应以及我能做的事情，因此，这句话可以不让我对问题做出低级反应，以免精疲力竭。问题一般不会持续一年的时间，但我在处理这个问题上的声誉却会持续那么久。只要能优雅地处理问题，我通常就会赢得胜利，而不会浪费宝贵的时间和精力，不会感到内疚或是在脑海里不断回想。在创作过程中，"展翅高飞"对我来说是一个提醒，无论我有多疲倦或时间有多晚，我都争取做到最好。如果时间不够用，你就要花费更多的时间。永远不要满足于"足够好"。

你做过的最有价值的投资是什么？

我救了一匹马和3只狗。多年来，我尝试过抗抑郁药、冥想、催眠，以及各种各样的治疗方法，我意识到对我来说，动物是让我感到镇定、冷静和自己存在于当下的最简单的方法。它们还教会了我无数有关界限、一致性和自律的宝贵经验，我每天在工作和人际关系中都会用到它们。它们是目前为止我遇到的效果最好的良药。

你有没有什么离经叛道的习惯？

躺在泥里。我经常和我的马还有狗一起在泥里玩。这种脏脏的状态会让你有一种释放的感觉，你不必担心会弄脏自己，因为你已经很脏了。

有没有某个信念、行为或习惯真正改善了你的生活？

虽然与马和狗在一起很重要，但我还是想说，"写下心里感恩的事情"。每天早上，我都会写一份感恩清单，不管我有多忙或者有多么不想写。有时候这样做可能会让人觉得愚蠢和多余，但它确实会抑制我的消极想法。它会让我更加专注于顺心的事情以及我是多么幸运，从而提高我的生产力、创造力和专注力。它会让我产生一种难以解释的精神自由。消极思想过去常常吞噬我，使我筋疲力尽，而现在我有了更多能量。完美主义者很容易揪住问题不放，找出缺陷是我工作的重要组成部分，但就大局而言，消极思想会对创造力造成严重的阻碍。除此之外，还有白色文身！我的手臂文了一些字，但是除了我，没有人能看到它们。

你会给刚刚毕业的大学生什么建议？你希望他们忽略什么建议？

我的建议是，不管做什么，你都要从中找到一些慈善元素，比如自己的工作本来就是善举，或者像布雷克·麦考斯基那样捐赠一部分所得。如果你正在读这本书，你很有可能会成为成功人士。但是我发现，如果不以某种方式帮助别人或改善社会，你就会觉得一切都毫无意义。与其努力成为首席执行官或企业家，不如努力成为英雄。我们需要更多的英雄。

在你的专业领域里，你都听过哪些糟糕的建议？

"建立关系网。"在创造性的工作中，我觉得关系网在大多数情况都对你有害。不要浪费时间与你认为能够帮助你的人交往。你只需要让自己变得更好，在你应得的时候，该出现的自然会出现。只专注于自己控制范围内的事情。如果不知道哪些事情在你的控制范围内，你就找一个可以告诉你的人。不要努力去建立关系网，只要努力工作就好了。

你如何拒绝不想浪费精力和时间的人和事？

如今，我几乎会拒绝所有事情，这要归功于我接受了治疗，治的是一种被称为病态相互依赖的心理疾病。这种疾病与神经有关，它会诱使我无法忍受他人的不适或者我认为的不适。我已经在很大程度上重塑了我的大脑，现在我不会再因内疚、压力或义务而做任何事情了。我也不会因"没有创造乐趣"和"害怕错过"的复杂情结而感到羞耻，这是一种巨大的能量消耗。它会迫使我去参加我根本没有时间参加的活动，而这样做对我没有任何益处。

一个必然的结果就是，尽可能减少社交媒体的使用。我在用一款叫 Freedom 的应用程序，以减少使用社交媒体的时间。社交媒体不仅非常不健康，令人上瘾，而且会使我的蜥蜴脑觉得我被抛在了后面或者被人抛弃了，从而引发深深的恐惧。恐惧会令人烦恼，让人精疲力竭，这是显而易见的。说到烦恼和疲惫，我会在社交媒体上取消关注很多密友和同事，但我们的关系反而更加牢固，也更富有成效了。

你用什么方法重拾专注力？

我的手机图片中有一个名为"平静"的相册，里面保存着我养的动物的照片和视频、有趣的图片和表情包、鼓舞人心的名言、有关神经病学的文章、我的感恩清单，还有各种能让我高兴并重新找到能量来源的东西。它就像我个人的数字禅宗博物馆。老实说，如果黑客公开这个相册会比公开我手机上的裸照更令我尴尬，但这个险是值得冒的。当我仿佛打了鸡血时，当我注意力不集中、情绪激动或焦虑不安时，我会打开这个相册，它总能让我平静下来。它会使我想起什么是重要的，什么是暂时的。这在我工作的时候对我极有帮助，因为在旁边有人的时候，在旅行中，在没有安静的房间或无法散步时，我都可以看这个相册。哦，我会先把手机设置成飞行模式，这样，在我设法让自己头脑清醒远离纷杂时，我就不会受到信息和电子邮件的打扰了。

惠特尼·库明斯

发人深思的箴言

蒂姆·费里斯

（2017年6月9日—6月16日）

假设在竞技场上，一个比赛者用他的指甲划破我们的皮肤，并且用他的头猛撞我们一下，我们不会抗议的，也不会生气的，更不会疑心他将来要害我们。可是我们还是要随时注意他，不是拿他当敌人，也不是对他怀着疑忌，而是善意地躲避他……在生活中的人际互动里，你也应该采取同样的态度。人与人相处就像参加竞技，我们须多方容忍。躲避永远是可以办到的，既不猜疑也不嫉妒。

——马可·奥勒留

古罗马皇帝、斯多葛派哲学家、《沉思录》作者

拳击是一种锻炼自我控制力的体育运动。你必须了解恐惧，才能操纵恐惧。恐惧就像火，你可以让它为你所用，比如在冬天时为你取暖，在饥饿时为你加热食物，在黑暗中为你提供光明和能量。但如果任由它去，它可能会伤害你，甚至要你的命……恐惧是杰出人士的朋友。

——库斯·达马托

具有传奇色彩的美国拳击教练兼经理

（曾指导拳王迈克·泰森、弗洛伊德·帕特森、何塞·托雷斯等）

　　　　　　　　　　　　　巨人的方法

尽自己所能把事情做到最好

里克·鲁宾（Rick Rubin）

里克·鲁宾 被音乐电视网称为"近20年最重要的音乐制作人"。里克的履历包括为各领域知名的音乐人制作专辑，包括约翰尼·卡什和Jay-Z（肖恩·卡特）。他既与重金属乐队（包括黑色安息日、杀手乐队、堕落体制乐队、金属乐队、暴力反抗机器乐队）合作，也与流行歌手（包括夏奇拉、阿黛尔、雪儿·克罗、拉娜·德雷和Lady Gaga）合作。他还同LL Cool J（托德·史密斯）、野兽男孩乐队、艾米纳姆、Jay-Z和坎耶·维斯特等说唱音乐人一起普及说唱艺术。不过，这些也只是冰山一角。

你最常当作礼物送给他人的3本书是什么？

我送得最多的书要属斯蒂芬·米切尔翻译的《道德经》了。这本书讲述的古代道家智慧适用于一切事物。你可以在人生的不同阶段读这本书，每次重读，都会发现全新的含义。

这本书包含的智慧亘古不变：如何成为一个好的领导者、一个好人、一个好的父母、一个好的艺术家——如何做到在任何方面都出类拔萃。这本书读起来很美，它会以一种非常不错的方式唤醒你的大脑。

另外一本是乔·卡巴金的《正念：此刻是一枝花》。这是 1994 年出版的一本好书。它的妙处在于，它可以激发没有接触过冥想的人练习冥想的欲望。你可能已经练习了一辈子冥想，不过读这本书仍然会学到很多。现在想到这本书我又有了读一遍的欲望。

第 3 本书是罗布·沃尔夫的《原始饮食法》（*The Paleo Solution*）。我不断地把这本书送给朋友，因为它确实让我知道了吃什么更健康，以及我们的身体如何消化不同的食物。现在流传着很多关于饮食的错误信息。因为这些信息，我吃素已经有 20 年了。这本书告诉我们，很多到处都能买到且经常被吹捧为健康食品的东西都有危险。它会让我们轻松地做出正确的食物选择。这本书脉络清晰，内容有趣。根据我的经验，它会唤醒健康的生活。

最近有哪个 100 美元以内的产品带给你惊喜感吗？

Nasaline 鼻腔冲洗器。它是一个很大的塑料冲洗瓶，就像给火鸡淋油的吸管。冲洗瓶里装满了盐水。我通常在浴缸洗澡或淋浴时用它。将盐水从一个鼻孔喷入，它会从另一个鼻孔流出来，如此反复。一般来说，用一杯水加一汤匙盐，但是我会用两杯。它不仅会清理干净所有的黏液，而且如果你每天都用一次或数次，它就会使鼻窦内壁收缩，让你的鼻腔空间变大，呼吸更为顺畅。

我过去在坐飞机时经常感到不舒服，我无法适应压力的变化，高压机舱会让我的耳朵很疼。但是自从用了这种鼻腔冲洗器，我再也没有遇到这些问题了。

提醒：如果你忘了加盐，会特别疼。

还有一个东西，是 HumanCharger，价钱可能略高于 100 美元。这种产品会向你的耳朵里发射光线，以缓解时差（其他设备会用明亮的光照射你的眼睛，这可能会给你带来不适，而且会损害眼睛）。HumanCharger 还有其他用途，比如在冥想时你可以使用它。如果想要在会议、约会或培训中保持大脑的灵敏度，你就可以在前往目的地的途中佩戴它。

有没有某次你发自内心喜欢甚至感恩的"失败"？

第一个跃入我脑海中的是这件事：我最开始制作的几张专辑可以说大获成功。因为这些早期的成功以及我的年轻好胜，我以为每次都会如此。后来，当我第一次碰到制作的专辑没有那么成功时，我真的很受打击。

后来，我又做了几张成功的专辑，也经历了几次失败，这时我才明白，一个项目的成功通常与项目的质量没有关系。有时候，有些真的很好的项目并没有获得商业成功。有时候，有些在艺术上没有达到期望水平的项目却取得了巨大的商业成功。

成功的因素有很多，它们不在你的控制范围之内。你可以控制的，是尽自己所能把项目做到最好，但是之后会发生什么大多不在你的掌控范围内。即使在市场营销和促销方面尽了全力，你也无法控制人们的反应。

看到我认为很好的专辑未能获得商业上的成功，我认识到，即使用心工作，结果也会起伏不定，这让我大为受益。

你长久以来坚持的人生准则是什么？

"选择和平。"

你做过的最有价值的投资是什么？

14 岁时，我脖子受伤了，儿科医生建议我练习超觉冥想。从那时起，我在冥想上所花的时间一直是我最有价值的投入。

在人生比较自由的阶段做这样的积累，极大地改变了我，我也因此变得更好。冥想在我是谁以及我所做的一切中都起着重要作用。

冥想对我的生活产生的一些更具体的影响包括集中注意力，也就是"专注一境"。它也会让你跳出原本的框架，看到事物本来的样子，而不是我们眼中的样子。

上大学时，我暂时停止了冥想，后来移居加利福尼亚便重新开始了。那一刻，我才意识到冥想对我究竟有多大的影响。当我再次进入冥想的状态时，一切都是那么熟悉。我就像一株不知道自己需要水的植物，不过在得到水时，我会尽情地吸收营养。它再合适不过了，在我的生活中它不可或缺。我因为自己起初练习冥想而备感幸运。

你有没有什么离经叛道的习惯？

我一直都是职业摔跤迷，这一点以后也不会改变。这是一种不同寻常的表演艺术，和史蒂夫·马丁、安迪·考夫曼和巨蟒组合的表演没什么不一样。它通过与体育赛事有关的一切，对人的存在以及人心做出了更重要的解读。

有没有某个信念、行为或习惯真正改善了你的生活？

运动和锻炼极大地改善了我的生活，这已经有 5 年多的时间了。我以前是一个习惯久坐的人，但后来我开始练习站立式划水，举重，在海滩和游泳池锻炼，蒸桑拿后冲冰水浴，做各种不同的身体锻炼。在此之前，我几乎没做过运动。运动帮助我了解了自己的身体，而不仅仅是大脑。（蒂姆·费里斯注：与最重时相比，里克已经减重约 100 磅。他经常和尼尔·斯特劳斯一起锻炼。）

你会给刚刚毕业的大学生什么建议？你希望他们忽略什么建议？

忽略你在学校学到的任何东西，忽略所有公认的标准。释放自己，去尝试任何东西。最好的想法都具有革命性。

如果你在寻找智慧，试着从有实际经验的人那里寻找，而不是从传授知识的人那里寻找。要多问问题。

除此之外，专注于自己喜欢的事情，因为做自己喜欢的事情更有可能获得成功。而且无论成功与否，你的人生都会变得更好。因此，专注于自己喜欢的事情，你是不会蒙受损失的。

另外，要孜孜不倦地工作。我觉得我的人生非常幸运和幸福，我知道这是因为我完全沉浸在自己所做的事情中。我在做事的时候，真的把它当成生活的一部分，每天醒着的时刻我都十分享受。从某种意义上说，它不是工作，它是我的全部。回想起来，我可能会因此错过很多生活的瞬间，但有失就有得。

我认为，要开始做一件事或许就应该这样，但不一定要持续下去。因此，如果你开始了新的项目，可以采取不可持续的方法。一旦实现了目标，你就可以花时间弄清楚如何维持它。这是两种不同的方法。

在你的专业领域里，你都听过哪些糟糕的建议？

与商业成功有关的一切建议。任何与测试有关的事情，进行民意测验或搜集公众看法以便做出修改。任何暗示安全之道和稳定局势的事情，尤其是在最开始的时候。

当你开始做某事时，你可能会为这一未知领域绘制蓝图，最好多向业内人士请教，并向他们学习。不过，要记住，当别人给你建议时，他们是根据自己特定的技能、经验和观点向你提供建议的。因此，你要知道，当你获得专家的建议时，这往往是别人在讲述自己的历程，而每个人的历程都是不一样的。

这并不是说不要听取别人的智慧之言，而是要真的自己试一试，然后扪心自问："这在心理和身体上是否适合我？"有些人为了得到自以为想要的东西而经历不堪忍受的情形，在这个过程中他们可能会失去灵魂。

每个人在旅程中都会走不同的路。这里没有"走到拐角时左转"这样的指令。事实上，如果你走的路和别人的完全一样，那就一定是出了问题。不同的人不应该走同样的路。你需要明白自己的需求，清楚哪一条路适合自己。

你如何拒绝不想浪费精力和时间的人和事？

我觉得这个问题我回答不了，我可能不大善于拒绝别人。

你用什么方法重拾专注力？

我会休息一下。我会去散散步或者做一些让我头脑清醒的事，比如深呼吸、用不同的鼻孔交替呼吸、冥想或运动。我不会总记得做这些事，但只要做了，就真的有效。

当我超负荷时，对我来说最重要的事是摆脱继续前进并坚持下去的想法。不管我在做什么，它都不一定对我有好处。最好就是休息一下。

专注当下

瑞安·谢伊（Ryan Shea）

推特：@ryaneshea
　shea.io

瑞安·谢伊　Blockstack 的联合创始人，这家公司的另一位创始人是穆尼布·阿里。Blockstack 是一种新的去中心化互联网，用户可以控制自己的数据，应用程序在运行时不需要远程服务器。Blockstack 已从联合广场风投和纳瓦尔·拉威康特等顶级投资者那里筹集了资金。瑞安在普林斯顿大学主修机械和航空工程，辅修计算机科学。毕业后，他开始在技术领域创业，并入选《福布斯》"30 位 30 岁以下精英"榜单。他还获得了 Y Combinator 的投资。此外，瑞安还创建了多个颇为流行的密码学和区块链技术开源库。

你最常当作礼物送给他人的 3 本书是什么？

　　　尤瓦尔·赫拉利的《人类简史》
　　　保罗·柯艾略的《牧羊少年奇幻之旅》

尼尔·斯蒂芬森的《雪崩》

詹姆斯·戴尔·戴维森与威廉·里斯－莫格合著的《全权主义》
（*The Sovereign Individual*）

你长久以来坚持的人生准则是什么？

"活在当下。"这句话对我们所有人来说都非常难，有时我们需要一个提醒。与"活在当下"相对的，是沉迷于过去或未来。活在当下会对我们的幸福产生重大影响。

你用什么方法重拾专注力？

我会做硬拉、跑步、按摩、看书或看电影。

我的锻炼通常分为 3 部分。首先，我会做三四组卧推、深蹲或硬拉。每组重复 6 到 10 次，重量是自己单次最高水平的 70% 至 85%。然后，我会做三四组黄金组合训练，在以下 3 种中选择一种：（1）15到 20 次引体向上和双杠臂屈伸；（2）10 次肱二头肌弯举和三头肌伸展；（3）10 次肩部推举、侧平举和前平举。最后，我会做核心锻炼，在下面两种锻炼中选择一种：（1）4 组一分钟的平板支撑，中间交叉 4 组仰卧起坐、仰卧抬腿、单手提物、骑动感单车；（2）一组仰卧起坐、平板支撑、侧平板支撑和健身球平板支撑，之后做 3 组侧弯。

你做过的最有价值的投资是什么？

2016 年，我开始执行"新月计划"，它与"新年计划"类似。下面举几个例子：

7 月：每天读书

8 月：不看电视或电影

9 月：不吃乳制品

10 月：远离麸质

11 月：每日冥想

12 月：屏蔽新闻或社交媒体推送

你会发现，我的计划中有几个月与远离某种东西有关，有几个月与每天的行为有关。那几个戒除习惯的月份很有意思，因为我发现自己对所避开之物的依赖性越来越低了。现在，我看电视和电影的次数减少了，吃面包和麸质的次数也减少了，我还在屏蔽新闻和社交媒体推送。我恢复的唯一一个事物是乳制品，我现在还在食用。

那几个培养日常习惯的月份也很有趣，因为它们有助于我保持某些行为。我现在每天都会冥想，虽然不能完全坚持每天读书，但基本可以做到。

到目前为止，我最喜欢的试验包括屏蔽新闻和社交媒体推送，每天坚持锻炼，不看电视或电影，每天读书，每天早上 7 点 30 分起床。

瑞安·谢伊

做现实的乐观主义者

本·希伯尔曼（**Ben Silbermann**）

拼趣 / 推特：@8en
  pinterest.com

本·希伯尔曼　拼趣的联合创始人兼首席执行官，他帮助数百万人收集他们喜欢的东西。本·希伯尔曼在美国艾奥瓦州长大，小时候他花了很多时间来收集昆虫，所以他现在做这件事也在情理之中。在 2010 年 3 月成立拼趣之前，本·希伯尔曼曾在谷歌的在线广告部门工作。他于 2003 年毕业于耶鲁大学，获得政治学学位。现在，他与妻子和儿子住在加利福尼亚州的帕洛阿尔托。

你有没有什么离经叛道的习惯？

你有没有看过蒂姆·厄本的博客 wait but why？上面有一幅图，把人的一生以星期为单位表示出来。

我有一张挂图，上面画了一些方格，每个格子代表我人生中的一年。一行有 10 个方格，共有 9 行。然后，我会在上面画一些东西，比如美国人的平均寿命。我以前一直觉得这样做很酷，因为它把时间可视化了，而且我是一个注重视觉的人。即使在公司，我每周也会以图表的方式向员工展示当前一周在一年中的位置，目的只是想提醒他们每一周都很重要。我以前并不觉得自己的挂图很奇怪，但是在1月，我向团队成员展示了这幅图。我觉得他们会因此受到鼓舞和激励。但是，不同的人对生命有限的反应大不相同。那是我主持的最糟糕的一次会议。

我觉得他们并没有接收到我想要传达的内容。有人看完之后觉得："嘿，每一年都很激动人心，很有价值。"而有些人则表示："哦，我是要死的。"大家接受得不是很好，所以我再也不会分享这幅图了。

试验失败了。

有没有某次你发自内心喜欢甚至感恩的"失败"？

我下面要说的内容可能并不是这个问题的确切答案，但它确实影响了我的思考方式。我的父母和两个姐妹，还有很多朋友都是医生。有一件事一直困扰着我，那就是成为一名医生至少要花12年，而且12年后还是最低级别的医生。我现在住在硅谷，这里有一点与医生行业截然不同，人们倾向于用很短的时间（比如一两年）来衡量一切。很多职业都需要花8到10年才有最起码的能力开始执业。

在做项目时，这是一个很好的基础动力，因为这里或那里总会有很多地方出错。但是，如果你假设任何有价值的事情都要花费5到10年，你就不会觉得这些问题有那么严重了。

举个例子，我2008年离开谷歌，成立了一家公司，但前两三个项目都没有做好。我在2010年推出拼趣。在接下来的一两年中，它也没有真正实现快速增长，而是在2012年左右才初获成功。在这4年中，事情进展得没有那么顺利，但我想："这段时间不算长。这就像你在获得住院医生资格之前在医学院学习一样。"

本·希伯尔曼

你最常当作礼物送给他人的 3 本书是什么？

斯蒂芬·平克的《人性中的善良天使》。大多数新闻反应的都是负面问题，可能会令人沮丧，让人们感到无能为力。这本书把眼光放得很长，指出从长期来看暴力事件在不断减少。

萨明·诺斯拉特的《盐、脂肪、酸与热量：掌握烹饪的要素》。我很喜欢做饭，这本书教会了我很多关于味道和烹饪技巧的基础知识。它还提高了我不按配方做菜的自信心。

你做过的最有价值的投资是什么？

大约两年前，我第一次去健身房，之前我从未去过那里。一个原因是懒惰，一个原因是害怕。

我觉得自己并没有什么顿悟的时刻。我只是意识到："我要成为一个永远都不运动的人吗？如果答案是否定的，为什么不现在就去运动一下呢？"我就是这样推理的，并没有遇到健康危机或其他任何问题。有些事情我一直觉得自己应该做但总是拖延着，运动便是其中之一。所以我去了健身房，结果我发现不知道该怎么做。于是我请了一位教练，锻炼了一年。我就是去健身房问了问："你们这里有教练吗？"对于教练应该是什么样子，我并没有多想，但好处是一旦上了日程并付了钱，不去健身房这件事就会变得很难。

这属于沉没成本，我要是不去还得给教练发短信解释，这也是一种问责。它帮我克服了坚持锻炼的障碍。如果定期锻炼可以装在瓶里兜售，它就是一款灵丹妙药。基本上，如果你找时间定期运动，你生活中的一切就会变得更好。

我觉得硅谷有很多人已经编排好了自己的一生。他们认为："首先我要考上大学，然后创业。赚到钱后我会……"这种方法有一定的道理，但是大多数最重要的事情是要与此并行的，比如爱情和健康，因为你不可能日后通过做更多的事情来弥补逝去的时间。你不可能对妻子不

巨人的方法

管不顾，4 年后再说"好了，现在是关心妻子的时候了"。夫妻关系不是这样经营的，你的健康也一样……建立一个体系，使其涵盖你始终需要做的事情，即使你可能会过多地关注某件事，这一点非常重要。否则，孤单和不健康将在未来等着你。

最近有哪个 100 美元以内的产品带给你惊喜感吗？

我的答案并没有什么新意，但我非常喜欢苹果的 AirPods 耳机。这是一款无线耳机，始终保持充电状态。我没有想到自己会这么喜欢它。

在你的专业领域里，你都听过哪些糟糕的建议？

我认为"可以从失败中学到最多的经验"这种想法是错误的。这样说没什么问题，因为它会使人们感觉更好。不过，如果想学习如何把事情做好，你就应该研究那些真正优秀的人。要想学习如何跑得快，你不会去研究所有失利的短跑运动员，而是会研究真正跑得快的人。出现错误的原因有很多，但你的工作就是使事情正常运行。

我并不是说这是一个非黑即白的问题。如果出现问题，你就应该充分利用，并思考如何做到更好。由于人们对失败的处理方式不同，这些经验教训会在情感上产生较长时间的影响。大多数人对失败都有一种非常强烈的情感厌恶。

我认为让人们敢于冒险是对的，但如果认为所有的教训都应该从失败中吸取，而不是去研究优秀的人，这种想法就有些扭曲了。

这种对失败的过度关注会渗透到方方面面。我不得不告诉经理们：你需要花时间与表现最好的人在一起，而不仅仅是把目光放在所有问题上。

你如何拒绝不想浪费精力和时间的人和事？

我现在还不是很擅长拒绝别人，但我知道时间确实是一种零和现象，没有人可以让自己的时间变多。

我没有什么特别的套话。我会如实告诉对方，令我惊讶的是，他们都表现出很理解我的样子。我可能会说："我真的希望自己可以答应你，但我现在正在忙××项目，希望你能理解。我真诚地希望我们继续保持联系。"也许他们只是没有表现出很沮丧，但他们的理解超出了我的想象。我想过这样的场景，他们砰的一声把笔记本电脑合上，骂上一句"这个混蛋"。但我觉得人们多多少少还是理解我的。

你用什么方法重拾专注力？

第一，我通常会去散步。第二，我会把事情一一写下来，这样我就可以把它们从大脑中移到纸张上加以研究。有时，我们的大脑会陷入小小的循环，没有任何进展。对我来说，把所有事情都写下来，然后看着它们，思考哪些是重要的，这样做很有帮助。

我的方法并没有什么特定的步骤。我可能会在纸上写下："我正在思考这样一件事……"然后我会退后一步，问自己："这里出了什么问题？哪些事情很重要？"公司会设定不同时间段的目标，比如本周、本月、本年或10年内重要的事情有哪些，我们可以从中学到一些东西。我认为人们之所以经常迷失方向，是因为他们过于在意短期目标，而忽略了中期或长期目标。

从长期来看，什么对你是真正重要的？你如果可以回答这个问题，就可以以此反推你该如何做。

有没有某个信念、行为或习惯真正改善了你的生活？

我开始写感恩日志了，这听起来可能有点儿俗气。如果你有把感恩之事写下来的习惯，你的大脑就会不断地寻找这样的东西，你就会感到更加幸福。真的很难相信事情竟会如此简单。

我白天会抽时间写下一件事。有时候会忘记写，我在这方面做得

　　　　　　　　　　　　　　　　　　　　巨人的方法

并不完美。我总是告诉我的团队，我试图成为一个现实的乐观主义者。我对我们当今的状况看得很淡，但对未来极为乐观。我觉得将乐观主义传递给团队很重要，而不要只是关注问题所在。曾经有人对我说："如果你只是与人讨论问题，很快你就会成为他们的问题。"我很认同这句话。我现在会找机会对他们说："这个地方做得很好。"而当我第一次成为管理者时，我的方法更多是"今天我们需要解决什么问题"。

我会用一种小笔记本，是我在欧迪办公连锁店或其他地方买的。它不是很酷，只是我的一种习惯。不过，我确实想买那种设计师都在用的日本时尚手账（Hobonichi Techo）。你在日本到处都能看到高级艺术品一样的笔记本。也许明年吧……

把荒诞作为主义

弗拉德·扎姆菲尔（Vlad Zamfir）

推特：@VladZamfir
Medium: @vlad_zamfir
vladzamfir.com

弗拉德·扎姆菲尔　以太坊的区块链架构师和研究员，他致力于研究区块链的效率和可扩展性。弗拉德对治理和隐私解决方案很感兴趣，他还是第一个向我介绍荒诞主义的人。他经常在 Medium 平台上发布内容。他住在南极洲（或者他想让我们相信他住在那里）。

你最常当作礼物送给他人的 3 本书是什么？

伯特兰·罗素《数理哲学导论》
罗杰·怀特的《复杂和混乱》（*Complexity and Chaos*）
丹尼尔·克劳德的《百合花：自由社会的演变、作用和力量》
（*The Lily: Evolution, Play, and the Power of a Free Society*）

你长久以来坚持的人生准则是什么？

"没有人有资格告诉你应该怎样过这一辈子。"我发现这句话在帮助人们为自己着想时比任何东西都管用。具体为什么，我不太确定。这句话引自我的朋友汤姆，我要感谢他。

你有没有什么离经叛道的习惯？

我更喜欢用荒诞而不是离经叛道，我通常只用这个词表示"徒劳"，并且我有一个不寻常的习惯，只要有人非正式地使用这个词，我就会指出来。

有没有某次你发自内心喜欢甚至感恩的"失败"？

实际上，我"很喜欢"的一次失败让我发现了荒诞主义。我犯了太较真的错误，结果伤害了我在意的人。

也许我应该说一下，"荒诞性"和"合理性"不是二元问题，也不是定量问题。但在实际生活中，我们需要判断在给定环境下哪些行为和意图是合理或荒诞的。以二元或定量的方式加以思考仍然非常有用。

荒诞主义为我们提供了一种清晰的失败哲学：要么你的意图是荒诞的，策略不合理，要么策略是合理的，但没有被正确执行。

一般来说，很难确定我是不是在尝试做不可能的事情，有没有我还未曾想到要尝试的合理行为，抑或我行为正确但能力不足。

如果确信自己的意图很荒诞，我就会放弃。如果有需要，我就会从容不迫地放弃。如果认为自己的意图不荒诞，我就会继续尝试我认为也许合理的策略。如果真想证实自己的意图，那么即使高度怀疑这个策略的合理性，我也会继续尝试。

荒诞主义不仅是一种有助于人们变得理性的工具，也是对理性主义的批评。荒诞主义指出，在某些情况下有意图是荒诞的。有时理性是荒诞的，因此应该将其抛弃。在这种情况下，如果你的意思是"选择一个你想要实现的目标"，那么决定做什么或如何分配时间是没有意义的。

有没有某个信念、行为或习惯真正改善了你的生活？

荒诞主义，没有什么可以与之比拟。

我发现荒诞主义在做数学题、维持人际关系、应对无知、思考道德问题、抵抗抑郁、过上更幸福的生活上，可以说有效得毫无缘由。每当我不知道该怎么办时，我就会用荒诞主义做我的指导。

所谓"有效得毫无缘由"，我的指代非常具体。如果某件事在其假设的范围之外，在其所发展的背景范围之外，或是在其开发目的之外似乎有用，它就是有效得毫无缘由。

数学之所以有效得毫无缘由，是因为它适用于很多与数学或数学发展无关的领域。

经济学之所以有效得毫无缘由，是因为虽然它所做的假设是错误的，比如理性、二次效用、效率、遵循布朗运动的价格变化等假设，但它仍然十分有用。

统计学之所以有效得毫无缘由，是因为即使我们做出明显错误的假设，它也是有用的。例如，有些事物并不呈正态分布，我们却假设如此。另一个原因是，即使我们公然不尊重最优做法，比如在观察数据后更改我们的方法或假设，然后进行假设检验，它似乎也能很好地起到作用。

在我看来，当我们没有更好的策略时，使用有效得毫无缘由的理论是非常有道理的。在很多情况下都可以这样做，包括缺乏信息、缺乏计算能力、与其他想法不兼容，或者仅仅是出于方便或兴趣。荒诞主义之所以有效得毫无缘由，是因为它显然与任何场景都没有多大关系，但我认为，它最终在很多情况下都很有用。当我不知所措时，这一点对我来说尤其明显。

以抑郁为例。我发现我的抑郁通常源于我的意图，但出于某种原因，我无法或者可能缺乏动力去证实。当我在荒诞中挣扎时，我会尽全力放弃。

我经常会决定做某事或一大堆事，然后因为自己没有做而过分自责。事实证明，我经常会自责到抑郁。我之所以抑郁，是因为我没有做我认为应该做的事情。

我发现，只是暂时放弃我决定要做的事情，就已经十分管用了。我可能会确定我的意图，可能会放弃，但并非总是如此。如果我决定放弃，不再做以前决定做的事情，抑郁几乎立即就会离我而去。有时候，这就是我开始做之前决定要做的事所需要的。有时候并非如此，我需要花些时间做其他事情，然后才能做好准备。一般来说，我最后会意识到那些事情并不重要，然后我会永远忘记它们。

你做过的最有价值的投资是什么？

我花了大量时间研究数学和哲学，我在这方面的投入已经得到回报，并将继续得到回报，这几乎是可以肯定的。

质疑贝叶斯统计的基础，这个过程非常有价值。

对共识类文献中的定义和不可能的结果进行返工同样很有价值。

最近有哪个 100 美元以内的产品带给你惊喜感吗？

关于制度经济学的一个音频系列讲座，名字叫"国际经济制度：全球化与民族主义"。对我而言，这一系列讲座很有趣，也很重要，因为这是我第一次真正内化的制度设计信息。我大致了解了制度的性质，所以我觉得我对"社会如何运作"有了更好的了解。当然，还没有达到很深的了解程度！我试图将自己的一些理解具体化，但是我做得还不够好。

不过，从实际角度看，我现在能够更清晰地思考区块链的治理问题了。我可以看到我们已经有了一些新生的区块链治理制度！我能够明白制度是否正式、是否心照不宣、特别设立意味着什么。我现在完全可以接受这样一种可能性，即制度化可能是一个合理的过程，而不是一个不可避免地为狂妄自大所驱动的过程。

你用什么方法重拾专注力？

很多时候我会小憩一会儿，尽量不吃碳水化合物。

每天我会自己待 3 到 4 个小时，这并非总能实现。我会尝试离线工作。有时我会冥想。

我会试图制订一些计划，让自己更放松，把时间集中在更重要的事情上。我尽量不让自己的生活变得更复杂，这完全没有必要。这通常意味着我会拒绝参加各种活动，但这是值得的。

在这些方面，我仍在努力！

从饮食中彻底去除碳水化合物和植物性食物

祖科·威尔科克斯（Zooko Wilcox）

推特：@zooko
　　z.cash
　　ketotic.org

祖科·威尔科克斯　大零币（Zcash）的创始人兼首席执行官。大零币是一种加密货币，交易的隐私性更强，交易者可以"选择性披露"。祖科在开放式去中心化系统、密码学、信息安全以及创业方面拥有 20 多年的经验。他因在数字现金系统 DigiCash、文件交换平台 Mojo Nation、密钥管理协议 ZRTP、祖科三角、文件存储系统 Tahoe-LAFS、BLAKE2 算法和抗量子签名方案 SPHINCS 等方面的工作而备受认可。此外，祖科还是安全审核公司 Least Authority 的创始人，这家公司提供价格合理、合乎道德、可用且持久的数据存储解决方案。

你最常当作礼物送给他人的 3 本书是什么？

　　加里·陶布斯的《好卡路里，坏卡路里》。这本书十几年前问世时，绝对是 20 世纪人类营养史和营养科学的权威研究。在探索历史的同时，它也成为历史的一部分，因为接下来的一代营养学研究人员不得不支持或反对这本书的论点。

我把这本书送给了很多人，但遗憾的是，大多数人并没有从中学到多少知识！他们不是历史学家，也不是研究人员。他们只是需要每天决定吃什么的普通人，一本充满事实和科学论据的大部头巨著并不是他们所需要的。我明白了一件事，那就是要想与人交流，你必须贴近他们的生活。

有没有某次你发自内心喜欢甚至感恩的"失败"？

我大学本科时的成绩十分糟糕。我毫无计划，心不在焉，十分沮丧，我最好的成绩也就是将将及格。我上课迟到，甚至逃课。晚上睡觉的时间极不规律，不做运动，饮食也很糟糕。

不过，我很喜欢一种新技术，它是由一家创业公司发明的。每当我精神集中能够做点儿什么时，我都会阅读有关这项技术的资料，并且自己编程。

我几乎没有从课堂上学到什么东西，后来因为太多门课挂科而被学校开除了。我恳求院长给我一次机会，他勉强答应了。回想起来，如果他当时拒绝我，那么对我来说可能更好。

不管怎么说，我觉得拿到学位是我的一个重要目标，我几乎将其视为一项责任，所以我一直坚持着。后来，我很感兴趣的那家初创公司给我提供了一个初级编程工作的面试机会，我遗憾地告诉他们我做不了，因为我必须先读完大学。

之后，我打电话给我最好的朋友，兴奋地告诉他，那家公司让我去面试。"你怎么说的？"他问我。

我悲伤地说："哦，我告诉他们我得先读完大学。"

"我只想问你一个问题。"他说，"这不正是你一直在等的机会吗？"

"你说得没错。"我挂了他的电话赶紧给那家公司打了过去。

从大学退学是我一生中最好的决定之一。它使我走上了职业道路，直接带我走向了如今最重要的成就，更重要的是，当我在新工作中获得成功时，我的自尊心得到了提升。

我说的这项新技术和那家初创公司是数字现金系统 DigiCash，它是比特币和大零币等现代数字货币技术的前身。加入这家公司是我 20 年后创立大零币的直接原因。

有没有某个信念、行为或习惯真正改善了你的生活？

几年前，我效仿当时还是我妻子的安布尔·奥赫恩，将所有植物性食物从我的饮食中去除。之前我尝试过各种形式的低碳水化合物饮食，但我未能始终如一地实践。可以说我对碳水化合物有瘾，在尝试低碳水化合物饮食的几年中，我从未戒掉这个瘾。此外，我还被一系列神秘而日渐恶化的健康问题困扰。腰上的 30 磅（而且还在不断增长）赘肉只是我众多健康问题中最明显的一个。

我最大的突破不是尝试放弃"一切适度"的原则，而是从我的饮食中去除所有碳水化合物以及所有植物性食物。就像安布尔之前做的那样，我开始只吃富含脂肪的肉类（肥美的上等肋排、牛肉末、猪排、多汁的三文鱼等）。最开始的 4 天，我饱受没有碳水化合物的折磨，满心都是渴望，但是第五天，早晨醒来时我有一种奇怪的新感觉：一种完全摆脱渴望碳水化合物的感觉。

这是我第一次控制住了自己的饮食。身上多余的脂肪迅速而轻松地消失了。在接下来的几个月中，我的其他健康问题也消失了。我的精力、情绪和精神敏锐度都得到了改善。

这标志着我开启了一生中迄今为止最富有成效、最为成功的时期。它也标志着安布尔和我研究人类营养与进化科学的开端。

你如何拒绝不想浪费精力和时间的人和事？

我在拒绝各种请求上都有了长进，比如想在我公司工作的请求、想让我在其他公司担任顾问的请求、想让我参加各种活动的邀请，甚至还有想与我对话的请求。举个例子，某个不认识的人给我写邮件或者在社交媒体上给我发消息说："嘿，我能和你谈谈某件事吗?"我意识到，在这种情况下，我可以为对方做的最良善也是最好的事，就是给他们一个明确、快速且坚定的"不"。

　　每当我感到自己被迫勉强答应（这种情况经常发生）或者延迟做出决定时，我都提醒自己，屈从于这些诱惑对请求者来说是不友善的。

勇敢去做

斯蒂芬妮·麦克曼（Stephanie McMahon）

推特:@StephMcMahon
脸书:/stephmcmahonWWE
　　corporate.wwe.com

斯蒂芬妮·麦克曼　世界摔跤娱乐公司（WWE）首席品牌官，该公司全球品牌大使。她是世界摔跤娱乐公司企业社会责任项目的主要发言人，这些项目包括特奥会、苏珊·科曼乳腺癌基金会、WWE 反欺凌计划。2014 年，斯蒂芬妮和丈夫保罗·莱韦斯克（绰号"Triple H"）成立了康纳基金会，该基金会致力于儿科癌症研究。斯蒂芬妮作为体育界的风云人物，会定期出现在 WWE 的旗舰节目中。在过去的 5 年中，她被 *CableFAX* 杂志评为"有线电视界最有影响力的女性"。此外，斯蒂芬妮在过去两年曾入选《广告周刊》的"体育界最具影响力的女性"榜单。斯蒂芬妮在美国娱乐与体育电视网 2017 年度体育人道主义奖的颁奖典礼上获得了斯图亚特·斯科特奖。

最近有哪个 100 美元以内的产品带给你惊喜感吗？

Bucky 品牌的颈枕。我经常出差，路上没有多少休息时间，所以对我来说，可以睡觉的时候赶紧入睡十分重要。Bucky 颈枕是矩形的，坐飞机时枕在脖子后面非常适合。我受不了 U 形颈枕，因为我的头很小（爱尔兰人的头要么很大，要么很小，而我属于后者），而且 U 形颈枕很不稳定。Bucky 颈枕会稳稳地待在原位，为我提供了在飞机上舒舒服服睡一觉所需的一切。

你长久以来坚持的人生准则是什么？

"每天都做一些自己不敢做的事。"这句话大家一般认为是埃莉诺·罗斯福说的。

这句话是我的生活准则。多年来，我听到过这句话的各种改编版本，最近的一句是"你想要的一切都在恐惧的彼岸"。不久前，我去参加摔跤狂热大赛，这个比赛相当于世界摔跤娱乐公司的超级碗。我要在 AT & T 体育场破纪录的 10 多万人面前亮相。这个活动是我父亲创办的，我丈夫将要在此登场，此时正值他职业生涯 20 周年。我的孩子和侄子都坐在赛场旁边。约翰·塞纳和巨石强森下场了，赛场上一片漆黑。这时，我应该登上看似悬在半空中的宝座，说出背好的台词，为我丈夫的震撼登场打好前阵。我们二人被称为"权威"，作为一个所向披靡的组合，我们的出场将是所有人的期待。

只不过在那一刻，当黑暗笼罩着我的时候，我的大脑一片空白。我忘记了该说的每个字。我的耳朵可以听到自己的心跳，我的喉咙发紧。我觉得自己要崩溃了。这时我想到了埃莉诺·罗斯福的那句话。如果不走上台去，我就会后悔一辈子。我要做的事是多少人梦寐以求的？这个机会就在那里，就在我的眼前。我深吸了一口气，将一切都放在心底，包括所有人的情感和能量。我抓住了那一刻，那是我职业生涯中的一个亮点。

我的小女儿今年 7 岁了。就在昨天，她克服了自己的恐惧，在我们家附近的攀岩墙上玩了一次高空秋千。她以前爬上去过，已经准备好出发，但在最后一刻又不敢玩了。但是，这次她说自己准备好了。她听着金属乐队的《我是恶魔吗》给自己打气。我没有开玩笑，她在爸爸的播放列表中找到了这首歌，整个 20 分钟的攀岩过程一直在循环播放。她最后爬到了秋千那里，距离地面 30 英尺。她移动着小小的身体，到了平台末端。这时她又犹豫了，开始后退……不过，好像有什么东西攥住了她。她哼着那首歌的几句歌词，再次向前移动。倒计时开始，"3—2—1"，她的双脚离开了平台！结束的时候，她大喊："妈妈，我想再玩一次！我做到了！我征服了恐惧！"我希望她永远记住这种感觉。

你最常当作礼物送给他人的 3 本书是什么？

蒂姆·费里斯的《巨人的工具》。

你有没有什么离经叛道的习惯？

我会一口气喝完一瓶水，这是我喝水的唯一方式！谁喜欢喝水时一小口一小口地抿呢？我可以一整天都喝咖啡（星巴克超大杯冷泡咖啡，加两份浓缩咖啡和两包甜菊糖）。不过，如果口渴，我就会拿起一瓶水咕咚咕咚一口气喝完。

你做过的最有价值的投资是什么？

就最近来说，是花时间陪伴我的祖母。她很了不起，现在 90 岁了，出生在北卡罗来纳州，20 世纪 40 年代做过预算分析师。她喜欢喝伏特加汤力鸡尾酒，也喜欢抽烟，是个心直口快的人。她在圣诞节期间摔伤了髋部，现在已经完全康复了。几个月后她的颈部需要做椎间盘融合手术，如今又查出她曾经战胜的肺癌复发了。尽管如此，当我去探望她时，她坐在那里，背挺得直直的，美丽的蓝绿色眼睛充满了热情。自从她做了颈部手术以来，我去探望她的次数更多了。我早晨把女儿送到学校后会去看她，而不是像往常那样去做有氧运动。我特别感激和她共处的时间。她总是强调生活中最重要的东西，比如你爱的人，并不断提醒我不要对任何人逆来顺受。她说："斯蒂芬妮，你必须为自己站起来。没有人告诉我该怎么做，但我还是做到了，这一点对我很有用，你也应该教你的女儿这样做。"

有没有某个信念、行为或习惯真正改善了你的生活？

我并不像自己希望的那样虔诚，但是在上床睡觉之前，我会思考白天让我高兴的 3 件事。这是睡前思考 3 件自己感恩的事的一种演变。我发现，我如果不说一些感恩的事，就会感到内疚，最后我会一遍又一遍地说同样的内容。思考让我高兴的事有助于我把白天积累的思想包袱放在一边，专注于真正重要的事情，比如，与我的 3 个女儿一起跳入温尼珀索基湖游泳，或是丈夫突然发短信告诉我我很漂亮。这个方法我是从一位同事那里听到的，她说她是从雪莉·桑德伯格那里学到的。我知道我应该把这些事情写下来（这是一项重要的练习），但是我有 3 个孩子，她们分别 11 岁、9 岁、7 岁，而且我在半夜还要训练，所以我只能尽力而为。

你如何拒绝不想浪费精力和时间的人和事？

实际上，我很难拒绝别人。世界摔跤娱乐公司的文化就是"能"或"可以"，没有说"不"这样的事。我们可以说："是的，我们可以做。但是如果做，挑战就是……"但我真的无法想象自己说："不，文斯（文斯·麦克曼是世界摔跤娱乐公司的董事长兼首席执行官，也是我的父亲），对不起，那是不可能的。"

不过，我确实知道在适当的情况下说"不"实际上可以赋予人力量。几年前，我特别努力，有点儿努力过头了。除了每周作为现场电视节目的表演者出差，我还要履行首席品牌官的职责四处奔波。我终于有了几天可以和女儿们待在家里的时间，结果收到信息说有一个演讲的机会，会对公司有好处。我团队的一个人正在找我，她说："你知道，斯蒂芬妮，这对世界摔跤娱乐公司来说是一个好机会，但这件事是真的'需要做'还是'做了也很好'呢?"我意识到是后者，于是拒绝了。结果，我与家人一起度过了几天美好的时光，没有工作的打扰，这实际上有助于我回到工作岗位后的表现。

斯蒂芬妮·麦克曼

发人深思的箴言

蒂姆·费里斯

（2017 年 6 月 23 日—7 月 7 日）

无端受难之人，必受超常之难。

——塞涅卡

古罗马斯多葛派哲学家、著名剧作家

我们努力做到通过牢记常识而不是知晓尖端知识赚钱。我们长期保持不做傻事，所以我们的收获比那些努力做聪明事的人要多得多。

——查理·芒格

沃伦·巴菲特的投资搭档、伯克希尔–哈撒韦公司副董事长

我心成宇破春雾，俗世抛却凡尘中。[1]

——西行法师（1118—1190）

日本平安时代末期至镰仓时代初期著名诗人

---

1. 如果你读过《巨人的工具》詹姆斯·法迪曼那一章关于迷幻的讨论，你可能会觉得这句奇怪的话更有意义。

永远真诚

彼得·阿蒂亚（Peter Attia）

推特/照片墙：@PeterAttiaMD

peterattiamd.com

彼得·阿蒂亚 医生，曾经是一位耐力极好的运动员，他参加过 25 英里游泳比赛。他是一位自我实验的爱好者，也是我认识的最有趣的人之一。我经常向他咨询有关提高运动成绩和保持长寿的医学知识。彼得在美国斯坦福大学获得医学博士学位，在加拿大安大略省金斯顿女王大学获得机械工程和应用数学学士学位。他在约翰斯·霍普金斯医院完成了普通外科实习，在美国国家癌症研究所师从史蒂文·罗森堡医生做研究，致力于研究癌症中调节性 T 细胞的作用以及其他针对癌症的免疫疗法。

你最常当作礼物送给他人的 3 本书是什么？

对我影响最大的书包括：

史蒂文·罗森堡的《细胞变异》（*The Transformed Cell*）

卡罗尔·塔夫里斯和艾略特·阿伦森的《错不在我》

理查德·费曼的《别闹了，费曼先生》

你长久以来坚持的人生准则是什么？

当今世界问题的根本原因是愚蠢的人过于自信，而聪明的人则疑虑重重。

——伯特兰·罗素

真理的最大敌人，通常不是故意、人为和不诚实的谎言，而是持久、有说服力但并不现实的迷思。我们过于固守祖先的旧式思维。对于所有的事实，我们都有预设的解读。我们乐于舒服地听取意见，却不愿走出舒适圈去思考。

——约翰·肯尼迪

在产生问题的同一意识水平上，任何问题都无法解决。

——阿尔伯特·爱因斯坦

如果你设立一个目标，它应该满足两个条件：（1）它很重要；（2）你能够影响它的结果。

——彼得·阿蒂亚

有没有某个信念、行为或习惯真正改善了你的生活？

我对激素替代疗法（HRT）的理解发生了重大改变，包括这种疗法对男性和女性的作用。上面那句约翰·肯尼迪的话确实给了我一击。长期以来，我一直接受激素替代疗法"不好"这一面之词，因为我在学校就是这么学的，而且听到很多看似聪明的人都这么说过。我并不是说我现在认为每个人都应该服用激素——内分泌系统非常复杂，我甚至无法理解笼统的说法。我的意思是，我甚至不愿意在没有回过头去仔细研究文献的情况下考虑一下这种疗法，这才真是令人沮丧。这也让我想知道，5 年后我会如何回答这个问题……

你做过的最有价值的投资是什么？

可能是学习拳击。不过，我对拳击的感情可谓喜乐参半，因为我几乎可以肯定，脑震荡让我的智商降低了 10 到 20 分。我练了很多年的拳击，因为我想成为一名职业拳击手。我在 18 岁决定学习数学和工程学时，它便成为定义我生活中职业道德和纪律的基石。此外，练习拳击还让我充满信心，奇怪的是，如今信心仍在，只是我还是很弱。回想当时，我特别自信，我觉得可以保护自己或任何人，我觉得自己用不着找麻烦，实际上我很高兴让别人（比如，一个假的硬汉）以为我怕他，虽然实际情况并非如此。但关键在于，我意识到只要有能力就够了，我不需要证明它。

你有没有什么离经叛道的习惯？

撞鸡蛋。我坚信，如果世人真的了解撞鸡蛋，它会成为一项世界性运动，最终进入奥运会，从此不会再被视为荒诞之事。（来自蒂姆·费里斯的话：可以说，应该为撞鸡蛋单列一章，但这超出了本书的范围。如果想看彼得介绍撞鸡蛋的视频，可以访问 tim.blog/eggboxing。）

你会给刚刚毕业的大学生什么建议？你希望他们忽略什么建议？

我的第一条建议是尽可能保持真诚，不要伪装。在我看来，与其假装关心，不如保持冷漠。如果你真的对一部分人感兴趣，即使人数很少，你也会和他们建立起真正重要的关系。我认为，随着年龄的增长，在商业以及个人生活中建立的轻率关系会变得越来越让人难以忍受，所以要把精力放在完全真诚的互动中。

第二条建议是不断寻找导师，同时不要不好意思做他人的导师。当然，这也需要做到第一条建议，但其中的弱点和不对称性显而易见。永远虚心求教，永远喜为人师。

至于要忽略的建议，我经常听到一条建议，它与沉没成本的误解有关。我确实听到别人说过很多次。他们说："你花了 X 年学习 Y，你不能放弃它去做 Z。"我认为这条建议有一定的缺陷，因为它过于强调你已经花费的无法改变的时间，同时它在很大程度上忽视了你未来完全可塑的时间。

举个例子，当我决定上大学时，我想专门学习航天工程，因此我本科选的是机械工程和应用数学专业，并计划将来攻读航空航天的博士学位，主要研究控制论（这些都离不开数学）。与这一抱负无关的是，我在本科期间花了很多时间做志愿者，照顾遭受性虐待的孩子，还有接受癌症治疗的孩子。到大四的时候，我对于将来攻读工程学方面的博士学位很纠结。我有一种强烈的感觉要做一些与自己的生活完全不同的事情，但我不清楚到底要做什么。经过了很多痛苦和深刻的自我反省，我意识到医学更适合我，尽管我有很多理由继续学习工程学（比如有很多奖学金可以攻读美国最好的博士学位）。我尊敬的人，包括我的教授、家人和朋友，都认为我疯了。我学习十分用功，才到达今天的位置。但是，我还是多花了一年的时间，完成了学士学位后的课程，并申请了医学院。

10 年后，我再次发现自己在思考别人无法想象的东西——在接受了 10 年的医学教育之后，我完全放弃了医学，加入了一家咨询公司，从事信用风险建模工作。接下来的 10 年，我经历了两次更重大的职业转变。也许我只是在给自己的行为找理由，但回顾自己曲折的求学与工作之路，我从未后悔花时间掌握不同领域的知识，比如工程学和外科手术，也从未后悔改变职业，即使在众人的反对之下。

在你的专业领域里，你都听过哪些糟糕的建议？

在长寿这个特定领域中，我听过很多人强调外表（比较重要）和感觉（肯定很重要），但很少有人关注延迟慢性病发作这一实际问题。延迟慢性病的发作从数学角度讲几乎等同于延迟死亡以及提高生活质量。我们这个领域的专家极少主张延缓心血管疾病、癌症、神经退行性疾病和意外死亡的发生，这一点我一直很奇怪。

你如何拒绝不想浪费精力和时间的人和事？

我拒绝的事情包括：总是证明自己的是对的，感到每个问题都要争论一番，碰到批评就要回应。钟摆可能已经朝另一个方向摆得太远，有时接近冷漠了。当你不再关心自己是否在所有人眼中都是对的——而不是在你自己和那些对你重要的人眼中是正确的，你会惊讶地发现，你不会再浪费精力试图说服人们相信你的观点。

识别潮流

史蒂夫 · 青木（Steve Aoki）

照片墙 / 脸书：@steveaoki
steveaoki.com

史蒂夫 · 青木 音乐制作人、DJ，曾两次获得格莱美奖提名。除此之外，史蒂夫还是一位企业家，他是 Dim Mak 唱片公司的创始人、当代男装品牌 Dim Mak Collection 的设计师。自 1996 年成立以来，Dim Mak 唱片公司已经造就了很多乐队，比如烟鬼组合、街区派对、The Bloody Beetroots 和 Gossip 等组合。作为独唱艺人，史蒂夫一直没有停下脚步，平均每年举办 250 多场巡回演出。他 2016 年在网飞推出的原创纪录片《至死方休》获得了格莱美奖提名。史蒂夫因不同曲风的混搭而闻名，他与林肯公园、史努比 · 狗狗、打倒男孩等艺人和乐队合作。他与单向组合成员路易斯 · 汤姆林森合作的热门歌曲《别放弃》以及与说唱歌手 Kid Ink 合作的热门歌曲《精神错乱》均获得金唱片奖。史蒂夫制作的最新专辑 Kolony 在电子专辑排行榜上排名第一，这部专辑标志着他第一次完全转向说唱音乐，其中包括说唱歌手 Lil Yachty、说唱三人组 Migos、嘻哈歌手二链子、古奇 · 马内和 T-Pain 等人的歌。

最近有哪个 100 美元以内的产品带给你惊喜感吗？

iMask 睡眠眼罩绝对是巡回演出旅途中的必备之物。不管去哪儿，我都会随身携带它。因为我们的旅行和日程安排得都很紧，所以我需要保证在任何安静的时候都能入睡。这个时间不一定是人们正常的睡觉时间。对我来说，可能是主持完音乐节目之后或是在车里的时候。这时我会戴上睡眠眼罩，睡 15 分钟。如果要度过一个非常紧张的周末，比如两天之内要去 5 个国家——我们夏天就是这样，必须在哪儿都能睡着。可能是在汽车上、飞机上、从酒店到演出场地或是从演出场地到机场的路上。我随身携带睡眠眼罩，睡觉或练习超觉冥想时会戴上。超觉冥想有时会促进睡眠。我喜欢 iMask 睡眠眼罩，因为它将一切都隔在了眼罩之外。它绝对是旅途中助我入睡的必备品。

你长久以来坚持的人生准则是什么？

"采用一切必要手段。"这句话是我生活的准则，是马尔科姆·艾克斯说的。上大学时，我读了《马尔科姆·艾克斯自传》，他支持黑人同胞以及反对阻碍黑人解放体制的决心和承诺令我震惊不已。他极大地促进了美国的民权运动。这是一本非常感人的书，我读过好几遍。

我刚刚成立唱片公司的时候，想用这句话创建一个口号，而且希望把它作为我的生活方式。1996 年我们创立 Dim Mak 唱片公司时，我没有多少钱推出唱片，因为我名下只有 400 美元。于是，我寻找任何可能的方法确保这些唱片能够面世。我竭尽所能利用眼前一切可能的方法，没有找任何借口，也没有一丝抱怨。你必须找到一种方法来完成你的项目，你必须打破陈规。

我的团队在工作和生活中也遵循"采用一切必要手段"这一原则，因此我们可以做到别人做不到的事情。我觉得很幸运，能有这么一个好的团队与我共享这种生活方式。

有没有某次你发自内心喜欢甚至感恩的"失败"?

有一段时间,每次表演的时候我都会喝酒。那段时间,我经常主持音乐节目,大概一周有 4 个晚上会在洛杉矶表演。我们 Dim Mak 唱片公司有几支乐队,可以说我们站在了世界之巅!我们用自己的声音和文化垄断了市场,预约不断。我是这种蓬勃发展的新文化的代言人,这种文化被称为"电子音乐",而我本人有一点儿膨胀。我吃喝玩乐,这种感觉特别好,一旦被自我放纵的迷雾包围,你就会忘记生活中最重要的事情。

有一次,妈妈来看我。她几乎从来不坐飞机,这是她仅有的几次坐飞机的经历之一。我早上应该去接她。前一天晚上,我度过了一个很重要的夜晚。我们办了一场聚会,我喝了酒,在外面待到很晚。第二天早上,妈妈的飞机 7 点左右落地。我睡过了头,我是在上午 10 点醒来的,比妈妈到达机场晚了 3 个小时。我看到妈妈发来了一条短信——她甚至不知道怎么发短信!我不知道为什么,但她在机场外面的长凳上等了 3 个小时。我可怜的妈妈。

一个小时后,我到了机场,她已经等了我 4 个小时。她就坐在长凳上,我特别恨自己。她一点儿都没生气,还是那样亲切。正是在那一刻,我觉得整天聚会喝酒的生活糟透了,尤其是做不到重视和照顾家人,这可是生活中最重要的事。

这次失败我永远不会忘记。从那之后,我跳出了好莱坞那种每天晚上都聚会喝酒的泡沫。你可以继续待在那个泡沫中,不去理会泡沫之外的家人和人际关系。但是,这些现实中的关系对你的身份和生活至关重要。最终,我戒了酒,我很高兴自己能这样做,其中一个原因就是那次重大失败。

你们在旅途中都会遵循哪些有趣的惯例?

在巡回演出的旅途中,很多时间都是在路上,身体和精神可能都

巨人的方法

会受困于此。此外，吃的东西也很受限，这意味着你无法控制周围的各种变量。在家的时候，你可以去果汁店买果汁，可以去健身房锻炼，还可以每天去市场购物，你可以保持健康的饮食和平衡的生活。

我们在旅途中会做一件事，那就是"青木训练营"。我们利用同行之人之间的责任感约束彼此，每天实现一个特定的目标。我们会规定每天需要完成的锻炼次数，例如多少个俯卧撑、仰卧起坐等，甚至还在通信应用程序 WhatsApp 上建了一个群，证明我们做了锻炼。除了运动，饮食也有规定，因为重要的不仅仅是锻炼，还有饮食。我们列出了不能吃的食物，如果谁吃了，他就必须在运动时多做 15 次。就这样，我们每天都会适当饮食和锻炼，实现我们设定的目标。青木训练营的基本理念就是，通过组内人员的责任制来实现饮食、营养和锻炼等目标。

如果到某个特定时间（比如午夜）还没有达成目标，你就要接受罚款，罚的钱会通过青木基金会捐给致力于大脑研究的非营利组织。

你最常当作礼物送给他人的 3 本书是什么？

跳过大学这段不说，父亲去世后，我开始研究癌症，我想弄清楚究竟是什么带走了父亲。有一本书真是令人大开眼界，让我得以展望未来科学将如何找到其他疾病的治疗方法。这本书就是雷·库兹韦尔的《奇点临近》，它让我看到了科幻小说如何成为科学事实。我从小就爱看漫画，很喜欢科幻和动漫。《攻壳机动队》是我最喜欢的动漫。我也非常喜欢《奥美帝 III》，它讲述了拥有自我意识的机器人的问题。

我还读了雷·库兹韦尔的其他书，这些书重点介绍了未来的重要科学概念。我发现书中的某些想法实际上是可以实现的，不仅是在遥远的未来，在我们的有生之年也可以实现！其中一些富有创造力的想法，比如永生或变成机器人，实际上很可能成为现实，这真是太难以置信了。举个例子，在《终结衰老》（*Ending Aging*）一书中，奥布里·德格雷博士介绍了如何阻止细胞退化，从根本上找到延长寿命之法的研究。

雷·库兹韦尔讨论了加速回归定律。该定律指出，信息技术的基本指标是可以预测的，它会呈指数级发展。举个例子，在20世纪70年代，计算机有房间那么大，价格25万美元，而现在我们有手掌般大小的电脑，而它的功能更强大。雷·库兹韦尔最后指出，技术不应该只掌握在富人手中，我们要扩大覆盖面，以便每个人都可以参与其中。

我们永远都不知道将来会发生什么，但是这本书使我感受到未来像霓虹灯一样闪耀的希望，一个充满希望的乌托邦式的未来。我们可以通过技术改善我们的生活，提高创造力，让我们更长寿、更幸福、更健康，没有疾病的困扰。我们在利用资源的时候也不会破坏地球。我期待这样的未来。《奇点临近》给了我灵感，我制作了一张以此为名的专辑，并在2012年写了一首名为"奇点"的歌曲。在音乐视频中我甚至还请来了雷·库兹韦尔。

之后，我决定制作一个名为"霓虹未来"的系列专辑。我不仅想将我在音乐上的所有努力融入这个概念，还想与一位科学家一起创作歌曲。雷·库兹韦尔同意加入我的行列。我在他旧金山的公寓里采访了他，也采访了其他启发我的人。

在《霓虹未来II》中，我继续与科学界内外的人对话，包括J.J.艾布拉姆斯和基普·索恩等人。《霓虹未来III》也已推出，这一系列专辑对我的生活产生了巨大影响。

有没有某个信念、行为或习惯真正改善了你的生活？

我从音乐与合作中明白了一件事，音乐具有周期性的趋势，而娱乐通常来说总是处于一种周期性的趋势中。我意识到，我们不应该跟随潮流，而要变"跟随"为"识别"。认清趋势总没错，但是如果跟随潮流，你就会被卷入其中，然后你也会随波逐流。

我的唱片公司就是证明，这家独立的唱片公司已经有 20 年的历史了。我们走出了一条自己的路，我们用声音和艺人创造新的潮流。我们在本以为会让我们出局的情况下存活下来。我们打造潮流，并成为潮流的一部分，但当这些潮流走到尽头时，我们幸免于难。我所学到的就是，人们会看到我在某个潮流中，但当它成为过去式时，我总能以某种方式重新出现。我可以不停地在既有波峰又有波谷的周期线上盘旋。

我关注的是音乐的能量，而非潮流。能量本身并不像潮流那样有个名字，它也无所谓酷不酷。到头来，感觉本身才是最重要的，值得我们去辨认。我所制作的音乐会散发能量，也能吸收能量，这种能量是一种非常有人情味的感觉。

从本质上说，音乐是我们与情感互动的工具。我想确保我始终处于一种状态，不管和谁一起工作，不管如何做音乐，我都可以抓到当时启发我的文化线索。它可能与潮流相关，但我会始终确保把音乐的能量放在首位，放在最重要的位置上。我会一直告诉自己，不要"坐过山车"。我知道过山车是存在的，但我不会将所有鸡蛋都放在一个篮子里，然后放在过山车上。远离潮流，识别潮流，辨认潮流，但不要随波逐流。

你用什么方法重拾专注力？

如果我在工作室里，没有办法厘清自己的思绪，恨不得一头撞在电脑上，那么我必须离开工作室。如果我正试图完成一个项目却碰壁了，那么解决方法也一样。只有离开当前的地方，我才能重新启动。

一般来说，我做的第一件事是冥想，这样我才能重启，包括我的大脑和精力。我相信找到心流的能力，你如果处于心流状态，就能快速做完项目。举个例子，冲撞乐队用 3 周的时间就完成了摇滚史上最好的一张专辑——《伦敦呼唤》。我认为他们之所以能够很快完成整张专辑，是因为他们处于心流状态。在这种时刻，你会极富创造力，工作极为高效。

当我处于心流状态时，我会尽可能地维持现状，因为一旦出来，我就很难重新进入。如果你无法前行或对自己不满，无法找到灵感和创造力，那么你必须重启并回归本原。这就是为什么当我和我最喜欢合作的一些艺术家一起去工作室时，他们会说"我们不想在大的工作室里工作"。他们想要回归本原，在那种破旧的小工作室里工作。这样做，他们会重新认识自己为什么要做这件事。最重要的是，这与你可以往项目中投入多少钱和多少人力无关，它关乎你做这件事的内心感受。

你只需要回到那个地方，如果它使你感到快乐，你就要趁着这种快乐进入心流状态，接下来的事不用说大家也知道了！

善良是需要勇气的

吉姆·洛尔（Jim Loehr）

corporateathlete.com

吉姆·洛尔 博士，举世闻名的绩效心理学家，强生公司人类行为研究所联合创始人。他著有 16 本著作，其中包括新近出版的《制胜之道》（*The Only Way to Win*）。吉姆服务于体育、执法、军事和商业等领域的精英阶层，已经有数百名全球顶级人士与其合作，比如金牌获得者、联邦调查局的谈判专家、特种部队，以及《财富》100 强的企业高管。他在体育界的客户包括高尔夫球手马克·奥马拉和贾斯汀·罗斯，网球运动员吉姆·库里耶、莫妮卡·塞勒斯、阿兰查·桑切斯·维卡里奥，拳击手雷·曼奇尼，曲棍球运动员埃里克·林德罗斯和麦克·里克特，还有奥运会速滑冠军丹·詹森。吉姆基于科学的精力管理培训系统已经获得了世界范围的认可，《哈佛商业评论》《财富》《时代周刊》《美国新闻与世界报道》《成功》《快公司》等众多媒体纷纷对其进行报道。

你最常当作礼物送给他人的 3 本书是什么？

我送得最多的书是维克多·弗兰克尔的《活出生命的意义》，这本书我自己也会一读再读。弗兰克尔以巧妙的方式述说了生命意义的重要性和力量，我的内心深处产生了强烈的共鸣。他在纳粹集中营对同为囚犯的狱友以及制造恐怖的残酷狱警表达了深切的同情和关爱，而这时他自己也在一步步走向死亡。他那看似无穷的力量总能触动我的心弦。

最近有哪个 100 美元以内的产品带给你惊喜感吗？

如果说是不到 100 美元的东西，那就是柯林斯运动医学公司生产的柯林斯绷带了，它是运动员最好的选择。我一年会用上几盒。运动员很快就会爱上了这款产品。它属于自粘弹力绷带，是支撑和保护手、足、臂、腿的完美产品。它绝对是绷带中的佼佼者！

有没有某次你发自内心喜欢甚至感恩的"失败"？

在我的职业生涯中，我有 3 次被信任的人（或者深信不疑的人）拿走了钱和知识产权。其中两次发生在我创业初期，那个阶段钱是极为稀缺的。我当时觉得发生这些事说明我在看人识人上严重失败。我还觉得自己没有采取适当的方式审查这项"投资"（尽管其中有一次，美联储主席担保的一个人参与了项目）。当然，这些人对我造成了深深的伤害，我觉得不应该再相信任何人。我觉得这是相信人性本善的一次失败，它让我痛苦了一段时间。

多年来，我与各种各样的人合作过，我发现，几乎每个人在他们的一生中都会经历这种事。要想确保这种事永远不发生，唯一的方法就是建造一堵又高又厚的墙，让所有人不能靠近你。不过，一辈子将情感阻隔在外的代价远远超过了偶尔遭到背叛带来的痛苦。事实上，信任瓦解和遭遇背叛的痛苦只不过是关心他人并与之建立亲密关系的代价。我的治愈方法是，把它们写下来，探索如何把痛苦转化为积极、有建设性的东西。对我而言，那就是利用背叛来增强适应能力和识人的眼力，并且学会宽恕。

我在经营人类行为研究所的同时写了十几本书，适应能力在此过程中一直是一股强大的力量。其间我遭受诸多挫折，白天和晚上有时会工作很长时间。只有学习如何克服最初的失败，我才能知道自己会不会有勇气和决心承担创业过程中必然会出现的风险。当然，宽恕是一份双重礼物。我已经学会了如何宽恕自己，不再因为自己判断上的错误而屡屡自责。宽恕使我不再发那些无用的怒气，并用感激和希望取而代之。后来我也意识到，我所承受的痛苦从未让那些背叛我的人感到不适！

随着生活阅历的增加，我现在认识到，人生总会有失败，失败是锻炼韧性，练习宽容自己和他人，并增长智慧的机会。

你长久以来坚持的人生准则是什么？

"与人为善。"

要想真正做到善良是需要勇气的。我见过海豹突击队的指挥官，他们可以做一整天的引体向上，并且在危险的任务中通过最寒冷、最危险的水域。与这些铁人见面后，我发现最引人注目的，是他们那充满力量和真实的善良和谦卑。我还见过不可思议的运动员，他们取得了鼓舞人心的胜利，赢得了数百万美元的奖金。当带着教练和朋友出去吃饭庆祝胜利时，他们却一毛不拔……甚至不想付自己的饭钱。我所看到的关键点不是这些人是比赛的赢家……而是他们的自私自利，从不感恩以及全无善意，这绝对不能以任何理由来辩解，更不能以他们是冠军或名人为借口。

我最喜欢的一句名言来自拉尔夫·沃尔多·爱默生："笑口常开，爱心永在，赢得智者的尊重，孩子们的爱戴……给世界增添光彩……知道哪怕只有一个生命因为你的存在而变得更轻松自在。这就是成功的内涵。"

吉姆·洛尔

有没有某个信念、行为或习惯真正改善了你的生活？

写日志一直是一个很好的方法，它能帮助我度过人生中的风暴并成为最好的自己。写日志是自我反思的过程，这个每天都会上演的仪式在生活中赋予了我极为珍贵的洞察力。对我来说，每天写日志提高了我的个人意识，效果几乎可以用"神奇"来形容。通过写日志，我可以更生动地看到、感受并体验世事。当我特意留出时间进行自我反思时，忙碌的生活节奏变得更加平衡，更易于管理。不知道原因为何，我现在能够更加专注于当前所做的事情，更能接受自己的缺点。

写日志可以宣泄情绪，治愈心情，也可以提高能力。你可以写一分钟的日志，也可以在时间允许的情况下书写长篇大论。一般需要坚持两到4个星期你才能看到并感受到益处。为了达到最佳效果，你应该手写，而不要在电脑上写。

我是在为运动员上培训课之初开始写日志的。我要求每位运动员必须每天详细记录自己的训练情况。几年后我发现了很重要的一点，定期量化追踪的任何指标毫无疑问都会得到提升，比如睡眠时间、液体摄入量、伸缩频率、营养习惯等。量化行为可以提高认识，因此习惯养成的时间通常会加快。后来，我们把这种理念应用于心理和情绪训练，通过每条日志来量化正面思考和负面思考的频率，在训练中全力以赴的情况，敬业度，内心的态度和想法，愤怒管理，等等，这也产生了类似的令人兴奋的结果。由于这些效果，我决定自己也要每天写日志。仅仅几个星期之后，我发现自己唯一的遗憾就是没有早点儿开始写日志。

在你的专业领域里，你都听过哪些糟糕的建议？

"做真实的自己。"

我理解这句话的真正含义，但是它可以被用作伤害他人的致命武器。在很多情况下，人们都会用"我只是表现出真实的自我"作为恶劣对待他人的借口。你肯定看到过有人在讨论中态度轻蔑或粗暴无礼，他们会说上一句"嘿，我只是做我自己"，以此来推卸责任。在与世界各地的杰出运动员和领袖合作之后，我发现在对待他人的过程中，我们的人性会得到最充分的表达——不管我们面临什么样的挣扎、失望和失败，我们都要表现出尊重、谦卑、关心、诚实和感恩。这才真正代表了最好的我们。

想一想那个在比赛中朝裁判发火、大吼大叫的网球运动员，他是因为沮丧和愤怒而表现出真实的自己吗？还是有更多需要考虑的问题，比如，他认为对待他人是否重要？设想一下，还有一位网球运动员，她确定边线裁判判错了。她向主裁判提出申诉，但主裁判并没有推翻边线裁判的判定。这名运动员立刻有一种受骗的感觉，怒气油然而生。她反思了自己要对他人保持尊重和耐心的核心价值观，于是深吸了一口气，继续从容地将比赛打完。哪位运动员表现出了真实的自己？

对我来说，当"我必须做我自己"这句话被用来给不道德的行为找理由时，这句话不过是一个诡计。

此外，还有一条糟糕的建议："保护自己远离压力，你的生活才会变得更好。"

保护自己远离压力只会削弱我们承受压力的能力。压力会刺激成长，成长实际上发生在恢复阶段。我发现，避免压力永远不会提供生活要求我所具备的能力。

我的建议是，用等量的恢复方法平衡压力。打网球、运动、冥想和写日志可以让我的心理和情绪得到恢复。有压力的时候坚持最佳睡眠、营养和运动习惯至关重要。令我惊讶的是，在生活中寻求压力也是一种恢复方法。逃避压力只会让我出局，使我变得更弱。

实际上，要想在生活中获得成长，我必须寻求压力。

吉姆·洛尔

你用什么方法重拾专注力？

我会立刻开始回顾生活中值得感恩的一切。我会从我的 3 个儿子开始，然后到我的兄弟姐妹和父母。之后，我会跟着感觉走，回想任何值得感恩的地方，不管是小事还是大事。只需要几分钟，我对当下事情的看法就会发生巨大的变化。我会变得更加镇定，不再惊慌，对自己的感觉和想法也更有分寸。紧接着，我会想到自己最好的一面，以及我在面对生活中的暴风雨时最想成为什么样子。思忖我人生最深刻的价值观和意义，可以增强我根据自己的最高道德标准和品格应对危机的决心。

藏起自己的情绪或挫败感是不可取的

丹尼尔·内格里诺（Daniel Negreanu）

推特：@RealKidPoker

　　YouTube：/user/DNegreanu

丹尼尔·内格里诺　加拿大职业牌手，曾 6 次赢得世界扑克系列赛冠军金手链，两次获得世界扑克巡回赛（WPT）冠军。2014 年，丹尼尔被独立牌手排名服务机构"全球扑克指数"评为十年来最佳牌手。自从 2014 年在 Big One for One Drop 锦标赛中获得第二名以来，丹尼尔被视为有史以来最厉害的现场扑克锦标赛获胜者，已经积累了超过 3 300 万美元的奖金。2004 年，他荣膺"WSOP 年度牌手"称号，2013 年再次获封，因此成为 WSOP 历史上第一个也是唯一一个多次荣获这一殊荣的牌手。此外，他还荣获"2004—2005 年度 WPT 最佳牌手"称号。他是第一个分别在 WSOP 3 个冠军金手链颁奖地点（拉斯韦加斯、欧洲和亚太地区）进入决赛的牌手，并且是第一个在 3 个赛场分别赢得冠军金手链的人。2014 年，丹尼尔入选扑克名人堂。

你最常当作礼物送给他人的 3 本书是什么？

　　堂·米格尔·路易兹的《四个约定》。这本书很快就能读完，大约

140 页，正是简明赋予了这本书如此强大的力量。每当有朋友想要开始内省之旅时，我总会送他这本书。

有没有某次你发自内心喜欢甚至感恩的"失败"？

我现在还清楚地记得，第一次从多伦多去拉斯韦加斯把所有钱都输了的那次经历。当时大约是凌晨 4 点，我在 8 人桌上输了最后的 5 美元筹码，起身去了洗手间。当我走出洗手间，望着我刚刚输牌的那张桌子时，我发现所有人都走了！这是我一生中第一次意识到自己是个傻瓜。他们是因为我才玩的，我是那天晚上他们眼中的游客。

我记得他们每个人的脸，并下定决心再也不让这种事情发生在我身上。于是，我回到多伦多后更加努力，希望有一天去拉斯韦加斯打败那天晚上赢我的每一个人。

事实上，其中一位牌手，大家都叫他"夏威夷比尔"，他在某种程度上成为我的导师。那天晚上我很讨厌他，但后来我通过观察他的打牌方式，逐渐了解了成为一名专业牌手所需的条件。

你长久以来坚持的人生准则是什么？

> 要想免遭批评，最好别做事、别说话、别成器。
>
> ——阿尔伯特·哈伯德

这句话对我而言具有深远的意义，就像（西奥多·罗斯福）"竞技场上的人"一样。这句话提醒我们，当我们挑战常规时，当我们表达自己的声音时，我们一定会受到批评，但最后这一切都是值得的。另一种方法是做一个别人看不见的人，而这不是我的生活方式。

你做过的最有价值的投资是什么?

我信任的人。这些年来,我的经纪人布赖恩·巴尔斯堡已经成为我的好朋友和知己,有他当我的参谋是非常宝贵的。除了布赖恩,还有我花重金雇的私人助理。有了他,我得以更好地利用自己的空闲时间。

有没有某个信念、行为或习惯真正改善了你的生活?

意识到所有事情都是中立的,我可以选择如何做出回应。我可以选择当受害者,也可以选择做一个有担当的人。第二种方法会让你变得更强大,而当受害者则会让你孤立无援,几乎没有任何成效可言。

在你的专业领域里,你都听过哪些糟糕的建议?

在扑克领域,"面无表情"这件事被传奇化了。它会让你认为,要想赢牌你需要板着面孔,不露声色。重要的唯有数字和数学。情绪在牌桌上起不到任何作用。

事实并非如此。如果我们是机器人,这种方法就是最佳选择,但这是不现实的。更好的方法是承认自己在输赢中所表现出的情绪,直面它们便好。在牌桌上藏起自己的情绪或挫败感是不可取的。

你如何拒绝不想浪费精力和时间的人和事?

以前要是有人请我帮忙,我可能会说,"好的,我会看看我的日程安排,然后想想办法"。我希望这件事会不了了之,但结果往往是总有人缠着我,请我参加我不想参加的会议。我不得不找新的借口解释自己太忙了。怎么会有人这样做呢?好吧,我天真地以为这种方法可以避免伤害别人的感情,但是我最终意识到,事实恰恰相反。我既没有做到诚实,又浪费了时间。

因此,我学会了要尊重他人,同时保持诚实。"非常感谢你想到我。我真的很感激。遗憾的是,我不想参与其中,但我希望你的项目一切顺利。"他们当时可能会感到失望，但这种应对方式其实更好。

你用什么方法重拾专注力？

我会做一件事，帮助自己看清现实。我会站在受害人的角度讲述一番，然后作为一个百分之百有担当的人把相同的故事再讲一遍。

受害者："有一个重要的活动，我迟到了，因为女朋友花了很长时间才准备好。迟到并不是我的错。"

有担当的人："我承认我迟到了。我保证以后尽我所能做到准时。"

站在受害者的角度能让我简短地宣泄一下。宣泄之后，我会意识到，如果这次会议对我来说真的十分重要，我应该清楚地告诉女朋友这个活动绝对不能迟到，如果她晚了，我会独自一人先赶过去。

自律给你自由

约克·威林克（Jocko Willink）

推特：@jockowillink
脸书：Jocko Willink
jockopodcast.com

约克·威林克　可谓人中翘楚。他身体结实，体重 230 磅，拥有巴西柔术黑带水平。他曾多次在训练中连续击败 20 名海豹突击队员，是特种作战领域的传奇人物。上我的播客节目那次是他第一次接受公开采访。采访录像曾在网络上轰动一时。约克在美国海军服役了 20 年，担任海豹突击队第三特遣中队的指挥官——该中队在伊拉克战争中获得了最高荣誉。返回美国后，约克负责驻扎在美国西海岸的所有海豹突击队的训练工作，他制定并推行了世界上最艰苦、最实用的训练方法。从海军退役后，他与人合开了一家咨询公司 Echelon Front，专门提供有关领导力和管理能力方面的咨询服务。此外，他还与人合著了《极限控制》一书，此书曾登上《纽约时报》畅销书榜首。此后，他撰写了儿童畅销书《小勇士之路》(*Way of the Warrior Kid*)。他最近出版了《自律给你自由》，其中详细介绍了他独特的身心"操作系统"。他还在最受好评的播客节目《约克播客》中，与听众一起探讨有关战争、领导力、工作以及生活方面的话题。他热衷于冲浪，目前已为人夫，有 4 个"极具上进心的"孩子。

你最常当作礼物送给他人的 3 本书是什么?

我在海豹突击队服役了 20 年,在服役 10 年左右时我读到了戴维·H. 哈克沃思上校的《向后转》(*About Face*)。从那以后,我一直反复读这本书。哈克沃思在军队中不断晋升,并在朝鲜和越南战争中担任步兵军官。他受到手下士兵的爱戴,凡是与他共事过的人都很尊重他。虽然书中讲述了令人难以置信的战争故事,还有许多关于战场战术的知识可以学习,但我真正学到的是有关领导力的知识。多年来,我采纳了他的很多领导原则,而且仍不断受益于他的经验。戴维·哈克沃思上校,我要为这一切感谢你。

有没有某次你发自内心喜欢甚至感恩的"失败"?

在第二次进驻伊拉克期间,我的身份是海豹突击队第三特遣中队的指挥官。我们被调到战火不断的拉马迪,这座城市当时是叛乱最严重的地区。部署仅仅几周后,我们与美国陆军、海军陆战队和友好的伊拉克陆军联手开展了一次大规模的军事行动。战场上有多支队伍,都与敌军进行了硬碰硬接触。在战争的迷雾中,错误和问题出现了,运气也很差。我手下的一个海豹突击队小组与一支友好的伊拉克部队发生了恶性交火。一名伊拉克士兵被杀,还有几个人受了伤,包括一名海豹突击队员。那真是一场噩梦。

尽管有很多人要被指责,很多人都犯了错误,但我意识到,应该受责备的只有一个人,那就是我。因为我是指挥官,我是战场上的高级官员,我应该对发生的一切负责。

我是领导者,除我之外不需要责备其他人。不要找借口。我如果不为发生的问题负责,就无法解决这些问题。领导者必须做的是,对问题、错误和不足负责,并承担起创建和实施解决方案以解决这些问题的责任。

要有担当精神。

你长久以来坚持的人生准则是什么？

"自律给你自由。"每个人都想要自由。我们想要身体和精神上的自由，我们想要财务自由，我们想要更多空闲时间。但是，自由从何而来？我们如何得到它？答案其实与"自由"恰恰相反，想要自由，就需要纪律。你想要更多的自由时间吗？遵循更严格的时间管理系统。你想要财务自由吗？在生活中长期遵循财务约束。你想要轻松地抬起什么东西，并摆脱因不良生活方式而引起的许多健康问题吗？如果想，你就必须保持自律，吃健康的食物并坚持锻炼。我们都想要自由。自律是通向自由的唯一路径。

你做过的最有价值的投资是什么？

自从有了带车库的房子以来，车库就成了我的健身房。无论生活中有多少乱糟糟的事，我每天都会坚持锻炼，而车库是一个最重要的因素。我随时都可以锻炼，非常方便，不用背上健身用的东西，不用开车停车，不用换衣服，也不用排队等着使用健身器材……

健身房就在家里，省去了开车停车的麻烦，也不用把东西塞进小小的储物柜里。而且，你永远不需要等着健身器材空出来，家里的健身器材时刻都在等着你。

此外，也许最重要的就是，你可以听任何音乐，想多大声就多大声。想锻炼就锻炼。

有没有某个信念、行为或习惯真正改善了你的生活？

每天读书写作，解放思想。

你会给刚刚毕业的大学生什么建议？你希望他们忽略什么建议？

比其他任何人都努力。当然，如果你做的是你热爱的工作，那就会很容易。但是，第一份、第二份，甚至第三份工作，你可能都不喜欢。

不过没关系，你还是要比其他人努力。为了得到你喜欢的工作或创办你想要创办的公司，你必须增加自己的履历，提高自己的声誉，积累银行存款。最好的方法就是比别人更努力。

你用什么方法重拾专注力？

分清主次，要有执行力，这是我在战斗中学到的。当事情出错时，当同时发生多个问题时，当事情变得难以应对时，你必须分清主次，加强执行力。

后退一步。

远离纷扰。

审时度势，评估问题、任务或事情的优先级。选择影响最大的那个问题，然后行动起来。

如果试图同时解决所有问题或同时完成所有任务，你就会一件事都做不成。选择最大的或能产生最积极影响的那个问题，然后集中资源攻破它。在解决了这个问题之后，你可以继续下一个问题，然后是下一个。坚持做下去，直到情况稳定下来。分清主次，行动起来。

发人深思的箴言

蒂姆·费里斯

（2017年7月14日—7月27日）

我碰巧进入一个非常艰难的行当，这里没有借口可言。这无关好坏。如果一本书不够好，那么影响它的一千个理由都不能作为借口……沉醉在国内的成功中，善待破产的朋友，等等，只不过是不同形式的放弃。

> ——欧内斯特·海明威
> 美国著名作家、短篇小说家、记者

诗人之所以无法"适应"社会，不是因为某个地方拒绝了他们，而是因为他们没有认真对待这个"地方"。他们公开地将它的角色视为戏剧性的，将风格视为演戏，将衣服视为戏服，将规则视为常规的，将危机视为安排好的，将冲突视为故意上演的，将形而上学视为意识形态。

> ——詹姆斯·卡斯
> 纽约大学宗教历史和文学名誉教授，著有《有限与无限的游戏》

安静地倾听。

> ——塔拉·布莱克
> 冥想与情绪治愈大师、著有《全然接受这样的我》

没有什么大不了

罗伯特·罗德里格兹（Robert Rodriguez）

推特 / 照片墙：@rodriguez
elreynetwork.com

罗伯特·罗德里格兹　导演、编剧、制片人、电影摄影师、编辑和音乐家。他还是 El Rey 电视网的创始人兼董事长，El Rey 是一家超流派有线电视网。他主持的《顶级导演》在此播出，那是我最喜欢的采访节目之一。罗伯特在得克萨斯大学奥斯汀分校读书的时候，就写好了自己第一部故事片的剧本，当时他报名参加了一家药物研究机构的临床实验，所得报酬全花在了两周的拍摄上。这部电影就是《杀手悲歌》，后来在圣丹斯电影节上获得了观众奖，成为由大型制片厂发行的预算最低的一部电影。从那以后，他没有停笔，继续制作并导演了很多成功的电影，包括《三步杀人曲》《杀出个黎明》《非常小特务》系列、《墨西哥往事》《罪恶之城》《弯刀》和其他影片。

有没有某个信念、行为或习惯真正改善了你的生活？

　　我终于找到一种方法，它真的有助于我在做自己并不是很感兴趣的重要事情时集中注意力。在这种事情上，问题不仅仅是我迟迟不去做，而是我试图去做时，总会有好几件更有意思、往往同样有价值的事涌入我的脑海，使我分心，让我偏离轨道，这才是最大的挑战。那些让我分心的事，重要性不亚于我要解决的重要事项，所以我有借口抽身先去完成它们。但是，那件我不是很感兴趣的重要事情还在那里，变成了一件我甚至不会去思考的琐事。现在，我有一种更有效的方法，它类似于普雷马克原理（一种动机机制，用喜欢的行为强化不喜欢的行为）或奖励机制，但我的策略更具体。

我会坐在能找到的最舒适的地方，面前放两个笔记本。

我会在一个笔记本上写下两三个我最不想做的重要事项，并在最上面写上"任务"二字。我同时准备好第二个笔记本，在顶部写上"分心"作为标题。

然后，我在手机的计时器上设置 20 分钟。

我会花整整 20 分钟来解决其中一项重要任务，其间不准走神。在这段时间里，我可以预测总会有几件让我分心的事。有些事情和想法会不可避免地浮现在我的脑海中。这些极具诱惑力的想法往往会扰乱我的心神，它们会在我的脑海中跳跃，吸引我优先处理它们。这些想法可能是有关音乐的构想、一个完全不同的项目的顿悟时刻，或是我一直试图解决的其他问题的答案。因为当你全神贯注于一项任务时，创造力会激发更多的想法。但是，如果这些想法转移了你的注意力，让你无法集中精力解决你不是很感兴趣的重要任务时，这就成了一个问题。

这就是总让我烦恼的地方。让我分心的东西并不是琐事，完成它们也是合情合理的，如果置之不理，我就会担心忘了它们，或者失去当时像魔力一般涌现的灵感。

那么，如何防止自己这样做呢？在那 20 分钟里，我会在标有"分心"二字的笔记本上写下所有的灵感，然后立即回到我不想做的重要事情上。这样，我就不用担心会忘记它。我没有无视蹦出的灵感，没有忽略它。但即使这个想法极富成效，我也只是把它记下来随后再处理，因为严格来讲，任何让我偏离主题的事情都属于干扰。把它记录下来，我就可以回到我的重要事情上，直到 20 分钟结束。

如果这个重要事情进展得很顺利，我就会把计时器增加 10 分钟，变成 30 分钟。但这就是极限了。我发现，如果不及时奖励自己，我的大脑就会抗议。

随后，我会休息 10 到 15 分钟作为奖励。30 分钟结束后，我会站起来四处走走。我会拿起标有"分心"的笔记本（上面可能已经列出了几个想法），花 10 到 15 分钟去做其中一件事。同样，也必须为此设好计时器。

我会尽量选择用时较少的事情，以便不会离开重要事情太长的时间。我不必一次性完成分散注意力的这件事。如果用时超过 10 或 15 分钟，那么我会一点一点做，剩下的留到下次休息的时候再做。然后，我会再设 20 分钟，继续完成那个重要事情。

我通常会在手机上记录待办事项，但是如果完成的是一项沉闷乏味的任务，我就会用笔将其划去，这会在视觉上给你带来满足感，手写分心清单也是一样的。这就是我使用记事本的原因。列出分心清单才能成为真正的游戏规则改变者，它最终能让普雷马克原理为我所用，而且使一切都变得如此简单。

你长久以来坚持的人生准则是什么？

"FÁCIL！"这是我最喜欢的一个词！它是西班牙语"简单"的意思。用西班牙语读起来很好听，有一种"没什么大不了的"感觉。我都不记得是从什么时候开始用这个词激励自己的，可能是在创办电视网之后。在此之前，我已经很忙了，因此，要创办一个 24 小时不间断播放的电视网，这个想法让我有些迟疑。但无论如何，我都像以往那样按照自己的天真方式接受了它！"FÁCIL！"

当我意识到我们需要想出大量内容这一现实时，我试图将伙伴们召集在一起讨论，完成为电视网制作节目的艰巨任务。就管理电视网本身来说，工作多得简直难以想象。我知道我需要一种全新的策略提高对团队和自己的信心。这与电影不同，两部电影相距的时间可能很长。我当时尝试做的似乎是不可能的事。大多数新创办的电视网需要数年甚至数十年才能制作出第一部原创电视剧。El Rey 电视网开播的第一年，我准备推出 4 档新节目。我可以看到，大家只是听我飞快地念完清单上所列的我们需要做的事，就会睁大眼睛，感觉不知所措。

我将"FÁCIL！"这个西班牙语单词加到任务清单的末尾。大家都笑了笑，一脸困惑。他们心里想："这个人为什么总这么说？这么多事怎么会简单？"但是，你会看到，这个词实际上会让他们放松下来。如果领导者什么都不怕，那么他们有什么可怕的呢？

这个词对我们所有人都很有帮助。在现实工作中，这听起来就是："我们要在下周三之前完成……这些事，外加……这些事。FÁCIL！"你会看到他们一开始觉得很震惊，很有压力，但当这句话说完时，他们都在笑。而且，我们会把这些事全部完成！当我们完成任务或节目，或者创作成功后，我会立刻向他们指出："看到没有？FÁCIL！"

实际上，我也不知道我们是如何做到这一切的，但是我知道，压力是不会有帮助的。基本上，我们所有人的做事能力都会超出我们自己的想象。我们的大脑、恐惧、对可能的认识，以及一天"只有"24小时这一现实让我们对人类潜能形成了先入为主的观念。

我喜欢接受看似不可能的挑战，用一个词使之听起来切实可行，这样一说问题突然就不再是问题了。我想提醒大家，如果有正确的心态，你就可以相对轻松地完成任何事情，不会有那么大的压力。如果你说"这是不可能的，一天只有那么长，没有足够的时间完成所有事情"，那就相当于你还没有离开起跑线便摔断了右腿，摔坏了左脚。

相反，如果认为这很容易，你就会轻而易举地完成任务，而且会文思泉涌。态度至上。

有时候，我都忘了和谁说过这个想法。我会收到多年没有联系的人的邮件或短信，他们会用FÁCIL这个词作为标签！我发现这个词现在已经成为他们语言和思维方式的一部分。

所以，我希望它也能成为你的一部分，因为我们会在这个世界上经历很多事情。它们就在那里，时机已经成熟，它们会从你的大脑开始。我们对自己所说的话至关重要。我们可以用想象力和创造力来创造新的世界。一天有整整 24 小时，一周有整整 7 天，所以一切都会很简单！

你用什么方法重拾专注力？

我前文提到的列分心清单对我来说帮助最大。我喜欢忙碌的状态，喜欢有很多不同领域的任务等我去完成。我发现，我在某个领域发现的解决办法有助于应对另一个领域同样复杂的挑战。不过，有时候所有事情都撞到了一起。

有时，你的确会碰到所有事情都撞到一起的情况，你必须设法保持镇定。这时，你没有时间像往常那样去做冥想或者采用其他方法，你觉得脑袋里塞满了棉花。

我记得有一次我必须在两分钟之内出门，因为有个会要开，我已经迟到了。我要吃饭，同时不得不去趟洗手间。但时间不允许，我只能选一个。我该吃饭，还是该去洗手间？结果，我两个都做了。我坐在马桶上吃完了东西，其间一直在想："我今天真的太忙了。"

后来，我有了 5 分钟的休息时间，我听了自己设计的引导冥想，时长是 5 分钟。其中一部分冥想内容会提醒我，人都会遇到瓶颈，这段冥想会帮助我弄清楚事情的轻重缓急，进行自然筛选。

所有事情都撞到一起，这种情况其实是很少见的。生活会自然而然地做出调整，以便你想要完成的所有事情都能实现。下午有 3 个人和你有约？猜猜会怎么样？有个人最终会取消约会，而另一件事会突然不再相关。

这就是为什么我会不断地把事情堆积起来。如果态度正确——"我可以肯定地说自己过着最为充实的生活"，那么我很少会出现太忙的时候。

然后，我会弄清楚哪些事给我带来了最大的压力以及原因。一般来说，都是因为我没有完成一些本来应该做的事情。因此，我会拿出那两个笔记本，立即着手消除压力的来源。FÁCIL！

罗伯特·罗德里格兹

尊重你的心情

克里斯滕·乌尔默（Kristen Ulmer）

脸书：/ulmer.kristen

kristenulmer.com

克里斯滕·乌尔默 引导大师，她向恐惧的常规认识发出了挑战。她曾是美国滑雪队一名擅长猫跳滑雪的运动员，她连续12年被称为世界上最优秀的极限滑雪运动员。她以极高的悬崖速降而闻名。她的赞助商包括红牛、拉尔夫·劳伦和尼康。美国国家公共广播电台、《华尔街日报》、《纽约时报》、《户外》以及其他杂志都报道了她在恐惧方面的研究。克里斯滕著有《恐惧心理指南》一书。

最近有哪个100美元以内的产品带给你惊喜感吗？

先介绍一下背景信息，我外祖母家有9个孩子，我妈妈是最小的。我外祖父是个大酒鬼，一家人都是佃农，过着穷苦的生活。我妈妈在成长过程中多次遇到严重的缺钱问题。这些经历在她的内心留下了阴影，以至她83岁了，还会把保鲜袋洗干净，反复使用。此外，她还会吃快要发霉的食物。还有……我是我母亲的女儿。我的节俭程度可想而知，不过，这也还好，它帮助我成为一个白手起家的百万富翁。但我觉得过度节俭使我无法在财务上再上一个台阶。

所以，每当我感觉糟糕的时候，我就会为别人做点儿好事。我要么站在电影院外面寻找似乎有时间看电影的人，然后为他们的电影票买单，要么在买墨西哥玉米煎饼时留下 50 美元的小费。这不仅会让别人高兴，也会让我自己高兴。此外，它还以另外一种不太明显的方式影响我的生活。这样花钱对我来说是一种微妙的尝试，让我努力摆脱自己的血统，解决我祖上遗传下来的花钱问题。

有没有某次你发自内心喜欢甚至感恩的"失败"？

要说很喜欢的一次失败，我在美国滑雪队那段时间算是一次。原因如下。

我的目标从来都不是进入国家队。我参加猫跳滑雪比赛，只是想和朋友一起来一场炫酷的旅行。因此，当我发现自己穿着国家队的比赛服代表美国参加世界杯比赛时，我既震惊又恐惧。

有成千上万人看我滑雪，他们大声尖叫着。有成百上千的摄像机记录我的一举一动。除了接受好心的教练、朋友和家人的糟糕建议，我不知道该怎么做。你知道的，他们无非告诉我要控制、克服恐惧或是将其合理化，想开点儿，深呼吸，随它去吧，诸如此类的话。

唉，虽然我当时无法看清该如何面对恐惧，但我意识到我们可以控制恐惧，就像控制呼吸一样。当时，我控制得不太好，时间也控制不长。

但我变得坦然了一些，可以走上赛道起滑了。所以这种方法似乎"起了作用"，但我滑得很糟糕。我没有与恐惧同步，所以也没有与生活同步，更没有达到世界一流运动员所必需的那种状态。不仅如此，我潜意识里非常想离开国家队，结果那个赛季晚些时候我受伤了——这当然很好解释。我甚至因为受伤而松了一口气，这听起来很疯狂。

我将一切归咎于恐惧，但我本应责怪的是我试图去控制最终证明自己无法控制的东西。

我现在意识到，我们无法征服恐惧。你唯一可以做的就是暂时将其封闭，把它向下压到我所说的"地下室"，也就是身体中。然后，你必须保持十分紧张的状态，才能将其压制住。这样做有两个结果：（1）你会变得非常僵硬，容易受伤；（2）你的身体（本来不应该当作压抑情绪的"垃圾场"）会进行反抗。

受伤只是你将要面对的一个问题。这种未经处理的恐惧不会消失不见。只要你放下警惕，它就会从"地下室"出来，而且比以往任何时候都更强大。它的呈现形式可能是恐惧感（持续或没有理由的焦虑、失眠等），也可能是一种隐蔽扭曲的方式，比如愤怒、沮丧、创伤后应激障碍、不安全感、表现不佳、倦怠、责备、防御等。这会让你更加努力地想进一步压制它，直到随着时间的推移，它占据了你的整个世界。

当时我应对恐惧的经历可以说是一次巨大的失败。我应该做的其实是意识到恐惧并不是个人软弱的标志，而是每当你离开舒适区都会自然出现的不适感。它的出现不是要阻挠你，而是帮助你保持活力，让你更加专注，以更加兴奋和警惕的状态集中于当下。如果你将恐惧推开，它只会以疯狂、无理或扭曲的形式出现。但是，如果你愿意感受它，与之融合，它的能量和智慧就会显现。

你做过的最有价值的投资是什么？

14 年前，我参加了一次为期 9 天的沉浸式静修会，当时我并没有遇到什么大的危机。那个地方叫"九门神秘学校"，至今仍在，我听说它比以前更好了。（顺便说一句，我建议每年去一次提高知觉的静修会。）九门神秘学校接受了我尚未成熟的想法，给它注入了确定性和活力，并将我的意识从"自我"提升到了全球层面，这就是为什么我认为这次活动激发了我如今取得的大部分成功。

九门神秘学校提供为期 18 天的密集型静修会，共分为两部分，每部分 9 天。如果你对安静的内观静修很感兴趣，却因为这种静修听起来像一种折磨而犹豫不决（对我来说确实如此），那么你可以考虑选择九门神秘学校。我想你会经历类似的参悟，而不用只是打坐，其他什么都不做。

人们试图从低谷爬出来的时候，往往只会自己努力，我也一样。当时我正经历一次很糟糕的分手，于是报了这次静修会。不过，那次分手也没什么。危机通常是促发进步的动力，其他东西很少能有危机这样的作用。

静修会开始的时候，我已经不再难过，心情变得很好。不过，我还是去了，哇哦。我只能用"哇哦"这个词来形容了。一周的时间，我并没有擦亮自己的双眼，而是将我本已清晰的愿景提升到一个新的高度。我仿佛登上了一座高峰，在那里我可以清楚地看到自己未来的生活。静修会结束后，我创立了专注于心态训练的滑雪营。（根据《今日美国》的报道）这个滑雪营是世界上所有运动中唯一的心态训练营。

一方面，永远不要浪费有益的危机，这是宇宙在向你发出挑战，让你学习新的知识并提升潜能。

另一方面，如果我没有陷入危机，"我的生活很好"，我认为这是一种逃避的借口，是一种停滞不前的状态，是一个我们不再学习的情境。这就是为什么你不应该等待危机发生以后，再去采取措施超越自己的能力。在婚姻生活顺利时，你就要参加婚姻辅导。接下来可能发生什么呢？在身形处于最佳状态时，你要雇一个健身教练。在你的营销部门已经做得很好时，你要聘请一位营销专家。接下来，你就可以静观更为奇妙的事情的发生了。

你最常当作礼物送给他人的 3 本书是什么？

我有两本最喜欢的书。

唐·理查德·里索和拉斯·赫德森合著的《九型人格的智慧》。这本书提供了一份蓝图，让你了解自己的性格。这一点很重要。假设你发现自己是老虎型的，你现在就应该知道不要浪费时间试图摆脱自己身上的条纹，而要发挥自己先天的优势。再比如，如果你是羔羊型的，这和老虎型相比没有好坏之分，你就应该知道不要浪费时间去尝试成为自己不适合的东西，而应该努力成为最好的羔羊。

我非常喜欢这本书，实际上，如果我不知道对方是九型人格中的哪一种，我是不会和他约会，或是聘用他的。知道了他们的性格，就好像拥有了操作手册，以免将来出现任何混乱或潜在的冲突。

另一本书是埃克哈特·托利的《当下的力量》。曾经在一个星期内，有 4 个人鼓励我读这本书，所以我买了一本埋头苦读。但是，我读得直打瞌睡！于是，我把它放在书架上。一年后，我掸了掸灰尘，再次翻开这本书，结果也没有什么惊喜。我又把它放回书架上。连续 4 年都是如此，直到第 5 年，我又开始读这本书，突然发现这本书真是太好了，我就像一个饥肠辘辘的人狼吞虎咽地吃自助餐一样把它读完了。

这本书之所以强大，是因为它描述了非双重状态，也就是比个人的有限世界观更大的东西。托利称它为"当下"，我称它为"连接的自我"或"无限"。在体育运动中，我们称其为"终极地带"。禅宗将其称为"开悟"。每种信仰都有自己的叫法。

我根据自己能够达到这种更高意识状态的频率来判断我的生活质量。虽然我信奉禅宗，但我认为这种更高的意识状态并不是可以持续的，这一点与托利的建议不同。不过，我们应该在自己的人生中找到这种状态，这一点很重要。只有处于这种状态，你的灯才会真正亮起来，你才可以看清楚自己是谁，才可以越过自己的个人意识看到事物的本质——哪怕只有一小会儿。也正是处于这种状态，你才能发现最好的想法。但是，这种状态不会主动找你，你必须去找到它，而这本书可以帮你做到这一点。

在你的专业领域里，你都听过哪些糟糕的建议？

谈话疗法。谈论并思考自己的恐惧很好，谁不愿意花一个小时谈论自己？但这通常会使你一直陷于自己的思维循环，往往会长达数十年。情感问题需要从情感而非智力上去解决。

你如何拒绝不想浪费精力和时间的人和事？

过了40岁以后，我们似乎真的开始筛选一起玩的人了。几十年来，我有几个20多岁时选择的朋友，当时我很喜欢和疯狂古怪的人在一起。但是，到了40多岁，这不再是我的风格。他们中有一些人对自己都会恶言相对，对我也是如此。那么该怎么办？出于习惯和过去的交情继续交往，不去伤害他们，还是对这些有害的友谊说不，然后走开？

我的决定是走开。一个一个地离开——要知道，这并不容易。我与5个最好的朋友断交了，最后远离了几百个相识的人。这样做使我摆脱了过去的我，让我得以探索接下来我想要培养自己的哪部分个性。当然，这多少会有些寂寞。尽管我已经寻找了8年，但我还是没有找到新的闺蜜。此外，我参加的聚会不像以前那么多了，但我确实会去参加的聚会以及在那里遇到的人总是令人神往，总能让我拥有新的体验。

友谊应该有助于你的成长，而不是成为你的绊脚石。结束那些阻碍你前行的友谊，用心体会接下来哪些人会对你有吸引力。我发现，如今吸引你的人都具备你自己准备培养的特质。

（来自蒂姆·费里斯的话：我问克里斯滕，她具体是如何与朋友绝交的。她给我发了4页详细的介绍，你可以访问 tim.blog/kristen 查看，是免费的。）

你用什么方法重拾专注力？

我会通过放下工作、做一些看似无关紧要的事情向这种情况表示敬意，比如散步、舒展一下身体、看个电影。我会几个小时甚至几天都无所事事，直到恢复动力。

不过，如果我很赶时间，我就只会花5分钟做上面说的那些事。我会充分利用这5分钟。我会全神贯注于这种无法集中精力或超负荷的状态。也许我会洗个热水澡，站在那里，让水流哗哗地落在我的脖子上，同时抱怨我的不堪重负。这样做真的很美妙。又或者，我会找到我的猫，把我那注意力不集中的头脑深埋在它柔软的肚子里，尽情享受我此刻的麻木与笨拙。

像这样屈从于当下，不仅是一种解脱，而且会给自己带来惊喜。这些做法具有强大的威力，可以带领我走进另一个现实，而没有强迫的意味。5分钟后，我通常会自然而然地充满活力，为下一次努力做好准备。

尊重你的心情，不要强迫它改变，而要顺其自然。这很符合禅宗的做法。难过时，就难过。害怕时，就害怕。不知所措时，就不知所措。当无法集中精力时，你能否找到一种顺其自然简单享受这种状态的方法？如果能，这些状态就会进入、流经，然后离开你的生活，就像水通过软管一样。这样一来，另外一种情况就会自然而然地发生。这种状态一过，就会为其他状态腾出空间。

有没有某个信念、行为或习惯真正改善了你的生活？

因为我相信人们与恐惧的关系是一生中最重要的关系，所以，我现在每天至少花两分钟进行我所说的恐惧练习。

我起床前的第一件事，就是来个全身"扫描"，评估一下我的心情。我对自己的恐惧感以及恐惧在我体内的位置特别感兴趣——恐惧始终存在，不管我们愿不愿意承认这一点。

恐惧是我们身体的一种不适感。它可能以明显的方式出现，表现为恐惧、压力或焦虑（其实它们几乎是一码事），或者感觉更像是愤怒或悲伤（它们可能与恐惧有关，如果你将恐惧禁锢在"地下室"）。如果恐惧存在于我们的脑海，那是因为我们不是用情感而是用智力应对恐惧，这绝对不是一个好方法。我会把这种感觉定位在身体的某个部位，有时是下巴或肩膀，有时是额头。然后，我需要一到两分钟完成以下 3 个步骤。

1. 我会花 15 到 30 秒确认这种不适感是很自然的。我可能会说点儿大话或是设定一个最后期限。做大事，本就应该感到害怕，好吗？承认这一点可能会产生重大影响。

2. 接下来的 15 到 30 秒，我会探寻自己当前与这种不适感的关系。如果我的焦虑与当前的情况不成比例，或者似乎很不合理，那就说明一直以来我都忽略了恐惧，因此它现在开始施展威力了。如果是这种情况，我就会全神贯注，扪心自问它在试图向我表达什么我没有承认的事（比如"写个演讲稿，而我在这方面做得很差"或是"忘了给妈妈打电话"）。作为一名出色的顾问，我利用这段和恐惧独处的时光来榨取它要带给我的知识，就像榨橙汁一样。

3. 然后，我会花尽可能多的时间去感受它。现在，重要的一点是：我不会尝试摆脱它。我们不应该这样做，因为这是对恐惧的不尊重。关键是要花一些时间来感受它，就像你对待爱犬、朋友或伴侣一样。我通常会这样做 30 到 60 秒。之后，恐惧觉得自己得到了承认，得到了倾听，往往会消散不见。

在这一天剩余的时间里，只要感到焦虑或不安，我就会像上面说的再做一次。我的客户也会做恐惧练习，结果影响很大。大约一周后，他们的恐惧和焦虑不仅得到缓解，而且失眠、抑郁、创伤后应激障碍和愤怒等很多其他问题也得到了解决。一周之后继续做下去，你会发现它能为你带来影响，提高你的活力，让你的意识变得更敏锐。

我没有去做感恩、平和或宽恕的练习，这种做法在美国现在非常流行。我认为这是在逃避试图引起你注意的事实，而且要被迫撒谎。

克里斯滕·乌尔默

打个比方，这就像把创可贴贴在伤口上，这样你就不用看它了。这样做是有问题的，因为如果你迟迟不处理伤口，最终它就会化脓溃烂。

与此相反的是，我会直面我的不适感，并通过恐惧练习与之建立诚实的关系。我专注于自己的不适感，专注于自己的恐惧、悲伤、愤怒或其他任何令人不快的感受，这样做不仅让我对自己有了深入的了解，而且会让我觉得很自由，那是一种彻彻底底、令人难以置信的自由，即使你从未如此期待过。

专注于韧性和情商

尤瓦尔 · 诺亚 · 赫拉利（Yuval Noah Harari）

推特：@harari_yuval

脸书：tim.blog/harari-facebook ynharari.com

尤瓦尔 · 诺亚 · 赫拉利　著有全球畅销书《人类简史》和《未来简史》。他 2002 年在牛津大学获得博士学位，现在是耶路撒冷希伯来大学历史系讲师。尤瓦尔在 2009 年和 2012 年两次获得波龙斯基创意奖。多年来，他发表了许多文章，其中包括《扶手椅、咖啡和权威：用眼睛和肉体见证战争，1100—2000》，他因为这篇文章获得了军事史协会的蒙卡多奖。他目前的研究重点是宏观历史问题，比如历史与生物学之间有什么关系？智人与其他动物之间的本质区别是什么？历史上有正义吗？历史有方向吗？随着历史的发展，人们有没有变得更幸福？

你最常当作礼物送给他人的 3 本书是什么？

　　奥尔德斯 · 赫胥黎的《美丽新世界》。我认为这是 20 世纪最具预言性的一本书，而且在现代西方哲学中对幸福做了最深刻的讨论。这本书极大地影响了我对政治和幸福的思考。对我而言，权力与幸福之间的关系是历史上最重要的问题，因此《美丽新世界》重塑了我对历史的理解。

赫胥黎1931年写的这本书，当时共产主义和法西斯主义分别在苏联和意大利落地生根，纳粹主义在德国崛起，崇尚军国主义的日本开始了侵华战争，整个世界都笼罩在大萧条之下。然而，赫胥黎却透过这些乌云，构想了一个没有战争、饥荒和瘟疫的未来社会，那时的人们始终享受着和平、富足和健康。那是一个消费至上的世界，性、毒品和摇滚没有受到任何限制，那里的最高价值就是幸福。在那样的世界中，先进的生物技术和社会工程被用来确保每个人都永远心满意足，没有人有任何理由反叛。那里不需要秘密警察、集中营，或是奥威尔在《一九八四》中所描写的友爱部。事实上，赫胥黎的巧妙之处就在于，他向你展示了你可以通过爱和快乐控制人，这要比通过暴力和恐吓管用得多。

读乔治·奥威尔的《一九八四》，有一点很清楚，他正在描述一个可怕的梦魇世界，唯一的开放性问题是，"我们如何避免步入如此可怕的境地"。读《美丽新世界》更加令人不安，因为书中描绘的世界很明显出了严重问题，但是你很难指出究竟是什么问题。这是一个和平与繁荣的世界，每个人自始至终都感到非常满意。那会有什么问题呢？

真正令人惊讶的是，赫胥黎在1931年撰写《美丽新世界》的时候，他和读者都非常清楚他所描述的是一个危险的反乌托邦。但是，今天很多读者可能会轻易地误认为那是乌托邦。我们消费至上的社会实际上正在实现赫胥黎的愿景。如今，幸福已成为至高无上的价值，我们越来越多地使用生物技术和社会工程来确保所有公民（即消费者）最大的满意度。你想知道可能出了什么问题吗？读一读《美丽新世界》中穆斯塔法·蒙德与"野蛮人"约翰之间的对话。穆斯塔法·蒙德是西欧世界的元首，而约翰此前一直住在新墨西哥的原住民保留地，他也是伦敦唯一知道莎士比亚或上帝的人。

你有没有什么离经叛道的习惯？

在乘坐电梯或自动扶梯时，我会用脚尖站着。

有没有某次你发自内心喜欢甚至感恩的"失败"？

当我用希伯来语撰写的《人类简史》出版并在以色列成为畅销书之后，我觉得发表英文版本会很容易。我把它翻译成英语，发给了各大出版商，但所有人都拒绝了我。我现在还保留着一家非常著名的出版社发给我的极具羞辱性的拒绝信。后来，我尝试在亚马逊上自行出版。质量非常糟糕，仅卖出几百本。我沮丧了一段时间。

后来，我意识到这种自己动手的方法根本行不通，我不应该寻求捷径，而应该通过长期艰苦的努力，并寻求专业人士的帮助。我的爱人伊齐克更具商业头脑，所以他接手了这件事。他找了出色的著作代理人德博拉·哈里斯。在德博拉的建议下，我们聘请了杰出的编辑哈伊姆·瓦茨曼，他帮我修改并润饰了这本书。在他们的帮助下，我和兰登书屋旗下的哈维尔·塞克书局签订了合同。出版社的编辑米哈尔·沙维特把这本书打磨成了真正的宝石，并聘请英国图书市场最好的独立公关公司 Riot Communications 负责公关。我之所以要提他们的名字，是因为多亏了这些专业人士的专业工作，《人类简史》才得以成为国际畅销书。没有他们，这本书就会像其他很多没有人听过的优秀图书那样无人问津。我从最初的失败中了解到自己的能力是有限的，不要找捷径，要找专业人士帮忙，这一点很重要。

你会给刚刚毕业的大学生什么建议？你希望他们忽略什么建议？

没有人真正知道 2040 年的世界和就业市场将是什么样的，因此也没有人知道今天学校应该教什么。结果就是，你目前在学校学的大部分东西到你 40 岁时可能会变得无关紧要。

那么，你应该把注意力放在哪些方面？我最好的建议是专注于个人的适应能力和情商。从传统上讲，人的一生主要分为两个阶段：学习期和工作期。在人生的第一阶段，你建立了稳定的身份，获得了个人和专业技能。在人生的第二阶段，你将依靠自己的身份和技能游历人间，挣钱谋生，为社会做出贡献。到 2040 年，这种传统的模式将会过时，人类要想不被踢出局，唯一的方法将是终身学习，并且一次又一次重塑自己。2040 年的世界与今天将会截然不同，那将是一个极为忙碌的世界。变化的步伐可能会加快。因此，人们需要有持续学习、不断重塑自己的能力——即使 60 岁也不能停止。

然而，变化通常会带来压力，而且大多数人到了一定年纪后，都不喜欢变化。在 16 岁时，无论你是否喜欢，你的整个生活都在变化。你的身体在变，思想在变，人际关系也在变——一切都在变。你正忙着重塑自己。到 40 岁时，你不想改变，你想要的是稳定。但是在 21 世纪，这将是你无法享受的奢侈品。如果你试图保持某种稳定的身份、某份稳定的工作、某种稳定的世界观，那么你将被抛在世界的后面，世界将会从你身边飞驰而过。因此，人们需要有很强的适应能力，并且要在情感上保持平衡，这样才能顺利度过这场永无止境的风暴，才能应对极高的压力。

问题在于，情商和适应能力是很难教的。你不可能通过读书或听讲座学会。当前的教育模式是在 19 世纪工业革命期间设计的，现在已经毫无价值。但是，到目前为止，我们还没有设计出可行的替代方案。

所以，不要太信任成年人的话。过去，相信成年人是一种安全的选择，因为他们十分了解这个世界，而世界的变化又十分缓慢。但是，21 世纪截然不同。成年人学到的经济、政治或人际关系方面的知识可能已经过时。同样，不要太信任技术。你必须让技术为你服务，而不是你为它服务。如果你不加小心，技术就会决定你的目标，你会像奴隶一样按照它的议程办事。

所以，你别无选择，只能更好地了解自己。你要知道自己是谁，你在生活中真正想要的是什么。当然，"了解自己"，这是书中最古老的建议。但是，在 21 世纪，这条建议从未如此迫切，因为你现在处于竞争之中。谷歌、脸书、亚马逊和美国政府都依靠大数据和机器学习不断加深对你的了解。我们所处的时代不再是黑客入侵计算机的时代，而是黑客入侵人类的时代。公司和政府一旦比你更了解你自己，它们就可以控制并操纵你，而且你甚至可能都意识不到。所以，你如果想留在游戏中，就必须比谷歌的动作更快。祝你好运！

你如何拒绝不想浪费精力和时间的人和事？

我在拒绝邀请上有了长进。这是一个关乎生存的问题，因为我每周都会收到几十个邀请。不过，说实话，我在拒绝别人上还是不太在行。我不好意思说"不"。所以，我把这件事外包出去。我的爱人不仅在生意上而且在拒绝别人上都比我擅长，他帮我承担了大部分拒绝别人的苦差事。现在，我们雇了一名助手，他每天都花几个小时专门拒绝别人。

你做过的最有价值的投资是什么？

到目前为止，我最好的时间投入是参加了为期 10 天的内观冥想（www.dhamma.org）静修会。十几岁的时候以及后来的学生时代，我一直都是一个麻烦不断、焦躁不安的人。世界对我来说毫无意义，我对人生的重大问题也没有答案。特别是，我不明白为什么世界上以及我自己的生活中会有如此多的痛苦，我也不知道该如何做。不管是身边的人告诉我的，还是从书上读到的，都是精心虚构的内容：关于神与天堂的宗教迷思，关于祖国及其历史使命的民族主义迷思，关于爱情和冒险的浪漫迷思，或者关于经济增长以及消费令人开心的资本主义迷思。我清楚地意识到这些可能都是虚构的，但我不知道如何才能找到真相。

我在牛津大学读博士的时候，一位好朋友推荐我试试内观冥想的课程，他劝了我有一年的时间。一开始，我觉得内观冥想就是新时代的某种"巫术"。我不想再多听什么迷思，所以我拒绝了。但是，经过朋友一年耐心的劝说，我答应试一下。

在此之前，我对冥想知之甚少，我以为冥想肯定包含各种复杂的神秘理论。因此，当我发现老师教的内容非常实用时，我感到很惊讶。这门课程的老师是 S. N. 戈恩卡，他指导学生双腿盘坐，闭上双眼，将所有注意力都集中在鼻孔的呼气和吸气上。"什么都不要做。"他总是这样说，"不要去控制呼吸或是以特定的方式呼吸。不管你的呼吸是什么样子，只要观察当前实际的情况就好。当吸气时，你只需要知道，现在空气正被吸入。当呼气时，你只需要知道，现在气体正被呼出。如果你走神了，你的大脑开始回忆，开始幻想，你就会知道：现在我的大脑已经不再关注呼吸了。"这是我听过的最重要的事。

通过观察呼吸，我学到的第一件事是，尽管我读了那么多书，在大学上了那么多课，但我对自己的大脑几乎一无所知，我也几乎无法控制它。尽管我尽了最大的努力，但是我集中精力观察呼吸至多也就十几秒，之后我就会走神！多年来，我一直以为我是自己人生的主人，我是个人品牌的首席执行官。但是，几个小时的冥想就足以表明，我几乎无法控制自己。我不是什么首席执行官，我顶多算是个看大门的。我要站在自己身体的大门口，即"鼻孔"处，然后观察进出的情况。但是片刻之后，我便失去了注意力，放弃了自己的岗位。这次经历让我大开眼界，也让我更为谦卑。

随着课程的学习，戈恩卡不仅教我们观察呼吸，还要观察整个身体的感觉，比如热、压力、疼痛等等。内观冥想的基础是，思想的流动与身体的感觉紧密相关。在我和世界之间，总是有身体上的感觉。我从来不对外界的事件做出反应，我总是对自己身体的感觉做出反应。当感觉不愉快时，我的表现就是厌恶。当感觉愉悦时，我的表现就是渴望更多。即使我们以为自己的反应是针对他人的行为、遥远的童年记忆，或是全球金融危机，事实上，我们的反应也是基于肩部的肌肉紧张或胃部的痉挛。

你想知道生气是什么吗？只要观察生气时你体内燃起并传递的感觉即可。我是 24 岁时参加这次静修会的，在此之前我可能有 1 万次的生气经历，但我从未观察过生气时自己的真实感受。每当生气时，我都会关注让我生气的对象——别人做的事或说的话，而不是关注生气本身。

我认为，通过那 10 天观察自己的感觉，我更了解自己，也更了解整个人类了，这比我以前 20 多年学到的都多。而且，我不必接受任何故事、理论或神话，就做到了这一点。我只需要观察现实。我意识到的最重要的一点是，痛苦的深层根源在于我自己的思维模式。如果我想要的某件事没有发生，我的大脑就会通过产生痛苦做出反应。痛苦不是外界的客观条件，它是大脑产生的精神反应。

自 2000 年第一次上内观冥想课以来，我每天都会练习两个小时的内观冥想。此外，每年我都会参加一两个月的静修会。这不是逃避现实，而是与现实建立联系。一天我至少会花两个小时观察现实，而剩下的 22 个小时，我会被电子邮件、推特和猫咪搞笑视频淹没。内观冥想给予我专注力和清晰的思路，没有它，我将无法写出《人类简史》和《未来简史》。

你用什么方法重拾专注力？

我会花几秒钟或几分钟观察自己的呼吸。

如何拒绝

温迪·麦克诺顿（Wendy MacNaughton）

推特/照片墙：@wendymac

wendymacnaughton.com

温迪·麦克诺顿 著名插画家、漫画记者，住在美国旧金山。她的插画作品包括《认识旧金山》《迷失的猫：一个关于爱、绝望和 GPS 技术的真实故事》《笔与墨：文身及其背后的故事》《刀与墨：厨师和他们文身背后的故事》《葡萄酒大师指南》《威士忌大师指南》，近期出版了《我一个人的食谱：赛伯·潘列斯的生活、艺术和食谱》。温迪是《加州周日杂志》的专栏作家，专门负责杂志最后一页的文章，她还是女性插画家数据库的联合创始人。她的爱人是卡罗琳·保罗。

来自蒂姆·费里斯的话： 我聪明漂亮的读者，你肯定已经注意到了，我很喜欢问这个问题：你如何拒绝不想浪费精力和时间的人和事？

这个问题的奇妙之处在于，人们很难拒绝回答。即使有人拒绝，这个问题也不失其巧妙之处！实际上，当有人拒绝时反而更能凸显这个问题的奇妙。当我问温迪是否愿意参与本书时，她经过深思熟虑后做出周到而完美的拒绝。我太喜欢她的回复了，于是我问她："我的这个要求也许非常奇怪，我可以把你这封彬彬有礼的拒绝邮件收录在书中吗？"

她同意了，下面就是她发给我的拒绝邮件。

　　唉，好吧，蒂姆。我纠结了很久，事情是这样的：5 年来，我忙得不可开交，不停地出作品，不停地推广。采访一个接一个，有关我的个人旅程，有关我的灵感来源。一个项目今天刚结束，第二天就开始推广工作……现在，我要后退一步。最近真是到了我的极限，为了更好地工作，我得休息一下了。过去的一个月，我取消了很多行程，拒绝接新的项目和采访。我开始为自己营造探索和绘画的空间，抑或坐着什么都不做，抑或闲逛一整天。这是 5 年来第一次没有截止日期的催促，我想画多久就画多久，想思考多久就思考多久。这种感觉真的很棒。

　　我真的很想和你一起做这本书——我尊重你和你的工作，也很荣幸接到你的邀请。我也知道不加入的话，我会很蠢。尽管如此，我还是要说谢谢你，但我不参加了。现在还不适合谈论我自己或我的工作，希望我们以后有机会再谈。我敢保证，那时我的想法会比现在可以与你分享的任何见解都更为深刻。

　　我希望因我而空出来的地方可以由我上封邮件推荐的优秀人士来填补。

　　真心感谢你的邀请。

　　这本书出版的时候，我肯定会恨死我自己的。

温迪

温迪·麦克诺顿

丹尼·迈耶（Danny Meyer）

推特：@dhmeyer ushgnyc.com

丹尼·迈耶　联合广场酒店集团的创始人兼首席执行官，集团旗下拥有纽约多家广受好评的餐厅，比如谢来喜酒馆、The Modern 餐厅、意大利餐厅 Maialino 等。丹尼带领联合广场酒店集团创立了"奶昔小站"。作为现代"路边"汉堡餐厅品牌，奶昔小站于 2015 年上市。丹尼著有《纽约时报》畅销书《全心待客》。这本书阐明了一系列标志性的经营原则和生活原则，可用于多个行业。2015 年，丹尼入选《时代周刊》"100 位最具影响力人物"榜单。

　　来自蒂姆·费里斯的话：为了给你的阅读创造乐趣，让你"幸灾乐祸"一把，下面又是一封措辞优美的礼貌拒绝信，这次写信的人是丹尼·迈耶。

　　　杰弗里（我的一位朋友，他代表我邀请了丹尼·迈耶）：
　　　问候和感谢你的来信。
　　　很感激你邀请我加入蒂姆的新书，但是集团的一切事务让我无暇分身，我自己的书也已经耽搁好久了。
　　　我认真考虑了你的邀请，因为这无疑是一个绝佳的机会，不过我只能谢绝你的好意了。

我知道这本书一定会取得巨大的成功!

再次感谢。

丹尼

联合广场酒店集团

丹尼·迈耶

尼尔·斯蒂芬森（Neal Stephenson）

推特：@nealstephenson

脸书：/ TheNealStephenson

nealstephenson.com

尼尔·斯蒂芬森 以写作发人深省的小说而著称，他的作品十分广泛，涵盖科幻小说、历史小说、极简主义、赛博朋克等。他著有畅销书《钻石年代》《编码宝典》《巴洛克记》《雪崩》。《雪崩》入选《时代周刊》"100 部最佳英语小说"榜单。尼尔还撰写了有关技术的非虚构文章，发表在《连线》等出版物上。此外，他还是蓝色起源公司的兼职顾问，蓝色起源主要开发载人亚轨道发射系统。

来自蒂姆·费里斯的话：现在，你应该已经知道这是什么内容了，都是一些让我又悲又喜的电子邮件。在此附上一封拒绝我的电子邮件，它来自我的偶像作家尼尔·斯蒂芬森。

你好，蒂姆。很抱歉拖了这么久才给你回信，谢谢你在构思新书时想到了我。

最近我很明显地感受到，我要做的事太多了，因此我开始了一项实验，不再向我的待办事项清单中添加任何东西，我想这样一来清单就不会越变越长了。

结果呢，当我一条条划掉待办事项时，已有事项又衍生出更多的事情，这有点儿像打九头蛇。我希望我能硬下心肠，效率够高，终有一天可以让清单变得更短而不是更长。

　　遗憾的是，"硬下心肠，效率够高"意味着我不得不拒绝这样的事情。这并没有什么针对性，我都是一视同仁的。

　　再次感谢你想到我，也祝你的新书好运连连！

尼尔·斯蒂芬森

尾 声

不要只想着成功。你越想成功，越把它作为目标，就越容易与其失之交臂。成功就像幸福一样，可遇而不可求……幸福总会降临，成功也一样，常常是无心插柳柳成荫。我希望你们的一切行为服从良心，并用知识去实现它。总有一天你会发现，当然是相当长的时间——注意，我说的是很长一段时间——之后。正是由于这种不关注，成功将降临于你。

——维克多·弗兰克尔，《活出生命的意义》

冰浴时的顿悟

"不，我不知道他为什么要满满4洗衣袋的冰块。"宾馆的门房对客服说，同时生气地耸了耸肩。她重复了一遍。这时是晚上8点，前台的每个人都疑惑不解。

而我呢，像一具行尸走肉。几个小时前，我的手机电池就快没电了。我因为腰痛而蜷缩着，我把一个装满汗湿衣服的袋子放在工作台面上当枕头，把头靠在上面。那个客服又退后了一米，离我更远了。

这个局面好似冻结了一样，终于冰块的问题被解决了。我拖着脚走回房间，趴在了床上。

20分钟后，我被敲门声叫醒，我的冰块被送来了，大约有40磅。我把它们倒进浴缸里。我摘下了护肘，解放了我磨出水泡的脚趾，拿出了各种消炎药。随后，我缓缓地进入冰冷的水中。当我屏住呼吸，肾上腺素骤增时，我的脑海里出现了一句老话："爱上这种疼的感觉。"

高三那年，我读过一本书，是吉姆·洛尔博士写的《运动意志力训练》（*Mental Toughness Training for Sports*）。紧接着，我迎来自己表现最佳的赛季，不仅是当时的最佳赛季，也是从那以后的最佳赛季。在整个赛季，在每次摔跤练习之前，我都会在日志的开头写上"爱上这种疼的感觉"这几个字。

现在，我正在佛罗里达州的奥兰多市，这句话又浮现在我的脑际。

几个月前，强生人类行为研究所联系了我，向我提出一个简单的问题："你想学打网球吗？"然后，他们补充道，"吉姆·洛尔也会和你共度这段时光。"

我听说吉姆第二年就要退休了。他曾与吉姆·库里耶、莫妮卡·塞莱斯等数十位网球传奇人物共事。如果我去了佛罗里达，将有一名职业网球教练负责我的技术培训，而吉姆负责我的心理培训。是吉姆本人！网球在我的待办事项上已经待了几十年。我怎么能不抓住这次机会呢？于是，我同意了。

现在，我瘫倒在冰浴中，没有蹦跶的劲儿了。

根据计划，训练共有 5 天，我才刚刚练了一天。每天共有 6 个小时的培训，我觉得自己已经散架了。我一直有肘部肌腱炎，现在它突然发作，好似要报仇一般。我拿杯水都疼，刷牙或握手都不敢，更不用说腰和其他地方了。

这时，我的大脑开始转了：

> 也许这就是人到 40 岁的感觉？所有人都和我讲过 40 岁时就是这个样子。也许我应该及时止损，做点儿其他的事？我们应该现实一点儿：我真的很不擅长打网球，我浑身都疼。此外，回旧金山以后定期去球场打球也很难。如果我提早离开，那么没人会怪我。

实际上，没有人会知道这件事……

我摇了摇头，然后拍了拍自己的后颈，好摆脱这种想法。

行了，费里斯，别抱怨了。这很荒唐。你甚至都还没有开始，而这是你一直都期望的。你大老远来到达佛罗里达，才一天就要回去吗？坚持一下吧。

想一想，也许我可以用左手打？或者可以扔球来模仿比赛，并练习步法？再不济，我想我还可以不练打球，而是专注于心理训练？

我长长地吐了一口气，闭上眼睛做了几次深呼吸，然后来到浴缸的一侧。我会在冰浴中浸泡 10~15 分钟，这段时间对睾丸真的是一种挑战，而书是我用来转移注意力的首选。那天晚上，我读的是提摩西·加尔韦的《身心合一的奇迹力量》。

刚读了几页，其中一段话让我停了下来：

当进行内在比赛时，运动员更为看重放松与专注的艺术，这比其他所有技能都更为重要。这位运动员发现了自信的真正基础。他明白了，赢得任何比赛的秘诀都在于不要用力过猛。

赢得比赛的秘诀在于不要用力过猛？
心里想着这句话，我拖着身子从冰浴中走出来，上了床，酣睡过去。

撞击点

第二天早上，我走进训练中心，洛伦佐·贝尔特拉姆和我打了招呼。洛伦佐极具才华，和蔼和亲，是负责教我打球技巧的教练。

尾声

吉姆在拐角处，脸上洋溢着灿烂的笑容，穿着他那双超大号的鞋子。他总是会给人一些好的建议："今天，凡事都要做得轻一些，握拍轻一些，击打轻一些……用肩膀和臀部带动击球。"

　　我们 3 个人都知道，这一天将决定我们是继续前进，尝试用左手打球，还是拱手投降。吉姆不想让我毁了自己，也不想让乐观变成自虐。

　　我们一起出门朝球场走去。

　　练习了两个小时后，洛伦佐在网的中间立了一把扫帚，上面搭了一条毛巾。我的任务就是让球击中毛巾。

　　我一个接一个地把球打到网上，这个场景好似要没完没了地上演。我的手臂完全没有精准度，有的只是持续的疼痛。

　　洛伦佐不再给我发球，他绕过球网走了过来。他轻轻地对我说："我 9 岁还是 10 岁的时候，在意大利练习网球。"他接着说："我的教练给我立了一条规矩，我可以犯错，但我不能犯两次同样的错误。如果我把球打到网上，他会说，'我不管你是把球打出围栏，还是打到其他任何地方，但你不准再把球打到网上了。这是唯一的规则'。"

　　接着，洛伦佐彻底改变了练习的重点。我不再强迫自己盯着目标，也就是那条毛巾，而是将注意力集中在眼前的事物上：

　　撞击点。

　　撞击点是球与球拍接触的地方，也代表着你的意图与外界碰撞的瞬间。如果观看顶级职业球员在这个关键时刻的定格画面，你就会发现他们的目光是在球上的。

　　"准备好了吗？"洛伦佐问。

　　"准备好了。"

　　他给我发了第一个球，结果好像魔术一般。

当我不再盯着目标，也就是我想把球打到的地方，而是专注于眼前的事物，即"撞击点"时，一切都顺畅起来。10 个、15 个、20 个球，它们都到达了我想让它们到达的地方，而我其实没有考虑要把它们打到哪里。

洛伦佐笑了，手不停地给我发球，好似弓箭。吉姆正好从办公室回来，洛伦佐朝场外喊道："医生，你得看看这个！"

吉姆笑逐颜开："嗯，看那个。"

我的球练习得很顺畅，而且一直延续了下去。我越关注撞击点，球越知道自己该去哪里。不知道怎么回事，我的肘部也没有那么疼了，整整 5 天的训练，我坚持了下来。

这次经历真是太美好了。

大问题的危险

在大多数情况下，"我这辈子应该干什么"都是一个很糟糕的问题。"这次发球，我应该怎么做？""星巴克那么多人排队，我应该怎么做？""我应该如何面对这次堵车？""我应该如何应对内心冉冉升起的怒气？"这些倒是更好的问题。

卓越就是接下来 5 分钟的事，进步也是接下来 5 分钟的事，幸福还是接下来 5 分钟的事。

这并不意味着你要放弃规划。我鼓励你制订宏伟的计划。但是要记住，我们需要把宏大的事情尽可能分成小块，并专注于每个"撞击瞬间"，一次完成一步，这样才能把大事完成。

我的生活中充满了疑惑……多半都没有什么充分的理由。

宽泛地讲，有计划会让人感觉良好，但意识到几乎任何失误都不可能摧毁你，会令人感到更自由，会使你有勇气进行即席创作，去尝试。正如帕顿·奥斯瓦尔特所说："作为喜剧演员，每次在台上演砸了，都是我很喜欢的失败，因为第二天醒来，地球仍在运转。"

如果你觉得世界走到了尽头，这也许就是上天想让你看向另一扇更好的门。正如布兰登·斯坦顿所说："有时候，你需要让生活阻止你获得你想要的东西。"

你想要的也许是打中网球场中间挂的那条毛巾，那个你情不自禁要打中的目标，那个阻止你获得你想要的东西的目标。

让双眼注视球，感受那种你需要的感觉，顺其自然。

这样一来，生活这场游戏便会自然而然地运转起来。

权力经纪人

在奥兰多吃第二顿午餐的时候，吉姆给我讲了丹·詹森的故事。

丹·詹森出生于威斯康星州，家里有9个孩子，他是最小的一个。受姐姐简的启发，他开始练习速度滑冰。16岁时，他打破了500米速滑的青少年世界纪录。他决定将速滑作为自己一生的追求。

丹·詹森通过努力一步步登上了巅峰，但每次奥运会都未能摆脱悲剧的困扰。他最痛苦的时刻莫过于1988年的冬季奥运会。在参加500米速滑比赛几小时前，他得知姐姐简未能战胜病魔，因白血病去世。随后，他在500米比赛时摔倒了，撞到了围栏上，几天后的1 000米比赛也是如此。他到加拿大卡尔加里参加冬奥会的时候，是夺金的热门选手，回去时家人已经去世，而他自己也与金牌无缘。

丹·詹森总想着霉运会如期而至。他从1991年开始与吉姆·洛尔合作，想要拨正航向。

当时，很多人认为不可能打破500米速滑36秒的纪录。这种"不可能"已经渗透到了丹·詹森的心中。他开始在日志的顶部写下"35∶99"，以此消解自己的疑虑。

1 000 米速滑也是一个问题……至少看起来是个问题。这个项目给了他太多的时间去思考，太多的时间让他在脑海中形成自欺欺人的循环。

因此，在与吉姆合作的两年里，吉姆让丹·詹森每天都在日志的"35：99"的旁边写一句话提醒自己：

"我热爱 1 000 米速滑。"

1993 年 12 月 4 日，丹·詹森以 35：92 的成绩完成了 500 米速滑，打破了 36 秒的魔咒，并刷新了世界纪录。1994 年 1 月 30 日，他再次打破纪录。在参加 1994 年挪威利勒哈默尔冬奥会时，他达到了人生的最佳状态，这是他获得奥运会奖牌的最后机会。

他在"自己擅长的"500 米速滑中获得了第八名，这是毁灭性的失败。奥运会的魔咒似乎还在起作用。

后来是他的克星 1 000 米速滑。这将是他最后一次参加奥运会，也是他的最后一场比赛。他没有摔倒。他轻松赢得了比赛，刷新了世界纪录，并摘得金牌，这震惊了所有人。

丹·詹森学会了如何爱上 1 000 米速滑，因此成为民族英雄。

这的确是一个很好的故事，对吧？

现在，你可能会说："这确实很鼓舞人心。但是，如果没有办法接触到吉姆·洛尔，那该怎么办？"

我 17 岁的时候也没有机会见到吉姆·洛尔。我在双层床上读了《运动意志力训练》一书，它改变了我的人生。要想跟名师学习，你不需要见到他们，只需要吸收他们传授的知识即可。这可以通过书籍、音频或一句有力的名言来实现。

在给大脑充电的同时，你会成为自己最好的教练。

让我们解释一下吉姆的话，你生活中的权力经纪人是别人从未听到的那种声音。你能否重新审视这个只属于你的声音，审视其中的语气和内容，将决定你的生活质量。这个声音才是讲故事的高手，我们讲给自己的故事正是我们需要面对的现实。

举个例子，如果你犯了一个令自己不安的错误，你会对自己说什么？如果好朋友犯错了，你还会这样说吗？如果不会，你就还有要学习的东西。相信我，我们所有人都有要学习的东西。

现在，我需要进一步介绍我的老朋友——"爱上这种疼的感觉"。

"爱上这种疼的感觉"与自我鞭挞无关。它只是一句简单的提醒，告诉你几乎所有的成长都会有不适感。有时这种不适感很轻，比如骑自行车上坡，或者隐藏自我以便更专心地倾听。有时这种不适感要痛苦得多，比如乳酸阈值训练，或者仿佛骨骼复位一样的情感冲击。这些压力源都不是致命的，追求这种压力的人十分罕见。因此，好处或不足取决于你如何与自己交谈。

因此，要爱上这种疼的感觉。

本书前面布赖恩·科佩尔曼曾经提到，他认为村上春树是世界上最好的小说家。此外，村上春树还是一位出色的长跑运动员。下面这段话是村上春树针对跑步所说的，它可以应用于任何地方：

> 痛楚难以避免，而磨难可以选择。假如跑着跑着突然觉得："啊呀呀，好累人哪，我不行啦。"这个"好累人"是无法避免的事实，然而是不是果真"不行"，还得听本人裁量。

如果你想拥有更多东西，做更多事情，如果你想提升自己，那么一切都始于别人听不到的那个声音。

繁多的岔路口

几个星期前，我读到了波希娅·纳尔逊的一首诗：

人生的五个篇章

第一章
　　我沿街走着。

　　　　行人道上有一个深深的洞。

　　　　我掉了进去。

　　　　我不知所措……十分无助。

　　　　　　这不是我的错。

　　我费了好大的劲儿才爬出来。

第二章
　　我还是沿这条街走着。

　　　　行人道上有一个深深的洞。

　　　　我假装没看到。

　　　　又掉了进去。

　　　　我无法相信自己居然掉进了同一个地方。

　　　　　　但这不是我的错。

　　我还是花了很长时间才爬出来。

第三章
　　我依然沿这条街走着。

　　　　行人道上有一个深深的洞。

　　　　我看到它在那里。

　　　　还是掉了进去……这已经成了一种习惯，但是，

　　　　　　我的眼睛睁开着。

　　　　　　我知道我在哪儿。

　　这是我的错。

我立刻爬了出来。

第四章

我仍旧沿这条街走着。

行人道上有一个深深的洞。

我绕道而行。

第五章

我走上另一条路。

为了让自己更安心，更成功，你不需要天才级的脑力，不需要接触什么秘密社团，也不需要完成"只要"多赚多少钱的目标。这些都是令你分心的事。

根据我的经验，有一个简单的方法就很管用，那就是专注于眼前的事物，通过过好每一天来创造美好的人生，不要犯两次同样的错误，这就足够了。不要再把球打到网上了，试试其他方法，甚至是相反的方法。如果你真的想获得更多认可，那就不要当蠢货，只有这样你才能成为战神金刚那样的超级巨星。

赢得任何比赛的秘诀都在于不要用力过猛。

如果你觉得自己用力过猛，那就说明你的优先事项、技巧、专注力或正念都已经关闭。你要把它当作重启而非加倍努力的提示。每当有疑问的时候，答案很可能就隐藏在我们的眼皮底下，认识到这一点，你会心生安慰。

这件事如果原本就很简单，那么会是什么样呢？

在这个世界上，没有哪个人无所不知，所以你有无限的自由可以不断重塑自己，不断开辟新的道路。你要接受自己怪异的一面。

没有什么正确的答案，只有更好的问题。

放轻松，亲爱的。

蒂姆

致　谢

　　我首先必须感谢诸位顶级导师，你们的建议、故事和经验教训是本书的精华所在。感谢你们献出的宝贵时间和慷慨相助的精神，但愿你们与世人分享的美妙事物能够百倍回报于你们自身。

　　感谢我的代理人与朋友斯蒂芬·汉泽尔曼。让我们举杯庆祝一路走来的一次次小胜利，一起喝点儿玛格丽特酒吧？

　　感谢哈考特出版社的整个团队，特别是"超人"斯蒂芬妮·弗莱彻，以及令人惊叹的设计与创作团队：丽贝卡·斯普林格、凯蒂·基默尔、马丽娜·帕达科思·劳里、杰米·塞尔泽、蕾切尔·德沙农、贝丝·富勒、杰奎琳·哈奇、克洛艾·福斯特、玛格丽特·罗斯韦兹、凯利·迪博·斯梅卓、克里斯·格兰尼斯、吉尔·拉泽、蕾切尔·纽伯勒、布赖恩·穆尔、梅利莎·卢特菲和贝姬·赛基亚–威尔逊，是你们协助我驯服了这头猛兽，再次创造了奇迹。感谢你们点灯熬油陪我到半夜！感谢出版商布鲁斯·尼科尔斯以及他带领的一流团队，其中包括埃伦·阿彻社长，还有德布·布罗迪、洛里·格莱泽、黛比·恩格尔，以及不辞辛苦的市场与销售团队的所有成员，感谢你们对我和这本书的信任，并最终让奇迹发生。这本书将会帮到很多很多人。

　　感谢唐娜和亚当，感谢你们在我下线时一直坚守阵地！如果没有你们，我的播客节目就不会存在。如果没有你们，我就实现不了这一切。你们简直太棒了。

　　感谢赫里斯托，多谢你对细节的复核和详尽的研究。你还想再要一些地中海披肩吗？或者往艺术品上加更多的番茄酱？明年夏天来上

3个回合？不过，我仍然无法理解为什么你喜欢在黑灯瞎火中工作……

感谢阿梅莉亚，你就是本书的守护天使。你对我的帮助和支持意义重大，语言难以表达我的感激之情。非常感谢你。别忘了你的手镯、坚果奶油和健身器材的账单正在处理之中。

最后，谨以此书献给我的家人。一路走来，你们一直在引导我，鼓励我，关爱我，安慰我。我对你们的爱非言语所能表达。